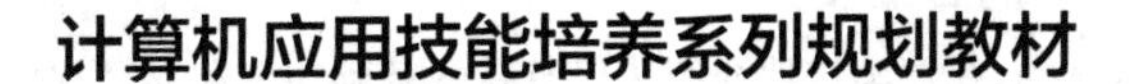

信息技术基础

主　编◎黄玉春

副主编◎王雪峰　苗燕春　邢帮武

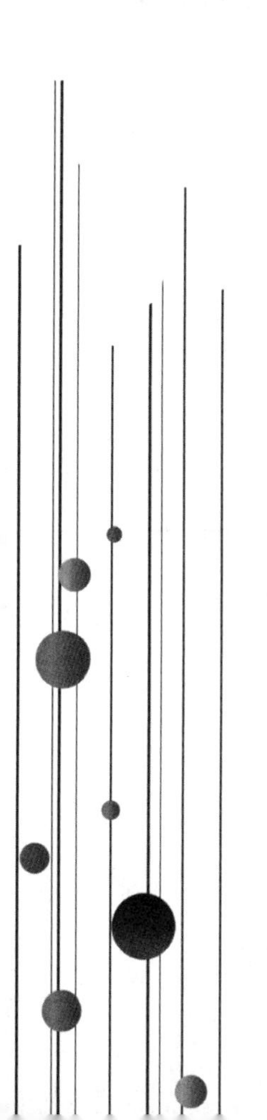

XINXI JISHU JICHU

内容提要

本书从实用角度出发，结合实例，由浅入深，循序渐进地介绍了信息技术基础知识和办公软件操作相关知识，主要内容包括信息技术基础知识、Windows 10 操作系统、使用 Word 2016 制作文档、使用 Excel 2016 制作电子表格、使用 PowerPoint 2016 制作演示文稿、计算机网络基础知识与基本操作等。全书语言简洁，条理清晰，例题实用性强，上机操作指导具体实用，可作为高等院校信息素养课教材，也可供办公自动化技术人员参考。

图书在版编目（CIP）数据

信息技术基础/黄玉春主编. —合肥：安徽大学出版社，2024.7
计算机应用技能培养系列规划教材
ISBN 978-7-5664-2764-9

Ⅰ. ①信… Ⅱ. ①黄… Ⅲ. ①电子计算机—高等学校—教材 Ⅳ. ①TP3

中国国家版本馆 CIP 数据核字(2023)第 247579 号

信息技术基础

黄玉春 主编

出版发行：北京师范大学出版集团
安 徽 大 学 出 版 社
（安徽省合肥市肥西路 3 号 邮编 230039）
www.bnupg.com
www.ahupress.com.cn

印　　刷：安徽利民印务有限公司
经　　销：全国新华书店
开　　本：787 mm×1092 mm　1/16
印　　张：20.75
字　　数：430 千字
版　　次：2024 年 7 月第 1 版
印　　次：2024 年 7 月第 1 次印刷
定　　价：59.00 元
ISBN 978-7-5664-2764-9

策划编辑：刘中飞　宋　夏
责任编辑：宋　夏
责任校对：陈玉婷
装帧设计：李　军
美术编辑：李　军
责任印制：赵明炎

前　言

随着计算机技术和信息技术的快速发展，针对信息化社会中计算机应用领域的不断扩大和高等学校新生信息技术知识的起点不断提高等特点，信息技术应用基础教学呼唤尽快设计出一门更能反映信息时代特征的新课。在这种背景下，《信息技术基础》应运而生。

本书主要针对信息技术应用基础课程的教学而编写。编者根据多年的教学经验和学生的认知规律精心组织教材内容，做到内容丰富、深入浅出、循序渐进，力求使本书具有可读性、实用性和先进性。本书的重点是培养学生的计算机实际操作能力和应用能力，因此本书在确保知识的完整性和科学性的前提下更加突出了实践性。本书配套《信息技术基础实验教程》，供读者学习和自我检测，便于读者巩固和拓展所学知识。

全书共 6 章，分别为：信息技术基础知识、Windows 10 操作系统、使用 Word 2016 制作文档、使用 Excel 2016 制作电子表格、使用 PowerPoint 2016 制作演示文稿、计算机网络基础知识与基本操作等。

本书以应用为中心，以初学者为对象，以提高计算机操作能力为宗旨，为读者学习信息技术基础知识、计算机基本操作及办公软件的使用提供了系统的参考。

本书由黄玉春担任主编，由王雪峰、苗燕春、邢帮武担任副主编。本书第 1 章由王雪峰编写；第 2、6 章由黄玉春编写；第 3、5 章由苗燕春编写；第 4 章由邢帮武编写。

由于信息技术发展迅速，加上编者水平有限，书中难免存在缺点和错误，请广大读者批评指正。

编　者

2024 年 1 月

目 录

第1章 信息技术基础知识

【引言】

本章系统地介绍了计算机基础知识、计算机的基本组成与基本原理、数据在计算机中的表示方法、计算机系统软件和应用软件的关系、计算机安全方面的知识以及新技术。通过学习本章内容，您能够掌握以下知识。

✎计算机的基本组成及各部件的工作原理。

✎电子商务的运行模式。

✎计算机信息安全问题。

1.1 计算机概述

计算机(Computer)是一种能够按照程序对数据进行接收、处理、输出和存储的电子设备。计算机是由硬件系统和软件系统组成的一个完整的计算机系统。

在当今的信息社会，计算机及其应用已经渗透人们日常活动的各个方面，计算机日益成为人们获取信息、处理信息、保存信息和与他人沟通必不可少的工具，成为人们工作、学习和生活的得力助手。

1.1.1 计算机的发展状况

1. 计算机的发展历程

随着电子技术的发展，1946 年，世界上第一台计算机诞生于美国的宾夕法尼亚大学，当时称为“ENIAC”，即电子数字积分计算机(Electronic Numerical Integrator And Computer)。

ENIAC长30余米，宽1米，占地面积170平方米，有30个操作台，约相当于10间普通房间的大小，重达30吨，耗电量150千瓦，运算速度为5000次/秒，如图1-1所示。ENIAC的出现标志着计算机时代的到来。

图1-1　第一台电子计算机ENIAC

从第一台计算机出现到现在，无论是运算速度、处理能力，还是存储容量，都发生了难以预料的巨大变化。仅从20世纪70年代微型计算机出现到现在，其性能已提高数千倍，而价格降为了最初的万分之几，计算机更新换代的速度是人们难以预料的。在过去的70多年的时间里，计算机的发展大致经历了以下几个阶段。

(1)电子管计算机(1946—1958年)。

第一代计算机采用电子管作基础器件，结构上以CPU(Central Processing Unit)为核心，体积大、速度慢、存储量小。没有系统软件，编程只能用机器语言和汇编语言，主要用于科学计算。

(2)晶体管计算机(1958—1964年)。

第二代计算机采用晶体管作基础器件，使得计算机的体积减小、能耗降低、成本下降、可靠性提高，计算速度达到了每秒几十万次，采用磁芯作主存储器，采用磁盘、磁鼓作外存储器。在软件方面有了操作系统，出现了高级语言。

(3)中、小规模集成电路计算机(1964—1970年)。

第三代计算机采用小规模集成电路(Small Scale Integration，SSI)和中规模集成电路(Medium Scale Integration，MSI)作基础器件。集成电路将众多分立元件集成在一块硅片上，使计算机的体积进一步减小、使能耗和成本大幅度降低。

在这一阶段，计算机软件的发展日趋成熟，特别是结构化程序设计思想与软件工程思想的提出，极大地促进了软件的发展与计算机的应用。

在这个时期，另一个具有深远意义的发明是计算机网络ARPANET。ARPANET最初是在美国四所大学(加利福尼亚大学洛杉矶分校、加州大学圣巴巴拉分校、斯坦福大学和犹他大学)之间建立的，它利用分组交换技术，通过专门设计的接口信号处理机和专用通信线路，将这四所大学的四台大型计算机相互连接起来，旨在促进这些学术机构之间的资源共享和通信便利。ARPANET就是因特网(Internet)的前身。

(4)大规模集成电路计算机(1970年至今)。

第四代计算机采用大规模集成电路(Large Scale Integration,LSI)和超大规模集成电路(Very Large Scale Integration,VLSI)作基础器件。该阶段计算机功能进一步加强,应用更广泛,出现了微型计算机(Microcomputer)。微型计算机的产生与发展是与大规模集成电路的发展分不开的。由于采用了集成度很高的大规模集成电路和超大规模集成电路,使得微型机的体积小,重量轻,价格也相对低廉。

第四代计算机在语言和操作系统方面发展迅速,形成了软件工程,建立了数据库,出现了大量工具软件。在应用方面,第四代计算机全面建立了计算机网络,实现了计算机之间的信息交流。多媒体技术的崛起,使得计算机集图形、图像、声音、文字处理于一体。

第四代计算机延续了相当长的时间,直到今天,我们使用的计算机仍然属于第四代计算机,冯·诺依曼体系结构计算机似乎制约了计算机继续更新换代。

2. 我国计算机的发展历程

1958年8月1日,我国第一台小型电子管数字计算机103机诞生。该机字长32位,每秒运算30次,采用磁鼓内部存储器,容量为1K。

1959年9月,我国第一台大型电子管计算机104机研制成功。该机运算速度为每秒1万次,字长39位,采用磁芯存储器,容量为2K～4K,并配备了磁鼓外部存储器、光电纸带输入机和1/2寸磁带机。

1965年6月,我国自行设计的第一台晶体管大型计算机109乙机在中国科学院计算技术研究所诞生,字长32位,运算速度为每秒10万次,内存容量为双体24K字。

1977年4月23日,清华大学、四机部六所、安徽无线电厂联合研制成功我国第一台微型机DJS-050。

1983年12月,当时的国防科技大学(现为中国人民解放军国防科技大学)研制成功我国第一台亿次巨型计算机银河-Ⅰ,其运算速度达每秒1亿次。银河机的研制成功标志着我国计算机科研水平达到了一个新高度。

1983年12月,电子部六所开发的我国第一台个人计算机(Personal Computer,PC)——长城100 DJS-0520微机(与IBM PC机兼容)通过部级鉴定。

1985年6月,第一台具有字符发生器的汉字显示能力,具备完整中文信息处理能力的国产微机——长城0520CH开发成功。由此我国微机产业进入了一个飞速发展、空前繁荣的时期。

2002年9月28日,中国科学院计算技术研究所宣布中国第一个可以批量投产的通用CPU——“龙芯1号”芯片研制成功。其指令系统与国际主流系统MIPS(Microprocessor without Interlocked Piped Stages,无内部互锁流水级的微处理器)兼容,定点字长32位,浮点字长64位,最高主频可达266MHz。此芯片的逻辑设计与版图设计具有完全自主的知识产权。采用该 CPU 的曙光“龙腾”服务器同时发布。2005 年 4 月 18 日“龙芯 2 号”研制成功，频率最高为 1GHz。目前，龙芯 3B 是首款国产商用 8 核处理器，主频达到 1GHz，支持向量运算加速，峰值计算能力达到 128GFLOPS，具有很高的性能功耗比。2015 年 3 月 31 日中国发射首枚使用“龙芯”的北斗卫星。

3. 未来的计算机

(1)光子计算机。

1990 年初，美国贝尔实验室制成世界上第一台光子计算机。光子计算机是一种由光信号进行数字运算、逻辑操作、信息存储和处理的新型计算机。光子计算机的基本组成部件是集成光路，有激光器、透镜和核镜。光子比电子速度快且不受电磁场干扰，光子计算机的运行速度高达一万亿次。它的存储量是现代计算机的几万倍，还可以对语言、图形和手势进行识别与合成。

许多国家都投入巨资进行光子计算机的研究。随着现代光学与计算机技术、微电子技术相结合，在不久的将来，光子计算机将成为人类普遍的工具。

(2)量子计算机。

量子计算机是利用原子所具有的量子特性进行信息处理的一种全新概念的计算机。量子理论认为，非相互作用下，原子在任一时刻都处于两种状态，称为量子超态。原子会旋转，即同时沿上、下两个方向自旋，这正好与电子计算机 0 与 1 完全吻合。如果把一群原子聚在一起，它们不会像电子计算机那样进行线性运算，而是同时进行所有可能的运算，例如：量子计算机处理数据时不是分步进行而是同时完成。40 个原子一起计算就相当于今天一台超级计算机的性能。量子计算机以处于量子状态的原子作为中央处理器和内存，其运算速度可能比奔腾 4 芯片快 10 亿倍，就像一枚信息火箭，在一瞬间搜寻整个互联网，可以轻易破解任何安全密码，黑客任务可轻而易举地完成。

(3)生物计算机。

生物计算机是具有学习能力的计算机，用蛋白质制造电脑芯片，存储量可以达到普通电脑的 10 亿倍。生物电脑元件的密度比大脑神经元的密度高 100 万倍，传递信息的速度也比人脑思维的速度快 100 万倍。其特点是可以实现分布式联想记忆，并能在一定程度上模拟人和动物的学习功能。它是一种有知识、会学习、能推理的计算机，具有能理解自然语言、声音、文字和图像的能力，它可以利用已有的和不断学习到的知识，进行思维、联想、推理，并得出结论。

1.1.2 计算机的分类

计算机分类的方法很多，通常情况下采用三种分类标准。

1. 按处理的对象分类

计算机按处理的对象可分为模拟计算机、数字计算机和混合计算机。

模拟计算机各个主要部件的输入量及输出量都是连续变化的电压、电流等物理量，称为模拟量，采用的是模拟技术。

数字计算机所处理的信号在时间上是离散的，是符号信号或数字信号，称为数字量，采用的是数字技术。

混合计算机是将模拟技术和数字技术相结合的计算机。

2. 按规模分类

计算机按规模可分为巨型机、大型机、中型机、小型机、微型机及单片机。这些类型之间的基本区别通常在于其体积大小、结构复杂程度、功率消耗、性能指标、数据存储容量、指令系统和设备、软件配置等。

(1)巨型机。

巨型机，也称为超级计算机或巨型计算机，其特点是运算速度快、存储容量大，CPU的运算速度达到每秒万亿次甚至更高。研究巨型机是现代科学技术，尤其是军事、航空航天和长期天气预报等尖端技术发展的需要。目前世界上只有少数几个国家能生产巨型机。1983年12月，国防科技大学研制成功我国第一台亿次巨型计算机银河-Ⅰ，其运算速度达每秒1亿次。这标志着我国计算机科研水平达到了一个新高度。自此，我国先后研发银河系列、曙光系列、天河系列和神威・太湖之光巨型机。

2016年6月20日，在法兰克福世界超算大会上，国际TOP500组织发布的榜单显示，中国的"神威・太湖之光"超级计算机系统登顶榜单之首！"神威・太湖之光"超级计算机(Sunway TaihuLight)由国家并行计算机工程技术研究中心研制，安装了40960个中国自主研发的"申威26010"众核处理器，该众核处理器采用64位自主申威指令系统，峰值性能为12.54京次/秒，持续性能为9.3京次/秒(1京为1万兆)。

"神威・太湖之光"超级计算机的研制成功，标志着中国成为继美国、日本之后第三个采用自主CPU构建千万亿次级超级计算机的国家。

(2)大型机。

大型机的特点是处理能力强、速度快、性能覆盖面广。大型机一般拥有多个处理器，能够同时为多个用户的任务提供服务。大型机主要被公司和政府部门用于存储和处理数据。

现在，大型机在MIPS(Millions of Instructions Per Second，每秒百万指令数)方面已经不及微型计算机，但是它的I/O(Input/Output，输入/输出)能力、非数值计算能力、稳定性、安全性却是微型计算机所望尘莫及的。大型机和巨型机的主要区别如下。

• 大型机使用专用指令系统和操作系统，巨型机使用通用处理器及Unix或类Unix操作系统(如Linux)。

• 大型机擅长非数值计算(数据处理),巨型机则长于数值计算(科学计算)。

• 大型机主要用于商业领域,如银行和电信,巨型机则用于尖端科学领域,特别是国防领域。

• 大型机大量使用冗余等技术确保其安全性及稳定性,所以内部结构通常有两套,而巨型机使用大量处理器,通常由多个机柜组成。

• 为了确保兼容性,大型机的部分技术较为保守。

(3)中型机。

中型机是介于大型机和小型机之间的一种机型,可用于大型网站的服务器。目前,中型机彻底失去存在价值,绝大多数需要中型机的工作,要么通过高性能的PC机实现,要么租用各大网络公司的云计算服务。

(4)小型机。

小型机具有区别PC及其服务器的特有体系结构,还有各制造厂自己的专利技术,有的还采用专用处理器和操作系统(Unix系列);小型机速度达到每秒数十亿次,可靠性高,价格适宜(百万元以内),对运行环境要求低,易于操作且便于维护,为中小型企事业单位常用。小型机一般在一个中小规模的网络中承担服务器的角色,以便让多个用户通过终端(一种仅仅起输入/输出作用的设备,本身不具有数据处理能力)或微型计算机来共享存储在其存储系统中的数据或者处理器等资源。小型机跟通常意义上的服务器是有很大差别的,主要体现在:

• 高可靠性:计算机能够持续运转,从来不停机。

• 高可用性:重要资源都有备份;能够检测到潜在问题,并且能够转移其上正在运行的任务到其他资源,以减少停机时间,保持生产的持续运转;具有实时在线维护和延迟性维护功能。

• 高服务性:能够实时在线诊断,精确定位出根本问题所在,做到准确无误快速修复。

(5)微型机。

微型机又称为个人计算机、PC机,是目前使用最广泛的计算机,具有体积小、功耗低、性能强、价格低等特点。微型机已经走进千家万户,成为人们生活、学习、工作的助手。

便携式计算机又称为笔记本电脑,具有体积小、重量轻、便于携带、使用方便等特点。近年来,平板电脑迅速流行,它是一款无须翻盖、没有键盘的电脑。其构成组件与笔记本电脑基本相同,采用多点触控屏技术进行操作。它除了拥有笔记本电脑的所有功能外,其移动性和便携性更胜一筹。平板电脑的概念由比尔·盖茨于2002年提出,采用X86架构(PC结构)。美国苹果公司在2010年推出iPad(平板电脑)。

(6)单片机。

单片机的特点在于一块芯片就是一台微型计算机。它将组成计算机的主要组成部件,如运算器、控制器、存储器、输入设备、输出设备、中断系统、定时计数器、接口电路等,集成在一块芯片上,构成一个完整的微型计算机。

单片机具有结构简单、控制能力强、体积小、价格低、可靠性强等特点,在军事、民用等很多领域都发挥了巨大作用。

3. 按功能和用途分类

计算机按功能和用途可分为通用计算机和专用计算机。

通用计算机通用性强,可配备各种系统软件和应用软件,能解决多种不同类型的问题。专用计算机的功能比较单一,只能配备特定的硬件和软件,以解决特定的问题。

1.1.3 计算机的特点

计算机是一种现代化的计算工具和信息处理工具,它主要有以下几个方面的特点。

1. 运算速度快

运算速度是标志计算机性能的一个重要指标,一般用百万条指令/秒(即 MIPS)来表示,现代的个人计算机速度在几百至几千 MIPS,大型或巨型计算机的速度更快。计算机如此高的运算速度是其他运算工具无法比拟的,它使得在过去需要几年甚至几十年才能完成的复杂计算任务,在现在只需要几天,甚至更短的时间就可以完成。例如天气预报,由于需要分析大量的气象资料数据,单靠手工完成计算是不可能的,而用巨型计算机只需要十几分钟就可以完成。

2. 计算精度高

由于计算机内部采用二进制进行运算,使得数值计算非常准确。一般的计算机都可以有十几位以上的有效数字,可以达到非常高的精度,并且现代计算机能够提供多种表示数据的方式,例如单精度浮点数、双精度浮点数等,能够满足多种计算精度的要求。

3. 具有记忆和逻辑推理能力

“记忆”指的是计算机能够将需要处理的原始数据和运算后的结果数据保存下来,计算机存储信息的能力是计算机的主要特点之一。计算机的存储系统由内存储器和外存储器组成。现代计算机的内存储器能达到几百兆甚至几千兆,外存储器也有惊人的容量。

计算机借助于逻辑运算,可以进行逻辑推理,并且可以根据结果自动地确定下一步做什么。计算机的这种逻辑推理能力来自计算机的组成部件运算器,该部件可以进行算术运算和逻辑运算。

4. 可靠性高、通用性强

由于采用了大规模和超大规模集成电路，现在的计算机具有非常高的可靠性。例如安装在航天器上的计算机可以连续几年可靠地运行。现代计算机不仅可以用于数值运算，还可以用于数据处理、过程控制、办公自动化等领域，通用性很强。

1.1.4 计算机的实际应用

由于计算机具有运算速度快、运算精度高、具有记忆和逻辑推理能力、可靠性高、通用性强等一系列特点，计算机的应用领域已渗透到社会的各行各业，推动着社会不断地向前发展。计算机可应用在科学计算、数据处理、计算机辅助技术、过程控制、人工智能和计算机网络等领域。

1. 科学计算

科学计算又称为数值计算，主要指计算机完成科学研究和工程技术中数学问题的计算。科学计算是计算机最早的应用领域，也是计算机最重要的应用之一。例如求解多阶方程组、导弹实验、卫星发射等情况下的计算任务，是传统的计算工具难以完成的，只有借助于计算机才能准确、及时地完成工作。

2. 数据处理

数据处理是指对各种数据进行收集、分类、整理、加工、存储等工作，从简单的文字处理到复杂的数据库管理，都与数据处理有关。目前在计算机应用中，数据处理占有重要地位，广泛应用于办公自动化、企业管理、情报检索、动画设计等领域。

3. 计算机辅助技术

计算机辅助技术通常包括计算机辅助设计(Computer Aided Design，CAD)、计算机辅助制造(Computer Aided Manufacturing，CAM)、计算机辅助教学(Computer Aided Instruction，CAI)等。

计算机辅助设计是利用计算机的工程计算、逻辑判断、数据处理功能形成的一个专门系统，以实现最佳设计效果的一种技术。目前应用于飞机、汽车、建筑、电子、机械和轻工业等领域。例如：在机械加工中，可以利用CAD技术进行力学计算、结构计算以及绘制图纸等，这样不但提高了设计速度，而且大大提高了设计质量和精度。

计算机辅助制造是利用计算机系统进行生产设备的管理、控制和操作的过程。使用CAM技术可以提高产品质量、降低生产成本、缩短生产周期、提高生产率、改善劳动条件。

计算机辅助教学是利用信息技术实现教学过程的一种方法。例如，利用该方法制作的课件能引导学习者循序渐进地学习，使学习者在轻松自如的环境中学到所需要的知识，充分调动学习者的学习主动性，实现主动学习。

4. 过程控制

过程控制是指利用计算机快速地处理数据，从而实现对控制对象的自动控制和调整。例如在工业生产中，计算机的应用不仅提高了劳动效率，还提高了产品质量，降低了产品成本。因此过程控制广泛应用于航天、机械、化工、水电领域。

5. 计算机网络

计算机技术与现代通信技术的结合构成了计算机网络，随着信息化社会的发展，计算机在通信领域的作用越来越大，因特网把地球上的大部分人联系在一起，解决了地区间，甚至国家间计算机与计算机之间的通信及资源共享问题，给人们的生活带来极大的方便。

1.2 数据表示与信息编码

在日常生活中，人们多采用十进制数形式记录数据，使用不同的符号来表示各种信息。由于计算机内部组成部件的物理特性的限制，计算机是采用二进制数形式表示信息和数据的。但人们在编制程序时习惯于使用十进制数形式，有时为了表示方便还使用八进制数形式和十六进制数形式。所以了解信息的数字化技术是很有必要的。

1.2.1 计算机中的计数制

数制是人们利用一组数字符号和进位规则表示数据大小的计算方法，通常以十进制来进行运算，另外，还有二进制、八进制、十六进制。

进位计数制包括三个要素：数码、基数、位权。

数码是一个数制中表示数值基本大小的数字符号。例如，十进制有10个数码：0、1、2、3、4、5、6、7、8、9。

基数即数码的个数。例如：十进制的基数为10。

每个数码表示的数值大小，不仅与该数码有关，还需要乘以与数码所在位置有关的一个常数，即位权。例如：十进制数899，可以表示成：$8\times10^2+9\times10^1+9\times10^0$，其中十位数上的位权值为$10^1$。

为了区别各种数制，可在数码的右下角注明数制或在数的后面加一个字母，如B(Binary)表示二进制，Q(Octal)表示八进制(为了和0区别，不用O表示八进制)，D(Decimal)或不带字母表示十进制数，H(Hexadecimal)表示十六进制数。

1. 十进制(Decimal Notation)

十进制的特点如下。

(1)有10个数码，分别为：0、1、2、3、4、5、6、7、8、9。

(2)基数为10。

(3)逢十进一,借一当十。

(4)对于一个由 n 位整数和 m 位小数组成的二进制数 N,其按权展开的通式为:

$$(N)_{10}=\pm(k_{n-1}\times10^{n-1}+k_{n-2}\times10^{n-2}+\cdots+k_1\times10^1+k_0\times10^0+k_{-1}\times10^{-1}+\cdots+k_{-m}\times10^{-m})$$

(5)任何一个十进制数,例如32.25,可以书写成32.25,或$(32.25)_{10}$,或32.25D等形式。

【例1.1】 将十进制数32.25按权展开,形式为:

$$32.25D=3\times10^1+2\times10^0+2\times10^{-1}+5\times10^{-2}$$

2. 二进制(Binary Notation)

明白了十进制的组成,对二进制就不难理解了。二进制的特点如下。

(1)有2个数码,分别为:0、1。

(2)基数为2。

(3)逢二进一,借一当二。

(4)对于一个由 n 位整数和 m 位小数组成的二进制数 N,其按权展开的通式为:

$$(N)_2=\pm(k_{n-1}\times2^{n-1}+k^{n-2}\times2^{n-2}+\cdots+k_1\times2^1+k_0\times2^0+k_{-1}\times2^{-1}+\cdots+k_{-m}\times2^{-m})$$

(5)任何一个二进制数,例如1101.01,可以书写成$(1101.01)_2$,或1101.01B等形式。

【例1.2】 将二进制数1101.01按权展开,形式为:

$$1101.01B=1\times2^3+1\times2^2+0\times2^1+1\times2^0+0\times2^{-1}+1\times2^{-2}$$

3. 八进制(Octal Notation)

八进制的特点如下。

(1)有8个数码,分别为:0、1、2、3、4、5、6、7。

(2)基数为8。

(3)逢八进一,借一当八。

(4)对于一个由 n 位整数和 m 位小数组成的八进制数 N,其按权展开的通式为:

$$(N)_8=\pm(k_{n-1}\times8^{n-1}+k_{n-2}\times8^{n-2}+\cdots+k_1\times8^1+k_0\times8^0+k_{-1}\times8^{-1}+\cdots+k_{-m}\times8^{-m})$$

(5)任何一个八进制数,例如74.05,可以书写成$(74.05)_8$,或74.05Q等形式。

【例1.3】 将八进制数74.05按权展开,形式为:

$$74.05Q=7\times8^1+4\times8^0+0\times8^{-1}+5\times8^{-2}$$

4. 十六进制(Hexadecimal Notation)

十六进制的特点如下。

(1)有16个数码,分别为:0、1、2、3、4、5、6、7、8、9、A、B、C、D、E、F。

(2)基数为 16。

(3)逢十六进一,借一当十六。

(4)对于一个由 n 位整数和 m 位小数组成的十六进制数 N,其按权展开的通式为:

$$(N)_{16}=\pm(k_{n-1}\times16^{n-1}+k_{n-2}\times16^{n-2}+\cdots+k_1\times16^1+k_0\times16^0+k_{-1}\times16^{-1}+\cdots+k_{-m}\times16^{-m})$$

(5)任何一个十六进制数,例如 0DF.8A,可以书写成 $(0DF.8A)_{16}$,或 0DF.8AH 等形式。

【例 1.4】 将十六进制数 0DF.8A 按权展开,形式为:

$$0DF.8AH=D\times16^1+F\times16^0+8\times16^{-1}+A\times16^{-2}$$

几种常用进制数之间的对应关系如表 1-1 所示。

表 1-1　几种常用进制数之间的对应关系

二进制	八进制	十进制	十六进制
0000	0	0	0
0001	1	1	1
0010	2	2	2
0011	3	3	3
0100	4	4	4
0101	5	5	5
0110	6	6	6
0111	7	7	7
1000	10	8	8
1001	11	9	9
1010	12	10	A
1011	13	11	B
1100	14	12	C
1101	15	13	D
1110	16	14	E
1111	17	15	F

1.2.2　不同进制数之间的换算

同一个数可以用不同的进制表示,例如十进制数 49,表示成二进制数是 110001B,表示成八进制数是 61Q,表示成十六进制数是 31H。一个数从一种进制表示转换成另一种进制表示,称为进制换算。下面介绍进制换算的方法。

1. 二进制数、八进制数、十六进制数换算成十进制数

二进制数、八进制数、十六进制数换算成十进制数可以将进制数用按权展开通式表示出来，然后按十进制运算规则算出相应的十进制数值即可。

换算规则：乘权求和。下面举例说明。

【例 1.5】 将二进制数 11011.101B 换算成十进制数。

$$
\begin{aligned}
11011.101\text{B} &= 1\times2^4+1\times2^3+0\times2^2+1\times2^1+1\times2^0+1\times2^{-1}+0\times2^{-2}+1\times2^{-3} \\
&= 16+8+0+2+1+0.5+0+0.125 \\
&= 27.625\text{D}
\end{aligned}
$$

【例 1.6】 将八进制数 751.54Q 换算成十进制数。

$$
\begin{aligned}
751.54\text{Q} &= 7\times8^2+5\times8^1+1\times8^0+5\times8^{-1}+4\times8^{-2} \\
&= 448+40+1+0.625+0.0625 \\
&= 489.6875\text{D}
\end{aligned}
$$

【例 1.7】 将十六进制数 5F5.4H 换算成十进制数。

$$
\begin{aligned}
5\text{F}5.4\text{H} &= 5\times16^2+\text{F}\times16^1+5\times16^0+4\times16^{-1} \\
&= 1280+240+5+0.25 \\
&= 1525.25\text{D}
\end{aligned}
$$

2. 十进制数换算成二进制数、八进制数、十六进制数

十进制数换算成二进制数、八进制数、十六进制数规则分两个步骤完成：第一，整数部分换算采用除基取余法；第二，小数部分换算采用乘基取整法。下面举例说明。

【例 1.8】 将十进制数 103.25D 换算成二进制数。

(1)整数部分换算采用除 2 取余法。

```
2 | 103  ······ 1   ↑
 2 | 51  ······ 1   |
  2 | 25 ······ 1   |
   2 | 12 ····· 0   |
    2 | 6 ····· 0   |
     2 | 3 ···· 1   |
      2 | 1 ··· 1   |
          0
```

结果为：103D=1100111B。

(2)小数部分换算采用乘 2 取整法。

$0.25\times2=0.5$ ························ 整数部分为 0 ↓

$0.5\times2=1$ ························ 整数部分为 1 ↓

结果为 0.25D=0.01B。

即 103.25D=1100111.01B。

【例 1.9】 将十进制数 143.75D 换算成八进制数。

(1)整数部分换算采用除 8 取余法。

```
8 | 143   …… 7   ↑
  8 | 17  …… 1   |
    8 | 2 …… 2   |
        0
```

结果为:143D=217Q。

(2)小数部分换算采用乘 8 取整法。

0.75×8=6……………………………………………………………整数部分为 6

结果为 0.75D=0.6Q。

即 143.75D=217.6Q。

【例 1.10】 将十进制数 282.25D 换算成十六进制数。

(1)整数部分换算采用除 16 取余法。

```
16 | 282   …… A   ↑
  16 | 17  …… 1   |
    16 | 2 …… 1   |
          0
```

结果为:282D=11AH。

(2)小数部分换算采用乘 16 取整法。

0.25×16=4…………………………………………………………整数部分为 4

结果为 0.25D=0.4H。

即 282.25D=11A.4H。

3. 二进制数、八进制数、十六进制数之间的转换

(1)将八进制数转换成二进制数。

换算规则:每一位八进制数码转换成相应的三位二进制数。

【例 1.11】 将$(453.127)_8$转换成二进制数。

```
 4    5    3   .   1    2    7
 ↓    ↓    ↓       ↓         ↓
100  101  011  .  001  010  111
```

结果为:$(453.127)_8=(100101011.001010111)_2$。

(2)将二进制数转换成八进制数。

换算规则:每三位二进制数码转换成一位八进制数。

运算步骤说明:

①从二进制小数点位置开始,分别向左和向右把三位二进制数划为一组。

②如果分到最后一组不够三位二进制数,最左边和最右边用 0 补齐,直到每组数都为三位。

③每一组数都转换成一个相应的八进制数，即可完成转换。

【例 1.12】 将二进制数$(11010110011101.11101)_2$转换为八进制数。

011	010	110	011	101	.	111	010
↓	↓	↓	↓	↓		↓	↓
3	2	6	3	5	.	7	2

结果为：$(11010110011101.11001)_2=(32635.72)_8$。

(3)将十六进制数转换成二进制数。

换算规则：每一位十六进制数码转换成相应的四位二进制数。

【例 1.13】 将$(5A9.B28)_{16}$转换成二进制数。

5	A	9	.	B	2	8
↓	↓	↓		↓	↓	↓
0101	1010	1001	.	1011	0010	1000

结果为：$(5A9.B28)_{16}=(10110101001.101100101)_2$。

(4)将二进制数转换成十六进制数。

换算规则：每四位二进制数码转换成一位十六进制数。

运算步骤说明：

①从二进制小数点位置开始，分别向左和向右把四位二进制划为一组。

②如果分到最后一组不够四位二进制数，最左边和最右边用 0 补齐，直到每组数都为四位。

③每一组数都转换成一个相应的十六进制数，即可完成转换。

【例 1.14】 将二进制数$(11010110011101.11101)_2$转换为十六进制数。

0011	0101	1001	1101	.	1110	1000
↓	↓	↓	↓		↓	↓
3	5	9	D	.	E	8

结果为：$(11010110011101.11001)_2=(359D.E8)_{16}$。

(5)八进制数与十六进制数的相互转换。

八进制数转换成十六进制数：可以先把八进制数转换为二进制数，再转换成十六进制数。

十六进制数转换成八进制数：可以先把十六进制数转换为二进制数，再转换成八进制数。

1.2.3 数据的常用存储单位

1. 存储单位

位：二进制数所表示的数据的最小单位，就是二进制的一位数，简称位(bit)。

字节：把八个 bit 称为一个字节（Byte），字节是计算机中的最小存储单元。

字长：若干个字节组成一个字（Word），其位数称为字长。字长是计算机能直接处理的二进制数的数据位数，直接影响到计算机的功能、用途及应用领域。常见的字长有八位、十六位、三十二位、六十四位等。

2. 字节、字的位编号

我们把最左边的一位称为最高有效位，把最右边的一位称为最低有效位。在十六位字中，我们称左边八位为高位字节，右边八位为低位字节。

3. 存储单位的换算

为了便于表示存储器的大小或容量，统一以字节为单位表示。一般用 KB、MB、GB、TB 和 PB 来表示，它们之间的换算关系如下。

1KB=1024B=2^{10}B

1MB=1024KB=2^{20}B

1GB=1024MB=2^{30}B

1TB=1024GB=2^{40}B

1PB=1024TB=2^{50}B

1.2.4 字符编码

字符是各种文字和符号的总称，包括各国家文字、标点符号、图形符号、数字等。字符集是多个字符的集合，字符集种类较多，每个字符集包含的字符个数不同。常见字符集有：ASCII 字符集、GB2312 字符集、BIG5 字符集、GB18030 字符集、Unicode 字符集等。计算机要准确地识别和存储各种字符集文字，需要进行字符编码。字符的编码主要有以下几种。

1. ASCII 码

ASCII 码即美国信息互换标准代码（American Standard Code for Information Interchange），是基于拼音文字的一套电脑编码系统。目前，计算机中一般都采用 ASCII 码来表示英文字母和符号。它主要用于显示现代英语和其他西欧语言，是现今最通用的单字节编码系统。

一个 ASCII 码值占一个字节（八个二进制位），其最高位为 0，可以描述 256 个字符；基本 ASCII 码的最高位为 0，其范围用二进制表示为 00000000～01111111，用十进制表示为 0～127，共 128 个。基本 ASCII 字符表如表 1-2 所示。

表 1-2 基本 ASCII 字符表

<table>
<tr><th></th><th>0000</th><th>0001</th><th>0010</th><th>0011</th><th>0100</th><th>0101</th><th>0110</th><th>0111</th></tr>
<tr><td>0000</td><td>NUL</td><td>DLE</td><td>SP</td><td>0</td><td>@</td><td>P</td><td>`</td><td>p</td></tr>
<tr><td>0001</td><td>SOH</td><td>DC1</td><td>!</td><td>1</td><td>A</td><td>Q</td><td>a</td><td>q</td></tr>
<tr><td>0010</td><td>STX</td><td>DC2</td><td>“</td><td>2</td><td>B</td><td>R</td><td>b</td><td>r</td></tr>
<tr><td>0011</td><td>ETX</td><td>DC3</td><td>#</td><td>3</td><td>C</td><td>S</td><td>c</td><td>s</td></tr>
<tr><td>0100</td><td>EOT</td><td>DC4</td><td>$</td><td>4</td><td>D</td><td>T</td><td>d</td><td>t</td></tr>
<tr><td>0101</td><td>ENQ</td><td>NAK</td><td>%</td><td>5</td><td>E</td><td>U</td><td>e</td><td>u</td></tr>
<tr><td>0110</td><td>ACK</td><td>SYN</td><td>&</td><td>6</td><td>F</td><td>V</td><td>f</td><td>v</td></tr>
<tr><td>0111</td><td>BEL</td><td>ETB</td><td>‘</td><td>7</td><td>G</td><td>W</td><td>g</td><td>w</td></tr>
<tr><td>1000</td><td>BS</td><td>CAN</td><td>(</td><td>8</td><td>H</td><td>X</td><td>h</td><td>x</td></tr>
<tr><td>1001</td><td>HT</td><td>EM</td><td>)</td><td>9</td><td>I</td><td>Y</td><td>i</td><td>y</td></tr>
<tr><td>1010</td><td>LF</td><td>SUB</td><td>*</td><td>:</td><td>J</td><td>Z</td><td>j</td><td>z</td></tr>
<tr><td>1011</td><td>VT</td><td>ESC</td><td>+</td><td>;</td><td>K</td><td>[</td><td>k</td><td>{</td></tr>
<tr><td>1100</td><td>FF</td><td>FS</td><td>,</td><td><</td><td>L</td><td>\</td><td>l</td><td>|</td></tr>
<tr><td>1101</td><td>CR</td><td>GS</td><td>-</td><td>=</td><td>M</td><td>]</td><td>m</td><td>}</td></tr>
<tr><td>1110</td><td>SO</td><td>RS</td><td>.</td><td>></td><td>N</td><td>^</td><td>n</td><td>~</td></tr>
<tr><td>1111</td><td>SI</td><td>US</td><td>/</td><td>?</td><td>O</td><td>_</td><td>o</td><td>DEL</td></tr>
</table>

第 0～32 号及第 127 号(共 34 个)是控制字符或通信专用字符，其中，控制符有 LF(换行)、CR(回车)、FF(换页)、DEL(删除)、BEL(振铃)等；通信专用字符有 SOH(文头)、EOT(文尾)、ACK(确认)等。

第 33～126 号(共 94 个)是字符，其中，第 48～57 号为 0～9 十个阿拉伯数字；第 65～90号为 26 个大写英文字母，第 97～122 号为 26 个小写英文字母，其余为一些标点符号、运算符号等。

扩充 ASCII 码的最高位为 1，其范围用二进制表示为 10000000～11111111，用十进制表示为 128～255，共有 128 个，用于表示制表符、计算符号、希腊字母和特殊的拉丁符号。

2. 汉字编码

对于英文，大小写字母总共只有 52 个，加上数字、标点符号和其他常用符号，128 个编码基本够用，因此 ASCII 码基本上满足了英语信息处理的需要。汉字不是拼音文字，而是象形文字，由于常用的汉字也有 6000 多个，因此使用 7 位二进制编码是不够的，必须使用更多的二进制位。

1981 年我国国家标准局颁布的《信息交换用汉字编码字符集 · 基本集》，收录了 6763 个汉字和 619 个图形符号。在 GB2312-80 中规定用 2 个连续字节，即 16 位二进制代码表示一个汉字。由于每个字节的高位规定为1，这样就可以表示128×128=16384个汉字。在GB2312-80中，根据使用频率将汉字分为两级，第一级有3755个，按汉语拼音字母的顺序排列，第二级有3008个，按部首排列。

英文是拼音文字，基本符号比较少，编码比较容易，而且在计算机系统中，输入、内部处理、存储和输出都可以使用同一代码。汉字种类繁多，编码比西文困难得多，而且在一个汉字处理系统中，输入、内部处理、输出对汉字代码要求不尽相同，所以用的代码也不尽相同。汉字信息处理系统在处理汉字和词语时，要进行一系列的汉字代码转换。下面介绍主要的汉字代码。

(1)汉字信息交换码(国标码)。

每个汉字都有一个二进制编码，称为汉字国标码。在我国汉字代码标准GB2312-80中有6763个常用汉字规定了二进制编码。每个汉字使用2个字节。GB2312-80标准将代码表分为94个区，对应第一字节；每个区94个位，对应第二字节，每个汉字字符被安排在这94×94的阵列中，用其对应的区位号编码表示该字符的编码，称为区位码。例如“爱”字的区位码是1614，即16区14位。故GB2312最多能表示6763个汉字。实际上，区位码也是一种输入法，其最大优点是一字一码的无重码输入法，最大缺点是难以记忆。

区位码是二维的十进制表示，不符合国际上的通用编码规则(国标码)，因此，它们之间需要转换。转换规则：将一个汉字的十进制区位号分别转换为十六进制；再分别加上32(十六进制表示：20H；二进制表示：00100000)作为国际码。例如“爱”字的区位码是1614，分别将区号16转换为十六进制10H，将位号14转换为十六进制0EH，即100EH，再分别加上20H，即得到“爱”的国标码302EH。

(2)汉字输入码(外码)。

汉字的字数繁多，字形复杂，字音多变，常用汉字就有6000多个。在计算机系统中使用汉字，首先遇到的问题就是如何把汉字输入计算机。为了能直接使用西文标准键盘进行输入，必须为汉字设计相应的编码方法。汉字编码方法主要有：拼音输入、数字输入、字形输入、音形输入等方法。

(3)汉字内部码(内码)。

汉字内部码是汉字在设备和信息处理系统内部最基本的表达形式，是在设备和信息处理系统内部存储、处理和传输汉字用的代码。目前，世界各大计算机公司一般以ASCII码为内部码来设计计算机系统。汉字数量多，用一个字节无法区分，一般用两个字节来存放汉字的内码，两个字节共有16位，可以表示65536个可区别的码，如果两个字节各用7位，则可表示16384个可区别的码，这已经够用了。另外，汉字字符必须和英文字符能相互区别开，以免造成混淆。英文字符的机内代码是7位ASCII码，最高位为“0”，汉字机内代码中两个字节的最高位均为“1”。不同的计算机系统所采用的汉字内部码有可能不同。

(4)汉字字形码(输出码)。

汉字字形码是汉字字库中存储的汉字字形的数字化信息，用于汉字的显示和打印。字形码也称字模码，是用点阵表示的汉字字形代码，它是汉字的输出形式，根据输出汉字的要求不同，点阵的多少也不同。简易型汉字为 16×16 点阵，提高型汉字为 24×24 点阵、32×32 点阵、48×48 点阵等等。

字模点阵的信息量是很大的，所占存储空间也很大，以 16×16 点阵为例，每个汉字就要占用 32 个字节，两级汉字大约占用 256KB。

一个完整的汉字信息处理离不开从输入码到机内码、从机内码到字形码的转换。虽然汉字输入码、机内码、字形码目前并不统一，但是只要在信息交换时，使用统一的国家标准，就可以达到信息交换的目的。

我国国家标准局于 2000 年 3 月颁布的国家标准 GB8030-2000《信息技术和信息交换用汉字编码字符集・基本集的扩充》，收录了 2.7 万多个汉字。它彻底解决了邮政、户政、金融、地理信息系统等迫切需要的人名、地名所用汉字，也为汉字研究、古籍整理等领域提供了统一的信息平台基础。

3. Unicode 字符集(简称为 UCS)

Unicode 字符集编码是(Universal Multiple-Octet Coded Character Set)通用多八位编码字符集的简称，支持世界上超过 650 种语言的国际字符集。Unicode 允许在同一服务器上混合使用不同语言组的不同语言。它是由一个名为 Unicode 学术学会(Unicode Consortium)的机构制订的字符编码系统，支持现今世界各种不同语言的书面文本的交换、处理及显示。该编码于 1990 年开始研发，1994 年正式公布，最新版本是 2005 年 3 月 31 日的 Unicode 4.1.0。Unicode 是一种在计算机上使用的字符编码。它为每种语言中的每个字符设定了统一并且唯一的二进制编码，以满足跨语言、跨平台进行文本转换、处理的要求。

4. UTF-8 编码

UTF-8 是 Unicode 的其中一种使用方式。UTF 的全称为 Unicode Translation Format，即把 Unicode 转换为某种格式的意思。UTF-8 便于不同的计算机之间使用网络传输不同语言和编码的文字，使得双字节的 Unicode 能够在现存的处理单字节的系统上正确传输。

UTF-8 使用可变长度字节来储存 Unicode 字符，例如 ASCII 字母继续使用 1 字节储存，重音文字、希腊字母或西里尔字母等使用 2 字节来储存，而常用的汉字就要使用 3 字节，辅助平面字符则使用 4 字节。

5. 图形、图像、声音编码

对于文字可以使用二进制代码编码，对于图形、图像和声音也可以使用二进制代码编码。例如：一幅图像是由像素阵列构成的。每个像素点的颜色值可以用二进制代码表示：二进制的 1 位可以表示黑白二色，2 位可以表示四种颜色，24 位可以表示真色彩（即 $2^{24} \approx 1600$ 万种颜色）。声音信号是一种连续变化的波形，可以将它分割成离散的数字信号，将其幅值划分为 $2^8 = 256$ 个等级值或 $2^{16} = 65536$ 个等级值加以表示。

这样得到的代码数量是非常大的，例如，一幅具有中等分辨率（640×480）彩色（24bit/像素）数字视频图像的数据量约为 737 万 bit/帧，一个 1 亿 Byte 的硬盘只能存放约 100 帧静止图像画面。如果是运动图像，以每秒 30 帧或 25 帧的速度播放，如果存放在 6 亿 Byte 光盘中，只能播放 20 秒。对于音频信号，采样频率 44.1kHz，每个采样点量化为 16bit，二通道立体声，1 亿 Byte 的硬盘也只能存储 10 分钟的录音。因此图像和声音编码总是同数据压缩技术密切联系在一起的，目前公认的压缩编码的国际标准有 JPEG、MPEG、CCITT H.261 等。

1.3　计算机系统的组成

一个计算机系统由硬件系统和软件系统两大部分组成，硬件（Hardware），即硬设备，是指计算机的各种看得见、摸得着的实实在在的物理设备的总称，是计算机系统的物质基础。软件（Software）是在硬件系统上运行的各类程序、数据及有关文档的总称。

没有配备软件的计算机为“裸机”，不能供用户直接使用。而没有硬件对软件的物质支持，软件的功能则无法发挥。只有硬件和软件相结合才能充分发挥计算机系统的功能。图 1-2 所示的是计算机系统的组成。

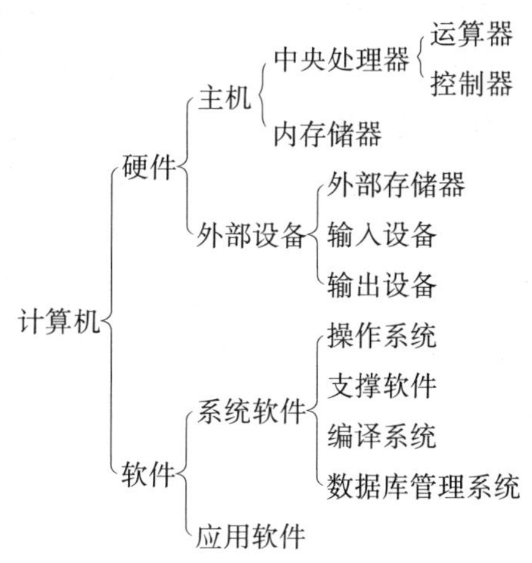

图 1-2　计算机系统的组成

1.3.1 计算机的基本组成

美籍匈牙利数学家冯·诺依曼(如图 1-3 所示)在世界上第一台计算机 ENIAC 研制成功后,总结并提出了包含“存储程序”思想的通用计算机方案,为计算机的发展奠定了基础。在“存储程序”思想的计算机结构中,冯·诺依曼共提出了以下三条。

图 1-3 冯·诺依曼

1. 计算机基本结构

根据冯·诺依曼思想,计算机硬件主要有五部分组成:运算器、控制器、存储器、输入设备和输出设备。它们之间的关系如图 1-4 所示。

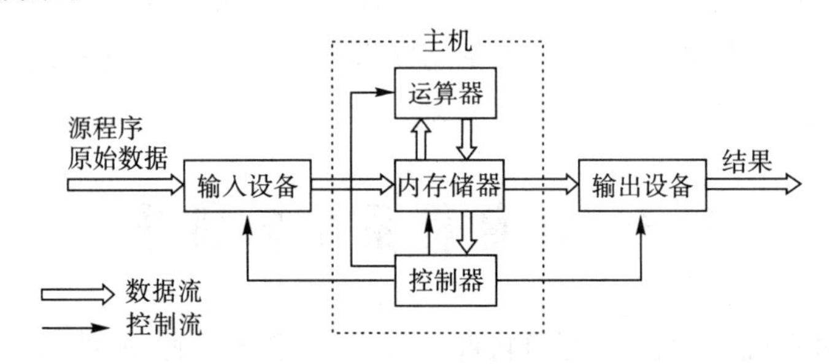

图 1-4 计算机硬件组成

2. 采用二进制代码表示

在计算机中,程序和数据都采用二进制代码表示。这样既便于硬件的物理实现,又具有简单的运算规则,这样可以简化计算机的结构,提高可靠性和运算速度。

3. 存储程序控制

这是冯·诺依曼结构计算机的核心。所谓存储程序,即程序和数据均以二进制编码形式预先按一定顺序存放到计算机的内存储器中,在运行时,控制器按地址顺序取出存放在内存储器中的指令,然后分析指令,执行指令的功能,遇到转移指令时,则转移到转移地址,再按地址顺序访问指令(程序控制),一直运行到程序结束。这些工作都是由担任指挥工作的控制器和担任运算工作的运算器共同完成的,这就是存储程序的工作原理。

上述思想奠定了现代计算机的基本结构思想,并开创了程序设计的时代,到目前为止,绝大多数计算机仍沿用这一思想。后来人们将采用这种设计结构的计算机称为冯·诺依曼计算机,他本人也被冠以“数字计算机之父”。

1.3.2 计算机的工作原理

计算机采用以“存储程序”(将解题程序存放到存储器)和“程序控制”(控制程序顺序执行)为基础的设计思想。

如果只有硬件,计算机只具有运算的可能性,若要计算机实现计算、控制等功能,计算机还必须配有必要的软件。在工作时，计算机在控制器的控制下，把组成软件的指令一条一条地取出来，并翻译和执行，完成相应的操作。

1. 指令、指令系统和程序

指令(Instruction)：一组计算机能识别并能执行的各种基本操作命令。一条指令通常由两个部分组成：操作码、操作数。

操作码指明该指令要完成的操作，如加、减、乘、除；操作数是指参加运算的数据或者数据所在的地址。

指令系统(Instruction System)：一台计算机的所有指令的集合。指令系统反映了计算机的基本功能，不同的计算机其指令系统不尽相同。

程序(Program)是为解决某一问题而选用的一条条有序指令的集合。程序具有目的性、分步性、有限性、有序性、分支性等特性。

2. 计算机执行指令的过程

将要执行的指令从内存调入 CPU，由 CPU 对该条指令进行分析译码，判断该指令所要完成的操作，然后向相应部件发出完成操作的控制信号，从而完成该指令的功能。

3. 程序的执行过程

CPU 从内存中读取一条指令到 CPU 内执行，该指令执行完，再从内存读取下一条指令到 CPU 内执行。CPU 不断地读取指令、执行指令，直至执行完所有的指令。整个过程由计算机协同操作完成。

1.3.3 计算机系统的主要技术指标

1. 字长

字长是指计算机能直接处理的二进制信息的位数，字长越长，计算机的运算速度就越快，运算精度就越高，所支持的内存容量就越大，计算机的功能就越强(支持的指令多)。字长是计算机的一个重要性能指标。按字长分类，计算机可分为 8 位机(早期的 Apple-Ⅱ机)，16 位机(如 286 微机)，32 位机(如 386、486、奔腾机)和 64 位机(双核、三核、四核)等。

2. 主频速度

主频速度指计算机的时钟频率，主频在很大程度上决定了计算机的运算速度。CPU 的工作是周期性的，它不断取指令、执行指令。这些操作需要精确定时，按照精确的节拍工作，因此 CPU 需要一个时钟电路产生标准节拍，一旦机器加电，时钟电路便连续不断地发出节拍，就像乐队的指挥一样指挥 CPU 有节奏地工作，这个节拍的频率就是主频。一般说来，主频越高，CPU 的工作速度越快。主频的单位是 MHz(兆赫)，如 2000MHz。

3. 运算速度

运算速度指计算机每秒钟能执行的指令数。常用的单位有 MIPS(每秒百万条指令)。

4. 存储周期

存储周期指存储器连续两次读取(或写入)所需的最短时间,半导体存储器的存储周期约在几十到几百纳秒之间。

5. 内存容量

内存容量指内存储器能够存储信息的总字节数。它表示内存储器所能容纳信息的字节数。内存容量越大,它所能存储的数据和运行的程序就越多,程序运行的速度就越高,微机的信息处理能力就越强,所以内存容量是微机的重要性能指标。

6. 可靠性

可靠性指在给定时间内计算机系统能正常运转的概率,通常用平均无故障时间来表示,无故障时间越长表明系统的可靠性越高。

7. 可维护性

可维护性指计算机的维修效率,通常用平均修复时间来表示。

其中,主频、运算速度、存储周期是衡量计算机速度的不同性能指标。此外,还有一些评价计算机的综合指标,例如性能价格比、兼容性、系统完整性、安全性等。

1.4 计算机的硬件组成

1.4.1 主 板

主板也称为系统板或母板,如图 1-5 所示,包括微处理器模块(CPU)、内存模块(随机存储器 RAM、只读存储器 ROM)、基本 I/O 接口、中断控制器、DMA(Direct Memory Access,直接内存访问)控制器及连接其他部件的总线,是微机内最大的一块集成电路板,也是最主要的部件。通常系统板上集成了软驱接口、IDE(Integrated Drive Electronics,电子集成驱动器)硬盘接口、并行接口、串行接口、USB(Universal Serial Bus,通用串行总线)接口、PCI(Peripheral Component Interconnect,外设部件互连标准)总线、PCI-E(PCI-Express,快捷外设互连标准)总线、ISA (Industry Standard Architecture,工业标准体系结构)总线和键盘接口等。

图 1-5 主 板

1.4.2　CPU

CPU(Center Processor Unit,中央处理器)也称为微处理器,是电脑的核心部分。计算机的运行速度主要取决于CPU的性能。CPU采用大规模集成电路技术把上亿个晶体管集成到一块小硅片上。生产CPU的主要厂商是Intel和AMD。如图1-6所示为Intel的Core 2双核处理器,即在一个处理器上集成两个运算核心,从而提高计算能力。

CPU主要包括控制器和运算器(算术逻辑部件和寄存器),CPU内部的基本结构如图1-7所示。

图1-6　Intel的Core 2双核处理器

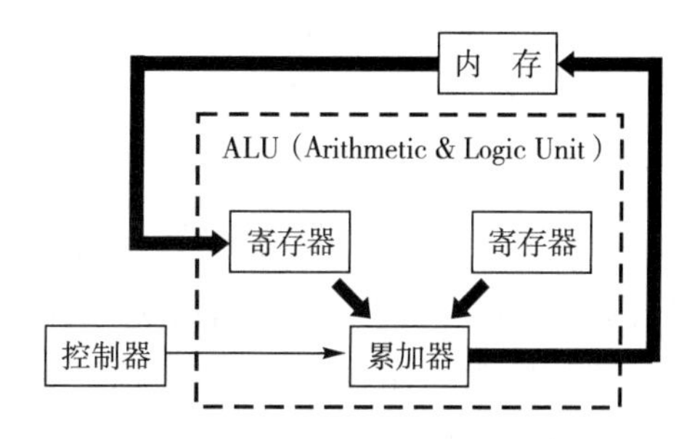

图1-7　CPU内部基本结构

1. 控制器

控制器是计算机的指挥系统,通过地址访问存储器,逐条取出选中单元的指令、分析指令,并根据指令产生相应的控制信号作用于其他各个部件,控制其他部件完成指令要求的操作。

2. 运算器

运算器由算术逻辑单元(ALU)、累加寄存器、数据缓冲寄存器和状态条件寄存器组成,是数据加工处理部件。相对控制器而言,运算器接受控制器的命令而进行动作,即运算器所进行的全部操作都是由控制器发出的控制信号来指挥的,所以它是执行部件。运算器有两个主要功能。

(1)执行所有的算术运算。

(2)执行所有的逻辑运算,并进行逻辑测试,如零值测试或两个值的比较。

1.4.3　内存储器

当CPU需要处理数据时,可以先将部分数据保存到内存中,然后通过内存与硬盘等存储设备进行数据的交互与访问。但如果电脑忽然断电,内存中的数据则立即消失,因此它并不能用来长时间保存数据信息。目前微机中使用的内存主要分为SDRAM(Synchronous Dynamic Random Access Memory,同步动态随机存取内存)、DDR2 SDRAM(Double Data Rate 2 Synchronous Dynamic Random Access Memory,

第二代双倍数据率同步动态随机存取内存)和 DDR3 SDRAM(Double Data Rate 3 Synchronous Dynamic Random Access Memory,第三代双倍数据率同步动态随机存取内存)三类。

内存储器按其性能和特点可分为只读存储器 ROM(Read Only Memory)和随机存储器 RAM(Random Access Memory)两大类。

1. 只读存储器(ROM)

只能从 ROM 中读出数据,不能写入。存放在 ROM 中的信息,在没有电源的情况下,也能保持。

一般系统板上都装有只读存储器 ROM,它里面固化了一个基本输入/输出系统,称为 BIOS(Basic Input Output System)。其主要作用是完成对系统的加电自检、系统中各功能模块的初始化、调用系统的基本输入/输出的驱动程序及引导操作系统。BIOS 提供了许多低层次的服务,如软盘和硬盘驱动程序、显示器驱动程序、键盘驱动程序、打印机驱动程序以及串行通信接口驱动程序等,使程序员不必过多地关心这些具体的物理特性和逻辑结构细节(如端口地址、命令及状态引式等),就能方便地控制各种输入/输出操作,这些服务是相当可靠的,很少改变。

2. 随机存储器(RAM)

数据、程序在使用时从外存读入内存 RAM 中,使用完毕后在关机前再存回外存中。RAM 从特性上可以分为两类:动态随机存取存储器(Dynamic Random Access Memory,DRAM)、静态随机存取存储器(Static Random Access Memory,SRAM)。

(1)DRAM:动态随机存取存储器是 RAM 家族中最大的成员,通常意义上的 RAM 就是指 DRAM 内存。须使用一个刷新逻辑来定期对其刷新以保持存储器中的信息。目前,DRAM 一般由 MOS 型电路构成,最低刷新频率为每隔 1～2 ms 刷新一次。

动态内存中所谓的“动态”,指的是当我们将数据写入 DRAM 后,经过一段时间,数据会丢失,因此需要额外设一个电路进行内存刷新操作。具体的工作过程是这样的:一个 DRAM 的存储单元存储的是 0 还是 1 取决于电容是否有电荷,有电荷代表 1,无电荷代表 0。但时间一长,代表 1 的电容会放电,代表 0 的电容会吸收电荷,这就是数据丢失的原因;刷新操作定期对电容进行检查,若电量大于满电量的 1/2,则认为其代表 1,并把电容充满电;若电量小于 1/2,则认为其代表 0,并把电容放电,借此来保持数据的连续性。

(2)SRAM:静态随机存取存储器。它是一种具有静止存取功能的内存,存取速度快,不需要刷新电路即能保存它内部存储的数据。不像 DRAM 内存那样需要刷新电路,每隔一段时间,固定要对 DRAM 刷新充电一次,否则内部的数据会消失,因此 SRAM 具有较高的性能。但是 SRAM 也有它的缺点,即它的集成度较低,相同容量的 DRAM 内存可以设计为较小的体积,而 SRAM 却需要很大的体积。

SRAM常用于系统的高速缓冲存储器(Cache)。为了缓和CPU与主存储器之间速度的矛盾,在CPU和主存储器之间设置一个缓冲性的高速存储部件Cache,其工作速度接近CPU的工作速度,但其存储容量比主存储器小得多。Cache分为两种:CPU内部Cache(L1 Cache)和CPU外部Cache(L2 Cache)。

在CPU产品中,一级缓存的容量基本在4KB和64KB之间,二级缓存的容量则分为128KB、256KB、512KB、3MB、8MB等。一级缓存容量各产品之间相差不大,而二级缓存容量则是提高CPU性能的关键。

3. 地址

地址即计算机存储单元的编号。整个内存被划分成若干个存储单元,每个存储单元可存放8位二进制数。每个存储单元可以存放数据或程序代码。为了能有效地存取该单元内存储的内容,每个单元必须有唯一的编号来标识,这个编号称为地址。

1.4.4 显 卡

显示适配器简称显卡,一般插在主板的扩展槽内,通过总线与CPU相连。当CPU有运算结果或图形要显示时,将信号送给显卡,由显卡的图形处理芯片把它们翻译成显示器能够识别的数据格式,并通过显卡后面的一根15芯VGA接口和显示电缆传给显示器。

显卡按系统总线类型可分为ISA、EISA、VESA、PCI、AGP和PCI-E。其中PCI-E总线的显卡速度最快,数据带宽达5GB/s;其次是AGP,数据带宽为2GB/s。目前,市场的主流产品是PCI-E显示卡。

1.4.5 声 卡

声卡(Sound Card)也叫音频卡,是计算机进行声音处理的适配器,是多媒体技术中最基本的组成部分,是实现声波/数字信号相互转换的一种硬件。声卡的基本功能是把来自话筒、磁带、光盘的原始声音信号加以转换,输出到耳机、扬声器、扩音机、录音机等声响设备,或通过音乐设备数字接口(MIDI)使乐器发出美妙的声音。

它有三个基本功能:一是音乐合成发音功能;二是混音器(Mixer)功能和数字声音效果处理器(DSP)功能;三是模拟声音信号的输入和输出功能。声卡处理的声音信息在计算机中以文件的形式存储。声卡工作应有相应的软件支持,包括驱动程序、混频程序和CD播放程序等。

1.4.6 硬 盘

硬盘(Hard Disc Drive,HDD)是电脑主要的存储媒介之一,由一个或者多个铝制或者玻璃制的碟片组成,并固定在一个公共的转轴上,如图1-8所示。

这些碟片外覆盖有铁磁性材料。绝大多数硬盘都是固定硬盘,被永久性地密封固定在硬盘驱动器中。微机上用的硬盘采用了温切斯特技术,它把硬盘驱动电机和读写磁头等组装并封装在一起,成为温切斯特驱动器。硬盘工作时,固定在同一个转轴上的数张盘片以每分钟5400转或7200转,甚至更高的速度旋转,磁头在驱动马达的带动下在磁盘上做径向移动,寻找定位点,完成写入或读出数据工作。

图1-8 硬盘结构图

1. 硬盘的存储容量

硬盘经过低级格式化、分区及高级格式化后即可使用。硬盘的低级格式化在出厂前已完成,硬盘经过高级格式化后,每个盘片的存储结构如图1-9所示。相关参数如下。

(1)磁头数(Heads):表示硬盘总共有几个磁头,也就是有几面盘片。

(2)柱面数(Cylinders):表示硬盘每一面盘片上有几条磁道。

(3)扇区数(Sectors):表示每一条磁道上有几个扇区。

(4)每个扇区的字节数:每个扇区一般是512个字节。

硬盘容量的计算公式为:

硬盘容量=磁头数×柱面数×扇区数×每扇区的字节数

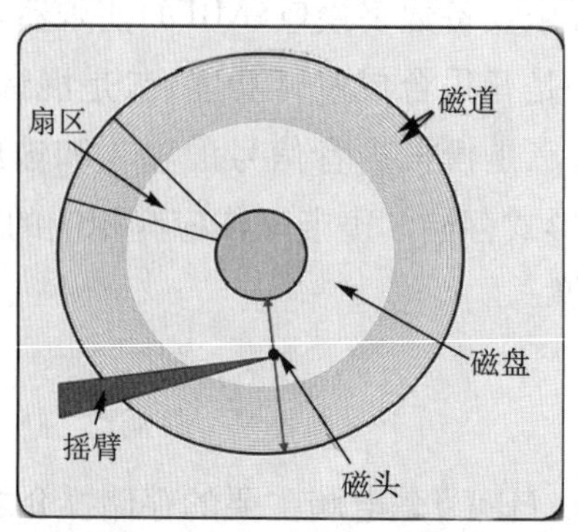

图1-9 硬盘盘片的存储结构

2. 使用硬盘时的注意事项

硬盘的特殊构造和重要性，要求用户在使用时特别注意保持良好的工作环境，如适宜的温度和湿度、防尘、无震动等；不要频繁开机关机；不得随意拆卸硬盘；硬盘上的重要程序、数据或需要长期保存的信息，要注意备份并妥善保存。

3. 固态硬盘

上面所讲述的硬盘是基于磁性存储介质的，目前，一种新型的基于固态电子存储芯片阵列制成的硬盘逐渐流行，这就是固态硬盘。它是由控制单元和存储单元（FLASH 芯片或 DRAM 芯片）组成的。固态硬盘的功能及使用方法与普通硬盘的完全相同，其产品外形和尺寸也完全与普通硬盘一致，被广泛应用于军事、车载、工控、视频监控、网络监控、网络终端、电力、医疗、航空、导航设备等领域。固态硬盘的存储介质分为两种，一种采用闪存（FLASH 芯片）作为存储介质，另外一种采用 DRAM 作为存储介质。

基于闪存的固态硬盘（IDEFLASH DISK、Serial ATA Flash Disk）：采用 FLASH 芯片作为存储介质，这也是通常所说的 SSD。它的外观可以被制作成多种模样，例如：笔记本硬盘、微硬盘、存储卡、U 盘等样式。SSD 固态硬盘最大的优点是可以移动，其数据保护不受电源控制，能适应各种环境，适合个人用户使用。

基于 DRAM 的固态硬盘：采用 DRAM 作为存储介质，应用范围较窄。它效仿传统硬盘的设计，可供绝大部分操作系统的文件系统工具进行卷设置和管理，并提供工业标准的 PCI 和 FC 接口用于连接主机或者服务器。其应用方式可分为 SSD 硬盘和 SSD 硬盘阵列两种。它是一种高性能的存储器，而且使用寿命很长，不足之处是需要独立电源来保护数据安全。

1.4.7 光　驱

1. 光盘驱动器

光盘驱动器（光驱）是多媒体计算机配置中重要的外围设备，主要用来读取光盘上的信息。目前常见的光驱主要有 CD 光驱和 DVD 光驱。

（1）光盘驱动器的特点。

光盘驱动器是一种以光记录形式代替磁记录形式的读写设备，其特点是节省了存储空间和能源消耗，使原来需要大量磁盘存储的信息，以光记录的形式存储到光盘上。

（2）光盘驱动器的分类。

• 按安放位置划分，光盘驱动器可分为外置式光盘驱动器和内置式光盘驱动器。

• 按接口形式划分，光盘驱动器可分为 SCSI 接口光盘驱动器、IDE 接口光盘驱动器和 SATA 接口光盘驱动器。目前使用最多的仍为 IDE 接口光盘驱动器。SATA

接口光盘驱动器正在逐步替代 IDE 接口光盘驱动器。

2. 光盘

光盘采用光电存储介质，在盘面上用凹槽反映信息。当光驱中的激光束投到凹槽的边沿时，根据“凹槽的深浅不同，反射的光束也不同”这一原理来表示不同的数据。常见的光盘有以下几类。

(1)CD ROM 光盘：只能供读取已经记录的信息，不能供修改或写入新的内容。

(2)一次写入型(WORM 和 CDR)光盘：具有被读和写的特点，该光盘只能被一次性写入、多次读出，不可擦除。

(3)可擦写型(REWRITE)光盘：可供读写信息，还可供将记录在光盘上的信息擦去、重新写入新的信息，如磁光盘(MO)和相变型(PC)光盘。

(4)直接重写型(OVERWRITE)光盘：类似于硬盘，只用一束激光、一次动作即可完成信息重写，在写入新信息的同时，擦除原有的信息。

3. 光盘存储器的特点

(1)存储密度高：光盘存储密度高，容量非常大。例如：一张直径为 12cm 的光盘容量约为 600MB～1GB，而 DVD ROM 盘的容量则高达 17GB。

(2)数据传输的速率约为几兆至几十兆字节/秒。

(3)采用无接触式记录方式：光盘驱动器的激光头在读写光盘的信息时不与盘面接触，大大提高了记录光头和光盘的寿命。

(4)光盘记录介质封在两层保护膜中，激光存取数据的过程为非接触式、无磨损、抗污染，因此寿命很长，数据保存时间也相当长。

1.4.8 显示器

显示器又被称为监视器(Monitor)，是计算机系统的标准输出设备，它能快速地将计算机输入的原始信息和运算结果直接转换成人们能直接观察和阅读的光信号，输出的信息可以是字符、汉字、图形或图像。计算机显示系统由显示器和显示控制适配卡(Adapter，简称显示适配卡或显示卡)组成。

1. 显示器的分类

按所使用的器件，显示器可分为以阴极射线管为核心的 CRT 显示器与平板显示器。CRT 显示器按显示效果可分为单色显示器和彩色显示器。平板显示器主要有两类：液晶显示器(LCD)和气体等离子显示器。

2. 显示器的主要技术指标

(1)像素：显示器所显示的图形和文字是由许许多多的“点”组成的，这些点称为像素。

(2)点距：是指屏幕上相邻两个像素之间的距离，是决定图像清晰度的重要因素。

点距越小，图像越清晰。常见的点距有0.21mm、0.24mm、0.25mm、0.26mm、0.28mm、0.31mm和0.39mm几种。0.21mm点距通常用于高档的显示器。目前市场上常用的是0.28mm点距的显示器。

(3)分辨率：是指显示器屏幕上所能显示的“点”数(像素数)，分辨率越高，图像越清晰。最高分辨率是显示器的一个性能指标，它取决于显示器在水平和垂直方向上最多可以显示的“点”数。目前，一般显示器都能支持800×600、1024×768、1280×1024等规格的分辨率。

(4)扫描方式：显示器有隔行扫描和逐行扫描之分。隔行扫描分为奇数线和偶数线，交替进行。逐行扫描就是一行一行地扫描，反复进行。隔行扫描方式会产生显示图像的闪烁，逐行扫描方式比隔行扫描方式好。国际VESA组织认为，逐行扫描方式的垂直扫描频率达到75Hz才能做到无闪烁。目前，无闪烁标准是逐行扫描，扫描频率为85Hz。

1.4.9 鼠标与键盘

计算机上常见的输入设备有键盘(Keyboard)、鼠标器(Mouse)、扫描仪(Scanner)等。另外还有诸如触摸屏(Touch Screen)、条形码阅读器(Barcode Reader)、图形数字化仪(Digitizer)与光学符号阅读器(OCR)。其中鼠标与键盘是最常用的输入设备。

1. 鼠标

鼠标的标准称呼应该是“鼠标器”，英文名为“Mouse”。1968年，鼠标的原型诞生；1981年，第一只商业化鼠标诞生，仍旧是机械鼠标，出现滚球鼠标；1983年，罗技发明了第一只光学机械式鼠标，成为日后的行业标准。鼠标的使用是为了使计算机的操作更加简便，来代替键盘烦琐的指令。

2. 键盘

键盘是标准输入设备，用来向微机输入命令、程序和数据，普遍使用的是通用扩展键盘。

(1)键盘的工作原理。

键盘由一组按阵列方式装配在一起的按键开关组成。不同开关键上标有不同的字符，每按一个键就相当于接通了相应的开关电路，随即将该键所对应的字符代码通过接口电路送入微机。键盘通过一根电缆线(包括+5伏电源线、地线和两条双向信号线)与主机相连接。

(2)键的排列。

键盘按用途可分为主键盘区(标准英文打字区)、功能键盘区(F1～F12)、全屏幕编辑键盘区(光标和编辑键)和小键盘区(数字键和编辑键)，常用键的功能如表1-3所示。

表 1-3 常用功能键及其功能

常用功能键	功 能
Shift	换档键/上档键
Caps Lock	大小写字母转换键
Ctrl 和 Alt	控制键
Enter	回车键
Space	空格键
Backspace	退格键,用来删除光标左侧的字符
Tab	跳格键/制表键,同时按下 Shift 键和 Tab 键时,将把光标左移到前一个制表位置,通常制表位的位置被设定为 8 个字符间隔
Esc	强行退出键
Print Screen	屏幕打印键
Pause Break	暂停键。按这个键可以暂停计算机工作的执行,再按一次就可以恢复执行。同时按下 Ctrl 和 Pause Break 键,相当于程序运行调试过程中的 Ctrl+C 键,通常用来中止程序的执行
PageUp 和 PageDown	翻页键
Ins 或 Insert	插入键
Del 或 Delete	删除键,用来删除光标右侧的字符

1.5 计算机的软件组成

软件是指计算机系统中的程序及其开发、使用和维护所需要的所有文档的集合。微型机的软件系统由两大部分组成:系统软件和应用软件。

1.5.1 系统软件

系统软件是为了使计算机能够正常高效地工作所配备的各种管理、监控和维护系统的程序及有关的资料。通常由计算机厂家或专门的软件厂家提供,是计算机正常运行不可缺少的部分。也有一些系统软件是帮助用户进行系统开发的软件。

系统软件主要包括:操作系统(如 Windows、Unix/Xenix、DOS 等)、各种计算机程序设计语言的编译程序、解释程序、连接程序、系统服务性程序(如机器的调试、诊断、故障检查程序等)、数据库管理系统、网络通信软件等。

1. 操作系统(Operating System,OS)

操作系统是一个管理计算机系统资源、控制程序运行的系统软件,实际上是一组程序的集合。对操作系统的描述可以从不同角度来描述。从用户的角度来说,操作系统是用户和计算机交互的接口。从管理的角度讲,操作系统又是计算机资源的组织者和管理者。操作系统的任务就是合理有效地组织、管理计算机的软硬件资源，充分发挥资源效率，为方便用户使用计算机提供一个良好的工作环境。

(1)操作系统的功能。

从操作系统管理资源的角度看，操作系统有作业管理、文件管理、处理器管理、存储管理和设备管理五大功能。

作业管理：作业就是交给计算机运行的用户程序。它是一个独立的计算任务或事务处理。作业管理就是对作业进入、作业后备、作业执行和作业完成四个阶段进行宏观控制，并为其每一个阶段提供必要的服务。

文件管理：文件管理就是要为用户提供一种简单、方便、统一的存储和管理信息的方法。用文件的概念组织管理系统及用户的各种信息集，用户只需要给出文件名，使用文件系统提供的有关操作命令就可调用和管理文件。

处理器管理：它主要用来解决处理器的使用和分配问题，提高处理器的利用率，采用多道程序技术，使处理器的资源得到最充分的利用。

存储管理：由操作系统统一管理存储器，采取合理的分配策略，提高存储器的利用率。存储管理是特指对主存储器进行的管理。

设备管理：为了有效地利用设备资源，同时为用户程序使用设备提供最大的方便，操作系统对系统中所有的设备进行统一调度、统一管理。它的任务是接受用户的输入/输出请求，根据实际需要，分配相应的物理设备，执行请求的输入/输出操作。

(2)操作系统的分类。

根据用途、设计目标、主要功能和使用环境，操作系统可分为六类。

批处理操作系统：以作业为处理对象，连续处理计算机系统运行的作业流。

分时操作系统：在一台主机上连接多个终端，CPU 按时间片轮流转的方式为各个终端服务。CPU 的高速运算使得每一个用户都觉得好像自己在独占这台计算机。常用的系统有 Unix、Xenix、Linux 等。

实时操作系统：能对外来的作用和信号在限定时间范围内作出响应的操作系统。

网络操作系统：运行在局域网上的操作系统。目前，常用的网络操作系统有 NetWare 和 Windows NT 等。

分布式操作系统：通过网络将物理上分布的具有自治功能的计算机系统或数据处理系统互联，实现信息交换和资源共享，协同完成任务。

单用户操作系统：按同时管理的作业数，单用户操作系统可分为单用户单任务操作系统和单用户多任务操作系统。单用户单任务操作系统只能同时管理一个作业运行，CPU 运行效率低，如 DOS；单用户多任务操作系统允许多个程序或作业同时存在和运行。

2. 计算机语言

计算机语言是人与计算机交流信息的语言。计算机语言通常分为机器语言、汇编语言和高级语言。

(1)机器语言(Machine Language):是一种用二进制代码表示机器指令的语言。它是计算机硬件唯一可以识别和直接执行的语言。

(2)汇编语言(Assemble Language):是指用反映指令功能的助记符来代替难懂、难记的机器指令的语言。其指令与机器语言指令基本上是一一对应的,是面向机器的低级语言。用汇编语言编出的程序称为汇编语言源程序(计算机无法执行),必须翻译成机器语言目标程序才能执行(汇编过程)。

(3)高级语言(Advanced Language):是独立于机器的算法语言,接近于人们日常使用的自然语言和数学表达式,并具有一定的语法规则,是一种面向问题的计算机语言。用高级语言编写的源程序在计算机中也不能直接执行,通常要翻译成机器语言的目标程序才能执行。常用的高级语言有 Visual Basic、Java、C 和 Python 等语言。

近年来,随着面向对象和可视化技术的发展,出现了 C++、Java 等面向对象程序设计语言。

3. 解释、编译和连接程序

用高级语言编写的程序(源程序),计算机不能直接执行,必须先将其翻译成机器语言程序(目标程序),再进行连接,计算机才能执行。翻译过程一般有两种方式:编译方式和解释方式。

(1)编译方式:将高级语言编写的源程序整个地翻译成机器语言表示的目标程序的方式。完成此功能的程序称为编译程序。一般来说,编译方式执行速度快,但占用内存多。

(2)解释方式:是用专门的解释程序将高级语言编写的源程序逐句地翻译成机器语言表示的目标程序,译出一句执行一句,即边解释边执行。完成此功能的程序称为解释程序。解释方式灵活,便于查找错误,占用内存少,但效率低,花费时间长,速度慢。

在没有为目标程序分配存储器的绝对地址之前,目标程序是不能执行的。把目标程序以及所需的功能库等转换成一个可执行的装入程序,这个装入程序分配有地址,是一可执行程序。完成此功能的程序称为连接程序。

4. 系统服务程序

系统服务程序指一些工具软件或支撑软件,如系统诊断程序、测试程序、调试程序等。

5. 数据库管理系统

对有关的数据进行分类、合并,建立各种各样的表格,并将数据和表格按一定的形式和规律组织起来,实行集中管理,就是建立数据库(Database)。对数据库中的数据进行组织和管理的软件称为数据库管理系统 DBMS(Database Management

System)。DBMS能够有效地对数据库中的数据进行维护和管理,并能保证数据的安全,实现数据的共享。较为著名的DBMS有:Visual FoxPro、Microsoft Access等。另外,还有大型数据库管理系统Oracle、DB2、Sysbase和SQL Server等。

数据库技术是计算机技术中发展最快、应用最广的一个分支。可以说,今后的计算机应用开发大都离不开数据库。因此,了解数据库技术,尤其是微机环境下的数据库应用技术是非常必要的。

1.5.2　应用软件

应用软件是为解决各种实际问题而编制的应用程序及有关资料的总称,可购买,也可自己开发。常用的应用软件有:文字处理软件,如WPS、Word、PageMaker等;电子表格软件,如Excel等;绘图软件,如AutoCAD、3DS、PaintBrush等;课件制作软件,如PowerPoint、Authorware、ToolBook等。除了以上典型的应用软件外,教育培训软件、娱乐软件、财务管理软件等也都属于应用软件。

1.5.3　系统软件与应用软件的关系

没有操作系统的计算机被称为"裸机",裸机是无法被操作的,不会执行任何任务;操作系统是最靠近硬件的软件,是构成基本计算机系统不可缺少的软件,是应用软件和其他系统软件的运行平台,应用软件只能在安装了操作系统的计算机上运行。

1.6　计算机病毒与信息安全

1.6.1　计算机病毒

第一份关于计算机病毒的理论研究工作("病毒"一词当时并未使用)于1949年由冯·诺伊曼完成,冯·诺伊曼在他的论文中描述了一个计算机程序如何复制其自身。1983年11月,在一次国际计算机安全学术会议上,美国学者科恩第一次明确提出计算机病毒的概念,并进行了演示。

1986年初,巴基斯坦兄弟(巴斯特和阿姆捷特)编写了"大脑(Brain)"病毒(又被称为"巴基斯坦"病毒),他们的初衷是打击那些盗版软件的使用者。这是最早在世界上流行的病毒。

1998年11月2日,美国发生了"蠕虫计算机病毒"事件。蠕虫计算机病毒由美国CORNELL大学研究生莫里斯编写。当时,"蠕虫"在Internet上被大肆传播,使得数千台联网的计算机停止运行,导致Internet不能正常运行,并造成巨额损失。这个计算机病毒是历史上第一个通过Internet传播的计算机病毒。

1.计算机病毒简介

计算机病毒(Computer Virus),指编制或者在计算机程序中插入的破坏计算机功能或者数据,影响计算机使用并且能够自我复制的一组计算机指令或者程序代码。

病毒是一种比较完美的、精巧严谨的代码,按照严格的秩序组织起来,与所在的系统网络环境相适应和配合,病毒不会通过偶然形成,并且需要有一定的长度,这个基本的长度从概率上来讲是不可能通过随机代码产生的。现在流行的病毒是人为故意编写的,多数病毒可以找到作者和产地信息。从大量的统计分析来看,病毒作者的主要目的有:表现自己或证明自己的能力、借以表达对上司的不满、出于好奇、报复、得到控制口令、防止软件拿不到报酬而预留的陷阱等,当然也有因政治、军事、宗教、民族、专利等方面的需求而专门编写的,其中包括一些病毒研究机构和黑客的测试病毒。

木马是一种典型的计算机病毒。木马(Trojan)一词来源于古希腊文学《荷马史诗》中木马计的故事,其本意是特洛伊的。在计算机中,Trojan 指特洛伊木马。

木马程序是目前比较流行的病毒,与一般的病毒不同,它不会自我繁殖,也并不刻意地去感染其他文件,它通过将自身伪装吸引用户下载执行,向种植木马者提供打开被种者电脑的门户,使施种者可以任意毁坏、窃取被种者的文件,甚至远程操控被种者的电脑。木马与计算机网络中常常要用到的远程控制软件有些相似,但由于远程控制软件是善意的控制,因此通常不具有隐蔽性;木马则完全相反,木马要达到的目的是偷窃性的远程控制。

木马通常有两个可执行程序:一个是客户端,即控制端,另一个是服务端,即被控制端。植入被种者电脑的是“服务器”部分,而所谓的“黑客”正是利用“控制器”进入运行了“服务器”的电脑。

木马的服务一旦运行并被控制端连接,其控制端将享有服务端的大部分操作权限,例如给计算机增加口令,浏览、移动、复制、删除文件,修改注册表,更改计算机配置等。随着病毒编写技术的发展,木马程序对用户的威胁越来越大,尤其是一些木马程序采用了极其狡猾的手段来隐蔽自己,使普通用户很难发现它的存在。

2.计算机病毒的特点

(1)寄生性。

计算机病毒寄生在其他程序之中,当执行这个程序时,病毒就起破坏作用,而在未启动这个程序之前,它是不易被人发觉的。

(2)传染性。

计算机病毒不但具有破坏性,更具有传染性,一旦病毒被复制或产生变种,其速度之快令人难以预防。传染性是病毒的基本特征。计算机病毒会通过各种渠道从已被感染的计算机扩散到未被感染的计算机，在某些情况下造成被感染的计算机工作失常甚至瘫痪。与生物病毒不同的是，计算机病毒是一段人为编制的计算机程序代码，这段程序代码一旦进入计算机并得以执行，它就会搜寻其他符合其传染条件的程序或存储介质，确定目标后再将自身代码插入其中，达到自我繁殖的目的。只要一台计算机染毒，如不及时处理，那么病毒会在这台机子上迅速扩散，其中的大量文件会被感染。是否具有传染性是判别一个程序是否为计算机病毒的最重要条件。病毒程序通过修改磁盘扇区信息或文件内容并把自身嵌入其中的方法达到传染和扩散的目的。被嵌入的程序称为宿主程序。

(3)潜伏性。

有些病毒像定时炸弹一样，让它什么时间发作是预先设计好的。比如黑色星期五病毒，不到预定时间一点都觉察不出来，等到条件具备的时候一下子就爆炸开来，对系统进行破坏。一个编制精巧的计算机病毒程序，进入系统之后一般不会马上发作，可以在几周或者几个月内甚至几年内隐藏在合法文件中，对其他系统进行传染，而不被人发现，潜伏性愈好，其在系统中存在的时间就会愈长，病毒的传染范围就会愈大。潜伏性的第一种表现是病毒程序不用专用检测程序是检查不出来的，因此病毒可以静静地躲在磁盘或磁带里待上几天，甚至几年，一旦时机成熟，得到运行机会，就又要四处繁殖、扩散，继续为害。潜伏性的第二种表现是计算机病毒的内部往往有一种触发机制，不满足触发条件时，计算机病毒除了传染外不做什么破坏。触发条件一旦得到满足，有的在屏幕上显示信息、图形或特殊标识，有的则执行破坏系统的操作，如格式化磁盘、删除磁盘文件、对数据文件进行加密、封锁键盘及使系统死锁等。

(4)隐蔽性。

计算机病毒具有很强的隐蔽性，有的可以通过病毒软件检查出来，有的根本就查不出来，有的时隐时现、变化无常，这类病毒处理起来通常都很困难。

(5)破坏性。

计算机中毒后，正常的程序可能无法运行，计算机内的文件可能被删除或受到不同程度的损坏，通常表现为增、删、改、移。

(6)可触发性。

病毒因某个事件或数值的出现，诱使病毒实施感染或进行攻击的特性称为可触发性。为了隐蔽自己，病毒必须潜伏，少做动作。如果完全不动，一直潜伏的话，病毒既不能感染也不能进行破坏，便失去了杀伤力。病毒既要隐蔽又要维持杀伤力，它就必须具有可触发性。病毒的触发机制就是用来控制感染和破坏动作的频率的。病毒具有预定的触发条件，这些条件可能是时间、日期、文件类型或某些特定数据等。病毒运行时，触发机制检查预定条件是否满足，如果满足，则启动感染或破坏动作，使病毒进行感染或攻击；如果不满足，则使病毒继续潜伏。

3. 计算机病毒的预防

(1)建立良好的安全习惯。

对一些来历不明的邮件及附件不要打开,不要上一些不太了解的网站,不要执行从 Internet 下载后未经杀毒处理的软件等。

(2)关闭或删除系统中不需要的服务。

默认情况下,许多操作系统会安装一些辅助服务,如 FTP 客户端、Telnet 和 Web 服务器。这些服务为攻击者提供了方便,而又对用户没有太大用处,如果删除它们,就能大大减少被攻击的可能性。

(3)经常升级安全补丁。

有 80%的网络病毒是通过系统安全漏洞进行传播的,如蠕虫王、冲击波等,所以我们应该定期到微软网站去下载最新的安全补丁,以防患于未然。

(4)使用复杂的密码。

有许多网络病毒是通过猜测简单密码的方式攻击系统的,因此,使用复杂的密码将会大大提高计算机的安全系数。

(5)迅速隔离受感染的计算机。

当您的计算机发现病毒或异常时应立刻断网,以防止计算机受到更多的感染,或者成为传播源再次感染其他计算机。

(6)了解一些病毒知识。

了解一些病毒知识就可以及时发现新病毒并采取相应的措施,在关键时刻使自己的计算机免受病毒破坏。如果能了解一些注册表知识,就可以定期看一看注册表的自启动项是否有可疑键值;如果了解一些内存知识,就可以经常看看内存中是否有可疑程序。

(7)安装专业的杀毒软件进行全面监控。

在病毒日益增多的今天,使用杀毒软件进行防毒是越来越经济的选择。不过用户在安装了反病毒软件之后,应该经常进行升级,将一些主要监控经常打开(如邮件监控、内存监控等),遇到问题要上报,这样才能真正保障计算机的安全。

(8)安装个人防火墙软件。

用户电脑面临的黑客攻击问题越来越严重,许多网络病毒都采用了黑客的方法来攻击用户电脑,因此,用户还应该安装个人防火墙软件,将安全级别设为中、高级,这样才能有效地防止网络上的黑客攻击。

1.6.2 计算机信息安全

计算机的广泛应用推动了社会的发展和进步,但也带来了一系列的信息安全问题。现在,计算机已在国防、军工、科技、政治和经济等领域广泛应用,因而电子计算机处理和存储着大量完整的国家秘密信息，成为窃密者的重要目标和间谍分子活跃的新领域。西方发达国家把他们的社会由于广泛使用计算机称为“脆弱的社会”。这种脆弱性表现在计算机犯罪、敌对国家的破坏、意外事故和自然灾害、电磁波干扰、工作人员的失误以及计算机本身的缺陷等许多方面，突出表现是容易泄密和被窃密。

1. 计算机泄密的主要种类

(1)计算机电磁波辐射泄密。

计算机辐射主要有四个部分：显示器的辐射；通信线路（连接线）的辐射；主机的辐射；输出设备（打印机）的辐射。计算机是靠高频脉冲电路工作的，电磁场的变化必然要向外辐射电磁波，这些电磁波会把计算机中的信息带出去，窃密者通过相应的接收设备接受辐射电磁波，就可以从中窃取信息。

(2)计算机联网泄密。

由于计算机网络结构中的数据是共享的，主机与用户之间、用户与用户之间通过线路联络，这存在许多泄密漏洞。首先，“数据共享”时计算机系统实行用户识别口令，由于计算机系统在分辨用户时认“码”不认“人”，这样，那些未经授权的非法用户或窃密分子就可能通过冒名顶替、长期试探或其他办法掌握用户口令，然后打入联网的信息系统进行窃密。其次，计算机联网后，传输线路大多由载波线路和微波线路组成，这就使计算机泄密的渠道和范围大大增加，窃密者只要在网络中任意一条分支信道上或某一个节点、终端进行截取，就可以获得整个网络输送的信息。

(3)计算机媒介泄密。

计算机的存储器分为内存储器和外存储器两种，存储在内存储器的秘密信息可通过电磁辐射或联网交换被泄露或被窃取，而大量使用磁盘、光盘、U盘的外存储器很容易被非法篡改或复制。由于磁盘经消磁十余次后，仍有办法恢复原来记录的信息，因此计算机出故障时，存有秘密信息的硬盘不经处理或无人监督就带出修理，就会造成泄密。

(4)计算机工作人员泄密。

计算机工作人员的泄密主要有如下几种。一是无知泄密。如由于不知道计算机的电磁波辐射会泄露秘密信息，计算机工作时未采取任何措施，因此给他人提供了窃密的机会。二是违反规章制度泄密。如将一台发生故障的计算机送修前既不做消磁处理，又不安排专人检修，造成秘密数据被窃。又如由于计算机媒体存储的内容缺乏妥善管理，因此容易造成媒体的丢失。三是故意泄密。外国情报机关常常通过金钱收买、色情和策反别国的计算机工作人员等方法窃取信息系统的秘密。

2. 防范计算机泄密的措施

(1)采用技术手段防范。

一是使用低辐射计算机设备。这是防止计算机辐射泄密的根本措施，这些设备在设计和生产时,已对可能产生信息辐射的元器件、集成电路、连接线和 CRT 等采取了防辐射措施,以把设备的信息辐射抑制到最低限度。

二是对计算机屏蔽。根据辐射量的大小和客观环境,对计算机机房或主机内的部件加以屏蔽。将计算机和辅助设备用金属屏蔽笼(法拉第笼)封闭起来,并将全局屏蔽笼接地,能有效地防止计算机和辅助设备的电磁波辐射。不具备上述条件的,可将计算机辐射信号的区域控制起来,不许外部人员接近。

三是对计算机信息辐射干扰。根据电子对抗原理,采用一定的技术措施,利用干扰器产生噪声,使之与计算机设备产生的信息辐射一起向外辐射。对计算机的辐射信号进行干扰,增加接收还原解读的难度,保护计算机辐射的秘密信息。不具备上述条件的,也可将处理重要信息的计算机放在中间,四周放置处理一般信息的计算机。这种方法可降低辐射信息被接收还原的可能性。

四是对联网泄密的技术采取防范措施。首先是身份鉴别,其次是监视报警,最后是数字签名。这样,即使窃密者突破一般口令进入计算机也无法将信息调出。在信息传输过程中,对信息进行加密(一次或二次伪装),窃密者即使拦截到信号也一无所知。

五是对媒体泄密技术采取防范措施。首先是防拷贝。防拷贝技术实际上是给媒体做特殊的标记,如在磁盘上产生激光点、穿孔、指纹技术等特殊标记,这个特殊标记可被加密程序识别,但不能轻易地被复制。其次是加密。对媒体中的文件进行加密,使其用常规的办法不能被调出。由于密文加密在理论上还没有形成完善的体系,所以其加密方法繁多,没有一定的规律可循,通常可以分为代替密码、换位密码和条码方法。此外还要注意消磁。

(2)加强行政管理。

一是建立严格的机房管理制度。

二是规定分级使用权限。首先,对计算机中心和计算机数据划分密级,采取不同的管理措施,秘密信息不能在公开的计算机中心处理,密级高的数据不能在密级低的计算机中心处理;其次,根据使用者的不同情况,规定不同使用级别,低级别的机房不能进行高级别的操作;在系统开发中,系统分析员、程序员和操作员应职责分离,使知悉全局的人员尽可能少一些。

三是加强对存储设备的管理。

四是加强对工作人员的管理。

(3)严格法律监督。

计算机保密防范必须以法律法规为依据。目前我国已有《保密法》《中华人民共和国计算机信息系统安全保护条例》和《中华人民共和国计算机信息网络国际联网管理暂行规定》。应按照规定和要求,做好计算机的保密防范工作,不得利用计算机从事危害国家安全、扰乱社会秩序、泄露国家秘密的违法犯罪活动。

1.7 电子商务与电子政务

1.7.1 电子商务

电子商务是指以信息网络技术为手段，以商品交换为中心的商务活动。电子商务又可以分为广义的电子商务和狭义的电子商务。广义的电子商务是指使用各种电子工具从事商务活动；狭义的电子商务是指主要利用Internet从事商务活动。无论是广义的电子商务，还是狭义的电子商务，都涵盖了两个方面：一是离不开互联网这个平台，没有了网络，就称不上电子商务；二是通过互联网完成的是一种商务活动。人们一般理解的电子商务是指狭义上的电子商务。

1. 电子商务模式划分

按照交易对象不同，电子商务可以分为企业对企业的电子商务(B2B)、企业对消费者的电子商务(B2C)、企业对政府的电子商务(B2G)、消费者对消费者的电子商务(C2C)等。

(1)B2B(Business to Business)。

B2B模式是商家(泛指企业)对商家的电子商务，即企业与企业之间通过互联网进行产品、服务及信息的交换。他们使用Internet技术或各种商务网络平台(如拓商网)完成商务交易的过程。这些过程包括：发布供求信息，订货及确认订货，支付过程，票据的签发、传送和接收，确定配送方案并监控配送过程等。

(2)B2C(Business to Customer)。

B2C模式即“商对客”模式，商业零售商直接面向消费者销售产品，是中国最早产生的电子商务模式。如今的B2C电子商务网站非常多，比较典型的有天猫商城、京东商城、一号店、亚马逊、苏宁易购、国美在线等。

近年来，为了改变B2C模式中客户在价格方面的弱势地位，C2B模式在美国流行起来，它是通过聚合分散分布但数量庞大的用户形成一个强大的采购集团，以此来改变B2C模式中用户一对一出价的弱势地位，使之享受到用大批发商的价格买单件商品的利益。

(3)B2G(Business to Government)。

B2G模式是企业与政府管理部门之间的电子商务，如政府采购、海关报税的平台、国家税务总局和地方税务局报税的平台等。

(4)C2C(Consumer to Consumer)。

C2C模式是用户对用户的模式，C2C商务平台就是通过为买卖双方提供一个在线交易平台，使卖方可以主动提供商品上网拍卖，而买方可以自行选择商品进行竞价。代表网站主要有淘宝网、eBay、易趣网、拍拍网。

B2B2C(Business To Business To Customer)模式是一种新的网络通信销售方式。第一个 Business 指广义的卖方(即成品、半成品、材料提供商等),第二个 Business 指交易平台,即提供卖方与买方的联系平台,同时提供优质的附加服务,Customer 即指买方。卖方可以是公司,也可以是个人。

此外,还有企业、消费者、代理商三者相互转化的电子商务模式(ABC),将线下商务的机会与互联网结合在了一起的商务模式(O2O),以消费者为中心的全新商业模式(C2B2S),以供需方为目标的新型电子商务模式(P2D)等。

2. 电子商务的基本特征

从电子商务的含义及发展历程可以看出电子商务具有如下基本特征。

(1)普遍性。电子商务作为一种新型的交易方式,将生产企业、流通企业以及消费者和政府带入了一个网络经济、数字化的环境。

(2)方便性。在电子商务环境中,人们不再受地域的限制,客户能以非常简捷的方式完成过去较为繁杂的商业活动。如通过网络银行能够全天候地存取账户资金、查询信息等,同时使企业对客户的服务质量得以大大提高。

(3)整体性。电子商务能够规范事务处理的工作流程,将人工操作和电子信息处理集成为一个不可分割的整体,这样不仅能提高人力和物力的利用率,也可以提高系统运行的严密性。

(4)安全性。在电子商务中,安全性是一个至关重要的核心问题,它要求网络能提供一种端到端的安全解决方案,如加密机制、签名机制、安全管理、存取控制、防火墙、防病毒保护等等,这与传统的商务活动有很大的不同。

(5)协调性。商业活动本身是一种协调过程,它包括客户与公司内部、生产商、批发商、零售商间的协调。在电子商务环境中,它更要求银行、配送中心、通信部门、技术服务等多个部门通力协作。

3. 电子商务提供的相关工作岗位

(1)技术类。

电子商务平台设计(代表性岗位:网站策划/编辑人员):主要从事电子商务平台规划、网络编程、电子商务平台安全设计等工作。

电子商务网站设计(代表性岗位:网站设计/开发人员):主要从事电子商务网页设计、数据库建设、程序设计、站点管理与技术维护等工作。

电子商务平台美术设计(代表性岗位:网站美工人员):主要从事平台颜色处理、文字处理、图像处理、视频处理等工作。

(2)商务类。

企业网络营销业务(代表性岗位:网络营销人员):主要从事利用网站为企业开拓网上业务,进行网络品牌管理和客户服务等工作。

网上国际贸易(代表性岗位:外贸电子商务人员):利用网络平台开发国际市场,进行国际贸易。

新型网络服务商的内容服务(代表性岗位:网站运营人员/主管):主要从事频道规划、信息管理、频道推广、客户管理等工作。

电子商务支持系统的推广(代表性岗位:网站推广人员):负责销售电子商务系统和提供电子商务支持服务、客户管理等工作。

电子商务创业:借助电子商务这个平台,利用虚拟市场提供产品和服务,又可以直接为虚拟市场提供服务。

(3)综合管理类。

电子商务平台综合管理(代表性岗位:电子商务项目经理):这类人才要求既对计算机、网络和社会经济都有深刻的认识,又具备项目管理能力。

企业电子商务综合管理(代表性岗位:电子商务部门经理):主要从事企业电子商务整体规划、建设、运营和管理等工作。

4. 电子商务的发展优势

电子商务具有以下发展优势。

(1)更广阔的环境。人们不受时间、空间、传统购物方式的诸多限制,可以随时随地在网上交易。

(2)更广阔的市场。在网上这个世界将会变得很小,一个商家可以面对全球的消费者,而一个消费者可以在全球任何一家商家购物。

(3)更快的流通速度和更低廉的价格。电子商务减少了商品流通的中间环节,节省了大量的开支,从而也大大降低了商品流通和交易的成本。

(4)更符合时代的要求。如今人们越来越追求时尚、讲究个性、注重购物的环境,网上购物更能体现个性化的购物过程。

5. 我国电子商务的发展历程

(1)起步期。1990—1993年,电子数据交换时代,是中国电子商务的起步期。

(2)雏形期。1993—1997年,1993年,成立了国民经济信息化联席会议及其办公室,相继组织了金关、金卡、金税等“三金工程”。1996年,金桥网与因特网正式开通。1997年,信息办组织有关部门起草编制中国信息化规划。1997年,广告主开始使用网络广告。1997年4月,中国商品订货系统(CGOS)开始运行。

(3)发展期。1998—2000年,互联网电子商务发展阶段。1998年3月,中国第一笔互联网网上交易成功。1998年10月,国家经贸委与信息产业部联合宣布启动以电子贸易为主要内容的“金贸工程”。1999年3月,8848等B2C网站正式开通,网上购物进入实际应用阶段。1999年,政府上网、企业上网、电子政务(政府上网工程)、网上纳税、网上教育(湖南大学、浙江大学网上大学)、远程诊断(北京、上海的大医院)等广义电子商务开始启动,并进入实际试用阶段。

(4)稳定期。2000—2009年,电子商务逐渐以传统产业B2B为主体,标志着电子商务已经进入可持续性发展的稳定期。

(5)成熟期。4G、5G通信技术的蓬勃发展促使全网全程的电子商务V5时代成型,电子商务已经受到国家高层的重视,并提升到国家战略层面。

自2010年以来,我国电子商务行业发展迅猛,产业规模迅速扩大,电子商务信息、交易和技术等服务企业不断涌现。2013年,网络购物用户仅3亿人,市场交易规模10万亿元;2014年,中国电子商务市场交易规模12.3万亿元,从业人员2000多万人;2018年,中国电子商务从业人员达4700万人,网络购物用户规模突破6亿人,市场交易规模突破30万亿元;2019年,从业人员5000多万人,电子商务交易总额34.81万亿元。

1.7.2 电子政务

运用计算机、网络和通信等现代信息技术手段,实现政府组织结构和工作流程的优化重组,超越时间、空间和部门分隔的限制,建成一个精简、高效、廉洁、公平的政府运作模式,以便全方位地向社会提供优质、规范、透明、符合国际水准的管理与服务。

1. 电子政务的主要内容

电子政务的内容非常广泛,国内外也有不同的内容规范,根据国家政府所规划的项目来看,电子政务主要包括以下几个方面。

(1)G2G:政府间的电子政务。

政府间的电子政务是指上下级政府、不同地方政府、不同政府部门之间的电子政务,主要包括以下内容:电子法规政策系统、电子公文系统、电子司法档案系统、电子财政管理系统、电子办公系统、电子培训系统和业绩评价系统等。

(2)G2B:政府对企业的电子政务。

政府对企业的电子政务是指政府通过电子网络系统进行电子采购与招标,精简管理业务流程,快捷迅速地为企业提供各种信息服务,主要包括:电子采购与招标、电子税务、电子证照办理、信息咨询服务、中小企业电子服务等。

(3)G2C:政府对公民的电子政务。

政府对公民的电子政务是指政府通过网络系统为公民提供各种服务,主要包括:教育培训服务、就业服务、电子医疗服务、社会保险网络服务、公民信息服务、交通管理服务、公民电子税务、电子证件服务等。

2. 电子政务的特点

相对于传统行政方式,电子政务的最大特点就在于其行政方式的电子化,即行政方式的无纸化、信息传递的网络化、行政法律关系的虚拟化等。

电子政务使政府工作更公开、更透明；电子政务使政务工作更有效、更精简；电子政务为企业和公民提供更好的服务；电子政务重构政府、企业、公民之间的关系，使之比以前更协调，便于企业和公民更好地参政议政。

1.8　新技术

1.8.1　大数据

1. 大数据的概念

大数据(Big Data)，是指无法在一定时间范围内用常规软件工具进行捕捉、管理和处理的数据集合，是需要新处理模式才能具有更强的决策力、洞察发现力和流程优化能力的海量、高增长率和多样化的信息资产。

2. 大数据的特点

在维克托·迈尔-舍恩伯格及肯尼斯·库克耶编写的《大数据时代》中，大数据不用随机分析法(抽样调查)这种捷径，而采用所有数据进行分析处理。大数据的5V特点(IBM提出)是：Volume(大量)、Variety(多样)、Value(低价值密度)、Velocity(高速)、Veracity(真实性)。

(1)Volume(大量)：数据量大，包括采集、存储和计算的量都非常大。大数据的计量单位有P(1000个T)、E(100万个T)、Z(10亿个T)。

(2)Variety(多样)：种类和来源多样化，包括结构化、半结构化和非结构化数据，具体表现为网络日志、音频、视频、图片、地理位置信息等等，多类型的数据对数据的处理能力提出了更高的要求。

(3)Value(低价值密度)：数据价值密度相对较低，或者说是浪里淘沙却又弥足珍贵。随着互联网以及物联网的广泛应用，信息感知无处不在，信息海量，但价值密度较低，如何结合业务逻辑并通过强大的机器算法来挖掘数据价值，是大数据时代最需要解决的问题。

(4)Velocity(高速)：数据增长速度快，处理速度快，时效性要求也高。比如搜索引擎要求几分钟前的新闻能够被用户查询到，个性化推荐算法尽可能要求实时完成推荐。这是大数据区别于传统数据挖掘的显著特征。

(5)Veracity(真实性)：数据的准确性和可信赖度高。

3. 大数据的意义

大数据技术的战略意义不在于掌握庞大的数据信息，而在于对这些含有意义的数据进行专业化处理。如果把大数据比作一种产业，那么这种产业实现盈利的关键就在于提高对数据的“加工能力”，通过“加工”实现数据的“增值”。

从技术上看，大数据与云计算的关系就像一枚硬币的正反面一样密不可分。大数据无法用单台的计算机进行处理，必须采用分布式架构。其特色在于对海量数据进行分布式数据挖掘。它必须依托云计算的分布式处理、分布式数据库和云存储、虚拟化技术。

现代社会是一个高速发展的社会，科技发达，信息流通，人们之间的交流越来越密切，生活也越来越方便，大数据就是这个高科技时代的产物。有人把数据比喻为蕴藏能量的煤矿。煤炭按照性质有焦煤、无烟煤、肥煤、贫煤等分类，而露天煤矿、深山煤矿的挖掘成本又不一样。与此类似，大数据并不在“大”，而在于“有用”。价值含量、挖掘成本比数量更为重要。对于很多行业而言，如何利用这些大规模数据是赢得竞争的关键。

1.8.2 云计算

1. 云计算的概念

云计算(Cloud Computing)是分布式计算的一种，指的是通过网络“云”将巨大的数据计算处理程序分解成无数个小程序，然后通过多个服务器组成的系统进行处理和分析这些小程序得到的结果并返回给用户。云计算早期，简单地说，就是简单的分布式计算，解决任务分发，并进行计算结果的合并。因而，云计算又称为网格计算。通过这项技术，可以在很短的时间内(几秒)完成对数以万计的数据的处理，从而提供强大的网络服务。

2. 云计算的特点

云计算的可贵之处在于高灵活性、可扩展性和高性价比等，与传统的网络应用模式相比，云计算具有如下优势与特点。

(1)虚拟化技术。

虚拟化突破了时间、空间的界限，是云计算最为显著的特点，虚拟化技术包括应用虚拟和资源虚拟两种。众所周知，物理平台与应用部署的环境在空间上是没有任何联系的，正是通过虚拟平台对相应终端操作完成数据备份、迁移和扩展等。

(2)动态可扩展。

云计算具有高效的运算能力，在原有服务器基础上增加云计算功能能够使计算速度迅速提高，最终实现动态扩展虚拟化的层次达到对应用进行扩展的目的。

(3)按需部署。

计算机系统中集成了许多应用、程序软件等，不同的应用对应的数据资源库不同。因此，当用户运行不同的应用时，通常需要较强的计算能力对资源进行部署，而云计算平台能够根据用户的需求快速配备计算能力及资源。

(4)灵活性高。

目前,市场上大多数IT资源、软、硬件都支持虚拟化,比如存储网络、操作系统和开发软、硬件等。虚拟化要素统一放在云系统资源虚拟池中进行管理,可见云计算的兼容性非常强,不仅可以兼容低配置机器、不同厂商的硬件产品,还能够通过外设获得更高性能计算。

(5)可靠性高。

即使某个服务器发生故障也不会影响计算与应用的正常运行。因为单点服务器出现故障可以通过虚拟化技术将分布在不同物理服务器上面的应用进行恢复或利用动态扩展功能部署新的服务器进行计算。

(6)性价比高。

将资源放在虚拟资源池中统一管理在一定程度上优化了物理资源,用户不再需要昂贵、存储空间大的主机,可以选择相对廉价的PC组成云,一方面减少费用,另一方面计算性能不逊于大型主机。

(7)可扩展性。

用户可以利用应用软件的快速部署将自身所需的已有业务以及新业务进行扩展。如,计算机云计算系统中出现设备的故障,对于用户来说,无论是在计算机层面上,抑或在具体运用上均不会受到阻碍,可以利用计算机云计算具有的动态扩展功能来对其他服务器开展有效扩展。这样一来就能够确保任务得以有序完成。在对虚拟化资源进行动态扩展的情况下,同时能够高效扩展应用,提高计算机云计算的操作水平。

3. 云计算的应用

较为简单的云计算技术已经普遍服务于现如今的互联网服务中,最为常见的就是网络搜索引擎和网络邮箱。搜索引擎大家最为熟悉的莫过于谷歌和百度了,在任何时刻,只要通过移动终端就可以在搜索引擎上搜索任何自己想要的资源,通过云端共享数据资源。

(1)存储云。

存储云,又称云存储,是在云计算技术上发展起来的一种新的存储技术。云存储是一个以数据存储和管理为核心的云计算系统。用户可以将本地的资源上传至云端,可以在任何地方进入互联网获取云上的资源。大家所熟知的谷歌、微软等大型网络公司均有云存储的服务,在国内,百度云和微云则是市场占有量最大的存储云。存储云向用户提供了存储容器服务、备份服务、归档服务和记录管理服务等等,大大方便了使用者对资源的管理。

(2)医疗云。

医疗云,是指在云计算、移动技术、多媒体、4G通信、大数据和物联网等新技术基础上,结合医疗技术,使用“云计算”来创建医疗健康服务云平台,实现了医疗资源的共享和医疗范围的扩大。因为云计算技术的运用与结合,医疗云提高了医疗机构的效率,方便居民就医。像现在医院的预约挂号、电子病历、医保等等都是云计算与医疗领域结合的产物,医疗云还具有数据安全、信息共享、动态扩展、布局全国的优势。

(3)金融云。

金融云是指利用云计算的模型,将信息、金融和服务等功能分散到庞大分支机构构成的互联网“云”中,旨在为银行、保险和基金等金融机构提供互联网处理和运行服务,同时共享互联网资源,从而解决现有问题并且达到高效、低成本的目标。在2013年11月27日,阿里云整合阿里巴巴旗下资源推出阿里金融云服务。其实,这就是现在基本普及了的快捷支付,因为金融与云计算的结合,现在只需要在手机上简单操作,就可以完成银行存款、购买保险和基金买卖。现在,不仅阿里巴巴推出了金融云服务,苏宁金融、腾讯等企业也推出了自己的金融云服务。

(4)教育云。

教育云可以将所需要的任何教育硬件资源虚拟化,然后将其传入互联网中,以向教育机构、学生和老师提供一个方便快捷的平台。现在流行的慕课就是教育云的一种应用。慕课(MOOC),指的是大规模开放的在线课程。现阶段慕课的三大优秀平台为Coursera、edX和Udacity。在国内,中国大学MOOC也是非常好的平台。2013年10月10日,清华大学推出MOOC平台——学堂在线。许多大学现已使用学堂在线开设了一些课程的MOOC。

1.8.3 人工智能

1. 人工智能的概念

人工智能(Artificial Intelligence,AI)是研究、开发用于模拟、延伸和扩展人类智能的理论、方法、技术及应用系统的一门新的科学技术,是综合了计算机技术、机械加工、生理学、哲学的交叉学科,是当今计算机发展的一个趋势。

1956年,以麦卡赛、明斯基、罗切斯特和申农等为首的一批科学家共同研究和探讨用机器模拟智能的一系列有关问题,并首次提出了“人工智能”这一术语,标志着“人工智能”这门新兴学科的正式诞生。

2. 人工智能的实际应用

人工智能广泛应用于机器视觉、指纹识别、人脸识别、视网膜识别、虹膜识别、掌纹识别、专家系统、自动规划、智能搜索、定理证明、博弈、自动程序设计、智能控制、机器人学、语言和图像理解、遗传编程等领域。

例如,国际象棋界公认的棋王卡斯帕罗夫于1996年与超级计算机“深蓝”对弈,结果卡斯帕罗夫获胜。1997年他再次与改进后的超级计算机“深蓝”对弈,结果超级计算机“深蓝”获胜,“骗”过了卡斯帕罗夫。

2016年3月，由谷歌（Google）旗下DeepMind公司戴密斯·哈萨比斯领衔的团队开发的阿尔法围棋（AlphaGo）（其主要工作原理是“深度学习”），与围棋世界冠军、职业九段棋手李世石进行围棋人机大战，以4比1的总比分获胜；2016年末2017年初，该程序在中国棋类网站上以“大师”（Master）为注册账号，与中、日、韩数十位围棋高手进行快棋对决，连续60局无一败绩；2017年5月，在中国乌镇围棋峰会上，它与排名世界第一的世界围棋冠军柯洁对战，以3比0的总比分获胜。围棋界公认阿尔法围棋的棋力已经超过人类职业围棋顶尖水平。

习题1

1. 简述冯·诺依曼计算机的特点。
2. 简述计算机的主要性能指标。
3. 简述电子商务的基本概念和基本模式有哪些？
4. 简述病毒和木马的异同点。

第2章 Windows 10 操作系统

【引言】

计算机操作系统是计算机不可缺少的重要组成部分。Windows 10 是微软(Microsoft)公司推出的新一代客户端操作系统,是 Windows 系列重要的成员,是当前主流的操作系统之一。与以往版本的 Windows 相比,Windows 10 在性能、易用性、安全性等方面都有了非常明显的提高。本章主要介绍 Windows 10 中文版的一些基本操作,包括文件管理、程序管理、对工作环境的定制和计算机管理等内容。

2.1 操作系统概述

2.1.1 操作系统的定义

我们已经知道操作系统是系统软件的一部分,它的物质基础是系统硬件。计算机的资源由硬件资源和软件资源组成。操作系统是管理系统资源,使得这些资源得到有效利用的系统软件。比如我们大家几乎每天都要用的 Windows 就是一个典型的操作系统。

关于操作系统,至今尚无严格、统一的定义,我们可以这样来定义它:操作系统是控制和管理计算机系统的硬件和软件资源,合理地组织计算机工作流程以及方便用户的程序集合。其作用主要体现在以下两个方面。

(1)操作系统为用户提供了良好的界面。

操作系统处于用户与计算机硬件系统之间,它通过其内部极其复杂的综合处理,使一台无法使用的裸机为用户提供服务,用户可方便、安全、快捷、可靠地操纵计算机硬件和运行自己的程序。

(2)操作系统是计算机系统资源的管理者。

操作系统能对计算机硬件及软件资源进行统一管理，合理组织计算机的工作流程，操作计算机的性能，使有限的资源发挥最大的作用。

2.1.2　操作系统的功能

计算机系统的硬件资源主要有中央处理器、存储器、输入/输出设备，软件资源主要是以文件的形式保存在外存储器的各种数据、程序。从资源管理的角度来看，操作系统的功能主要有处理器管理、存储器管理、文件管理、设备管理和用户接口，每个功能都是通过一组相关的程序来实现的。这些程序完整的组合在一起就构成了操作系统。操作系统作为一个综合化的管理软件，可以将所有的计算机系统软硬件资源、用户的程序和数据都置于统一的管理和控制之下，用户通过操作系统可以用相当简单的方式操纵和使用计算机。

(1)处理器管理。

处理器管理主要是对中央处理器(CPU)进行动态管理，实质上是对处理器执行“时间”的管理，即如何将 CPU 真正合理地分配给每个任务。现在使用的个人计算机大都只有一块 CPU，任何程序只有占有了 CPU 才能运行。要在计算机上运行多个程序，每道程序在什么时候使用 CPU，这需要合理分配协调才行。关于处理器的分配有相应的调度算法，这些工作都由操作系统完成。

(2)存储器管理。

存储器管理实质是对存储空间的管理，主要是对内存的管理。内存储器是存放程序与数据的，只有被装入主存储器的程序才有可能去竞争中央处理器。因此，同时运行多道程序，如何存放才能井井有条，互不干扰，而且能充分合理地利用有限空间，都是操作系统负责的。

(3)文件管理。

文件管理是操作系统对计算机软件系统中软件资源的管理，通常由操作系统的文件系统来负责这一功能。文件系统由文件、管理文件的软件和相应的数据结构组成。文件操作对每个用户来说是经常使用的，每次存取文件只需知道文件所在的路径和文件名即可。如果不想让自己的文件被外人看到，可以对文件设置权限。这些幕后的工作都由操作系统完成，用户只需要使用文件名对文件进行操作就可以了。

操作系统将逻辑上具有完整意义的信息资源(程序和数据)以文件的形式存放在外存储器上，并赋予一个名字，称为文件。文件管理有效地支持文件存储、检索和修改等操作，解决文件的共享、保密和保护问题，并提供方便的用户界面，使用户能实现按名存取。文件管理一方面使得用户不必考虑文件如何保存以及存放的位置，另一方面要求用户按照操作系统规定步骤使用文件。

(4)设备管理。

设备管理负责管理计算机系统中除了中央处理器和主存储器以外的其他硬件资源。当用户要使用设备的时候,例如要使用打印机,只要单击“打印机”按钮即可将内容传到打印机进行后台打印。这一切是因为有了操作系统,才可以轻松地调用外部设备,还不影响当前处理的工作,所以对设备的管理也是非常重要的。操作系统对设备的管理主要体现在以下两个方面。

①它提供了用户和外设的接口。用户只需要通过键盘命令或程序向操作系统提出申请,操作系统中设备管理程序即可实现外部设备的分配、启动、回收和故障处理;

②可以提高设备的效率和利用率,操作系统还采取了缓冲技术和虚拟设备技术,尽可能使外设与处理器并行工作,以解决快速 CPU 与慢速外设之间的矛盾。

(5)用户接口。

用户都是通过操作系统提供的用户接口来与计算机交互的。一般操作系统都提供了图形化用户接口和命令接口。

图形化用户接口采用了图形化的操作界面,用非常容易识别的各种图标来将系统各项功能、各种应用程序和文件直观、逼真地表示出来。用户可通过鼠标、菜单和对话框来完成对应程序和文件的操作。

命令接口可使用户交互地使用计算机。输入一条命令,系统响应返回结果,用户根据结果再输入下一条命令,如此反复。Windows 系统中【运行】对话框可执行用户输入的命令。

另外,操作系统为编程人员提供了系统调用,每个系统调用都是一个能完成特定功能的子程序,这为应用程序的开发提供了方便,没有必要所有的功能都从头编写。

2.1.3 当前主流操作系统简介

最早的计算机其实并没有操作系统,在那个时候人们想要操作计算机只能通过各种不同的操作按钮来控制计算机,然后随着计算机技术的不断发展随后就出现了汇编语言,并将它的编译器内置到电脑中,操作人员通过带有孔的纸带将程序输入电脑进行编译。这些将语言内置的电脑只能由操作人员自己编写程序来运行,不利于设备、程序的共用。为了解决这个问题,就出现了操作系统,这样就很好地实现了程序的共用,以及对计算机硬件资源的管理,使人们可以从更高层次对电脑进行操作,而不用关心其底层的运作。

1. 磁盘操作系统 DOS

磁盘操作系统(Disk Operating System,DOS)是运行在微机上的操作系统。当 DOS 系统启动后出现提示符和光标时,就表示系统已经准备好,在等待我们给它下命令了。DOS 的命令输入方法和 Windows 系统中用鼠标双击图标运行程序不同,

DOS 通过输入英文命令加回车键的方式来执行程序。系统完成一个命令后，会出现下一个提示符，可以继续输入下一个命令。

提示： 在 DOS 系统下计算机一次只能做一件事，完成后才能开始下一件事；而在 Windows 下，可以让计算机同时做几件事。例如：我们可以一边拷贝文件，一边听音乐，一边浏览因特网。因此人们把 DOS 称为单任务的操作系统，而把 Windows 称为多任务的操作系统。

2. Windows 操作系统

Windows 是微软公司 1985 年开始推出的计算机操作系统。1990 年推出的 Windows 3.0 以其易学易用，友好的图形用户界面，支持多任务的优点很快占领了市场。

1992 年推出的 Windows 3.1 版，提供了 386 增强模式，提高了运行速度，功能也更强大。

1993 年推出的 Windows NT 是一个全新的 32 位多任务操作系统，是 Windows 家族中功能最强并支持网络功能的操作系统。

1994 年推出的 Windows 3.2 是第一个中文版操作系统，在我国得到了较为广泛的应用。

1995 年推出的 Windows 95 是 32 位操作系统的主流。Windows 95 的发布可以说是操作系统发展史上的一个里程碑，也就是说它是世界计算机界的一个转折点。

1998 年 6 月，Windows 98 发布，Windows 98 基于 Windows 95，改良了硬件标准的支持。其他特性包括对 FAT32 文件系统的支持、多显示器、Web TV 的支持和整合到 Windows 图形用户界面的 Internet Explorer。

2000 年，Windows 2000 发布，包括四个版本：Professional、Server、Advanced Server 和 Datacenter Server。这是号称有史以来最为稳定的一款操作系统。与 Windows 9x 和 Windows NT Workstation 相比，Windows 2000 Professional 为局域网、广域网以及 Internet/Intranet 环境提供了许多新特性。

2001 年 10 月 25 日，Windows XP 正式发布，XP 是基于 Windows 2000 代码的产品，同时拥有一个新的用户图形界面(其名称为月神 Luna)，它包括了一些细微的修改，集成了防火墙、媒体播放器(Windows Media Player)、即时通信软件(Windows Messenger)，以及它与 Microsoft Passport 网络服务的紧密结合。

2009 年 10 月 22 日，微软推出 Windows 7，它包含了 Starter(简易版)、Home basic(家庭版)、Professional(专业版)、Enterprise(企业版)、Ultimate(旗舰版)等多个版本。

2015 年 7 月 29 日，微软推出 Windows 10，该系统是跨平台操作系统，应用于计算机和平板电脑等设备。Windows 10 在易用性和安全性方面有了极大的提升，除了对云服务、智能移动设备、自然人机交互等新技术进行融合外，还对固态硬盘、生物识别、高分辨率屏幕等硬件进行了优化完善与支持。Windows 10 共有家庭版、专业版、企业版、教育版、专业工作站版、物联网核心版六个版本。

此外，微软还推出了 Windows 2003 网络操作系统、Windows Vista 和 Windows 8 等操作系统。

Windows 具有以下优点。

(1)界面图形化。

DOS 的字符界面使得一些用户操作起来十分困难，Mac 首先采用了图形界面并使用了鼠标，这就使得人们不必学习太多的操作系统知识，只要会使用鼠标就能进行工作，就连几岁的小孩子都能使用。这就是界面图形化的好处。在 Windows 中的操作可以说是“所见即所得”，所有的东西都摆在你眼前，只要移动鼠标，单击、双击即可完成。

(2)多用户、多任务。

Windows 系统可以使多个用户用同一台电脑而不会互相影响。Windows 9x 在此方面做得很不好，多用户设置形同虚设，根本起不到作用。Windows 2000 在此方面就做得比较完善，管理员(Administrator)可以添加、删除用户，并设置用户的权利范围。多任务是现在许多操作系统都具备的，这意味着可以同时让电脑执行不同的任务，并且互不干扰。比如一边听歌一边写文章，同时打开数个浏览器窗口进行浏览等都是利用了这一点。这对现在的用户是必不可少的。

(3)网络支持良好。

Windows 9x 和 Windows 2000 中内置了 TCP/IP 协议和拨号上网软件，用户只需进行一些简单的设置就能上网浏览、收发电子邮件等。同时它对局域网的支持也很出色，用户可以很方便地在 Windows 中实现资源共享。

(4)出色的多媒体功能。

这也是 Windows 吸引人们的一个亮点。在 Windows 中可以进行音频、视频的编辑/播放工作，可以支持高级的显卡、声卡使其“声色俱佳”。MP3 以及 ASF、SWF 等格式的出现使电脑在多媒体方面更加出色，用户可以轻松地播放最流行的音乐或观看影片。

(5)硬件支持良好。

Windows 95 以后的版本，包括 Windows 2000，都支持“即插即用(Plug and Play)”技术，这使得新硬件的安装更加简单。用户将相应的硬件和电脑连接好后，只要有其驱动程序 Windows 就能自动识别并进行安装。用户再也不必像在 DOS 中一样去改写 Config. sys 文件了，并且有时候需要手动解决中断冲突。几乎所有的硬件设备都有 Windows 下的驱动程序。随着 Windows 的不断升级，它能支持的硬件和相关技术也在不断增加，如 USB 设备、AGP 技术等。

(6)众多的应用程序。

在 Windows 下有众多的应用程序可以满足用户各方面的需求。Windows 下有数种编程软件，有无数的程序员在为 Windows 编写着程序。

此外，Windows NT、Windows 2000、Windows 2003 系统还支持多处理器，这对大幅度提升系统性能很有帮助。

3. NetWare 操作系统

NetWare 是 NOVELL 公司早期推出的网络操作系统。在信息发展相对比较落后的年代，由于其对当时主流操作系统 DOS 命令的兼容，让很多使用者的入门与提高非常容易，这样就使得其对市场的推广更加有利。而当其版本一代代进行升级后，越来越多的人看到了它对基础设备低要求、很方便地实现网络连接与支持、对无盘工作站的优化组建、支持更多应用软件的优势。这样，随着时间的推移，Netware 就渐渐成长为当时局域网服务器操作系统的一方霸主。NetWare 目前常用的版本主要有 Novell 的 3.11、3.12、4.10、5.0 等中英文版。

4. Unix 操作系统

Unix 操作系统由 AT&T 公司和 SCO 公司共同推出，主要支持大型的文件系统服务、数据服务等应用。由于一些出众的服务器厂商生产的高端服务器产品中甚至只支持 Unix 操作系统，因而在很多人的眼中，Unix 甚至成为高端操作系统的代名词。目前市面上流传的主要有 SCO SVR、BSD Unix、SUN Solaris、IBM-AIX。

5. Linux 操作系统

Linux 操作系统是由 Linus Torvalds 在 Unix 基础上开发出来的，支持多用户、多任务、多线程、多 CPU。Linux 开放源代码政策，使得基于其平台的开发与使用无须支付任何单位和个人版权费用，成为后来很多操作系统厂家创业的基石，同时也成为目前国内外很多保密机构服务器操作系统采购的首选。目前国内主流市场中使用的主要有 Novell 的中文版 Suse Linux 9.0、小红帽系列、红旗 Linux 系列等。今天 Linux 已发展成一个功能强大的操作系统，成为操作系统领域最耀眼的明星。

2.2　Windows 10 简介

比起以往的 Windows 产品，Windows 10 操作系统在易用性和安全性方面有了极大的提升，除了对云服务、智能移动设备、自然人机交互等新技术进行融合外，还对固态硬盘、生物识别、高分辨率屏幕等硬件进行了优化完善与支持。从技术角度来讲，Windows 10 操作系统是一款优秀的消费级别操作系统。

与之前的Windows版本相比,Windows 10系统有以下优点。

(1)增强了安全功能:包括更强大的防病毒和防恶意软件功能,以及更好的防护措施,例如安全启动(Secure Boot)和设备卫士(Device Guard)。

(2)更加智能的虚拟助手:Windows 10的虚拟助手Cortana具有更强大的语音识别功能和更智能的响应,能够提供更好的帮助和支持。

(3)更加自由的体验:Windows 10提供更多的自定义选项,例如桌面背景、开始菜单和任务栏的布局等,更加符合用户的个性化需求。

(4)新增的功能:Windows 10引入了许多新的功能,例如虚拟桌面、多任务触控功能、Microsoft Edge浏览器和全新的DirectX 12游戏图形技术等。

(5)跨平台和统一:Windows 10还可以在多种设备上运行,包括笔记本电脑、平板电脑、手机和Xbox游戏机等,强调统一的用户体验。

2.2.1 Windows 10的启动与退出

1. 启动Windows 10

在完成Windows 10的安装后,只要打开计算机电源,通常就自动启动了Windows 10。进入Windows 10系统后,整个屏幕就称为桌面,如图2-1所示。

图2-1 Windows 10的桌面

2. 关闭Windows 10

为保证系统的安全和稳定,在使用完计算机后,应该正常关闭Windows系统。方法如下。

方法一:单击【开始】按钮 ,弹出开始菜单,单击【⏻ 电源】按钮,弹出电源选项，用户可以根据需要选择睡眠、关机、重启等操作，如图2-2所示。

睡眠："睡眠"是一种节能状态。当选择"睡眠"菜单项后，计算机会立即停止当前操作，将当前运行程序的状态保存在内存中并消耗少量的电量，只要不断电，当再次按下计算机开关时，便可以快速恢复"睡眠"前的工作状态。

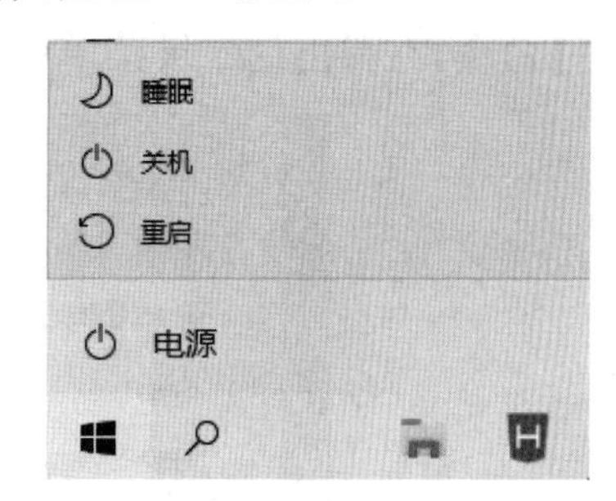

图2-2　Windows 10开始菜单的电源选项

关机：关闭所有应用，然后关机。

重启：重新启动计算机可以关闭所有程序和Windows 10操作系统，然后自动重新启动计算机并进入Windows 10操作系统。

方法二：在桌面空白状态下按下【Alt+F4】组合键，打开如图2-3所示的对话框，单击【确定】按钮便可关闭Windows 10。

图2-3　【关闭Windows】对话框

提示： 单击关机下拉列表可以选择其他选项，如图2-4所示。

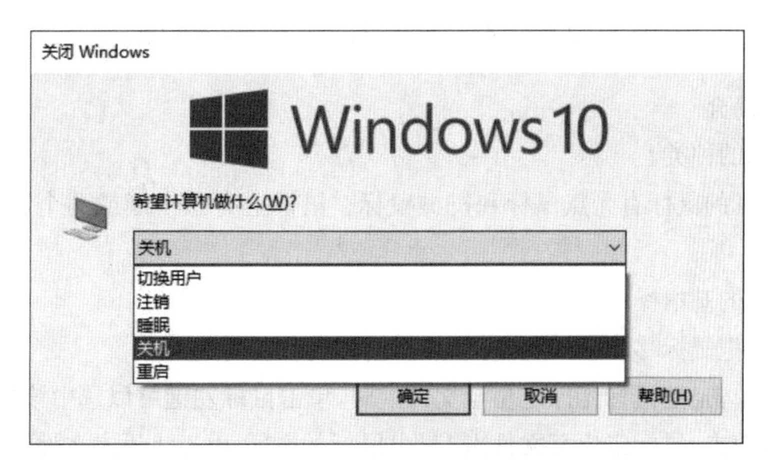

图2-4　【关闭Windows】对话框操作项

方法三：鼠标右击开始图标按钮，打开高级用户功能菜单，在菜单中选择【关机或注销】命令，在弹出的二级菜单中选择【关机】命令，可以关闭计算机，如图 2-5 所示。

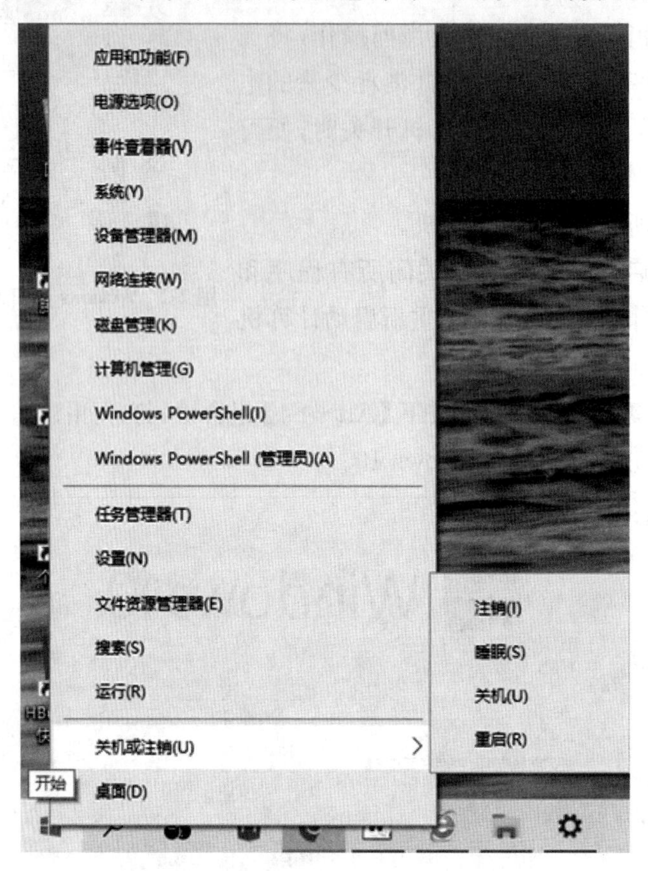

图 2-5 【关闭或注销】Windows 操作选项

提示： 也可通过按下【Win+X】组合键打开高级用户功能菜单。

2.2.2 Windows 10 鼠标与键盘的基本操作

1. 鼠标简介

(1)鼠标的种类。

现在常见的鼠标有光点鼠标和机械鼠标。鼠标上有三个键或两个键，外加一个滑轮。

(2)鼠标的基本操作。

①定位：把鼠标移动至一些链接上时，会弹出相应的选项。

②左键单击：把鼠标光标定位至文件上时，单击鼠标左键可以选中该文件。

③左键双击：鼠标定位至文件上，双击鼠标的左键可以打开该文件；在窗口标题栏上双击左键可以最大化或还原该窗口。

④拖动：鼠标悬停在文件上，按下鼠标左键不放，拖动鼠标可以把文件拖动至指定位置(部分软件内亦可用)。

⑤拖动复制：把一个窗口内的文件拖动至另一个窗口，可以把该文件复制一份至另一窗口；拖动过程中按住 Shift 键不放，那么就是把该文件剪切至另一窗口。

⑥批量选中：按下鼠标左键并滑动鼠标可以选中鼠标滑动的矩形选区内的全部文件。

⑦鼠标右键：鼠标右键的功能相对较少，主要用于打开相应的菜单，如：右键单击一个文件可以打开快捷菜单，可对该文件进行复制、粘贴、剪切等操作。

⑧滚轮：前后滚动滚轮可以在页面内进行翻页。在浏览器、Word 等窗口内，按住 Ctrl 键滚动滚轮可以缩放页面；在 PS、AI 等软件内按住 Alt 键滚动滚轮也可以缩放页面。

⑨按下滚轮：在浏览较长文件或网页时，可以向下按下滚轮，打开自动翻页模式，关闭的方法为单击一下鼠标左键或右键。

2. 键盘的基本操作

键盘是计算机必不可少的输入设备，目前使用最为广泛的是 104 或 108 键的键盘。

(1)键盘的分区。

根据键盘使用功能可以将键盘分为 3 个区：功能键盘区、打字键盘区和数字小键盘区。

①功能键盘区：包括 Esc、F1～F12、Tab、Caps Lock、Shift、Ctrl、Alt、Print Screen、Scroll Lock、Pause、Insert、Home、Page Up、Delete、End、Page Down、Num Lock 等，以及专门为 Windows 设计的开始键和功能选择键。功能键在不同的应用程序和操作系统中其定义不一定相同。

• Enter：又称回车键，是使用频率最高的一个键，主要作用是用来确定计算机应该执行的操作。

• Esc：该键的作用与回车键刚好相反，用来取消命令的执行。

• Ctrl：该键一般配合其他键使用，如在 Windows、Office 软件中【Ctrl＋C】表示复制，【Ctrl＋V】表示粘贴，【Ctrl＋X】表示剪切，【Ctrl＋S】表示保存。

• Alt：在空格键左右各有一个，该键一般配合其他键使用，如【Alt＋F4】表示关闭当前窗口。

• Shift：又称换档键，按住它再按打字区的数字键就可以打数字键上的特殊符号。

• Tab：又称制表定位键，一般按一次【Tab】键光标移到一个制表位。

• Caps Lock：该键称为大写字母锁定键，按一下该键，键盘上【Caps Lock】灯变亮，这时输入的就是大写字母，再按一次输入的就是小写字母。

• Backspace:称为退格键,该键在【Enter】键的上边,上面有一个向左的箭头。按一次该键光标就会向前移动一格,向前移动一格也可以删除一个字符或汉字。

• Delete:称为删除键,与数字键区的【Del】键功能相同,可以将选中的对象删除。

• Print Screen:称为屏幕硬复制键,在DOS系统按一次该键可以将屏幕输出到打印机,在Windows系统中按一次该键可以将当前窗口显示画面复制到剪贴板中供应用程序使用。

• Pause:称为暂停键,在执行某些程序时按一次该键可以暂停程序的执行,同时按住【Ctrl+Pause】键可以强行中断程序的运行。

• Num Lock:称为数字锁定键,按一下该键,键盘上Num Lock灯变亮,这时可以使用数字键盘区上的键,再按一次该键,数字键盘区上的键即被锁定。

②打字键盘区:包括26个英文字母、10个数字键、英文符号键和必要的转换键。

③数字小键盘区:由10个数字键、光标移动键、上下翻页键以及【Home】【End】键组成。

(2)常用键盘快捷键。

• Ctrl+C:复制选择的项目。

• Ctrl+X:剪切选择的项目。

• Ctrl+V:粘贴选择的项目。

• Ctrl+Z:撤消操作。

• Ctrl+Y:重新执行某项操作。

• Delete:删除所选项目并将其移动到“回收站”。

• Shift+Delete:不进入“回收站”而直接将其删除。

• Ctrl+向右键:将光标移动到下一个字词的起始处。

• Ctrl+向左键:将光标移动到上一个字词的起始处。

• Ctrl+向下键:将光标移动到下一个段落的起始处。

• Ctrl+向上键:将光标移动到上一个段落的起始处。

• Ctrl+A:选择文档或窗口中的所有项目。

• Alt+Enter:显示所选项的属性。

• Alt+向上键:在Windows资源管理器中查看上一级文件夹。

• Alt+F4:关闭活动项目或者退出活动程序。

• Alt+空格键:为活动窗口打开快捷方式菜单。

• Ctrl+F4:关闭活动文档(在允许同时打开多个文档的程序中)。

• Alt+Tab:在打开的项目之间切换。

• Ctrl+Alt+Tab:使用箭头键在打开的项目之间切换。

• Alt+Esc:以项目打开的顺序循环切换项目。

- Shift+F10:显示选定项目的快捷菜单。
- Ctrl+Esc:打开“开始”菜单。
- Esc:取消当前任务。
- F1:显示帮助。
- F2:重命名选定项目。
- F3:搜索文件或文件夹。
- F4:在 Windows 资源管理器中显示地址栏列表。
- F5:刷新活动窗口。
- F6:在窗口中或桌面上循环切换屏幕元素。
- F10:激活活动程序中的菜单栏。
- Ctrl+Shift+Esc:打开任务管理器。
- Win+D:显示和隐藏桌面。
- Win+L:锁定电脑或切换账户。
- Win+S:打开“搜索”对话框。
- Win+R:打开“运行”对话框。
- Win+E:打开“文件资源管理器”窗口。
- Win+I :打开“设置”窗口。

2.2.3　Windows 10 的桌面布局

桌面是用户启动计算机及登录到 Windows 10 操作系统后看到的整个屏幕界面,如图 2-1 所示。桌面是用户和计算机进行交流的窗口,由若干应用程序图标和任务栏组成,可以根据需要添加或删除桌面上的快捷图标,鼠标双击桌面上的图标就能快捷启动相应的应用程序或文件。

1. 桌面图标

桌面图标包含图形、说明文字两部分。每个图标代表一个工作对象,如文件、文件夹或应用程序。这些图标与安装时选择的组件有关,一般包含【此电脑】【网络】【回收站】【Administrator】等图标。

以下几个图标是 Windows 10 中最常用的应用程序图标。

(1)此电脑。

通过【此电脑】可以管理计算机中的资源,还可以查看计算机系统中的所有内容,进行管理文档、安装硬件及启动应用程序等工作。

(2)用户的文件(Administrator)。

【Administrator】是一个放置在桌面上的文件夹,可以用来保存用户的个人文档。该文件夹中还有视频、音乐、图片、文档、下载等子文件夹。

(3)网络。

通过【网络】可以显示用户所在的工作组中的各个计算机的用户名,还可以建立指向网络的共享链接。

(4)回收站。

【回收站】是被删除文件的存放空间。一般情况下,用户删除的文件并没有马上从硬盘上清除,而是暂时存放在【回收站】中。放在【回收站】中的文件在必要的时候还可以再恢复成原状。但是,如果使用了【清空回收站】命令,那么【回收站】里的文件就会被真正删除。

(5)Microsoft Edge。

Microsoft Edge 是微软基于 Chromium 开源项目及其他开源软件开发的网页浏览器,内置于 Windows 10 版本中。Edge 浏览器的一些功能细节包括:支持内置 Cortana(微软小娜)语音功能;内置了阅读器(可打开 PDF 文件)、笔记和分享功能等。

2.【开始】菜单

在桌面的左下角有一个 图标按钮,通过单击这个图标按钮,可以打开 Windows 10【开始】菜单,如图 2-6 所示。

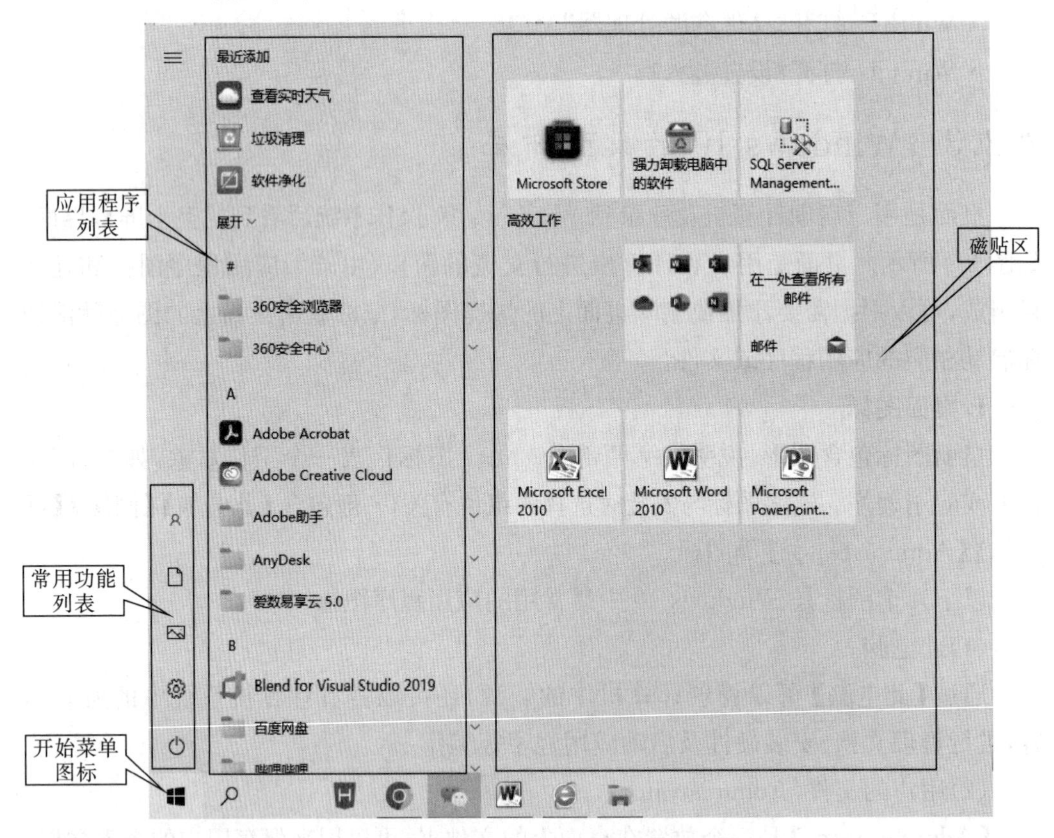

图 2-6 Windows 10 的【开始】菜单

通过【开始】菜单可以访问所有的程序和系统设置。Windows 10 的【开始】菜单更加智能,并提供了更多的自定义选项。它可以显示登录的用户,可以将使用最频繁的程序添加到菜单磁贴区,用户能够将所需的任何程序移动到【开始】菜单中。

开始菜单上的程序列表分为三个部分:最左侧是常用功能列表,显示了当前用户、文档、图片、设置和电源选项;中间是应用程序列表;右侧是磁贴区。

可以通过右击开始菜单上的应用程序,在弹出的菜单中选择【固定到“开始”屏幕】将应用程序固定到磁贴区,如图 2-7 所示。

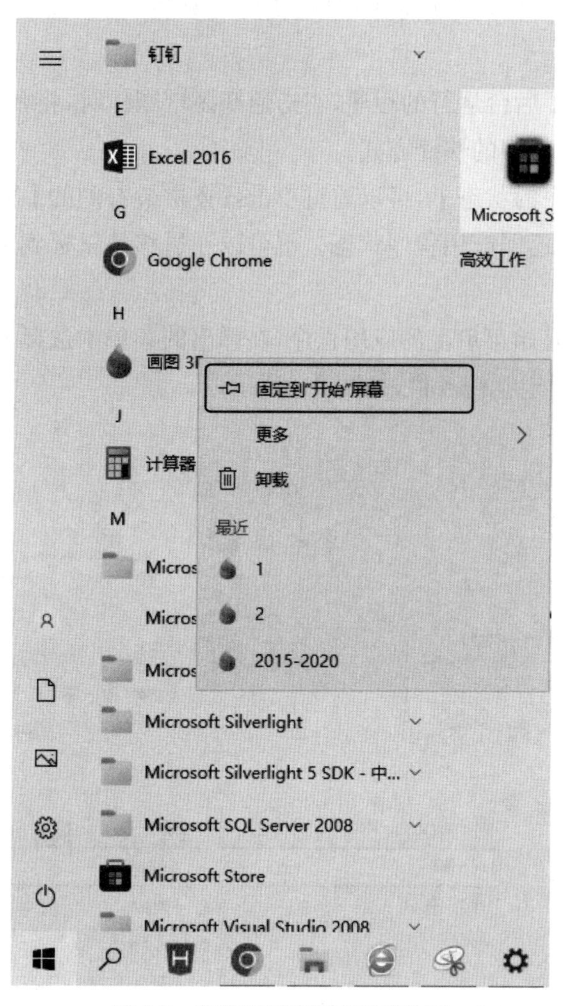

图 2-7　将应用程序固定到磁贴区

提示: 也可通过拖动应用程序到磁贴区的方式将应用程序固定到磁贴区。

要取消磁贴区中的应用,可以通过右击磁贴区上的应用程序图标,在弹出的菜单中选择【从“开始”屏幕取消固定】。

3. 任务栏

桌面下方的条状区域称为【任务栏】,如图 2-8 所示。任务栏是 Windows 10 的重要组成部分。由于 Windows 10 是一个多任务操作系统，允许用户同时运行多个程序，每打开一个应用程序，在任务栏上都有一个对应的按钮，因此，利用任务栏能够迅速在多个窗口之间切换。

图 2-8　Windows 10 任务栏

任务栏包括五个部分：【开始】菜单、快捷启动栏、任务窗口、通知区域（时钟旁边）和显示桌面按钮。

通知区域显示了后台运行的程序，右击通知区域图标时，将弹出该图标的快捷菜单，该菜单提供特定程序的快捷方式。

在打开应用程序的状态下，可以通过单击任务栏最右侧的【显示桌面】按钮显示桌面，再次单击鼠标返回应用程序状态。也可以通过移动鼠标到【显示桌面】按钮来快速显示桌面。

可以通过右击开始菜单上的应用程序，在弹出的菜单中选择【更多】|【固定到任务栏】将应用程序固定到任务栏，如图 2-9 所示。

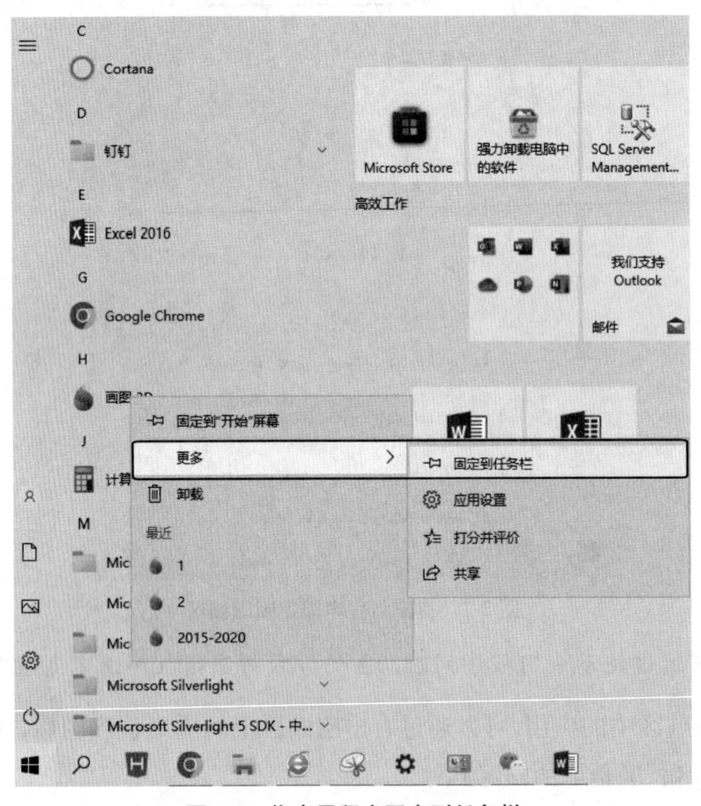

图 2-9　将应用程序固定到任务栏

提示： 也可通过拖动应用程序到任务栏的方式将应用程序固定到任务栏。

要取消任务栏上的应用，可以通过右击任务栏上的应用程序图标，在弹出的菜单中选择【从任务栏取消固定】。

4. 应用程序的启动与退出

应用程序是指在操作系统下运行的、能够完成某些特定功能的软件。应用程序的启动方法很多，下面介绍几种常用的方法。

（1）如果 Windows 10 桌面上有该应用程序的快捷图标，双击该图标即可运行相应的应用程序；或右击该应用程序图标，从弹出的快捷菜单中选择【打开】命令。

（2）单击【开始】图标，在弹出的开始菜单的“应用程序”列表中找到并选择所需的应用程序菜单项，单击应用程序名。

提示： 最常用的应用在最前面，然后按应用程序的首字母或拼音升序排列。可以单击任一排序字母显示排序索引，快速查找应用程序。

（3）右击“开始”图标，在弹出的列表中选择【运行】命令，在出现的【运行】对话框中，输入要运行的应用程序路径和文件名，按【Enter】键或单击【确定】按钮就能运行指定的程序。

提示： 也可通过快捷键【Win＋R】打开【运行】对话框。

（4）利用【资源管理器】或【计算机】，打开应用程序所在的文件夹。找到应用程序对应的启动文件，双击其图标即可启动。

当一个应用程序使用完后，最好退出该应用程序，以便释放它所占的系统资源。退出应用程序的方法一般是在应用程序工作界面中选择【文件】|【退出】或【文件】|【关闭】菜单选项，也可以通过关闭应用程序窗口的方法退出应用程序。

2.2.4　Windows 10 窗口及其操作

在使用计算机的过程中，窗口的操作是比较常用的。每个应用程序都以窗口的形式运行在桌面上。窗口一般分为系统窗口和程序窗口。系统窗口是指如【此电脑】窗口等 Windows 10 操作系统窗口；程序窗口是各个应用程序所使用的执行窗口。它们的组成部分大致相同，主要由标题栏、地址栏、搜索栏、工具栏、窗口工作区等元素组成。例如：双击桌面上的【此电脑】图标，就可以打开【此电脑】窗口，如图 2-10 所示。

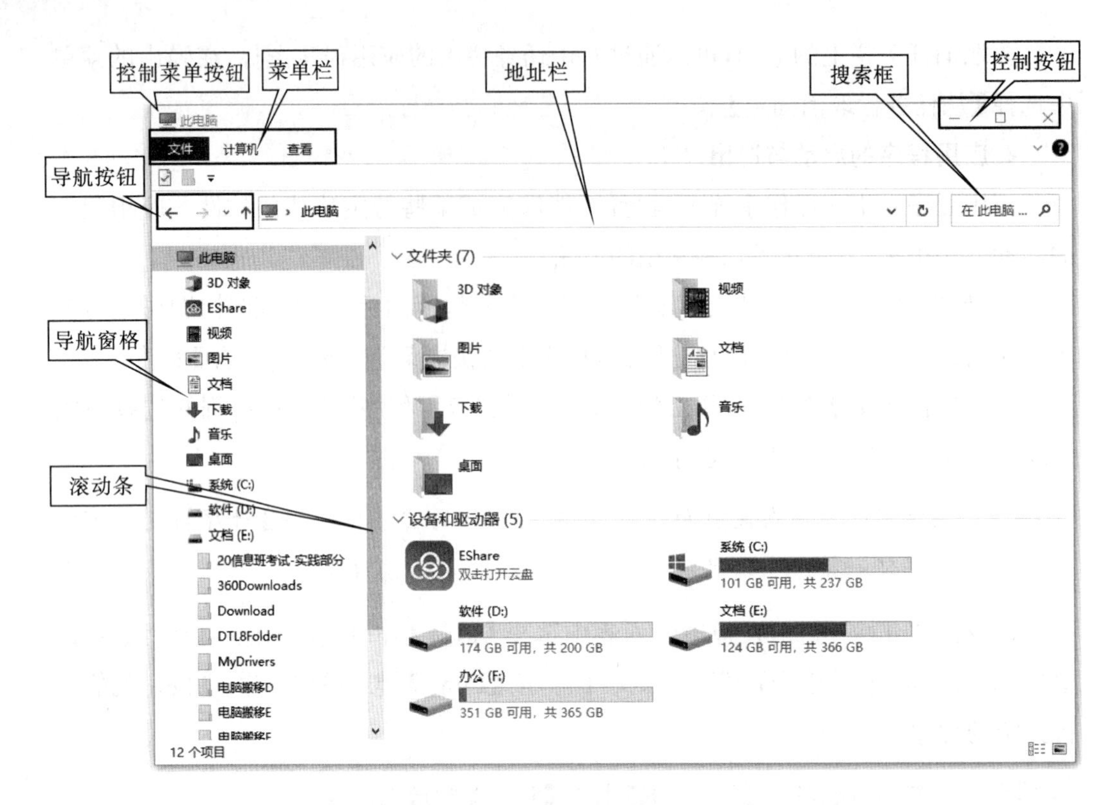

图 2-10 【此电脑】窗口

1. Windows 10 窗口的组成

(1)标题栏。

标题栏用于显示窗口图标和名称，单击标题栏上的图标将弹出控制菜单。标题栏的最右端是与标题栏最左端控制菜单对应的控制按钮，即最小化按钮、最大化(或向下还原)按钮、关闭按钮。

(2)地址栏。

地址栏用于显示和输入当前浏览位置的详细路径信息。

(3)菜单栏。

菜单栏显示程序菜单命令，通过程序菜单命令可以对窗口中的对象进行各种操作。

(4)工具栏。

工具栏可以执行一些常见的任务，如查看系统属性、打开控制面板等。

(5)详细信息窗格。

详细信息窗格通常显示当前所选定对象的状态信息，以及与当前状态有关的一些其他信息。

(6)文件列表。

此为显示当前文件夹内容的位置。如果在搜索框中键入内容来查找文件,则仅显示与当前视图相匹配的文件(包括子文件夹中的文件)。

(7)搜索框。

在搜索框中键入词或短语可查找当前文件夹或库中的项。

2. Windows 10 窗口的操作

窗口的操作在 Windows 系统中是很重要的,要操作窗口不但可以通过使用窗口上的各种命令来实现,也可以通过快捷键来实现。窗口的基本操作有最大化(还原)、最小化、关闭、移动、改变大小、窗口之间切换和排列窗口等。

(1)最大化。

当窗口处于非最大化状态时,可以通过三种方法将窗口最大化。

方法一:单击窗口标题栏右侧的【最大化】按钮。

方法二:双击标题栏的空白处。

方法三:从控制菜单中单击【最大化】菜单命令。

(2)还原。

当窗口最大化后,可将其还原成最大化之前的大小。操作方法主要有三种,类似于窗口最大化的操作方法。

(3)最小化。

单击窗口最小化按钮或从控制菜单中单击【最小化】菜单命令可使窗口最小化,窗口会以按钮的形式缩小到任务栏。

提示: 打开一个窗口,任务栏上会有一个图标;单击这个图标,窗口会在最小化和还原之间切换。

(4)移动窗口。

当窗口最大化时不能移动;当窗口处于非最大化状态时,可以通过以下两种方法移动窗口。

方法一:用鼠标单击标题栏并拖动鼠标,窗口将随之移动;移动到所需要的位置松开鼠标。

方法二:从控制菜单中单击【移动】菜单命令,鼠标指针变成"✥"形状,使用键盘的方向键可以使窗口进行相应的移动,移动到所需要的位置后按【Enter】键。

(5)缩放窗口。

当窗口处于非最大化状态时,可以随意改变大小将其调整到合适的尺寸,方法如下。

方法一:将鼠标指针移到窗口的边框上,当鼠标指针变成"↕""↔"或"↖"形状时,按住鼠标左键,拖动边框,窗口大小将随之改变。

方法二:从控制菜单中单击"大小"菜单命令,再使用键盘上的方向键改变窗口大小,达到所要的大小后按【Enter】键。

(6)切换窗口。

当用户打开多个窗口时,需要在各个窗口之间进行切换,下面是几种切换的方式。

方法一:从任务栏上单击需要的窗口图标。

方法二:用【Alt+Tab】组合键来完成切换,用户可以在键盘上先按下【Alt】键不放,再同时按下【Tab】键,这时在屏幕上出现切换任务栏,其中列出了当前正在运行的窗口,用户可以通过按住【Alt】键,然后按【Tab】键从切换任务栏中选择所要打开的窗口,选中后再同时松开两个键,选择的窗口即可成为当前窗口,如图 2-11 所示。

图 2-11 用【Alt+Tab】组合键切换窗口

提示: 也可以用【Alt+Esc】组合键来完成切换,它只能改变激活窗口的顺序,而不能使最小化窗口放大,所以多用于在已打开的多个窗口间切换。

方法三:单击桌面上需要窗口的任意部分。

(7)窗口的排列。

当用户打开多个窗口,而且需要它们全部处于显示状态时,就涉及窗口的排列问题。要排列窗口,可在任务栏的空白区右击鼠标,弹出一个快捷菜单,如图 2-12 所示。

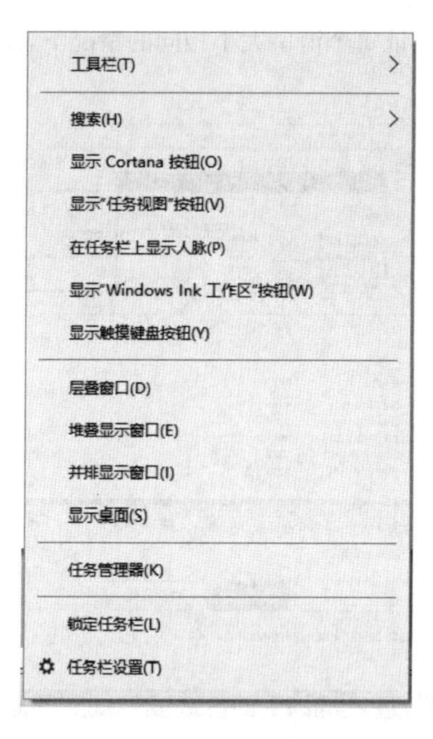

图 2-12 窗口排列快捷菜单

从中可以选择窗口的排列方式,基本的排列方式有三种。

①层叠窗口:当前窗口位于所有窗口的最前面,其他非最小化窗口依次排在后面,可以看见每个窗口的标题栏,如图 2-13 所示。

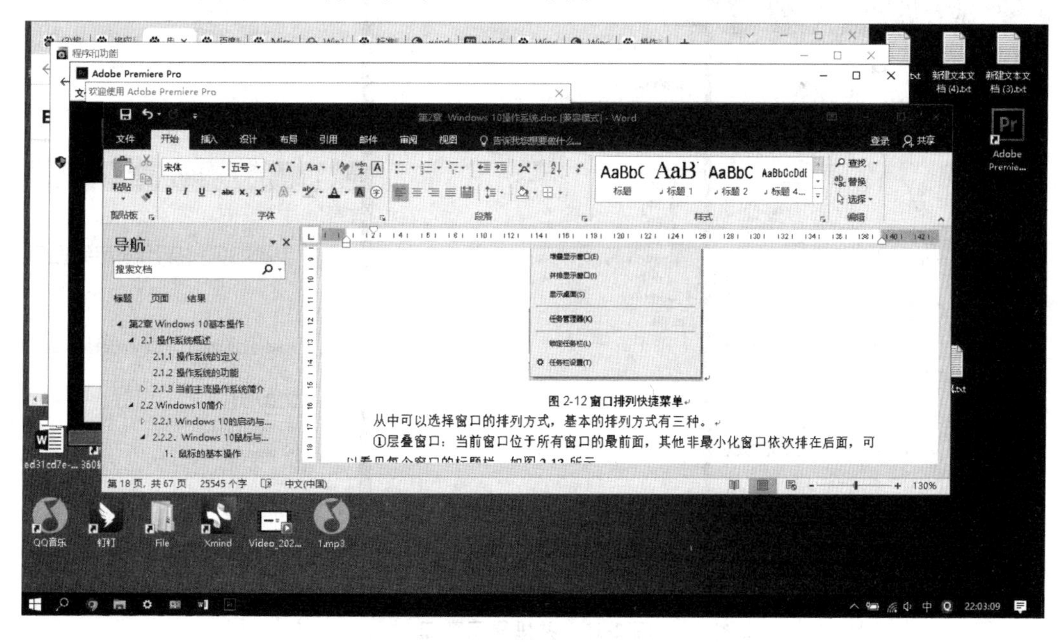

图 2-13 层叠窗口

②堆叠显示窗口：在保证每个窗口大小相同的情况下，使窗口尽可能往水平方向伸展，如图 2-14 所示。

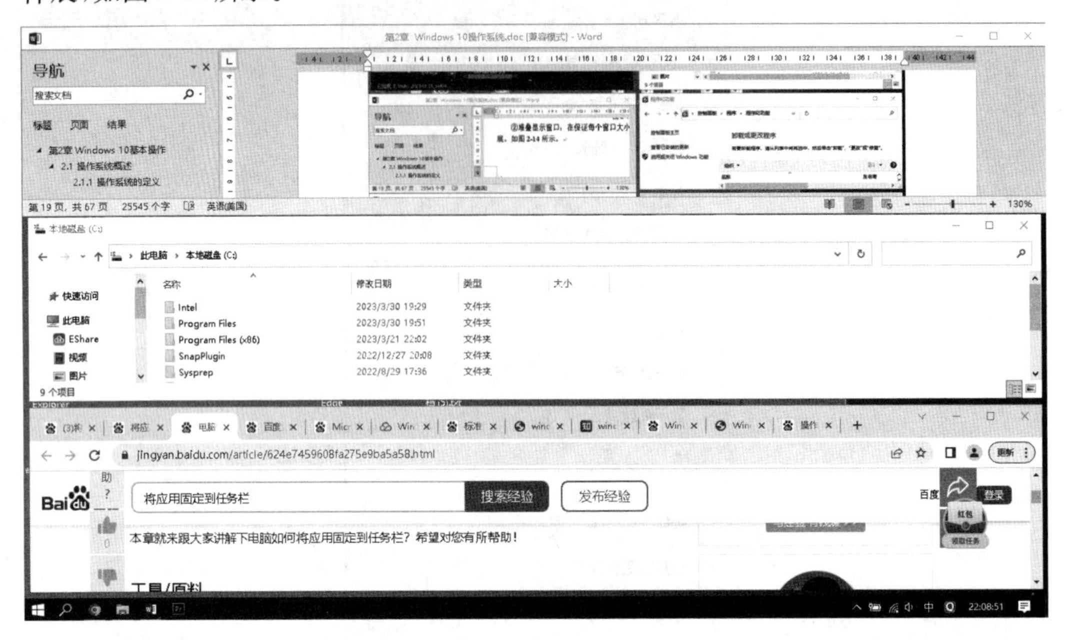

图 2-14　堆叠显示窗口

③并排显示窗口：各窗口并排显示，在保证每个窗口大小相同的情况下，使窗口尽可能往垂直方向伸展，如图 2-15 所示。

图 2-15　并排显示窗口

提示： 在选择了某项排列方式后，在任务栏快捷菜单中会出现相应的撤消该选项的命令，例如：用户执行了【层叠窗口】命令后，任务栏快捷菜单会增加一项【撤消层叠】命令，当用户执行此命令后，窗口恢复原状。

(8)关闭窗口。

用户完成对窗口的操作后，可以通过以下某种方式关闭窗口。

方法一：单击标题栏右侧的【关闭】按钮。

方法二：从控制菜单中(窗口左上角)单击【关闭】菜单命令。

方法三：双击控制菜单按钮。

方法四：使用【Alt+F4】组合键。

提示： 如果用户打开的窗口是应用程序，在【文件】菜单中选择【退出】命令，同样也能关闭窗口。

用户在关闭应用程序窗口之前要保存所创建的文档或者所做的修改，如果忘记保存，当执行了【关闭】命令后，会打开一个对话框，询问是否要保存所做的修改，选择【是】则保存修改后关闭，选择【否】则不保存修改后关闭，选择【取消】则不能关闭窗口，可以继续使用该窗口。

2.2.5　Windows 10 对话框

对话框是一种特殊的 Windows 窗口，由标题栏和不同的元素组成，是人机交流的窗口。对话框可以移动，但不能改变大小。通过对话框，用户可以将各种信息输入计算机，指挥计算机执行相应的操作。典型的对话框如图 2-16 所示。

对话框通常含有以下内容。

(1)选项卡。

有些对话框是由多个选项卡组成的，用户可以选择不同的选项卡显示不同的信息。如【字体】对话框就有【字体】和【高级】两个选项卡。

(2)单选按钮。

在对话框中一组选项前有小圆圈的称为单选按钮，它们是相互排斥的选项，只能而且必须从中选择一项。小圆圈内有小黑点的表示选中了该项，如果某一项按钮被选中，则其他项目处于未选中状态。如图 2-17 所示，【文字排列】方向选择的是【水平】单选按钮，【网格】选中的是【指定行和字符网格】单选按钮。

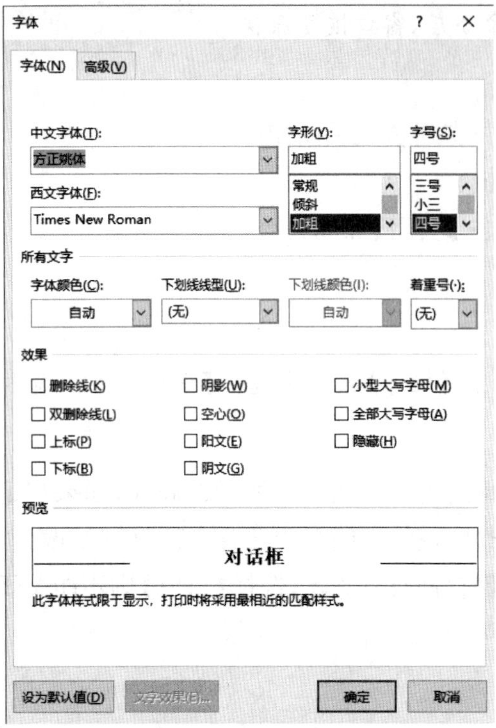

图 2-16 【字体】对话框

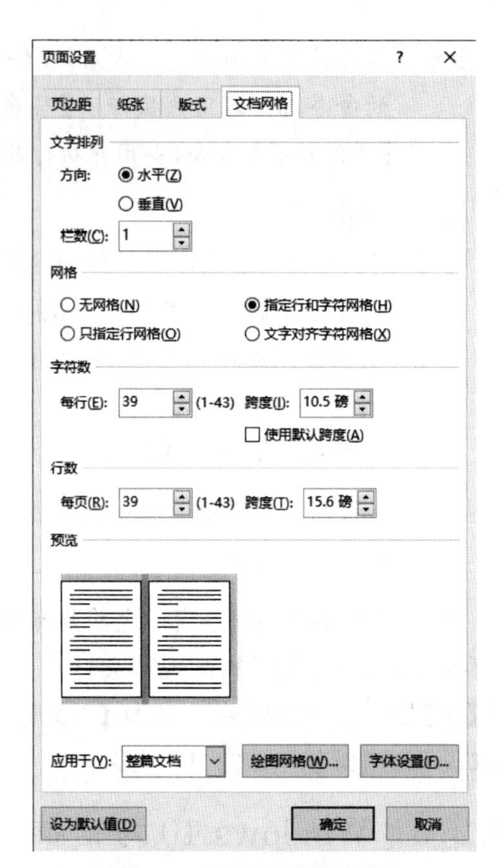

图 2-17 【页面设置】对话框

(3)复选框。

对话框中带有小方框的选项称为复选框,用来表示是否选择该项。若复选框中有√,则表示该项为选中状态;若复选框为空,则表示该项没有选中。若要选中或取消某一选项,则单击相应的复选框即可。如【字体】对话框中的【效果】选项。

(4)文本框。

文本框是要求输入文字的区域,用户直接在文本框中输入文字即可。

(5)列表框。

列表框中列出了可供用户选择的选项。列表框常常带有滚动条,用户可以拖拽滚动条显示相关选项并进行选择。如【字体】对话框中的【字形】【字号】选项等。

(6)下拉列表框。

下拉列表框是一个单行列表框。单击右侧下拉按钮,将弹出一个下拉列表,其中列出的不同信息供用户选择。如【字体】对话框中的【中文字体】【西文字体】选项等。

(7)命令按钮。

命令按钮是带有文字的矩形按钮,单击命令按钮将立即执行对应的命令。对话框中常见的命令按钮有【确定】按钮和【取消】按钮等。

2.3　Windows 10 文件管理

操作系统的一个重要功能是对文件进行管理。Windows 有强大完善的文件管理功能。用户使用计算机，在很大程度上是与各种类型的文件打交道，因此了解 Windows 的文件管理是十分必要的。

2.3.1　认识文件资源管理器

Windows 10 提供了多种文件资源管理工具，如【资源管理器】【此电脑】和【我的文档】等。其中【资源管理器】是管理文件等计算机资源的重要手段。这几种工具操作方法类似，其实质是一样的，只是同一种方法的不同体现而已。

Windows 文件资源管理器是用来组织、操作文件和文件夹的工具，是 Windows 10 系统中使用最频繁的应用程序之一。使用 Windows 文件资源管理器可以移动和复制文件、启动应用程序、连接网络驱动器、打印文档和创建快捷方式，还可以对文件进行搜索、归类和属性设置。所有这些操作，对于有效地跟踪文件，建立一个逻辑性强且结构清晰的文件结构大有益处。

Windows 10 系统启动后，双击【此电脑】图标，即可打开 Windows 文件资源管理器窗口，如图 2-18 所示。

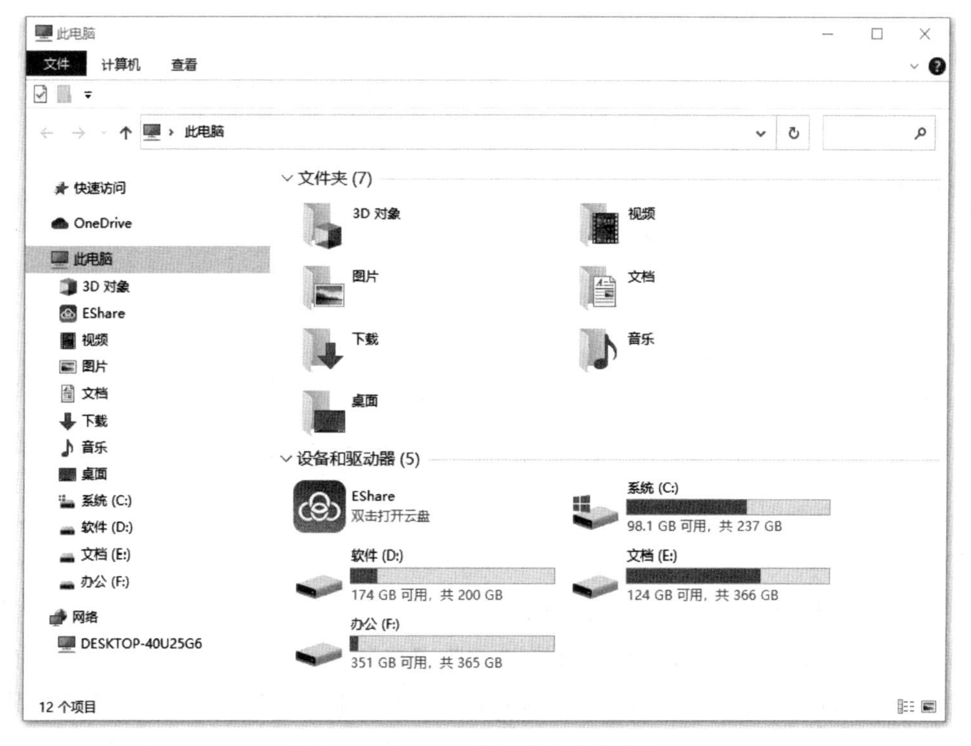

图 2-18　Windows 文件资源管理器窗口

由图 2-18 可以看出，Windows 文件资源管理器窗口主要包含地址栏、搜索框、选项卡及功能区、导航窗格、工作区窗格和详细信息窗格等。

1. 导航窗格

Windows 文件资源管理器窗口的左侧是导航窗格，能够查看整个计算机系统的组织结构以及所访问路径被展开的情况，包含快捷访问、此电脑和网络等项。此电脑中有视频、图片、文档、下载、音乐、桌面和磁盘等内容。单击导航窗格中的某个项目，就会在右侧工作区窗格显示该项目下相应的内容。

2. 选项卡及功能区

在导航窗格中，选择不同的项目，选项卡上的内容会有所不同。选择使用选项卡可以执行一些常见任务，如在“文件资源管理器”的“主页”选项卡中，有“剪贴板”“组织”“新建”“打开”“选择”等功能区，如图 2-19 所示。

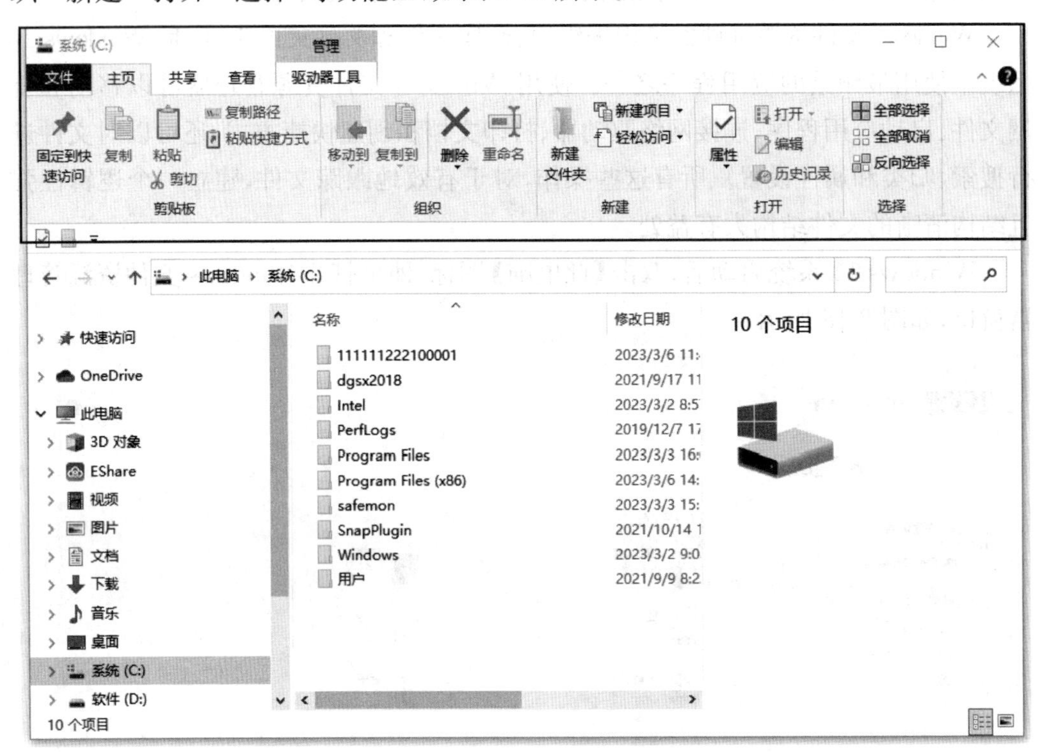

图 2-19 Windows 文件资源管理器“主页”功能区

“文件资源管理器”的“共享”选项卡上有“发送”“共享”“高级安全”功能区，如图 2-20 所示。

“文件资源管理器”的“查看”选项卡上有“窗格”“布局”“当前视图”“显示/隐藏”等功能区。“窗格”功能区有“导航窗格”“预览窗格”“详细信息窗格”，“布局”功能组主要是对文件的排列方式及图标大小进行设置。“当前视图”主要是对文件依据某种原则进行分组，在列上显示文件的各种属性。在“显示/隐藏”功能区中可以选择“项目复选框”，进行多个项目的勾选，可以勾选“文件扩展名”显示文件的后缀，也可以显示隐藏的项目，如图 2-21 所示。

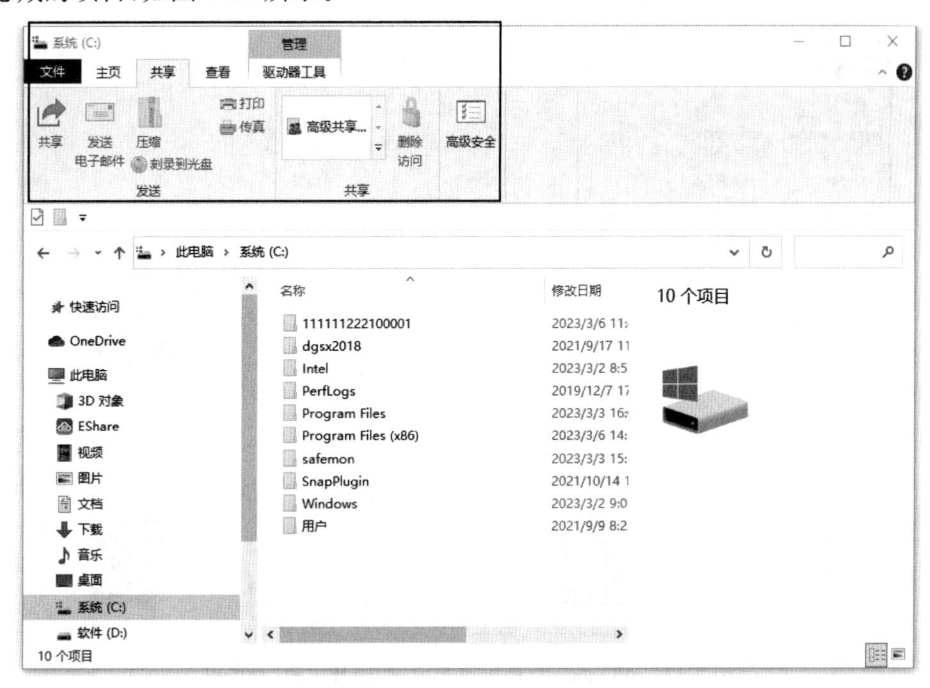

图 2-20　Windows 文件资源管理器“共享”功能区

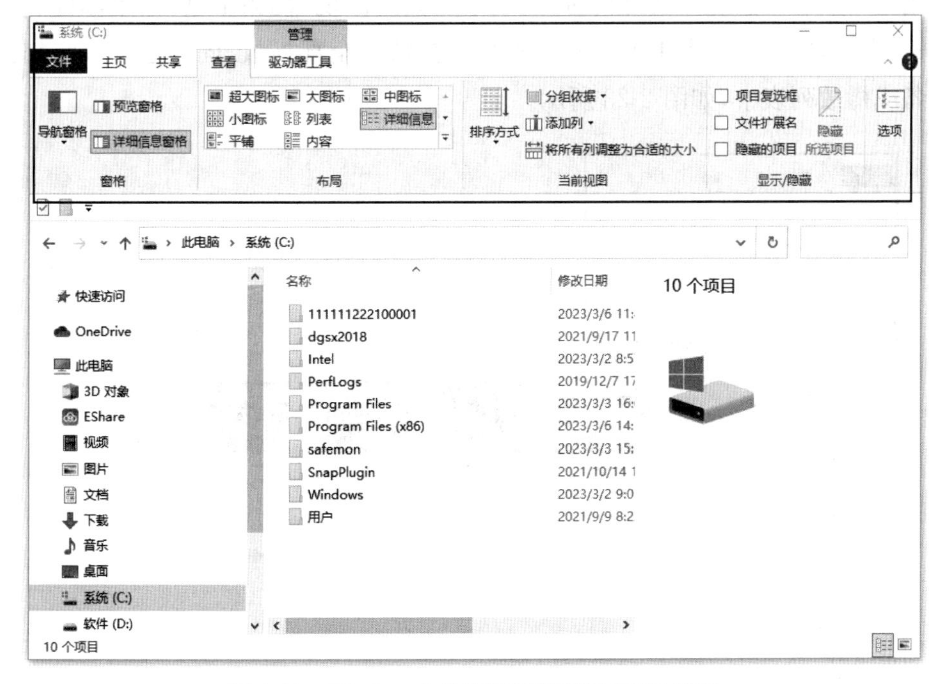

图 2-21　Windows 文件资源管理器“查看”功能区

当选中放有“图片”的文件夹时，选项卡上方会出现“图片工具”菜单，对应着“管理”选项卡，有“旋转”和“查看”两个功能区，如果选中的是图片，则可以将图片进行旋转，设置为背景或播放到设备，如果选中放有图片的文件夹，则可以单击“放映幻灯片”功能按钮放映图片，如图 2-22 所示。

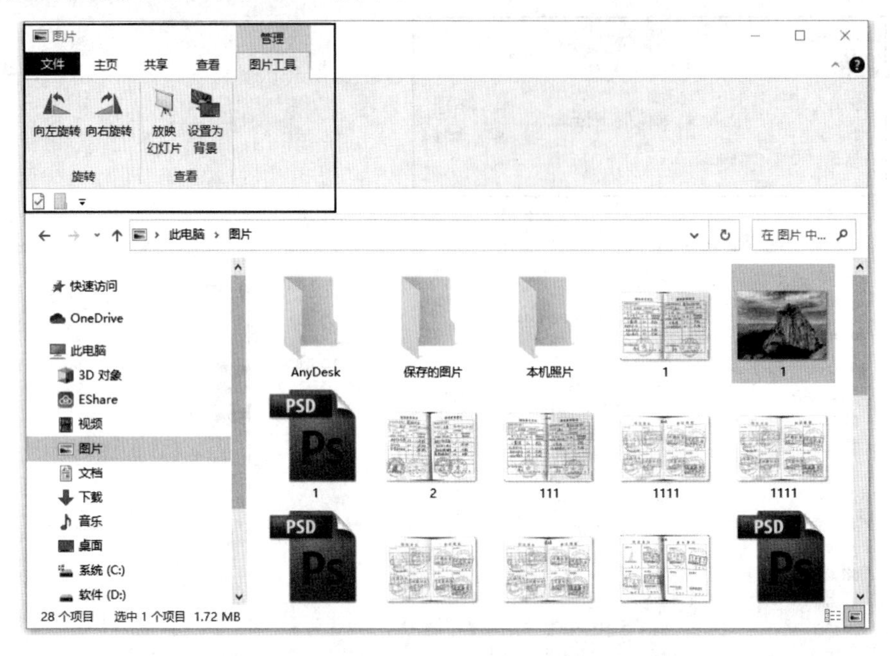

图 2-22 Windows 文件资源管理器“图片工具”功能区

当选中放有“视频”的文件夹时，选项卡上方会出现“视频工具”菜单，对应着“播放”选项卡，可以将文件夹中的视频选择单个播放或全部播放，同样也可以添加到播放设备或播放列表中，如图 2-23 所示。

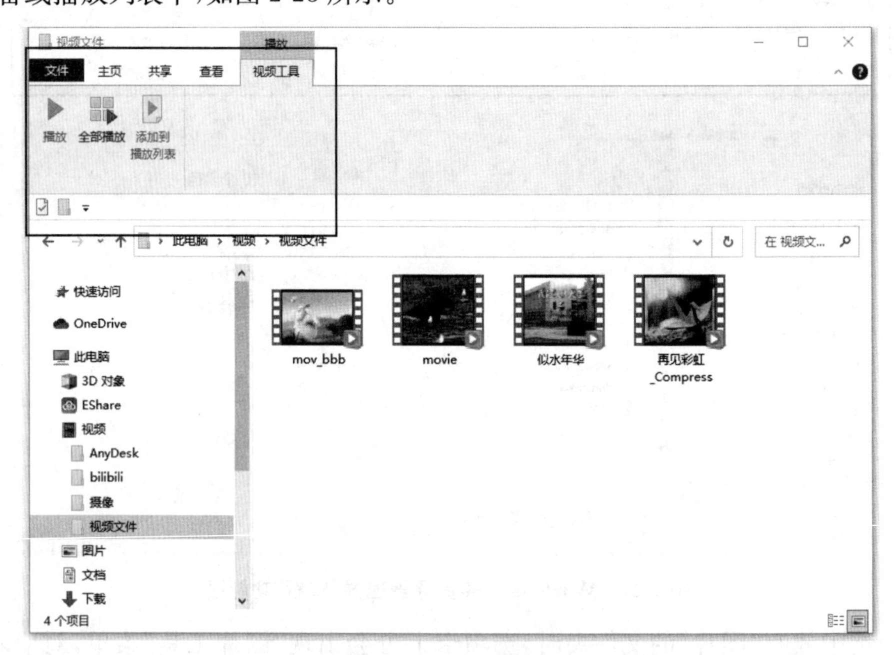

图 2-23 Windows 文件资源管理器“视频工具”功能区

单击“文件”按钮会弹出一个下拉列表，列表中有“打开新窗口”“打开 Windows PowerShell”“更改文件夹和搜索选项”等等，其中“打开新窗口”可以将文件在一个新窗口中打开，“打开 Windows PowerShell”即在当前所在文件夹位置打开命令提示符，方便用户执行相关操作，如图 2-24 所示。

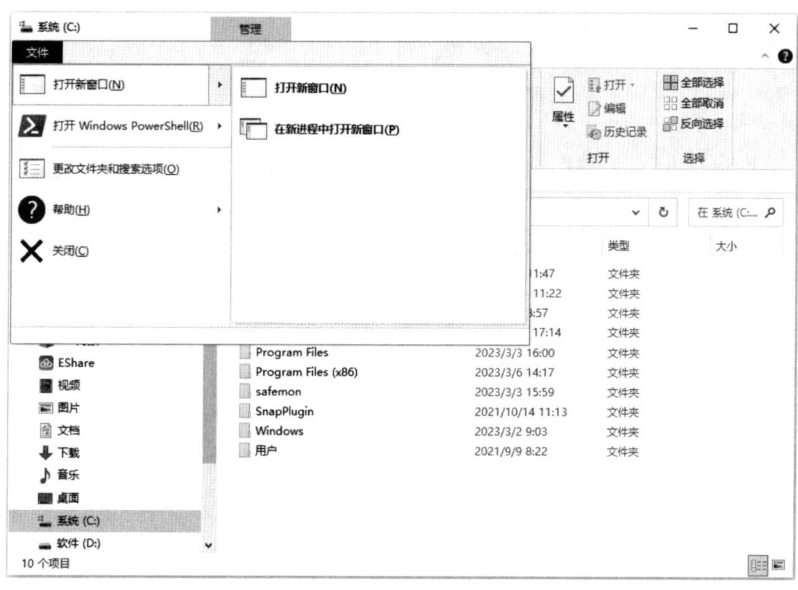

图 2-24 Windows 文件资源管理器“文件”功能区

单击“文件”列表中的“更改文件夹和搜索选项”进入文件夹选项对话框，在“常规”选项卡中可以进行一些设置，例如，打开文件资源管理器时是打开“快速访问”还是打开“此电脑”；再如，是否勾选【在“快速访问”中显示最近使用的文件夹】或【在“快速访问”中显示常用文件夹】，如图 2-25 所示。

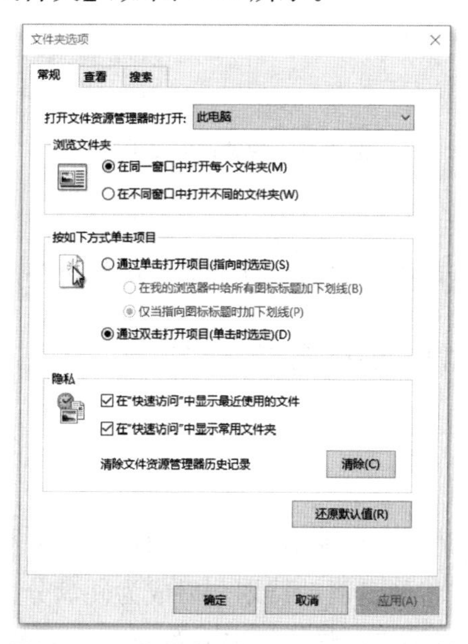

图 2-25 文件夹选项对话框“常规”选项卡

3. 地址栏

Windows 文件资源管理器地址栏根据目录级别依次显示当前浏览位置的详细路径信息，中间还有向右的小箭头，当用户单击其中某个小箭头时，该箭头会变为向下，显示该目录下所有文件夹名称。通过这种方法可以快速切换到该文件夹访问页面，非常方便用户快速切换目录，如图 2-26 所示。

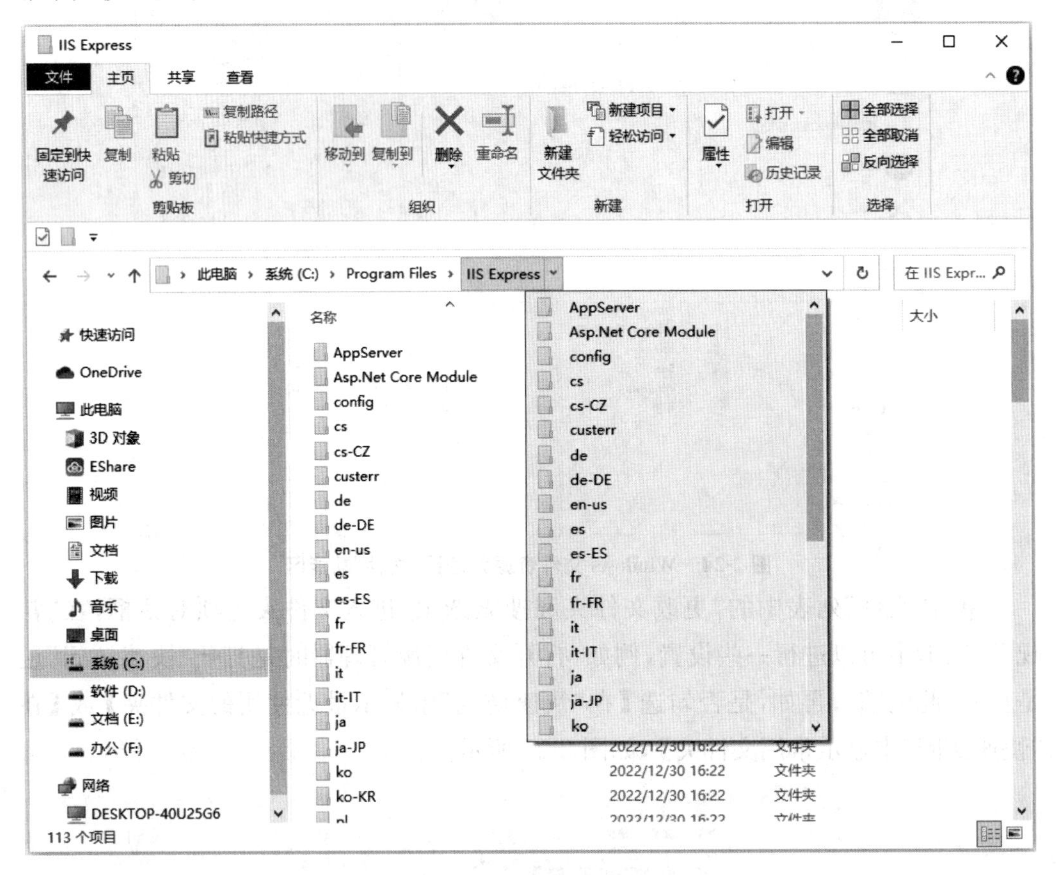

图 2-26 快速访问文件夹

4. 搜索框

在搜索框中输入词语可查找当前文件夹或库中符合条件的匹配文件或文件夹。

2.3.2 文件和文件夹的基本操作

1. 基本概念

(1)硬盘分区与盘符。

驱动器是读写信息的硬件，有软盘驱动器、硬盘驱动器和光盘驱动器等几种。软盘驱动器现已基本不用。将硬盘驱动器划分后成为硬盘分区。盘符是对每个磁盘分区的命名，用一个字母和冒号进行标识。通常软盘驱动器的盘符是 A:和 B:，如果将一个硬盘分成多个分区或者计算机有多个硬盘，则盘符分别是 C:、D:等，光驱的盘符排列在硬盘驱动器之后。

(2)库。

Windows 10 系统中的“库”用于管理文档、音乐、图片和其他文件位置的工具，类似于文件夹，不同的是“库”不能存储文件或文件夹，它仅用于收集并监视分散存储在多个位置的文件，并能以不同的方式访问和排列这些项目。

(3)文件和文件夹。

文件是存储计算机数据的信息集合，通常使用图标来标识文档、图片、音乐以及视频等。不同类型的文件具有不同的图标，用户可以通过图标来识别文件类型。文件由文件名和图标两部分组成，系统通过文件扩展名来区分文件类型。常见的文件扩展名及其类型如表 2-1 所示。

表 2-1　常见的文件扩展名及其类型

文件扩展名	类　型
. exe	可执行文件
. txt	文本文件
. bmp	Bitmap 位图文件
. bak	备份文件
. c	C 语言源程序文件
. htm	保存超文本标记语言的文本文件(网页文件)
. html	同. htm 文件
. jpg	一种图片压缩文件
. zip	DOS/Windows 中最常见的文件压缩格式
. doc	Word 97-2003 文档
. docx	Word 2007-2016 文档
. xls	Excel 97-2003 工作簿
. xlsx	Excel 2007-2016 工作簿
. ppt	PowerPoint 97-2003 演示文稿
. pptx	PowerPoint 2007-2016 演示文稿

在文件资源管理器窗口单击【查看】选项卡，勾选“文件扩展名”前的复选框，文件资源管理器中就显示了文件的扩展名，如图 2-27 所示。

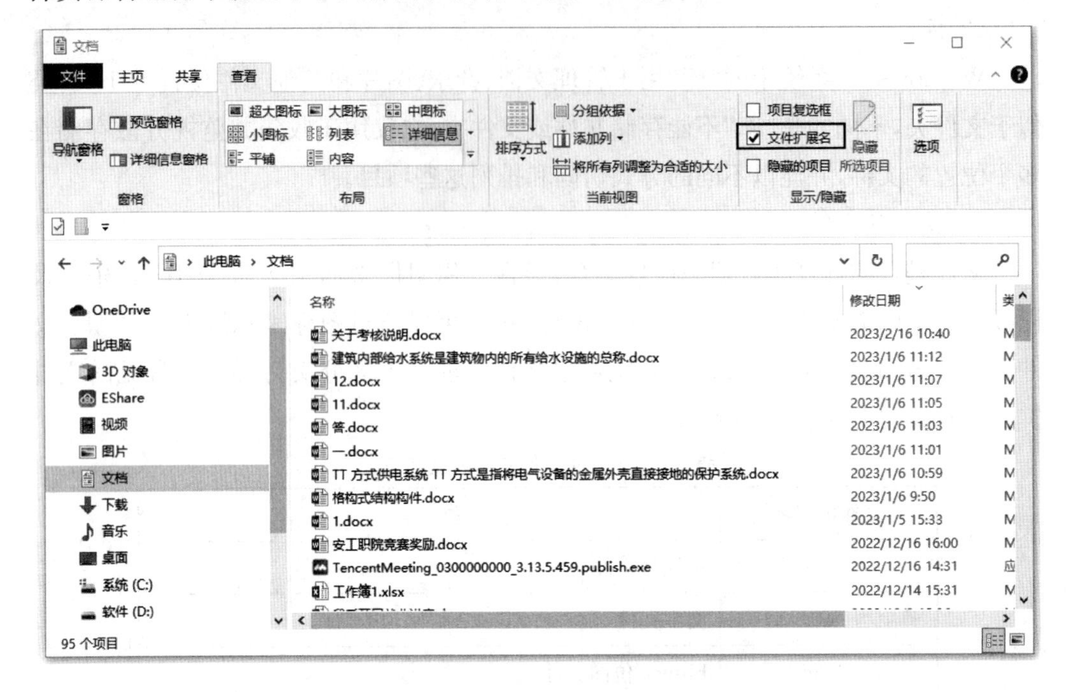

图 2-27　在【查看】选项卡勾选“文件扩展名”

文件夹是 Windows 系统中用于存放其他文件或文件夹的容器。文件夹中包含的文件夹通常称为子文件夹，每个子文件夹又可以包含任意数量的文件或文件夹。

在 Windows 10 系统中，文件或文件夹命名要遵循下列规则。

①文件或者文件夹名称不得超过 255 个字符(每个汉字占两个字符)。

②文件名可以包含字母、数字、空格等符号，但不能有“?”“、”“\”“*”“<”“>”“|”等字符。

③同一文件夹中的文件不能重名。

(4)路径。

在对文件进行操作时，除了要指明文件名外，还需明确文件所在的磁盘和文件夹，即在文件树中的位置，也称为文件的路径。

绝对路径是从盘符开始的路径。例如：C:\Windows\system32\cmd. exe。

相对路径是从当前路径开始的路径。相对路径以“.”“..”或者文件夹名称开头。其中，“.”表示当前路径，“..”表示上级文件夹，文件夹名称表示当前文件夹中的子文件夹名。假如，在当前路径为 C:\Windows 时，要描述上述路径只需输入 system32\cmd. exe 或者. \system32\cmd. exe 即可。

在 Windows 10 系统中，单击文件资源管理器地址栏的空白处，即可获得打开文件夹窗口的路径，如图 2-28 所示。

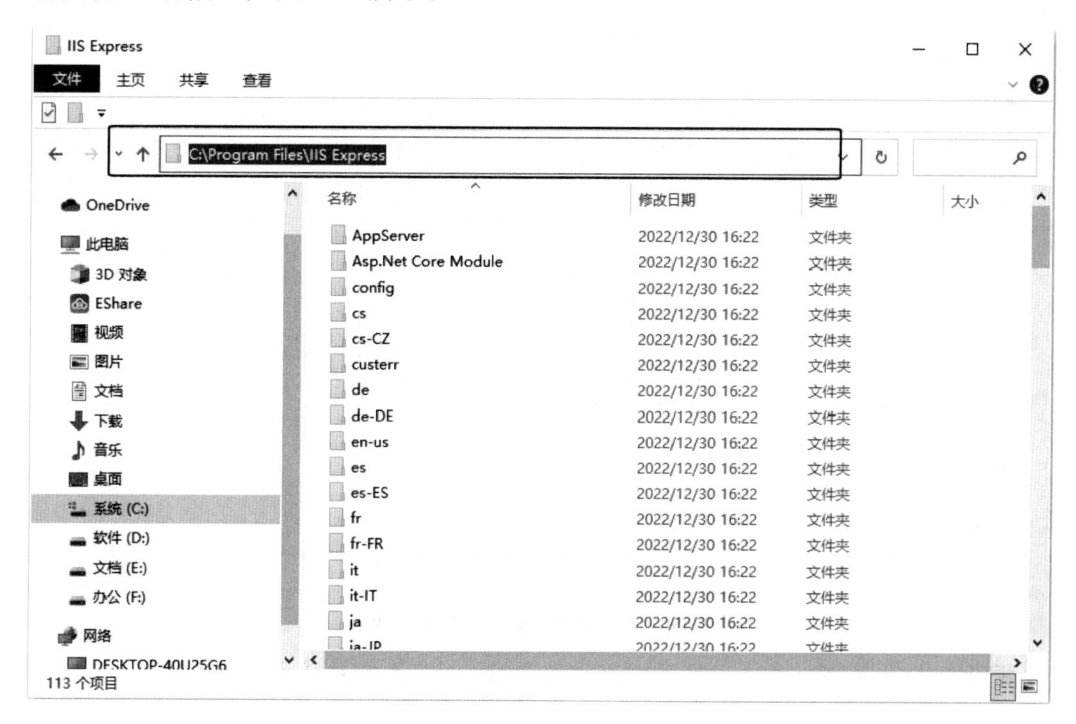

图 2-28　获取当前文件夹路径

2. 选择文件和文件夹

无论对文件和文件夹进行何种操作，一般都需要先选择文件或文件夹。常用的选择有以下几种情况。

(1)选定一个文件或文件夹。

单击要选定的文件或文件夹即可。

(2)选择多个连续的文件或文件夹。

选择连续的文件或文件夹有两种方法。

①若要选择一组连续的文件或文件夹，可先单击第一个文件或文件夹，然后按住 Shift 键的同时单击最后一个文件或文件夹。

②若要在不使用键盘的情况下选择一组连续的文件或文件夹，可拖动鼠标指针，框选所有要选择的文件或文件夹，如图 2-29 所示。

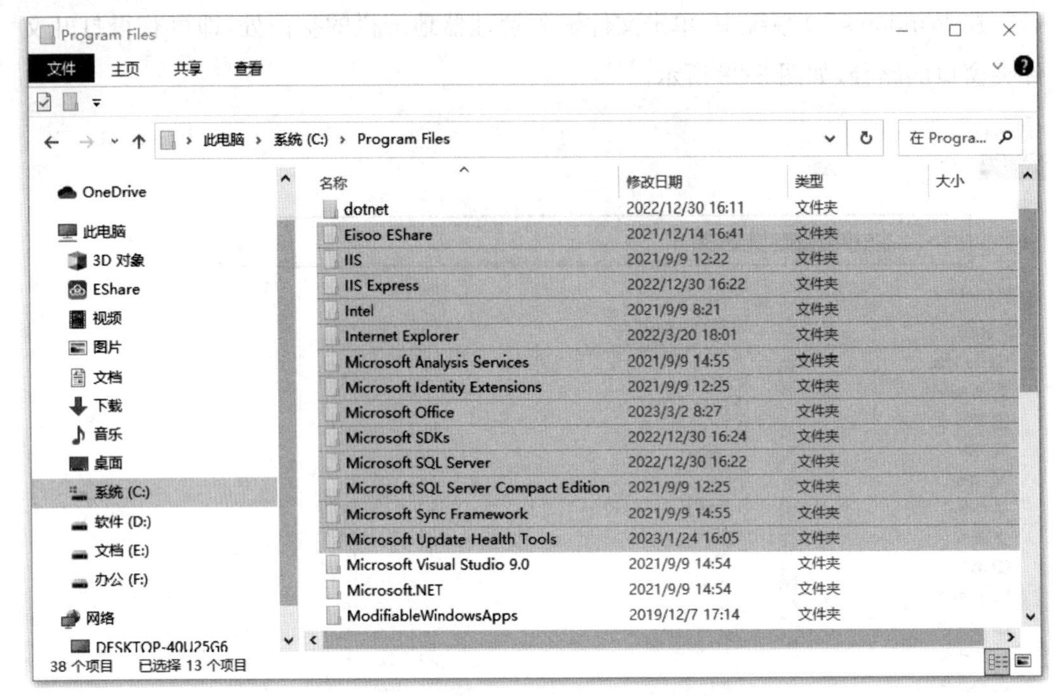

图 2-29 选中多个连续的文件或文件夹

提示：如果要取消所选内容并重新进行选择，可单击窗口的空白处。

(3)选择不连续的文件或文件夹。

若要选择不连续的文件或文件夹，可先按住 Ctrl 键，然后依次单击要选择的文件或文件夹，如图 2-30 所示。

图 2-30 【Ctrl】键组合鼠标选中不连续的文件或文件夹

提示： 若要在选中的对象中取消选择单个对象，可先按住【Ctrl】键，然后单击不想包括在其中的文件或文件夹。

（4）选择当前文件夹中的所有文件和文件夹。

要选择当前文件夹中的所有文件和文件夹，可以通过资源管理器【编辑】菜单中的【全选】命令，也可以按【Ctrl＋A】快捷键。

3. 新建文件或文件夹

在 Windows 文件资源管理器窗口中可以创建系统中已注册的文件类型，还可以创建文件夹。操作步骤如下。

（1）打开要创建文件和文件夹的窗口，右击空白处，在弹出的菜单中选择【新建】命令，在其子菜单中选择要创建的文件类型，如选择新建一个文件夹，如图 2-31 所示。

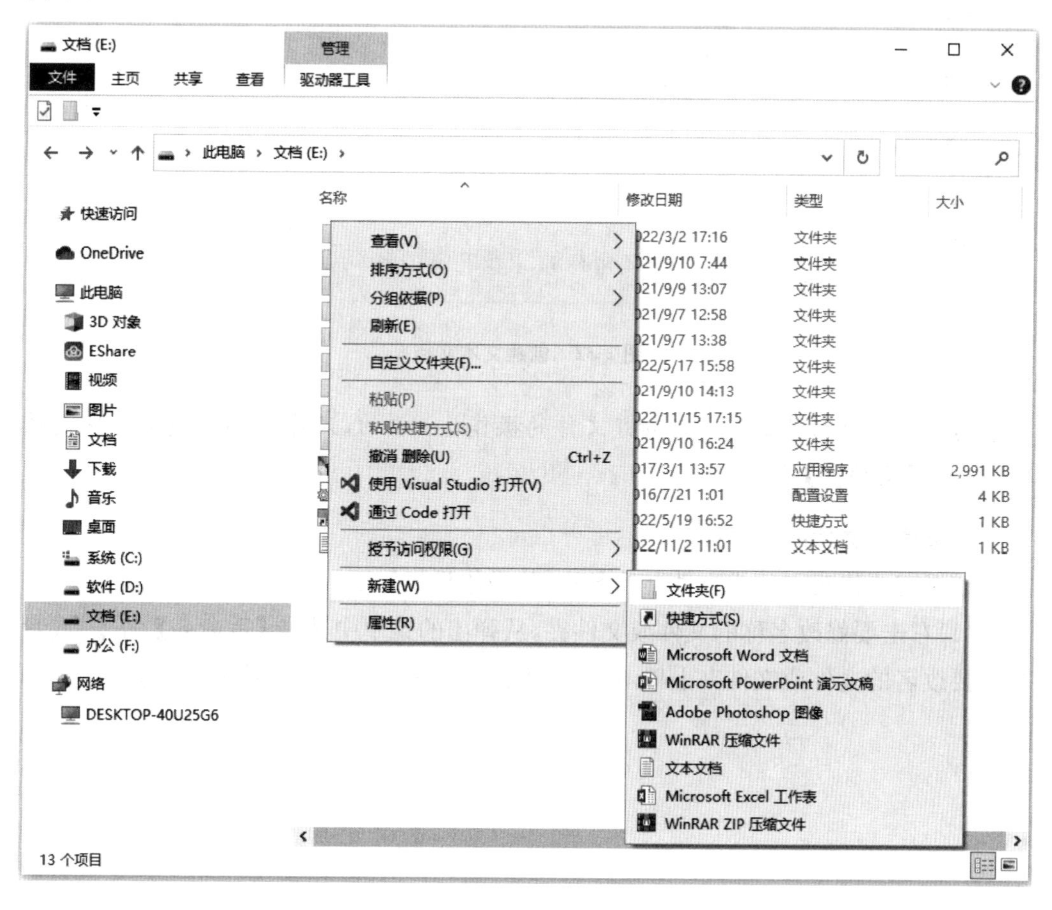

图 2-31　选择要创建的文件类型

(2)在当前文件夹中可新建一个指定类型的文件并为其命名,如图 2-32 所示。

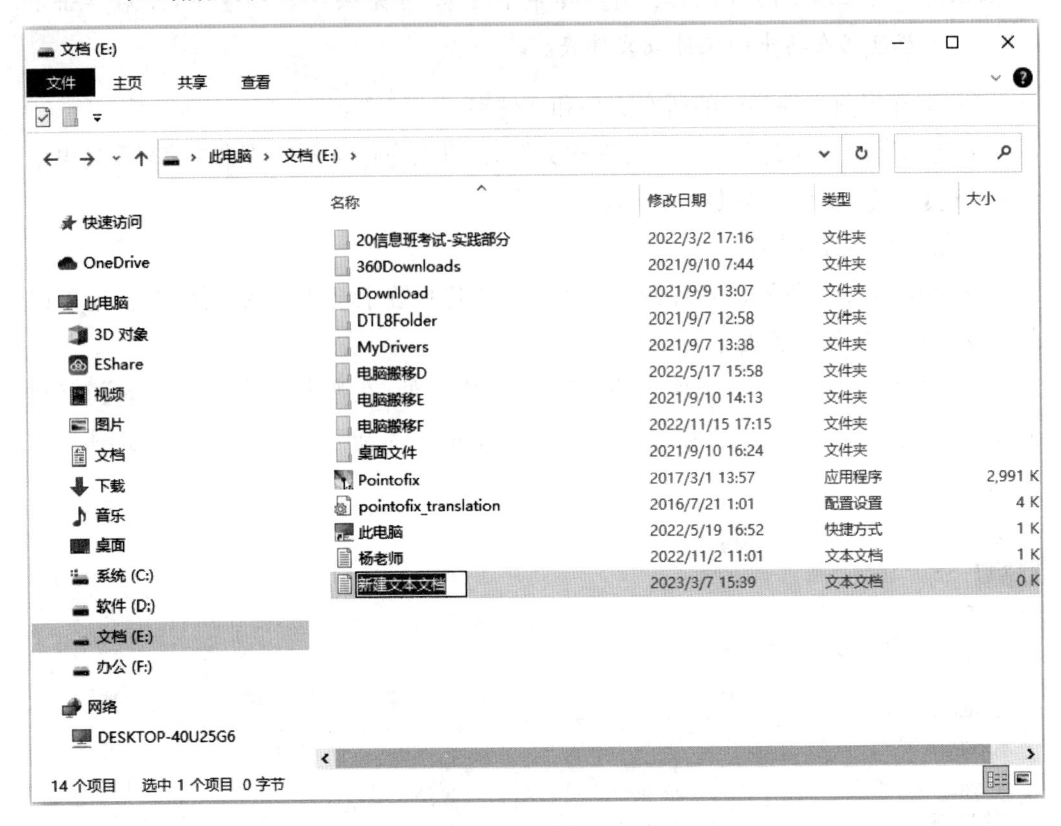

图 2-32　创建文本文档

提示:新建文件夹的操作与新建文件的操作是一样的,只是在【新建】命令中选择【文件夹】命令。

4. 重命名文件或文件夹

如果需要修改文件或文件夹的名称,其操作步骤如下。

(1)右击要修改名称的文件或文件夹,从弹出的菜单中选择【重命名】命令,或者在需要改名的文件或文件夹上单击两次(不是双击鼠标),使其成反白显示。

（2）输入文件的新名称，如图 2-33 所示，然后按【Enter】键或单击窗口内空白处。

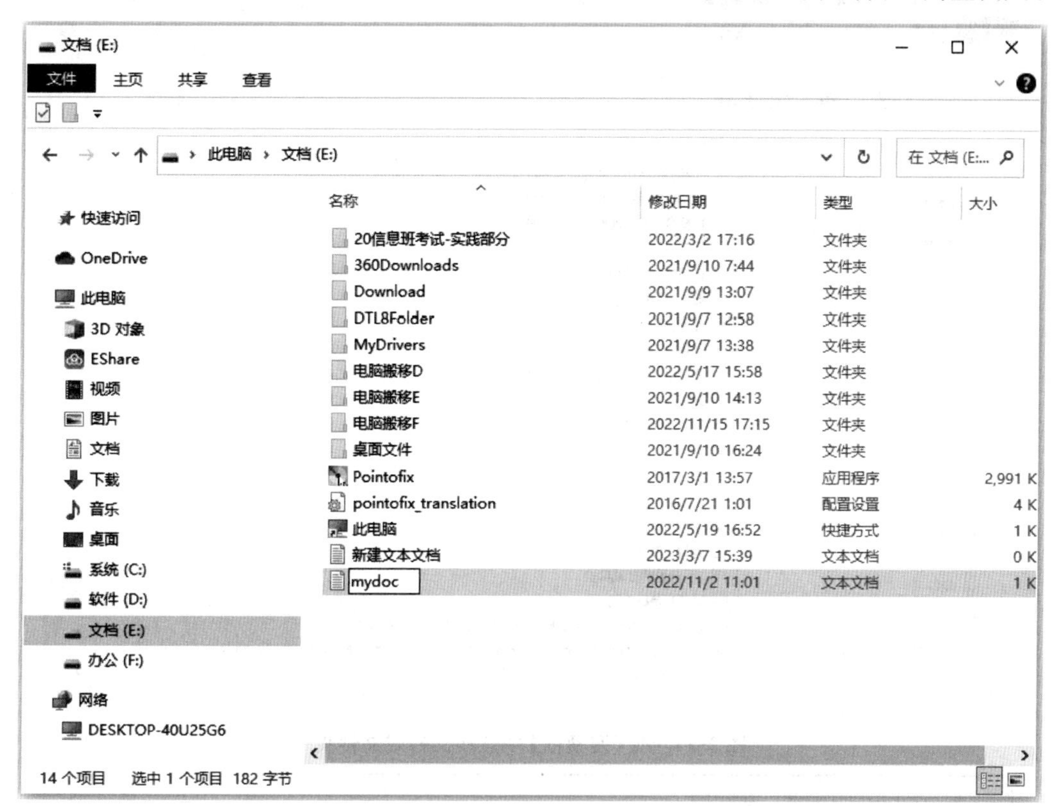

图 2-33　重命名文件

提示： 文件夹和文件命名要达到“见名知义”的效果，建议不要使用创建时的默认名称。

5. 查找文件或文件夹

在文件资源管理器中，单击右侧的“搜索”栏，在搜索栏中输入要搜索的关键字，则文件或文件夹列表区中会显示包含搜索关键字的所有文件或文件夹，如图 2-34 所示。

在 Windows 10 的文件资源管理器中单击搜索框，在文件资源管理器的选项卡栏会出现“搜索工具”选项卡，单击“搜索工具”，打开“搜索”选项卡，可以设置搜索条件，如搜索位置、类型、大小、修改日期等，从而方便用户找到自己所需要的文件或文件夹，如图 2-35所示。

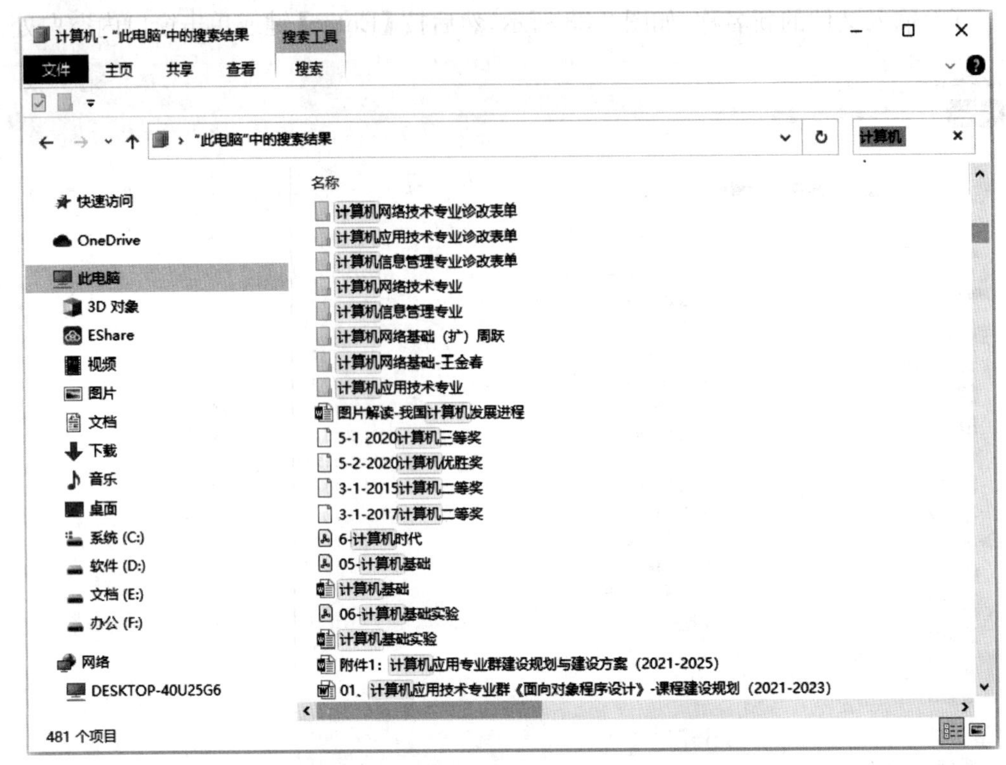

图 2-34　在【搜索框】中查找文件或文件夹

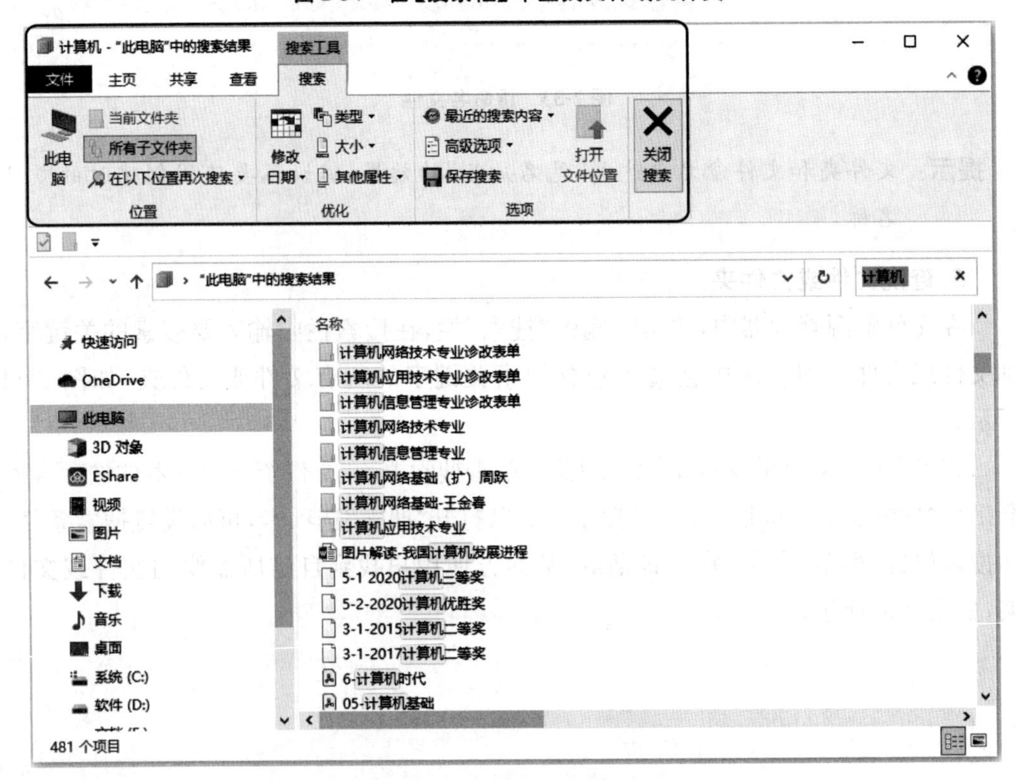

图 2-35　【搜索工具】选项卡

6. 移动和复制文件或文件夹

在 Windows 10 中，移动和复制文件或文件夹的方法有多种，可以通过拖动鼠标移动和复制，也可以通过【主页】选项卡功能区中的命令移动和复制，还可以使用快捷键移动或复制。

(1)移动文件或文件夹。

方法一：在“文件资源管理器”中选择需要移动的文件或文件夹，单击【主页】选项卡，打开“主页”功能区，在功能区中，单击“移动到”按钮，这时会弹出一个文件夹列表，选择目标文件夹就可以将选中的项目移动到该文件夹中，如图 2-36 所示。

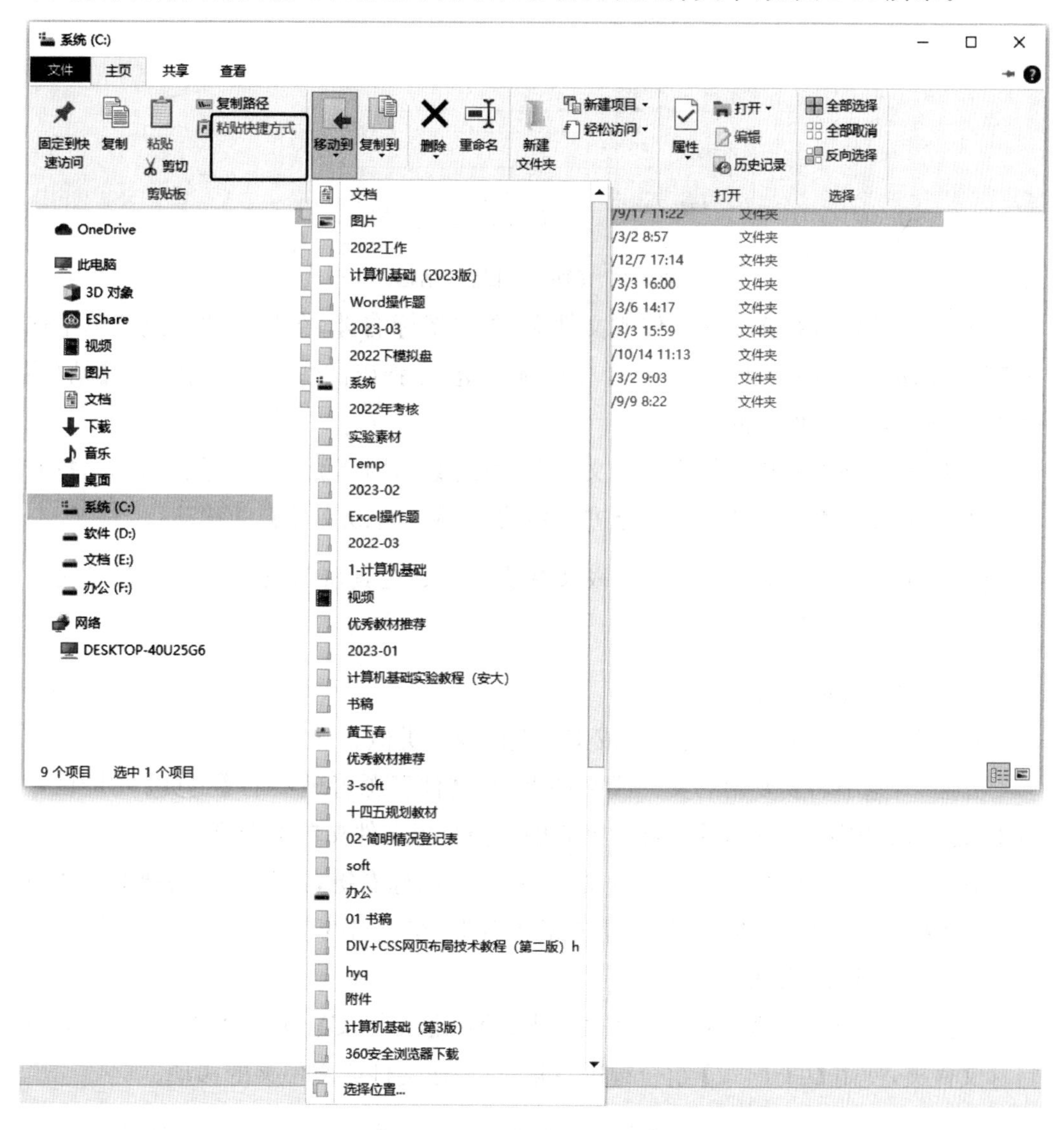

图 2-36　移动文件或文件夹

如果目标文件夹不在列表中，可以单击“选择位置…”命令，打开“移动项目”对话框，找到目标文件夹，单击【移动】按钮，完成文件或文件夹的移动，如图 2-37 所示。

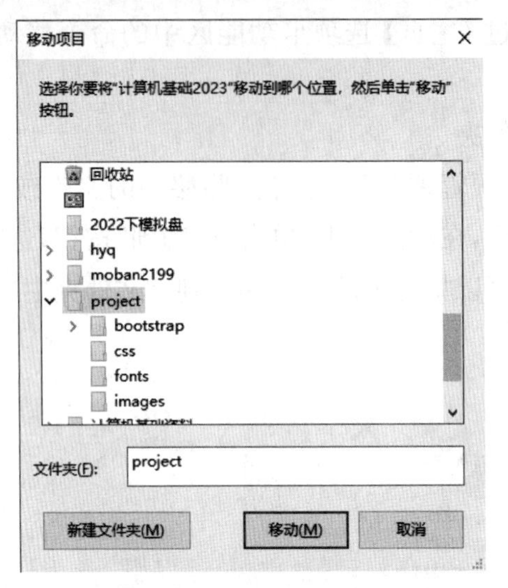

图 2-37 【移动项目】对话框

方法二：选择需要移动的文件或文件夹，单击鼠标右键，在弹出的快捷菜单中选择【剪切】命令。打开目标文件夹，单击鼠标右键，在弹出的快捷菜单中选择【粘贴】命令，完成文件或文件夹的移动。

方法三：选择需要移动的文件或文件夹，使用【Ctrl+X】组合键进行剪切。打开目标文件夹，使用【Ctrl+V】组合键进行粘贴，完成文件或文件夹的移动。

提示： 在同一个磁盘上移动文件或文件夹可以通过鼠标拖动选中的文件或文件夹到目标文件夹中。

(2)复制文件或文件夹。

复制文件或文件夹与移动文件或文件夹的操作类似。

方法一：选中需要复制的文件或文件夹，在文件资源管理器的【主页】功能区中单击“复制到”按钮，在弹出的文件夹列表中选择目标文件夹单击即可。

方法二：选择需要复制的文件或文件夹，单击鼠标右键，在弹出的快捷菜单中选择【复制】命令。打开目标文件夹，单击鼠标右键，在弹出的快捷菜单中选择【粘贴】命令完成文件或文件夹的复制。

方法三：选择需要移动的文件或文件夹，使用【Ctrl+C】组合键进行剪切。打开目标文件夹，使用【Ctrl+V】组合键进行粘贴，完成文件或文件夹的移动。

提示： 在不同磁盘之间移动文件或文件夹，可以通过鼠标拖动选中的文件或文件夹到目标文件夹中。在同一磁盘不同文件夹之间移动文件或文件夹，在拖动的同时按住【Ctrl】键，可以完成复制操作。

7. 删除和还原文件或文件夹

当不再需要某个文件或文件夹时，可以将其从外存储器中删除，以节省磁盘空间。有时可能会发现删除的文件还是有用处的，如果此时还未清空回收站，则可以将其还原到删除前的位置。

(1)删除文件或文件夹。

删除文件和文件夹的方法很多，常用的方法有以下几种。

方法一：在文件资源管理器中选中要删除的文件或文件夹，在文件资源管理器的【主页】功能区中单击【删除】按钮，弹出【删除文件】对话框，单击【是】按钮，完成文件或文件夹的删除，如图 2-38 所示。

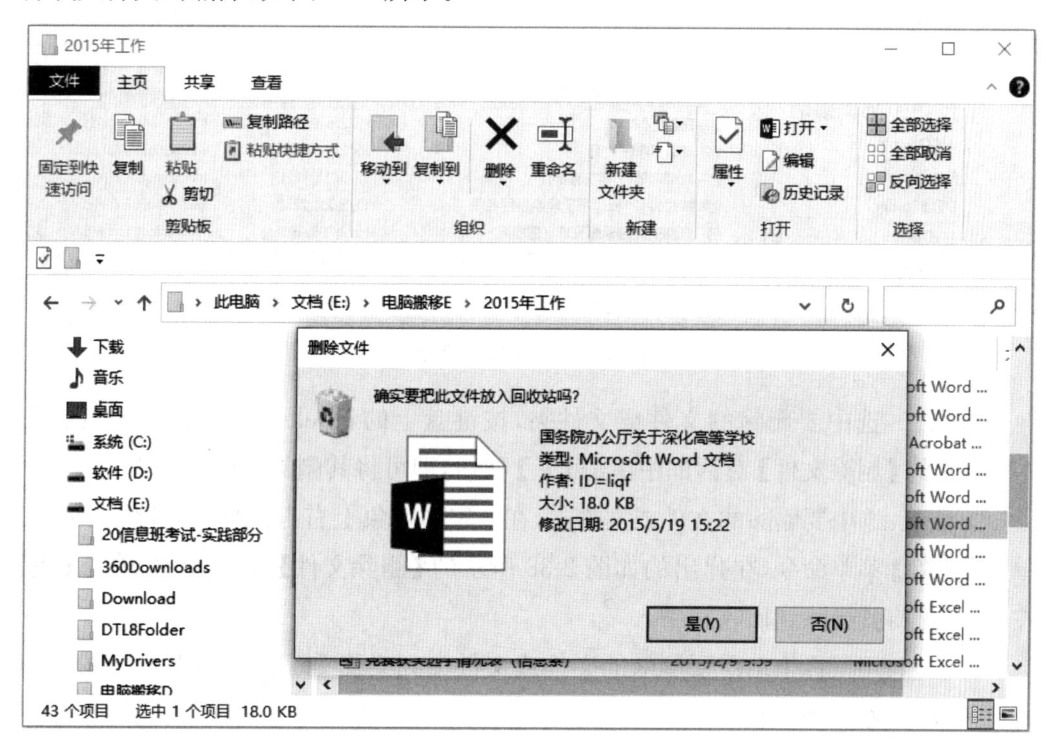

图 2-38　【删除文件】对话框

此时，删除的文件或文件夹被放入了回收站。单击【删除】按钮下方的三角号，弹出删除选项列表中的“回收”“永久删除”“显示回收确认”三个选项，选择不同的选项能够在删除文件或文件夹时设置放入回收站、永久删除、显示回收确认对话框等，如图 2-39 所示。

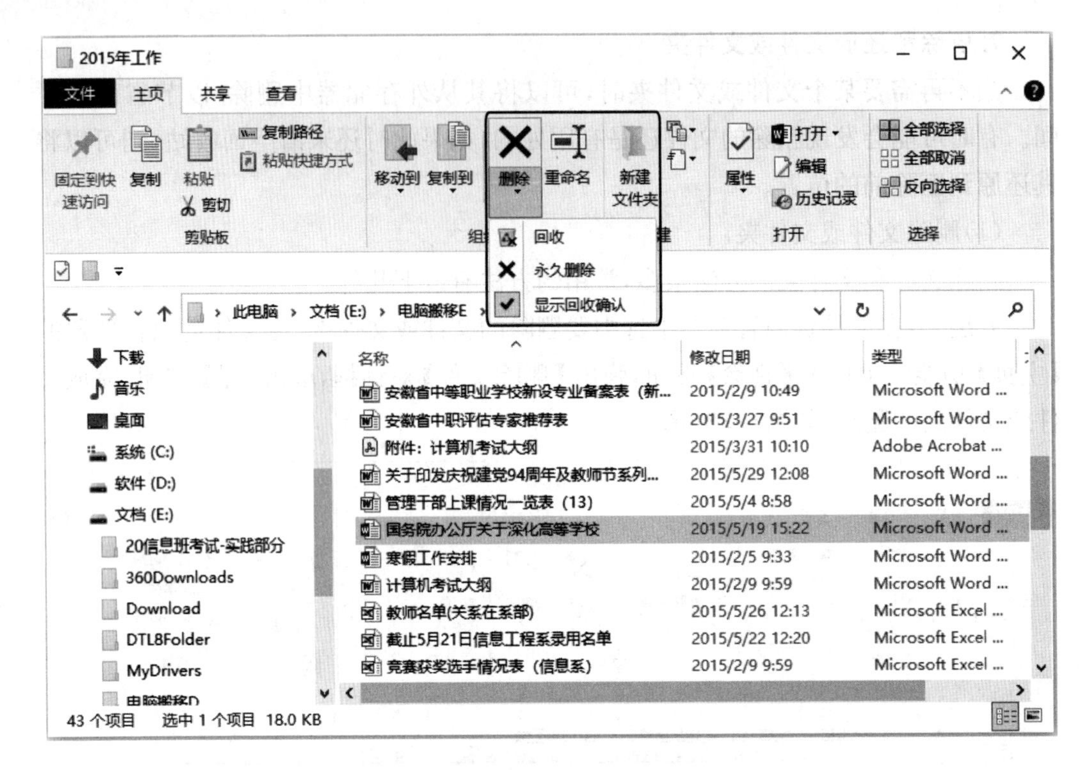

图 2-39 删除文件选项

方法二：选中要删除的文件或文件夹，按键盘上的【Delete】键，在弹出的如图2-38所示的【删除文件】对话框中单击【是】按钮，即可将其删除到回收站中。

方法三：选中要删除的文件或文件夹，在选定的对象上右击鼠标，打开快捷菜单，单击【删除】菜单命令，在弹出的如图 2-38 所示的【删除文件】对话框中，单击【是】按钮，即可将其删除到回收站中。

方法四：用鼠标拖动需要删除的文件或文件夹到桌面【回收站】图标上，松开鼠标，即可将其删除到回收站中。

提示： ①删除一个文件夹会删除该文件夹中的所有内容(包括文件和子文件夹)。②上面介绍的删除方法是逻辑删除，文件或文件夹被删除后，系统只是将文件或文件夹暂时放到桌面上的【回收站】中。在用户需要时还可以从【回收站】中恢复。③如果在执行删除操作的同时按住【Shift】键，则删除的对象将不再放入【回收站】，而是被永久性删除，无法恢复。④要删除的文件必须不能处于打开状态。

(2)还原删除的文件或文件夹。

如果要还原删除的文件或文件夹，可以通过下面的方法来完成。

方法一：打开【回收站】窗口，用鼠标右击需要还原的文件，在弹出的菜单中选择

【还原】命令，如图 2-40 所示。

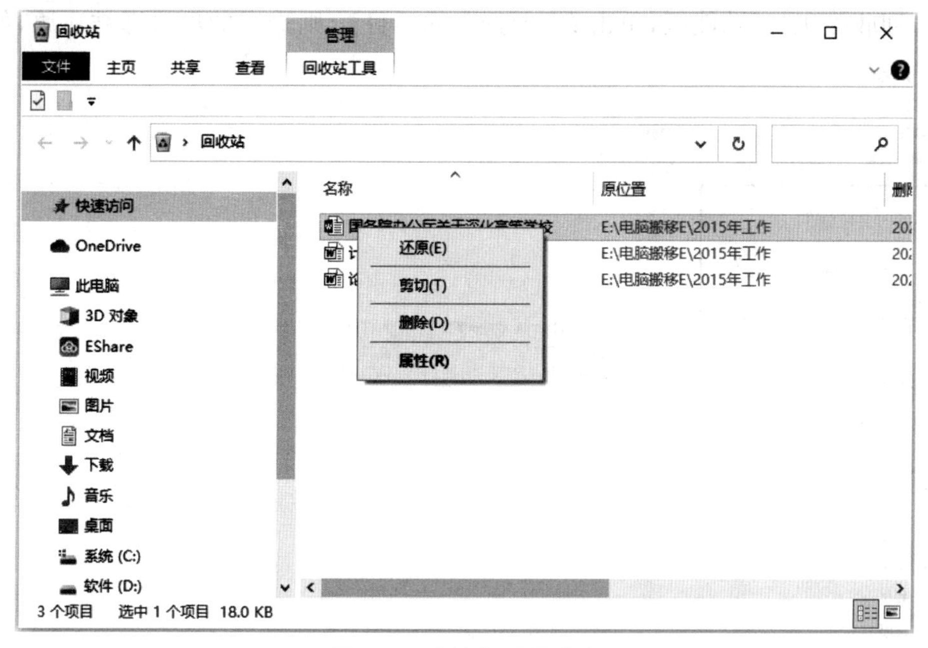

图 2-40　选择【还原】命令

方法二：也可以通过双击需要还原的文件或文件夹，在弹出的对话框中，单击【还原】按钮来完成，如图 2-41 所示。

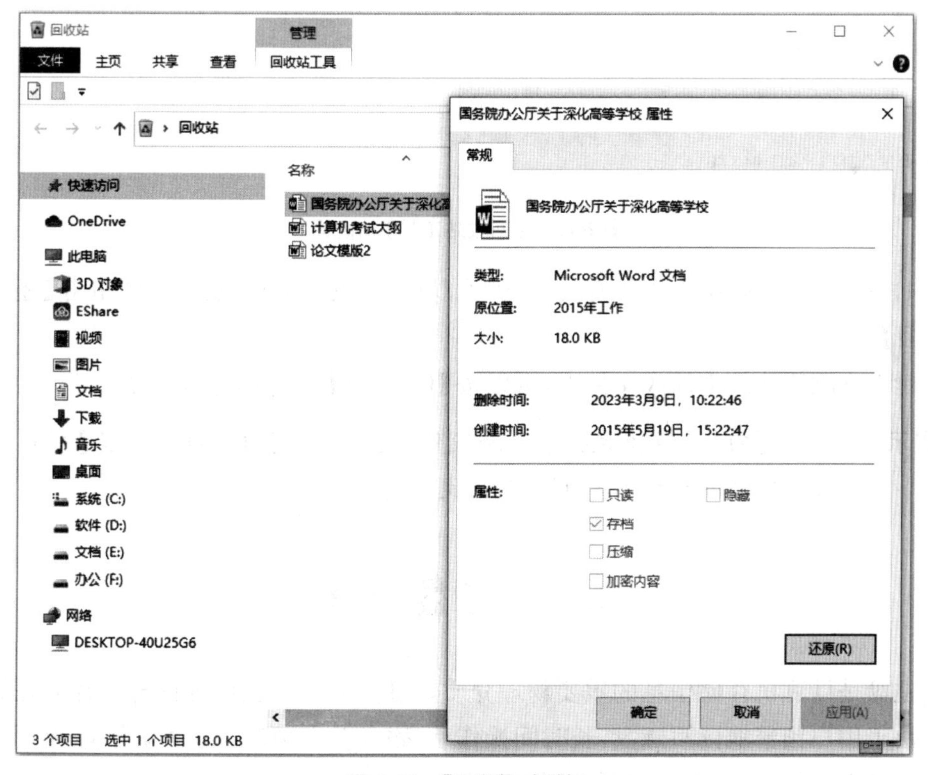

图 2-41　【还原】对话框

方法三:选中需要还原的文件或文件夹,单击回收站窗口上方的【管理】按钮,打开“回收站工具”功能区,单击【还原选定的项目】,则选定的项目即被还原,如图2-42所示。

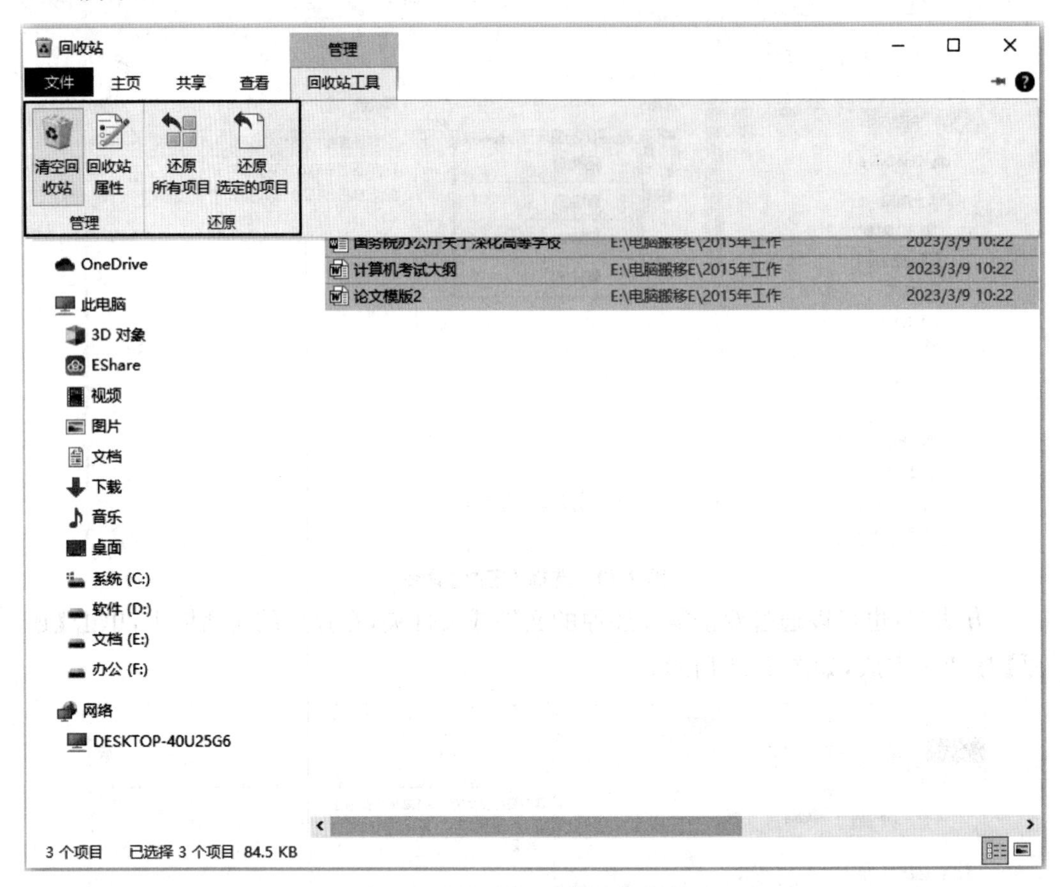

图 2-42 【回收站工具】功能区

如果要还原回收站中的所有文件,则可以在“回收站工具”功能区中单击【还原所有项目】命令。

对于刚刚删除的文件或文件夹,可以按【Ctrl+Z】组合键进行恢复。

提示: 如果在【回收站】里执行了删除操作,或者单击了【回收站工具】功能区中的【清空回收站】命令,则删除的文件将无法恢复。

2.4 磁盘操作

磁盘是计算机存储信息的重要物理介质,文件、文件夹和系统信息都存储在磁盘中。由于用户频繁地读写磁盘,长时间操作后,磁盘会出现碎片、读写错误、无用文件占用磁盘空间等情况,因此需要使用磁盘操作功能对其进行维护。

2.4.1 检查磁盘错误

通过保证磁盘不存在错误，可以解决某些计算机问题，改善计算机的性能。检查磁盘错误的操作步骤如下。

(1)在文件资源管理器窗口中，右击需要检查的磁盘(例如 C 盘)，在弹出的快捷菜单中选择【属性】命令，打开磁盘属性对话框，在磁盘属性对话框上单击【工具】选项卡，如图 2-43 所示。

图 2-43 【磁盘属性】对话框

(2)在对话框上，单击【检查】按钮，弹出一个【错误检查(系统(C:))】消息框。用户可以根据需要决定是否扫描驱动器，如图 2-44 所示。

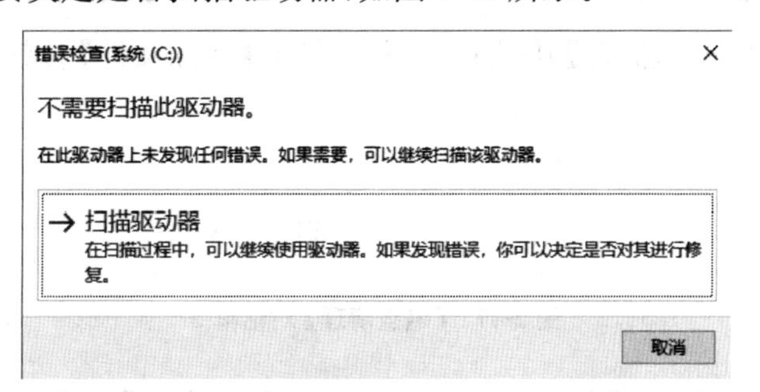

图 2-44 【错误检查(系统(C:))】消息框

2.4.2 清理磁盘

使用磁盘清理工具可以减少磁盘上不需要的垃圾文件，释放磁盘空间，提高系统性能。清理磁盘可以通过下面的方法来实现。

（1）在文件资源管理器窗口中，右击需要清理的磁盘（例如C盘），在弹出的快捷菜单中选择【属性】命令，打开磁盘属性对话框，在【常规】选项卡中，单击【磁盘清理】按钮，则磁盘清理工具开始计算C盘可以释放多少空间，如图2-45所示。

（2）计算完成后，打开【磁盘清理】对话框，如图2-46所示。在【要删除的文件】列表中，选择要删除的文件类型，然后单击【确定】按钮。

图2-45 【磁盘清理】对话框1

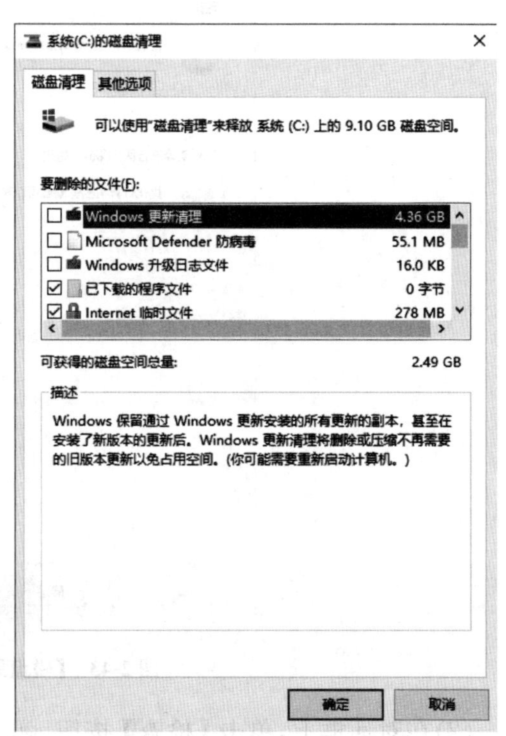

图2-46 【磁盘清理】对话框2

（3）在弹出的【磁盘清理】确认对话框中，单击【删除文件】按钮，如图2-47所示。

图2-47 【磁盘清理】对话框3

提示：也可以在【开始】|【Windows管理工具】中单击【磁盘清理】命令来完成磁盘清理工作。

2.4.3　碎片整理

磁盘碎片指的是硬盘读写过程中产生的不连续文件。硬盘上非连续写入的档案会产生磁盘碎片，磁盘碎片会加长硬盘的寻道时间，影响系统效能。通过磁盘碎片整理可以重新安排磁盘的已用空间，尽量将统一文件重新存放到相邻磁盘位置上，并把可用的空间全部移动到磁盘的尾部，因而可以明显地提高磁盘读写效率，提升系统的速度和性能。

磁盘整理的操作步骤如下。

(1)在文件资源管理器窗口中右击需要整理碎片的磁盘(例如 C 盘)，在弹出的快捷菜单中选择【属性】命令，打开磁盘属性对话框，在【工具】选项卡中单击【优化】按钮，弹出【优化驱动器】对话框。

也可通过【开始】|【Windows 管理工具】单击【碎片整理和优化驱动器】命令来打开【优化驱动器】对话框，如图 2-48 所示。

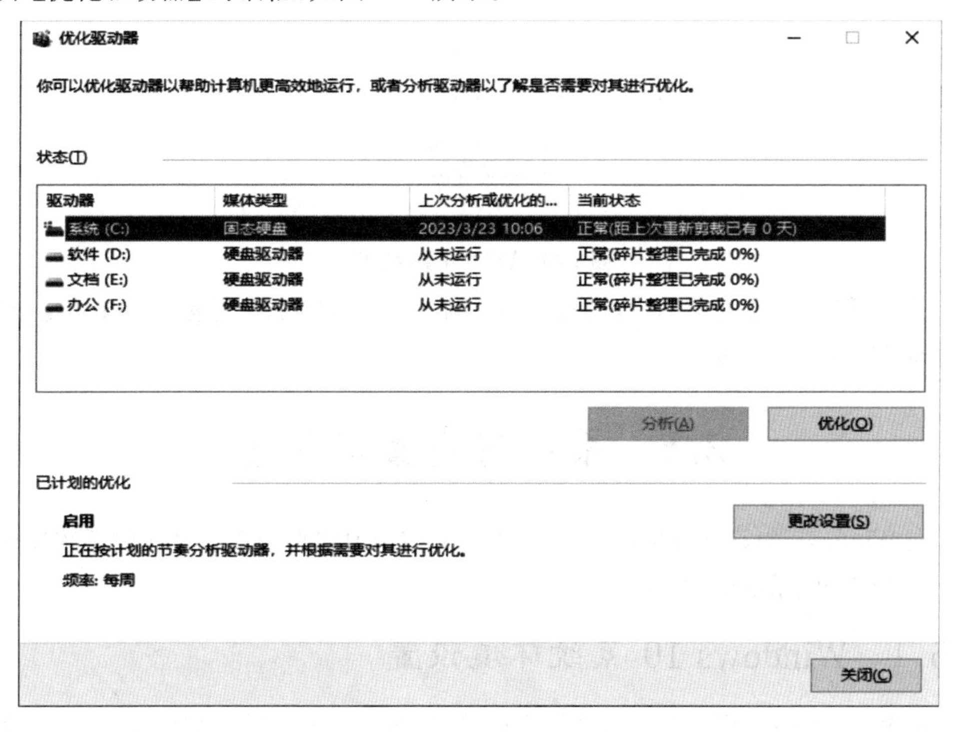

图 2-48　【优化驱动器】对话框

(2)选择要进行碎片整理的磁盘，单击【优化】按钮，开始整理磁盘碎片。

2.4.4　磁盘格式化

有时候我们需要对磁盘进行格式化操作，以清空数据或消灭病毒。对磁盘格式化的操作步骤如下。

(1)在文件资源管理器窗口中右击需要格式化的磁盘(例如D盘),在弹出的快捷菜单中选择【格式化】命令,打开【格式化】对话框,如图2-49所示。

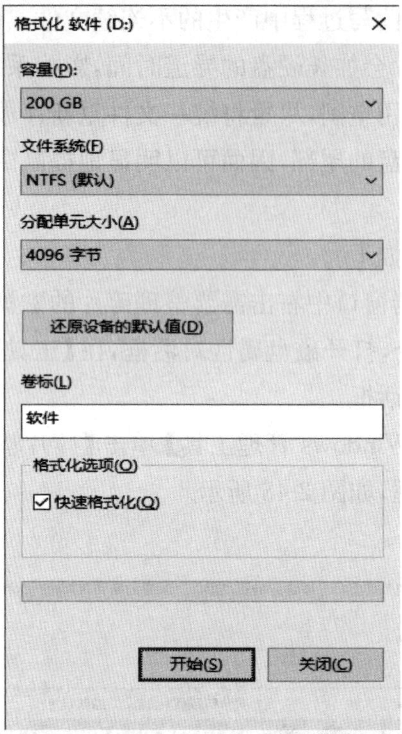

图2-49 【格式化】对话框

(2)在【格式化】对话框中,设置好相关的参数(例如:磁盘卷标)后,单击【开始】按钮即可格式化该磁盘。

2.5 系统的设置与管理

在Windows中,可以根据个人使用需要和使用习惯自定义个性化的系统操作环境。本节将介绍系统中的常用设置。

2.5.1 Windows 10 系统环境设置

在Windows中,用户对系统环境进行设置的时候,可以通过【Windows设置】窗口来进行,也可以通过【控制面板】窗口来进行。

1.打开【设置】窗口

单击【开始】|【设置】命令可以打开【Windows设置】窗口,如图2-50所示。

2.启动【控制面板】

启动【控制面板】主要有两种方法。

方法一:打开【开始】|【Windows系统】菜单,单击【控制面板】菜单命令。

图 2-50　【Windows 设置】窗口

方法二：打开【资源管理器】窗口，单击窗口地址栏左侧小箭头，在弹出的列表中选择【控制面板】菜单命令，如图 2-51 所示。

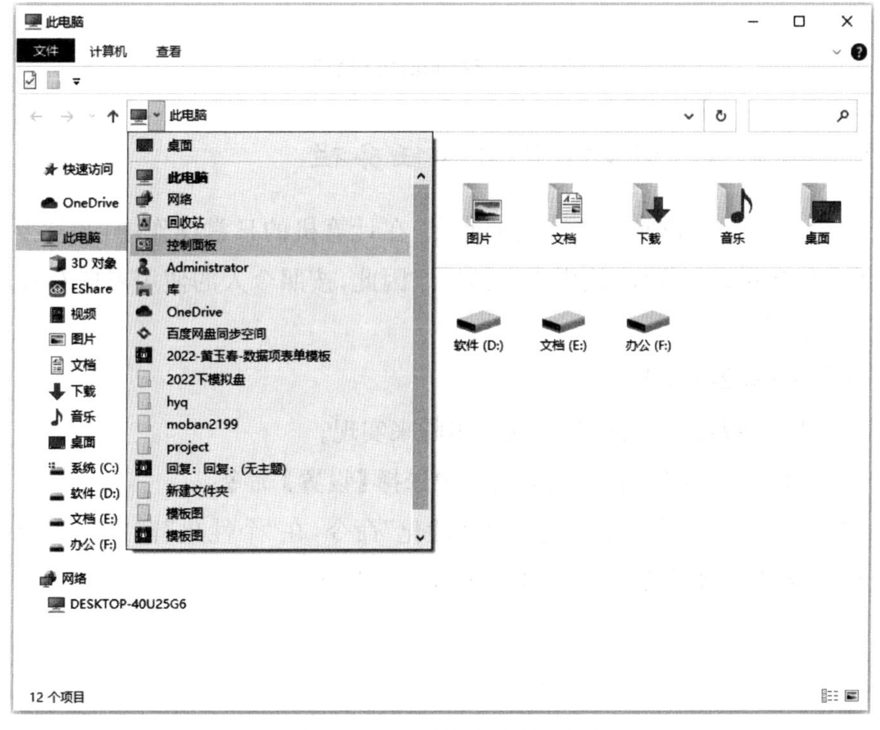

图 2-51　选择【控制面板】命令

【控制面板】启动后的窗口如图 2-52 所示。

图 2-52 【控制面板】窗口

2.5.2 自定义【开始】菜单和任务栏

【开始】菜单是用户使用计算机的起点，在计算机的日常操作中，经常要对【开始】菜单和任务栏进行操作，使用非常频繁。因此，按照个人的使用习惯对其进行设置以便于自己使用。

1. 自定义【开始】菜单

要设置【开始】菜单，可通过下面的步骤来实现。

(1)单击【开始】按钮，在弹出的菜单中选择【设置】命令。

(2)在弹出的【设置】窗口中选择“个性化”命令，在“个性化”窗口左侧列表中单击“开始”命令，打开【设置开始】窗口，如图 2-53 所示。

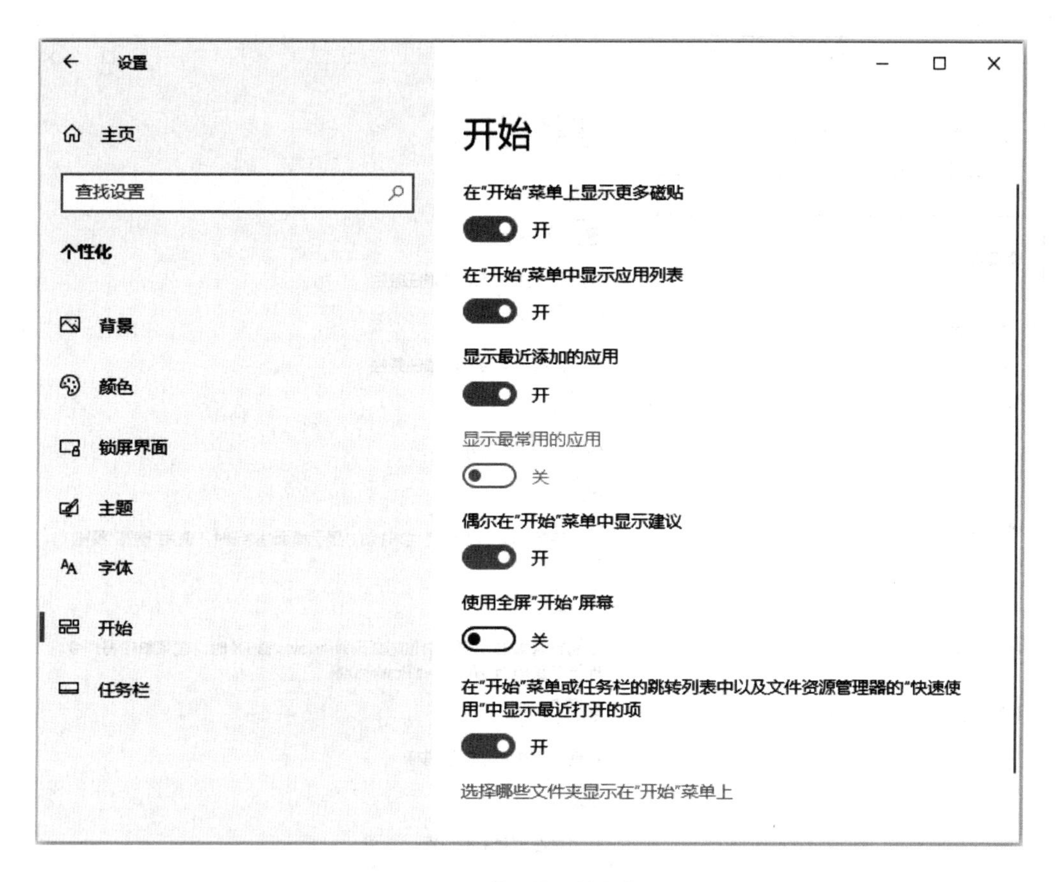

图 2-53 【设置开始】窗口

(2)在【设置开始】窗口中,可以自定义"开始"菜单。例如:可以根据需要打开或关闭【在"开始"菜单上显示更多磁贴】等。

2. 自定义任务栏

任务栏是位于屏幕底部的淡蓝色长条区域,用于快速访问所需的内容。可以根据个人使用需要自定义任务栏的外观、通知区域和使用 Aero Peek 预览桌面等。要设置任务栏,可通过下面步骤来实现。

(1)在任务栏空白处右击鼠标,在弹出的菜单中选择【任务栏设置】命令,弹出【设置任务栏】窗口,如图 2-54 所示。

(2)在【任务栏设置】窗口中可以自行设置任务栏的外观。例如:打开【在桌面模式下自动隐藏任务栏】开关按钮,则当鼠标离开任务栏时,任务栏将隐藏,当鼠标移到屏幕底部时,任务栏自动弹出。

提示: 通过在【Windows 设置】窗口中单击"个性化"命令,打开"个性化"窗口,在"个性化"窗口左侧列表中,单击"任务栏"命令,也可以打开【设置任务栏】窗口。

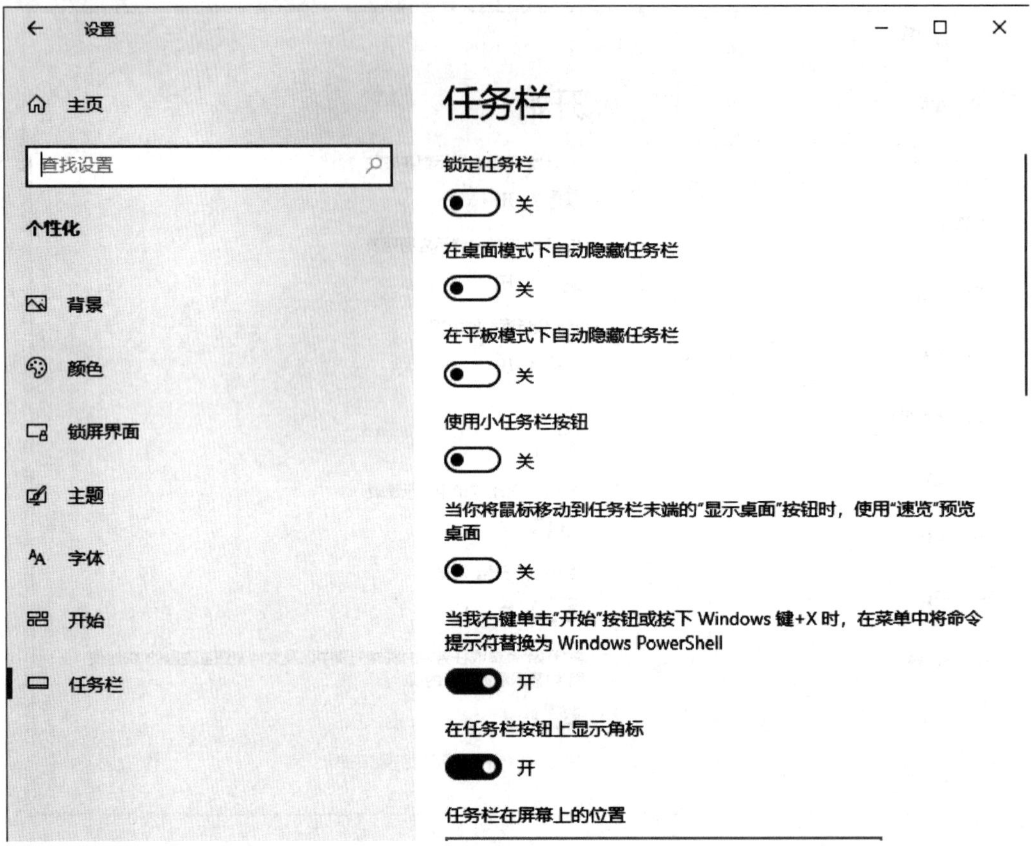

图 2-54 【设置任务栏】窗口

2.5.3 设置显示属性

Windows 允许用户对桌面进行个性化设置，将桌面背景修改为自己喜欢的图片，或设置屏幕分辨率，或设置屏幕保护程序保护计算机安全等。

1. 设置桌面背景

可以根据个人使用的需要，重新设置桌面背景。操作步骤如下。

(1)在桌面空白处右击鼠标，在弹出的菜单中选择“个性化”命令，打开【设置背景】窗口，如图 2-55 所示。

(2)在【设置背景】窗口中，单击某个图片或选择多个图片创建一个幻灯片，或单击【浏览】按钮，在弹出的对话框中选择自定义的图片文件。设置完毕单击【确定】按钮。

图 2-55　【设置背景】窗口

2. 设置桌面主题

在【设置背景】窗口左侧"个性化"列表中，单击【主题】命令，打开【设置主题】窗口，如图 2-56 所示。

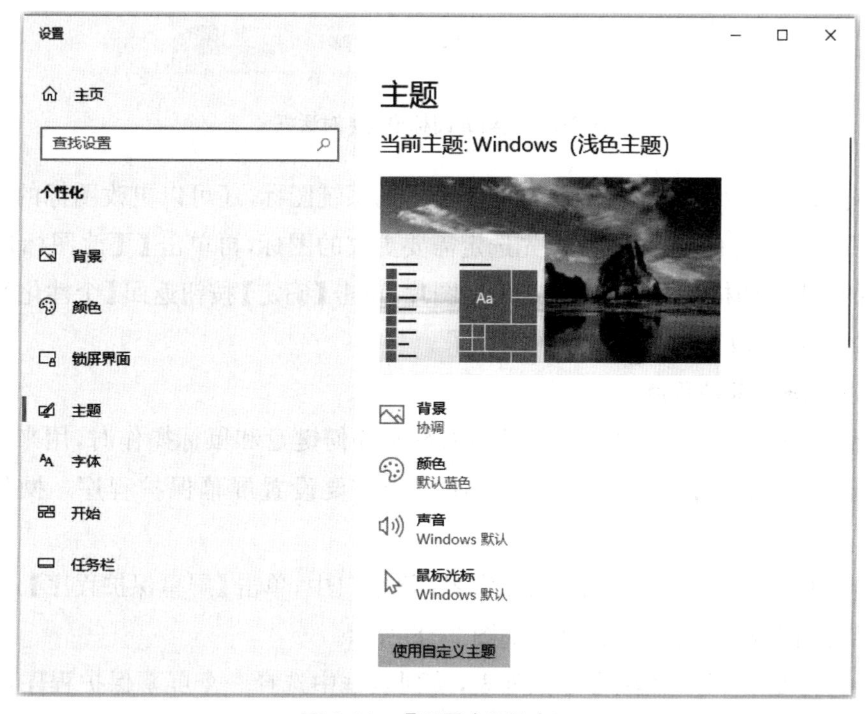

图 2-56　【设置主题】窗口

直接选择某个主题或在【设置主题】窗口中选择“使用自定义主题”进行自定义主题设置。

3. 更改桌面图标

在【设置主题】窗口中下滑鼠标，在【相关的设置】下面单击“桌面图标设置”超链接，打开【桌面图标设置】对话框，如图 2-57 所示。

图 2-57 【桌面图标设置】对话框

在对话框中，用户可以选定在桌面上显示的系统图标，还可以更改图标的显示图片。若要更改图标的显示图片，可先选定需要更改的图标，再单击【更改图标】按钮，在弹出的【更改图标】对话框中选定一个图片，单击【确定】按钮返回【个性化】窗口，则选定的图标就改成了我们选定的图标了。

4. 设置屏幕保护程序

屏幕保护程序是当用户在较长时间内没有任何键盘和鼠标操作时，用来保护显示器屏幕的实用程序。可以根据个人使用的需要设置屏幕保护程序。操作步骤如下。

(1)在【设置】的【个性化】的【锁定界面】窗口中，单击【屏幕保护程序】超链接，弹出【屏幕保护程序设置】对话框，如图 2-58 所示。

(2)打开【屏幕保护程序】下拉列表，从列表框中选择一个屏幕保护程序，如【气泡】等。

(3)单击【预览】按钮查看设置的效果。

(4)在【等待】选项中设置启动屏幕保护程序的时间。当用户在设定的时间内未对计算机进行任何操作时,即启动该屏幕保护程序。

(5)单击【确定】按钮完成设置工作。

图 2-58 【屏幕保护程序设置】对话框

提示: 如果勾选了【在恢复时显示登录屏幕】前的复选框,则屏幕保护状态恢复时将返回到用户登录的界面;如果设置了用户密码,则别人无法查看或使用该计算机。

5. 设置显示器分辨率

如果要设置显示器分辨率,可按照下列步骤进行。

(1)在【Windows 设置】窗口中,单击【系统】命令,进入【设置系统】窗口,单击窗口左侧的“屏幕”命令,打开【设置屏幕】窗口,如图 2-59 所示。

(2)打开【显示器分辨率】下拉列表框,用鼠标拖动滑块上下移动,可以设置屏幕的分辨率。

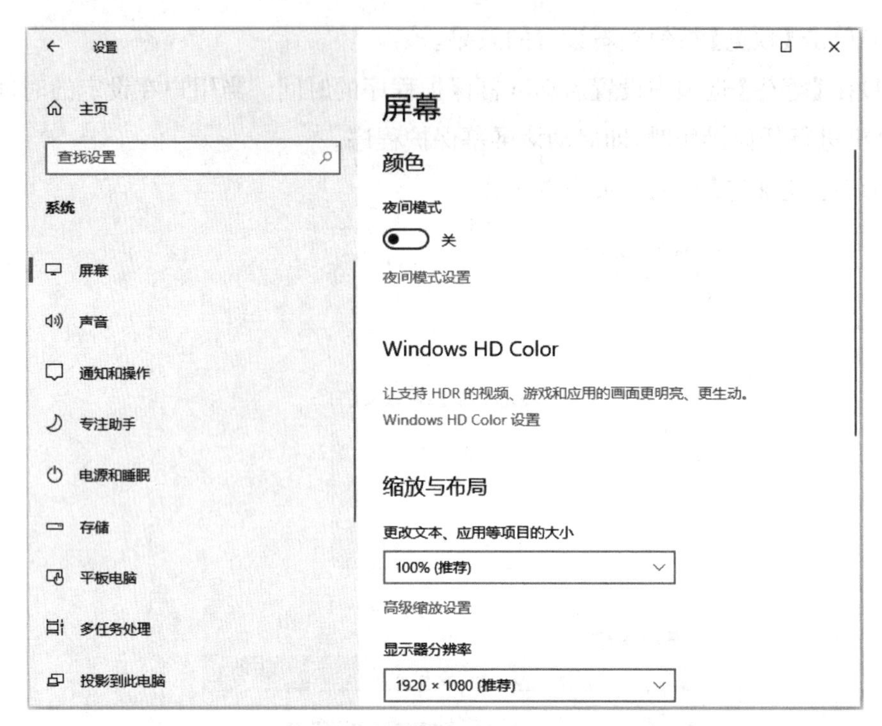

图 2-59 【设置屏幕】窗口

(3)选择需要设置的分辨率，弹出“是否保留这些显示器设置?”信息的对话框。如图 2-60 所示。

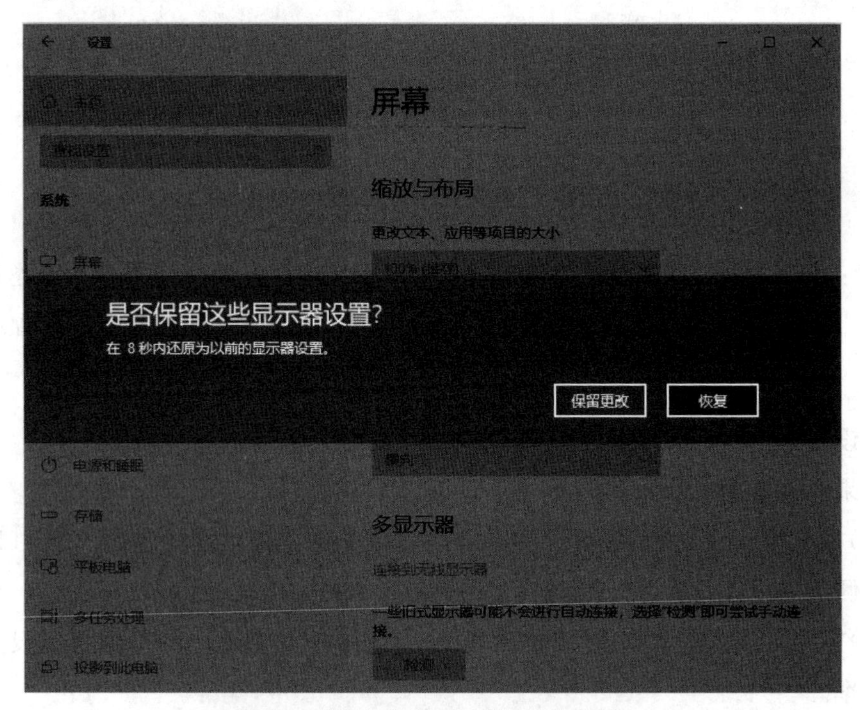

图 2-60 “是否保留显示器设置”对话框

(4)在 15 秒内单击【保留更改】按钮，完成设置工作。

2.5.4　添加和删除程序

在使用计算机工作的过程中,经常需要安装新应用程序、更新已有程序或删除旧程序。【应用和功能】是 Windows 10 提供的一个便利的工具,通过它可使用户快速而顺利地完成添加和删除程序工作。

在【设置】窗口中,单击【应用】图标,打开【设置应用和功能】窗口,如图 2-61 所示。

图 2-61　【设置应用和功能】窗口

1. 查看已安装的程序

一般来说,应用程序在【开始】菜单的【所有程序】列表中均有自己的快捷方式,用户可以通过此列表查找并运行程序。

此外,还可以通过【设置应用和功能】窗口右侧的列表查看计算机安装的软件。通过移动滚动条可以看到此计算机上安装的应用程序。

2. 卸载应用程序

(1)在【设置应用和功能】窗口中找到需要卸载的应用程序。

(2)单击【卸载】按钮,弹出“此应用及其相关的信息将被卸载。”对话框。

(3)单击对话框上的【卸载】按钮即可卸载该应用,如图 2-62 所示。

图 2-62　确认卸载程序对话框

提示： 也可通过“控制面板\程序\程序和功能”卸载应用程序。

3. 添加或删除 Windows 组件

在【程序和功能】窗口中单击【程序和功能】链接,打开【程序和功能】窗口,如图 2-63所示。

提示： 也可通过“控制面板\程序\程序和功能”打开【程序和功能】窗口。

图 2-63　【程序和功能】窗口

在【程序和功能】窗口左侧导航列表中单击"启用或关闭 Windows 功能"超链接，打开【Windows 功能】窗口，如图 2-64 所示。

图 2-64　【Windows 功能】窗口

勾选列表中的方框可以添加相应的 Windows 组件。如果要添加尚未安装的 Windows 组件，可以在组件列表中选中该组件前面的复选框，单击【确定】按钮。随后，Windows 就会自动进行安装。由于 Windows 10 在安装时自动把安装文件全部复制到磁盘上，因此安装过程中不需要提供 Windows 10 安装光盘。

当用户要删除已经安装的 Windows 组件时,应在组件列表中取消选中该组件,并单击【确定】按钮。

2.6 Windows 10 的附件

Windows 系统提供了一些实用工具程序,例如:用于浏览和编辑图片的【画图】程序,用于编辑文本文件的【记事本】程序,用于计算的【计算器】程序等,这些工具程序都放在【附件】菜单命令中,单击【开始】|【所有程序】|【附件】菜单命令就可以找到这些实用程序。很多计算机用户还要学习一些最常用的文字编辑软件(如 Word 等)和图形、图像编辑软件(如 Photoshop、AutoCAD)的使用,而这些软件无论在功能上,还是在编辑效果上,都比 Windows 所带的附件程序要好得多。本节介绍【附件】中实用程序的功能和使用方法。

2.6.1 记事本

记事本是 Windows 提供的一个基本的文本编辑器,当用户只需要记录一些文字信息,而不需要对其进行格式设置时,可以使用【记事本】程序。利用【记事本】程序产生的文件默认为文本文件,扩展名为. txt,这种类型的文件占用空间很小。也可以利用记事本创建 Web 页,或编辑、保存其他类型的文件。

依次单击【开始】|【Windows 附件】|【记事本】菜单命令,即可启动【记事本】程序,如图 2-65 所示。

提示: 也可通过 Win+R 打开【运行】对话框,在对话框中输入"notepad"命令,然后单击【确定】按钮或直接按回车键打开记事本。

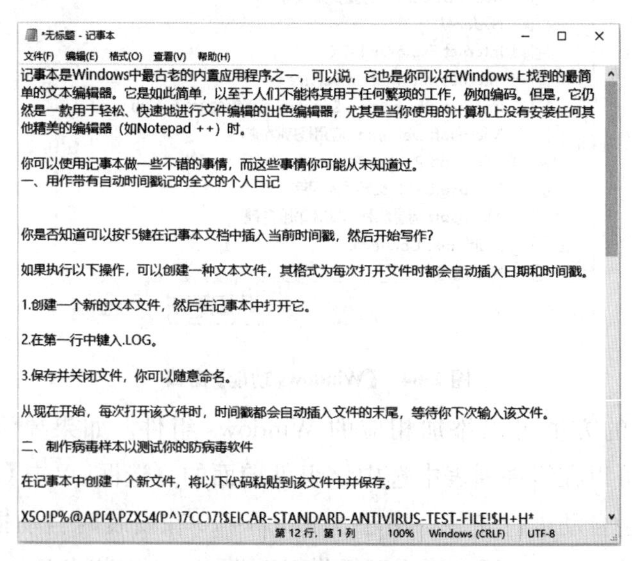

图 2-65 【记事本】窗口

2.6.2 【画图】程序

【画图】程序是个画图工具，可以用它来绘制图画，也可以对扫描的图片进行编辑修改。在编辑完成后，可以以.bmp、.jpg、.gif 等格式存档。

依次单击【开始】|【Windows 附件】|【画图】菜单命令，即可启动【画图】程序，如图 2-66 所示。

提示： 也可通过 Win+R 打开【运行】对话框，在对话框中输入"mspaint"命令，然后单击【确定】按钮或直接按回车键打开画图程序。

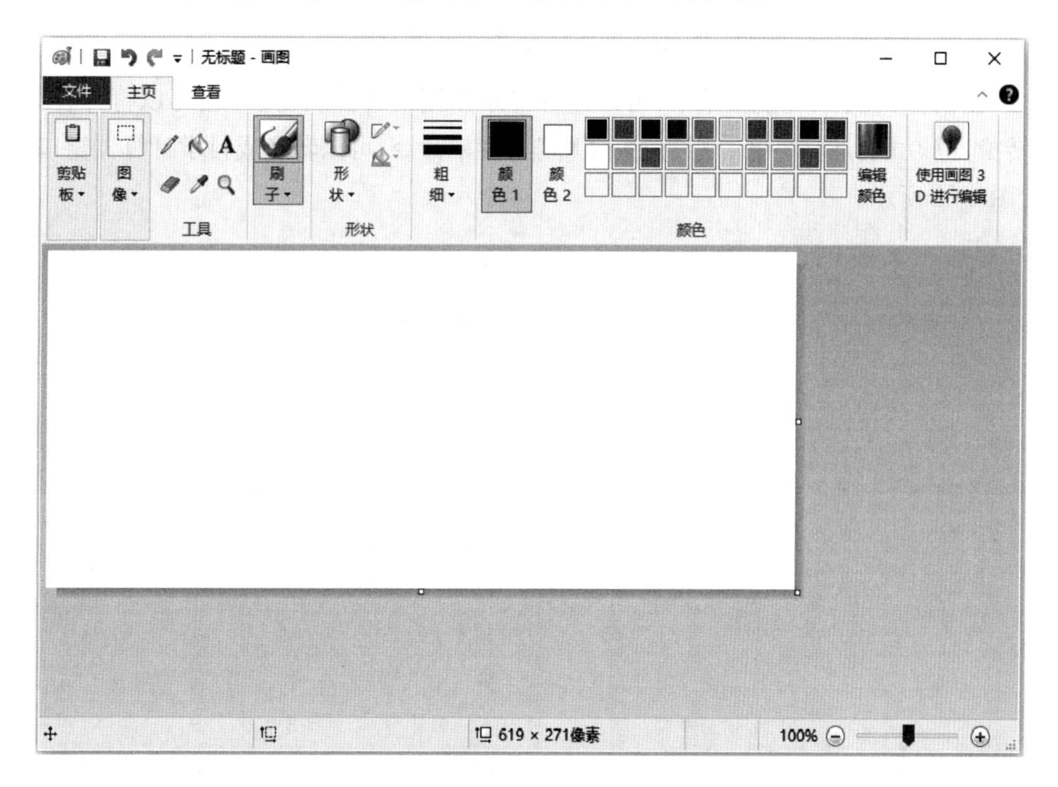

图 2-66　【画图】窗口

【图画】窗口上方是绘制图画所需要的工具箱和颜色框，使用它可以选择绘画所需要的前景色和背景色。默认的前景色和背景色在颜料盒的左侧，颜色 1 的颜色代表前景色，颜色 2 的颜色代表背景色。要将某种颜色设置为前景色或背景色，可先单击颜色 1 或颜色 2，再单击该颜色框即可。

2.6.3 计算器

Windows 10 的【计算器】可以完成所有电子计算器能完成的标准操作，提供了五种计算器："标准""科学""绘图""程序员"和"日期计算"。标准计算器可以完成简单的数学运算,其他计算器可以进行比较复杂的运算。“程序员”计算器还可以实现不同进制数字之间的转换。它们的使用方法与日常生活中所使用的计算器的方法一样,可以通过单击计算器上的按钮输入数值,也可以通过键盘输入数值来操作。

Windows 10 的【计算器】还提供了【转换器】,该功能可以对货币、容量、长度、温度等计量单位进行转换。

依次单击【开始】|【计算器】菜单命令,即可打开【计算器】窗口,并显示其默认格式——标准计算器,如图 2-67 所示。

提示: 也可通过 Win+R 打开【运行】对话框,在对话框中输入“calc”命令,然后单击【确定】按钮或直接按回车键打开计算器程序。

在【计算器】的导航菜单下,可以选择显示不同的计算器窗口,也可以打开各个【转换器】功能。例如:单击【导航】|【科学】菜单命令,可以转换成科学计算器窗口,如图 2-68 所示。

图 2-67　标准计算器窗口

图 2-68　科学计算器窗口

2.6.4　媒体播放器

Windows Media Player(媒体播放器)是集成在 Windows 10 系统中的一款媒体播放与管理软件。

依次单击【开始】|【Windows Media Player】菜单命令,即可启动【Windows Media Player】窗口,如图 2-69 所示。

提示： 也可通过 Win+R 打开【运行】对话框，在对话框中输入“dvdplay”命令，然后单击【确定】按钮或直接按回车键打开 Windows Media Player(媒体播放器)。

图 2-69　【Windows Media Player】窗口

用户可以将音乐或视频文件添加到 Windows Media Player 的媒体库中，并对相关文件编辑标识，以便快速查找和欣赏多媒体文件，操作步骤如下。

(1)单击【Windows Media Player】窗口中的【组织】按钮，从下拉菜单中选择【管理媒体库】|【音乐】命令，打开【音乐库位置】对话框，如图 2-70 所示。

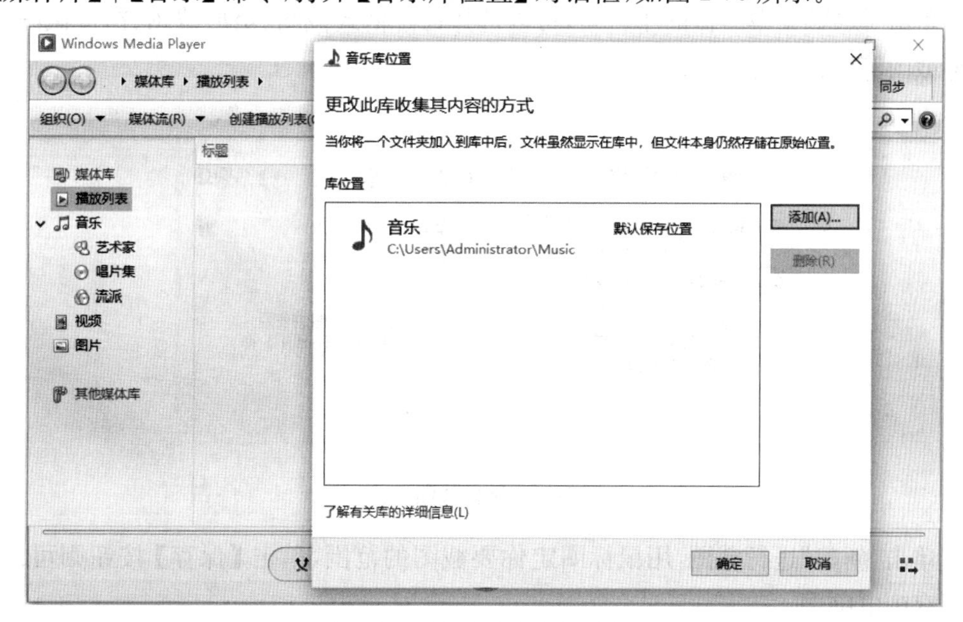

图 2-70　【音乐库位置】对话框

(2)单击【添加】按钮,打开【将文件夹包含在“音乐”中】对话框,选择要包含音乐文件的文件夹,然后单击【包含文件夹】按钮,返回【音乐库位置】对话框。

(3)单击【确定】按钮,返回【Windows Media Player】窗口。此时,打开音乐库的文件夹列表,指定的文件夹就在其中。

将音乐或视频文件添加到媒体库后,就可以使用窗口提供的【播放】【快进】【快退】【停止】等按钮来控制音乐的播放了。

2.6.5 截图工具

Windows 10 提供了截图工具,可以通过下面的方法打开。

依次单击【开始】|【Windows 附件】|【截图工具】菜单命令,即可启动【截图工具】程序,如图 2-71 所示。

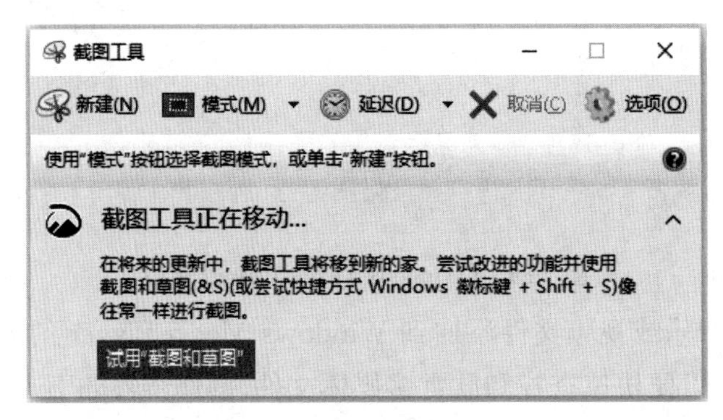

图 2-71 【截图工具】窗口

单击“模式”菜单右侧的小三角,可以选择任意格式截图、矩形截图、窗口截图、全屏幕截图等模式,如图 2-72 所示。

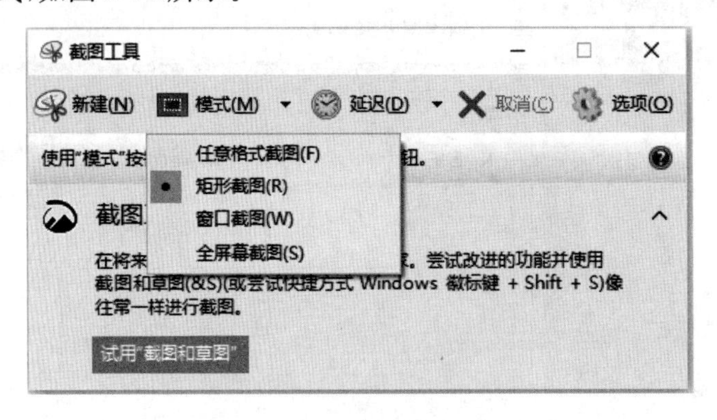

图 2-72 选择截图模式

单击“新建”进行截图,用鼠标圈定你要截图的范围,单击【保存】按钮则可以把它保存到电脑中。

提示： Windows 10提供了多种截图工具，在任意窗口按下【Win+Shift+S】组合键便可进入截屏模式，该模式提供了矩形截图、任意形状截图、窗口截图、全屏幕截图等截图模式，截取的图片在剪贴板上，可以使用【Ctrl+V】将裁剪内容粘贴到想要保存的地方。

习题2

1. 移动、复制的快捷键分别是什么？

2. 设置C盘的回收站大小为15%，D盘的回收站大小为5%。

3. 搜索文件，范围要求：E盘；大小要求：中等(1～128M)；修改日期：本月。

4. 设置任务栏为自动隐藏并隐藏桌面图标。

5. 配置自己的电源管理方案，监视器30分钟后关闭，硬盘1小时后关闭，待机为2小时以后，关机为“从不”，保存后文件名为“我的电源管理方案”。

6. 如何隐藏“网络”图标？

7. 如何更改“此电脑”图标样式？

第3章 使用Word 2016制作文档

【引言】

Word 2016是Office 2016的重要组件之一，是微软(Microsoft)公司推出的优秀文字处理软件。中文Word 2016工作界面友好，文档处理能力强，能够进行图文混排、表格处理，可以快速方便地处理各种办公文件、商业资料及信函。

本章将介绍如何使用Word建立、编辑、排版文档，同时对文档的表格、图文混排、样式的使用以及文档的打印输出进行介绍。

3.1 Word 2016的基本操作

Word 2016是应用最为广泛的文字处理软件之一。

3.1.1 启动与退出Word 2016

1. Word 2016的启动

启动Word 2016的常用方法有如下几种。

方法一：单击【开始】按钮，单击Word 2016命令，或者单击“开始”菜单中的Word 2016图标，如图3-1所示。

方法二：双击桌面快捷方式图标。

方法三：双击任意一个Word文档。

方法四：单击【开始】|【运行】菜单命令，在【运行】对话框中输入“winword”命令，或单击【浏览】按钮，在打开的【浏览】对话框中找到文件后单击【打开】按钮，然后单击【确定】按钮启动。

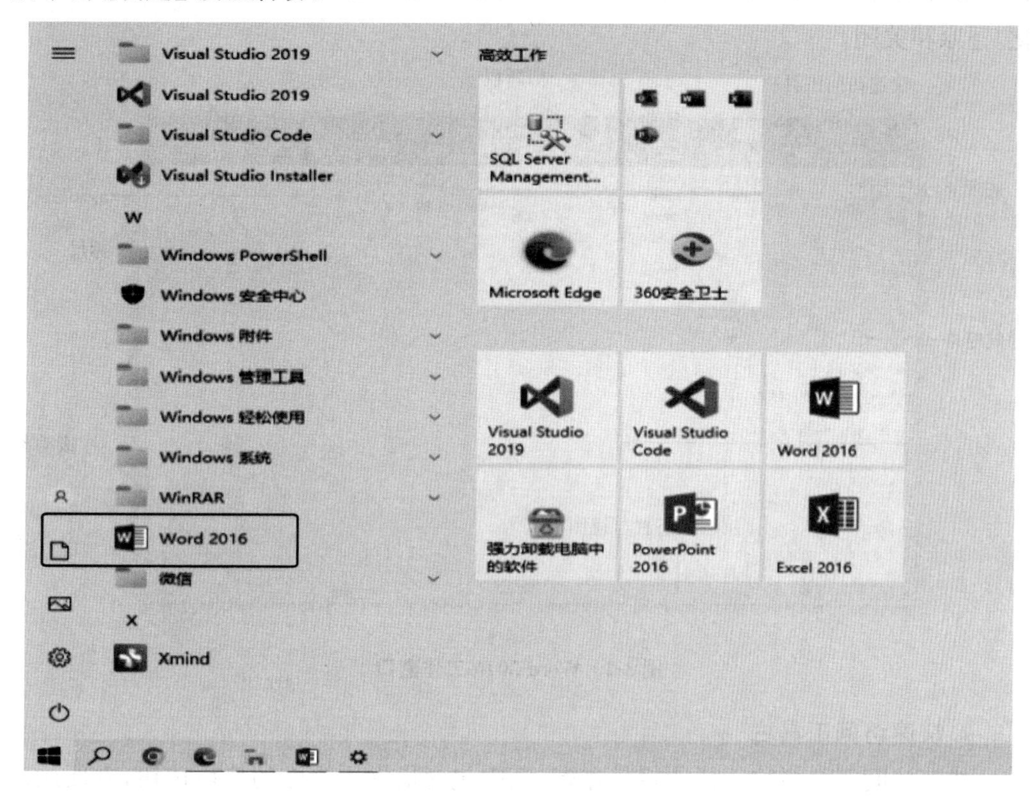

图 3-1　启动 Word 2016

2. Word 2016 的退出

退出 Word 2016 的常用方法有以下几种。

方法一：单击标题栏最右方的【关闭】按钮。

方法二：选择菜单【文件】|【关闭】命令，关闭当前文档。

方法三：在标题栏任意位置单击鼠标右键，在出现的快捷菜单中选择【关闭】命令。

方法四：按快捷键【Ctrl+F4】关闭当前文档，按快捷键【Alt+F4】关闭 Word。

3.1.2　Word 2016 工作窗口

在启动 Word 2016 之后，可以看到如图 3-2 所示的 Word 2016 工作窗口。其中主要包括标题栏、快速访问工具栏、选项卡、导航窗格、标尺、滚动条、工作区、状态栏与视图栏。

1. 标题栏

标题栏位于 Word 2016 工作窗口的最顶端，主要用于显示当前文档的名称。标题栏最右端有 4 个工具按钮分别用来控制功能区显示选项以及窗口的最小化、最大化/还原和关闭。

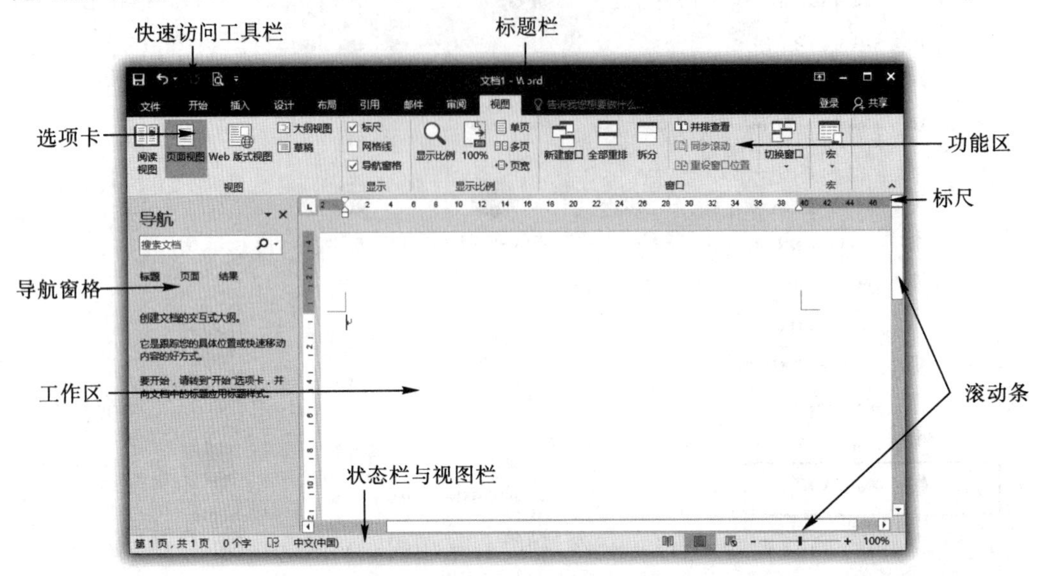

图 3-2　Word 2016 工作窗口

2. 快速访问工具栏

快速访问工具栏位于标题栏最左端，其中包含最常用操作的快捷按钮，方便用户使用，在默认状态中包含三个快捷按键，分别为【保存】【撤消】和【恢复】。在快速访问工具栏的末尾是一个下拉菜单，在其中可以添加其他常用命令。

3. 功能区

在 Office 2016 中，功能区是完成 Office 各项操作的主要区域，工作时需要用到的命令位于此处。功能区的外观会根据监视器的大小改变。Word 通过更改控件的排列来压缩功能区，以适应较小的监视器。功能区主要包含“文件”“开始”“插入”等多个选项卡，如图 3-3 所示。

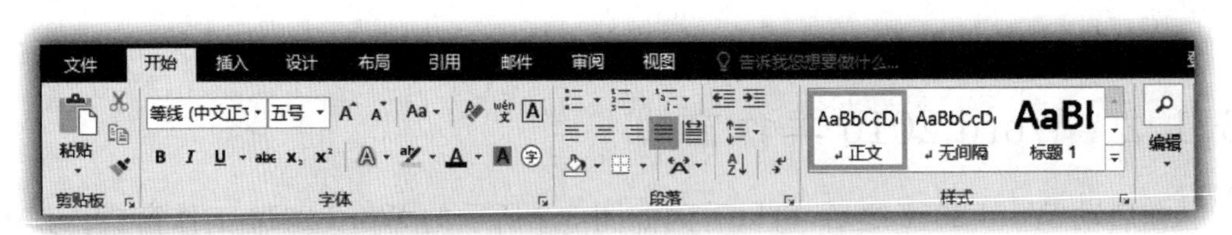

图 3-3　功能区

4. 导航窗格

在 Word 中导航窗格主要显示文档的标题及文字，方便用户快速查看文档，单击其中的标题，可以快速中转到相应的位置，如图 3-4 所示。

5. 工作区

Word 2016 工作区位于窗口中央，占据窗口的大部分区域，是用来编辑或修改文档的工作区域。Word 的大部分工作都在工作区中进行。

6. 状态栏与视图栏

在 Word 2016 中，状态栏和视图栏位于 Word 窗口的底部，显示了文档的当前信息，如当前显示的文档是第几页、第几节、当前文档的字数等。状态栏中还可能显示一些特定命令的工作状态，如拼写和语法检查、当前使用的语言等。当这些命令按钮为高亮时，表示目前正处于工作状态；若变为灰色，则表示未在工作状态，可通过双击这些按钮来设定对应的工作状态。可以右击状态栏进行自定义状态栏的设置。在视图栏中拖动【显示比例滑竿】中的滑块可以直观地改变文档编辑区的大小。【视图】按钮可用于更改正在编辑的文档的显示模式以符合用户的要求，如图 3-5 所示。

图 3-4　导航窗格

第 3 页，共 62 页　28618 个字　中文(中国)　100%

图 3-5　状态栏与视图栏

3.1.3　新建文档

启动 Word 2016 后，系统会自动建立一个空白文档，其默认的文件名是【文档 1-Microsoft Word】。Word 2016 新建文档常用的方法有以下几种。

(1)单击快速访问工具栏中的【新建文档】按钮。

(2)按下【Ctrl＋N】组合键。

(3)单击【文件】|【新建】命令，打开【新建】任务窗格，常选择“空白文档”，也可以选择各种模板创建文档。

3.1.4 保存文档

1. 保存新建文档

(1)单击【文件】|【保存】菜单命令，或单击快速访问工具栏上的【保存】按钮，或按【Ctrl+S】组合键，打开【另存为】对话窗口。

(2)在【另存为】窗口单击【浏览】按钮，在弹出的【另存为】对话框左侧的位置栏快速定位，或在保存位置下拉列表框中选择存放该文档的文件夹。

(3)在【文件名】下拉列表框中输入文档名。

(4)单击【保存类型】列表框右侧的箭头选择文件类型(默认类型为：Word 文档(＊.docx))。

(5)单击【保存】按钮，如图 3-6 所示。

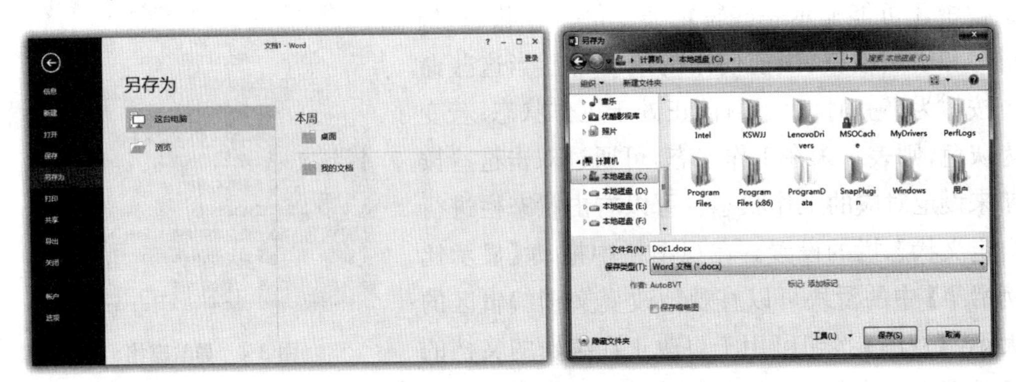

图 3-6 【另存为】对话框

2. 另存文件

无论是否进行过修改操作，若想更换文件名或保存位置，将原来的文件留作备份，可进行如下操作。

(1)依次单击【文件】|【另存为】菜单命令，打开【另存为】对话窗口。

(2)在【另存为】对话窗口单击【浏览】按钮。

(3)在弹出的【另存为】对话框中输入文件名或指定保存位置。

(4)单击【保存】按钮。

3. 自动保存

Word 2016 具备自动保存功能，自动保存就是 Word 可在一定时间内自动保存一次文档。这样可以有效降低因发生意外(停电或死机等)而造成的损失。

单击【文件】|【选项】命令，打开【选项】对话框并选择【保存】选项卡，选中【保存自动恢复信息时间间隔】复选框，且在右边的微调框中设置希望自动保存的时间间隔，单击【确定】按钮完成设置，如图 3-7 所示。

图 3-7　自动保存选项卡

3.1.5　打开文档

当要对以前的文档进行排版或修改时，需要打开此文档才能工作。下面介绍打开文档的常用操作方法。

(1)单击【文件】|【打开】命令，或按【Ctrl+O】组合键，或单击快速访问工具栏上的打开按钮。

(2)在【打开】窗格中单击【浏览】或文件夹选项，弹出【打开】对话框，找到并选中要打开的文档，单击【打开】按钮即可。

为了便于观察所要打开的文档，可以单击【打开】对话框中的【显示预览窗格】按钮。如果需要以副本的形式打开一个文档，可在【打开】对话框中单击【打开】按钮右侧的下拉箭头，从弹出的下拉列表中选择【以副本方式打开】命令。

3.1.6　Word 文档的视图模式

Word 2016 有 5 种视图模式，如图 3-8 所示。

图 3-8　视图模式

(1)页面视图。

在页面视图中,编辑时所见到的页面对象分布效果就是打印出来的效果,基本能做到"所见即所得",是最占用内存的一种视图方式。它能同时显示水平标尺和垂直标尺,有利于设置页眉和页脚、调整页边距等,建议在编辑文档时使用。

(2)阅读版式视图。

在阅读版式视图中,文档中的字号变大了,阅读起来比较贴近自然习惯,可以使人从疲劳的阅读习惯中解脱出来。

(3)Web 版式视图。

在 Web 版式视图中,文档显示效果和 Web 浏览网页的显示效果相同,正文显示的宽度不是页面宽度,而是整个文档窗口的宽度,并且自动折行以适应窗口。对文档不进行分页处理,不能查看页眉和页脚等,显示的效果不是实际打印的效果。这种视图方式只显示水平标尺,利用 Word 2016 做好网页后可以查看发布效果。

(4)大纲视图。

大纲视图能显示文档的结构,它将所有的标题或文字都转换成大纲标题进行显示。大纲视图中的缩进和符号并不影响文档在页面视图中的外观,而且不会打印出来。可以通过双击一个标题来查看标题下的文字内容,也可将大标题下的一些小标题和文字隐藏起来,在查看、重新调整文档结构时使用。

(5)草稿视图。

草稿视图简化了页面的布局,比较节约内存,可以显示文字的格式、分页符和水平标尺,不能显示页眉、页脚、分栏和垂直标尺等,适用于快速浏览文档及简单排版。

3.1.7 Word 2016 的帮助功能

Word 2016 系统提供了功能强大的帮助系统,用户可以通过单击【帮助】按钮 ❓,或按【F1】功能键打开帮助窗口。用户只要将问题的关键字输入文本框,就可以打开相关的文件以解决相应的问题。

3.2 使用 Word 2016 编辑文本内容

3.2.1 在文档中输入文本

1. 英文的一般输入

启动 Word 2016 后,默认的输入状态是英文。当编辑区中有闪烁的光标提示符时,直接按下字母键即可在光标位置输入英文。

输入文本时,正文出现在编辑区中插入点所在的位置,插入点自动右移,输入行尾时,Word 会自动换行。当用户需要开始新的一段时,可按下【Enter】键,插入点将移到下一行行首，如图 3-9 所示。

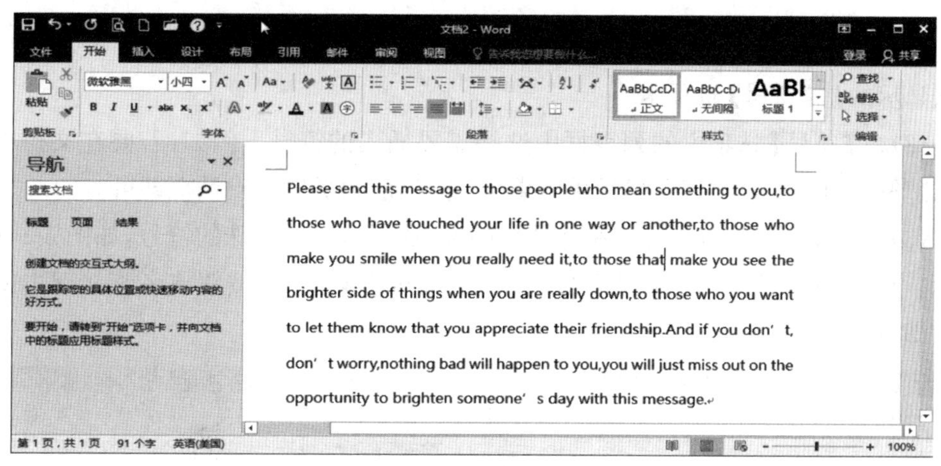

图 3-9　英文输入

2. 中文的一般输入

要输入中文，必须先将英文输入状态切换到中文输入状态。下面简单介绍中文的一般输入方法。

(1)单击任务栏右侧的【输入法】指示器，从弹出的输入法菜单中选择一种输入法。

(2)这时切换到【标准输入法】状态下，用户可以利用各种输入法进行中文输入，如图 3-10 所示。

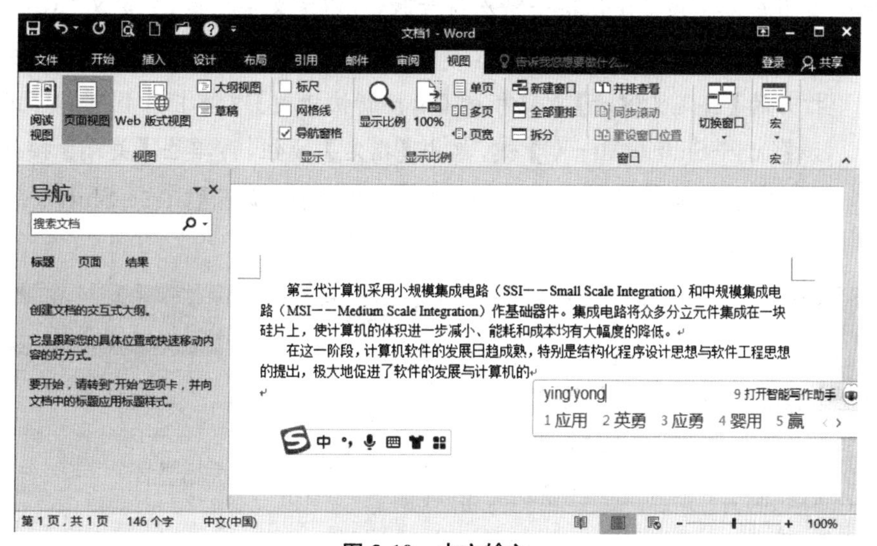

图 3-10　中文输入

3. 插入特殊符号

输入文本时经常会遇到一些需要插入的特殊符号，例如数学运算符、希腊字母等，Word 2016 提供了非常完善的特殊符号列表，并且通过简单的菜单操作即可轻松完成。操作步骤如图 3-11 所示。

(1)定位光标到需要插入符号的位置,然后单击【插入】选项卡,在【插入】选项卡中单击【符号】Ω命令选择【其他符号】,打开【符号】对话框,如图 3-11(a)所示。默认显示的是【符号】选项卡。

(2)在【符号】选项卡的列表框中选择需要插入的符号。例如:若要在文档中插入“¤”符号,可先选中“¤”,然后单击【插入】按钮,再关闭该对话框即可。

(3)用户也可以切换到【特殊符号】选项卡中插入一些特殊的符号,如图 3-11(b)所示。在【字符】列表框中选中所需字符,然后单击【插入】按钮或者直接双击所需字符即可。

(a)【符号】对话框

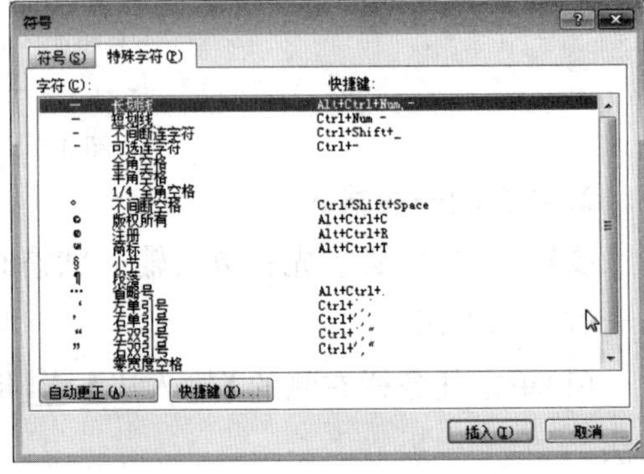

(b)插入特殊字符

图 3-11 插入特殊符号

注意: 当用户需要频繁使用某一特殊符号时,可以定义快捷键,如定义“☺”符号的快捷键。在【符号】对话框中,首先选中该符号,然后单击【快捷键】按钮,在打开的【自定义键盘】对话框的【请按新快捷键】文本框中同时按下几个键,如【Ctrl+Shift+Alt+O】键,单击【指定】按钮,再单击【关闭】按钮,如图 3-12所示。这样,当再次需要使用“☺”符号时,按下【Ctrl+Shift+Alt+O】快捷键即可。

(a)【符号】对话框

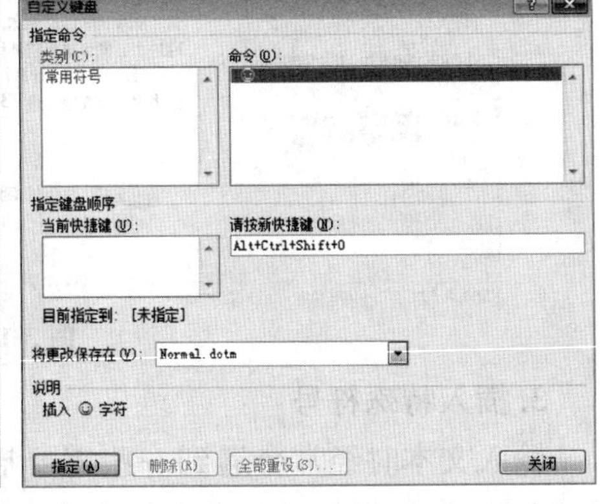

(b)自定义键盘

图 3-12 设置某符号的快捷键

3.2.2　选择文本

文本编辑及格式化工作遵循“先选定、后操作”的原则，只有正确地选择好操作对象，才能进行正确的文本编辑。下面介绍几种使用鼠标选定文档的方法。

1. 双击选定

此方法适用于选定某个词或词组。例如：要选中文档中的某个词，只需将鼠标光标移动到这个词上，双击鼠标即可。

2. 拖动鼠标选定

这种方法是最常用的，也是最基本和最灵活的方法。只需将鼠标光标停留在所要选定的内容的开始部分，然后按住鼠标左键并拖动鼠标至所要选定部分的结尾处，松开鼠标左键。这时所有需要选定的内容为黑底，说明这部分的内容已被选中。

3. 选定一行

使鼠标光标停留在某行文本的左侧，待鼠标光标变为向右的箭头时单击鼠标，即可选中鼠标光标所指的文本行，如图 3-13 所示。

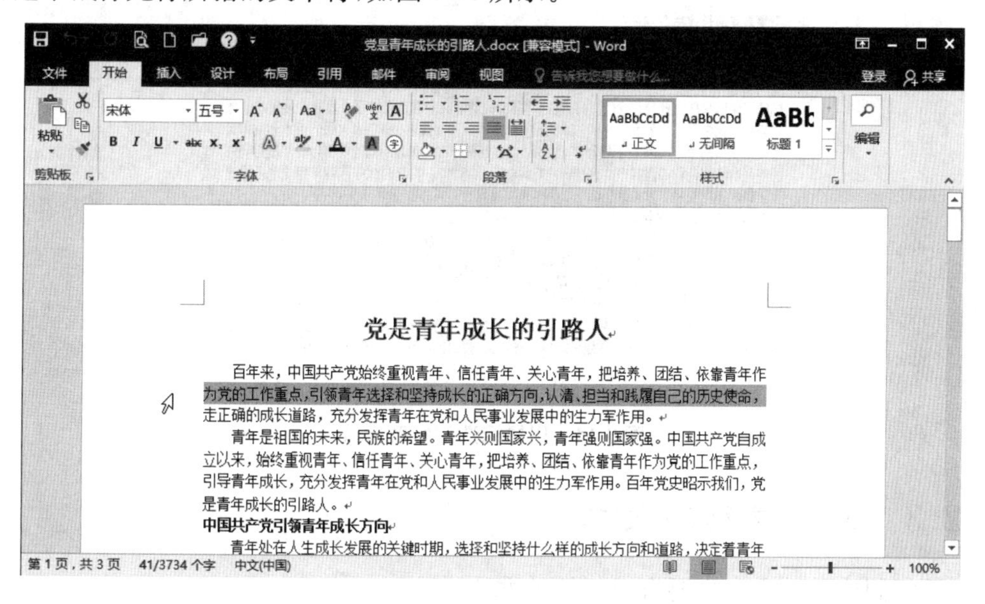

图 3-13　用鼠标选定一行

4. 选定多行

与上面的方法类似，当鼠标光标处于某行的左侧且变成向右的箭头时，按住鼠标左键同时上下拖动鼠标即可选定多行文本。

5. 选定一个段落

使鼠标光标停留在段落的左侧，当鼠标光标变成向右的箭头时，双击鼠标左键即可选中鼠标光标所指的段落。另外，将鼠标光标放在段落中的任意一处，然后连续单击左键三次，同样可以选定段落。

6. 选定多个段落

将鼠标光标停留在要选定的第一个段落或最后一个段落的左侧，当鼠标光标变成向右的箭头时，双击鼠标左键并上下拖动鼠标即可快速选定多个段落。

7. 选定整篇文档

将鼠标光标停留在文档正文左侧的任意位置，当鼠标光标变成箭头时，连续单击鼠标左键三次即可选定整篇文档。

8. 垂直选定部分文档

此方法和拖动鼠标选定方法类似，只是在拖动过程中要同时按住键盘上的【Alt】键，这样选中的区域是一个矩形区域，如图 3-14 所示。

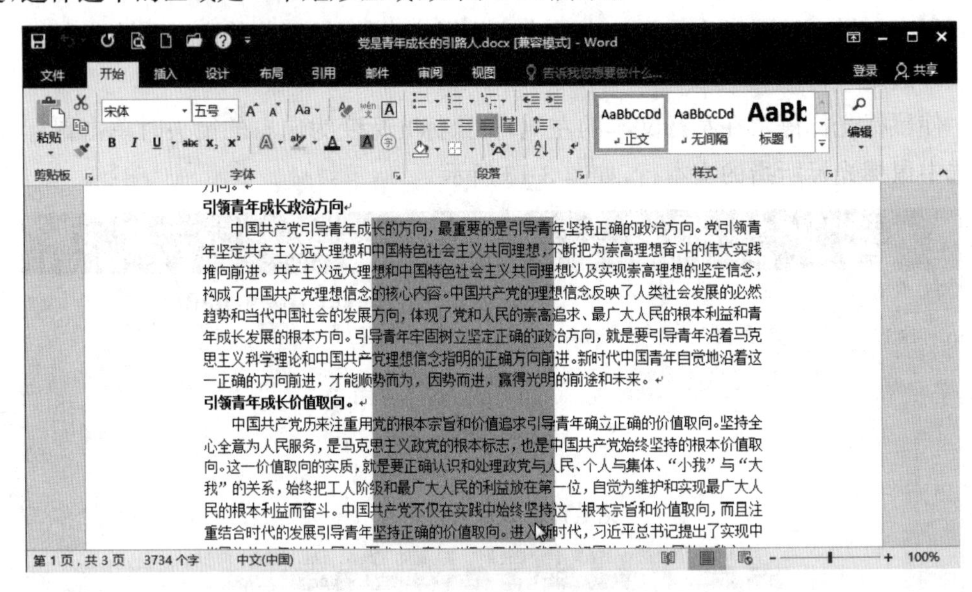

图 3-14　用鼠标选定矩形区域

3.2.3　复制或移动文本

要复制或移动文本主要有以下几种方法。

(1)用鼠标拖动，一般用于近距离文本的移动或复制。

移动文本：选择要移动的文本，直接拖动鼠标到目的地释放即可。

复制文本：选择要复制的文本，按住【Ctrl】键，同时拖动鼠标到目的地释放即可。也可以先将选定的内容移动到需要复制的位置，再按住【Ctrl】键，注意在复制过程中鼠标指针尾部的小方框中会有一个“＋”符号，在出现了“＋”符号后松开鼠标左键即可。

(2)用键盘操作，一般用于远距离文本的移动或复制。

移动文本：选择要移动的文本，按【Ctrl＋X】组合键，将移动文本剪切到剪贴板，按【Ctrl＋V】组合键将文本从剪贴板中粘贴到目的地。

复制文本：选择要复制的文本，按【Ctrl＋C】组合键，把光标移动到复制的内容将要放置的位置，按【Ctrl＋V】组合键完成文本的复制。

(3)用菜单命令，适用于需要移动的距离比较远，或需要多次复制同一部分文本。

移动文本：选择要移动的文本，依次选择【开始】|【剪贴板】，单击【剪切】按钮（ ），把光标移动到剪切的内容将要放置的位置，再依次选择【开始】|【剪贴板】，单击【粘贴】按钮（ ）。

复制文本：选择要复制的文本，依次选择【开始】|【剪贴板】，单击【复制】按钮（ ），把光标移动到复制的内容将要放置的位置，再依次选择【开始】|【剪贴板】，单击【粘贴】按钮（ ）。

粘贴内容后，剪贴板图标（ (Ctrl)▾ ）会自动出现在 Word 2016 的编辑页面中。单击该图标右侧的下三角按钮，在打开的菜单中有“保留源格式”“合并格式”“只保留文本”三种粘贴方式可供选择，如图 3-15 所示。

被复制的内容自动保存在 Office 剪贴板中。Office 2016 的剪贴板可以保存 24 个对象，而且可以通过剪贴板工具任意选择需要的复制内容。在复制第 25 项内容时，剪贴板中原有的第一条复制内容将被清除出剪贴板。

单击【剪贴板】任务窗格的【选项】按钮，打开剪贴板设置菜单，如图 3-16 所示。通过该菜单可以设置剪贴板的显示状态等。

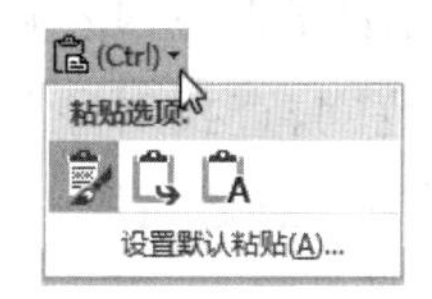

图 3-15　选择粘贴方式

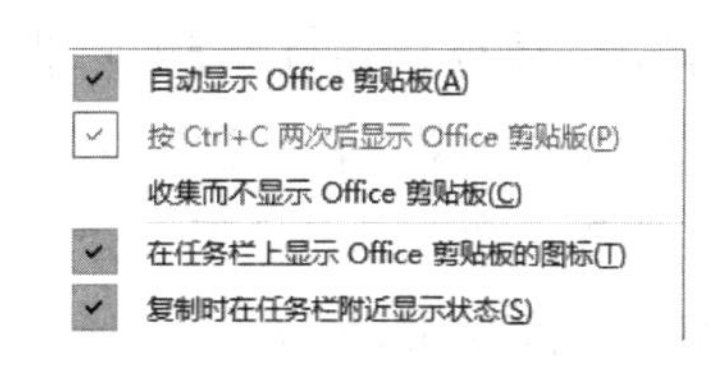

图 3-16　剪贴板设置菜单

3.2.4　删除文本和设置文本输入状态

1. 删除文本

在 Word 中，删除文档中的内容是很容易的。在文档输入过程中，如果要删除单个文字，最简单的方法就是使用键盘上的【Delete】键或者【Backspace】键。这两个键的功能是不同的。键盘上的【Delete】键可删除光标所在处右侧的内容，而【Backspace】键可删除光标所在处左侧的内容。

若要删除大段内容可以先选中所要删除的内容，再按【Delete】键。这种删除方法不仅适用于文本，也适用于图片。

2. 设置文本输入状态

默认文本输入状态为【插入】，此时可以在文档中插入字符；而若要在文档中修改字符，则应使文档处于【改写】状态。

(1)【插入】状态：输入的文本将插入当前插入点处，插入点后面的字符顺序后移。

(2)【改写】状态：输入的文本将替换插入点后的字符，其余字符位置不变。

(3)【插入】状态和【改写】状态的切换:双击状态栏上的【改写】或【插入】按钮,或按键盘上的【Insert】键。

3.2.5 查找与替换文本

在文档的编辑过程中经常要进行单词或词语的查找和替换操作。Word 2016 提供了强大的查找和替换功能。

1. 查找

(1)单击【开始】选项卡【编辑】选项组中的【查找】按钮(如图 3-17 所示),弹出【导航】窗格,单击搜索框右侧的倒三角,在弹出的菜单中,选择【高级查找】选项,如图 3-18 所示。

图 3-17 编辑组

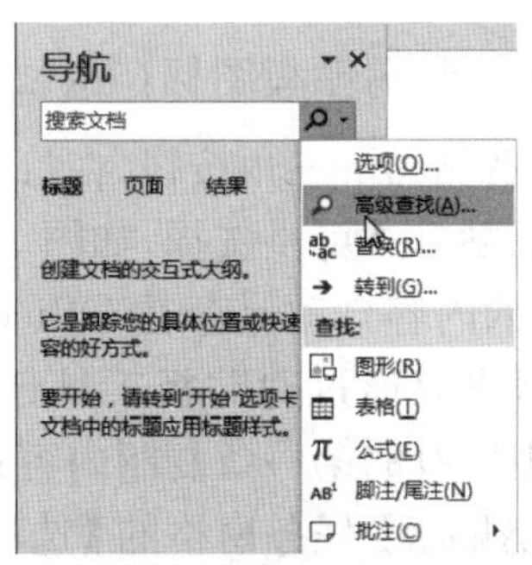

图 3-18 查找导航

(2)在弹出的【查找和替换】对话框内,在【查找】选项卡的【查找内容】文本框中输入要查找的文本内容,单击【更多】按钮,可设置搜索的范围、查找对象的格式、查找的特殊字符等。单击【查找下一处】按钮,就可以查找到插入点之后第一个与输入文本内容相匹配的文本,如图 3-19 所示。

图 3-19 【查找和替换】对话框

(3)连续单击【查找下一处】按钮,可以进行多处匹配的文本内容的查找。

(4)完成操作后,关闭【查找】对话框。

提示: 可直接单击【开始】选项卡【编辑】组中的【替换】按钮,直接打开【查找和替换】对话框。

2. 替换

(1)依次单击【开始】选项卡【编辑】选项组中的【替换】按钮。

(2)在【替换】选项卡的【查找内容】文本框中输入要查找的文本内容,在【替换为】文本框中输入替换内容。

(3)单击【替换】或【全部替换】按钮,完成替换。

在【查找和替换】对话框中若选择 更多(M) >> 按钮,可以设置更详细的查找、替换格式内容,例如:英文是否要大小写都相符、是否要使用通配符、是否要同音等等;若选择 格式(O) 按钮,则可以设置查找/替换字体、样式等格式,而不局限于只查找/替换单纯的文字。系统既可以每次替换一处查找内容,也可以一次性全部替换。

3.2.6 撤消与恢复

如果执行了错误的编辑等操作,可以立即通过【撤消】操作恢复此次的错误操作。【撤消】操作可以连续撤消。

(1)单击快速访问工具栏中的【撤消】按钮 ,或按【Ctrl+Z】组合键,可以撤消之前的一次操作;多次执行该命令可以依次撤消之前的多次操作。

(2)单击快速访问工具栏中的【撤消】按钮右边的下拉按钮可以撤消指定某次操作之前的多次操作。

执行撤消操作后,还可以将文档恢复到最新编辑状态。当用户执行一次【撤消】操作后,可以按下【Ctrl+Y】组合键执行恢复操作,也可以单击快速访问工具栏中已经变成可用状态的【恢复】按钮 。

注意: 当用户进行编辑而未进行【撤消键入】操作时,显示【重复键入】按钮 ,即一个向上指向的弧形箭头。当执行过一次【撤消键入】操作后,会显示【恢复键入】按钮。【重复键入】和【恢复键入】按钮的快捷键都是【Ctrl+Y】组合键。

3.3 格式化文档

格式化文档就是修改文档的字体、字号、字形以及间距等格式,使文档看上去更美观,使读者阅读起来更轻松。格式化文档可以应用在许多方面,书稿、毕业论文和工作报告等文档都是必须进行格式化的。

3.3.1 设置字符格式

1. 设置字体

使用多种多样的字体,如宋体、楷体、仿宋和黑体等中文字体,以及 Times New Roman、Arial 等英文字体,可以使文档增色不少。

要想改变文字的字体,可以先选中需要改变字体的文字,再在【开始】选项卡【字体】选项组中设置需要的字体格式,如图 3-20 所示。

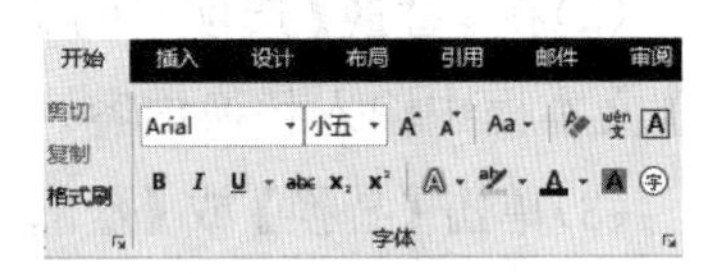

图 3-20 【字体】选项组

2. 设置字号

字号体现字符的大小,可利用【字号】下拉列表框来改变文本的字号。Word 2016 默认的字号是“五号”,单位有“号”和“磅”。“号数”和“磅值”的关系如表 3-1 所示。

表 3-1 “号数”和“磅值”的关系

号数	磅值	号数	磅值	号数	磅值	号数	磅值
初号	42 磅	小初	36 磅	一号	26 磅	小一	24 磅
二号	22 磅	小二	18 磅	三号	16 磅	小三	15 磅
四号	14 磅	小四	12 磅	五号	10.5 磅	六号	7.5 磅
小六	6.5 磅	七号	5.5 磅	八号	5 磅		

若要改变字号,可先选定需要改变字号的文本,再单击【字体】选项组【字号】五号 右侧的下拉箭头,从打开的下拉列表框中选择所需要的字号。

3. 设置字形

字形指附加于文本的属性,包括常规、加粗、倾斜或下划线等。Word 默认设置的文本为常规字形。单击字体选项组中的【加粗】B 按钮或按【Ctrl+B】组合键,选定的文本将变为加粗格式;单击【倾斜】I 按钮或按【Ctrl+I】组合键,选定的文本将变为倾斜格式;单击【下划线】U 按钮或按【Ctrl+U】组合键,选定文本的下方会出现单线形式的下划线。

提示: 加粗、倾斜和下划线这三种字符格式可以综合起来使用,再次单击相应的按钮则取消相应的显示效果。

默认情况下,添加的下划线是单线。如果用户需要添加其他类型的下划线,可单击【下划线】右侧的下拉箭头，从下拉列表中选择所需的下划线样式，如图 3-21 所示。

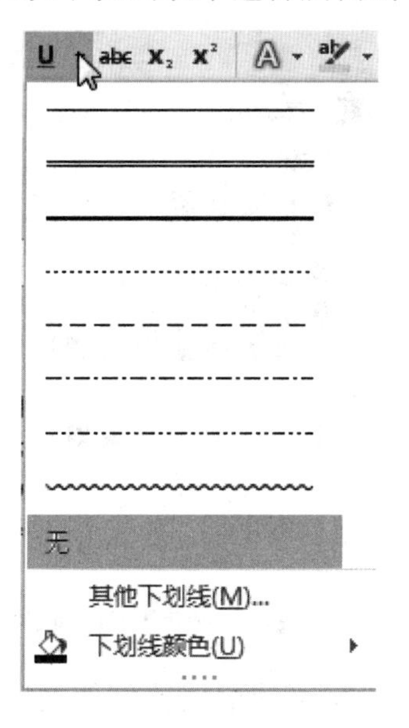

图 3-21　【下划线】列表框

常见的下划线样式如表 3-2 的所示。

表 3-2　常见的下划线样式

下划线型	效　果	下划线型	效　果
	单线下划线		长虚下划线
	双线下划线		粗长虚下划线
	粗线下划线		长点划下划线
	点下划线		双点划下划线
	粗点下划线		粗双点划下划线
	短虚线下划线		单波浪下划线
	点划下划线		双波浪下划线
	粗短虚下划线		实虚下划线
字下加线	字下加线 如 word XP or	无	删除下划线

提示： 如果用户需要设置下划线的颜色，可先从【下划线】下拉列表中选择【下划线颜色】命令，再从打开的下划线颜色列表中选择所需的颜色。

4. 设置字符颜色和缩放比例

为了使某段文字区别于其他文本，方便查看或用来突出这段文字的重要性，可以通过给这段文字添加颜色或设置缩放比例来达到目的。

(1)先选定文本，再单击【字体】选项组【字体颜色】按钮右侧的下拉箭头，从打开的下拉列表框中选择所需的字体颜色，如“橙色”，就可将选定的文本设置成橙色，如图 3-22 所示。

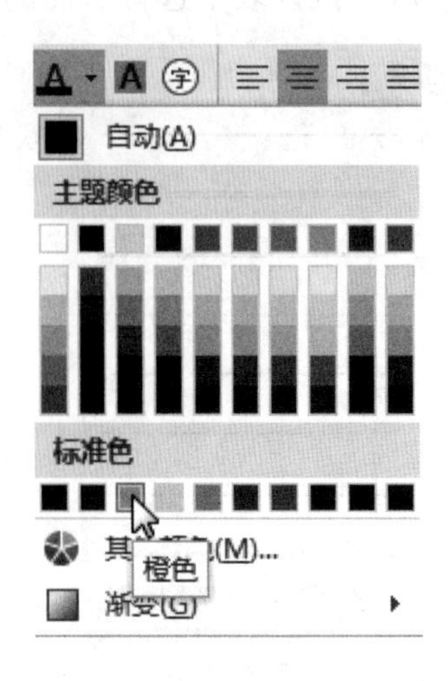

图 3-22 【字体颜色】下拉列表框

(2)用户可以通过改变某段字符的缩放比例使之区别于其他文本。选中所需的文本后，打开【字体】对话框，切换至【高级】选项卡，单击【缩放】下拉按钮，在其下拉列表中选择所需的缩放值，单击【确定】按钮，如图 3-23 所示。

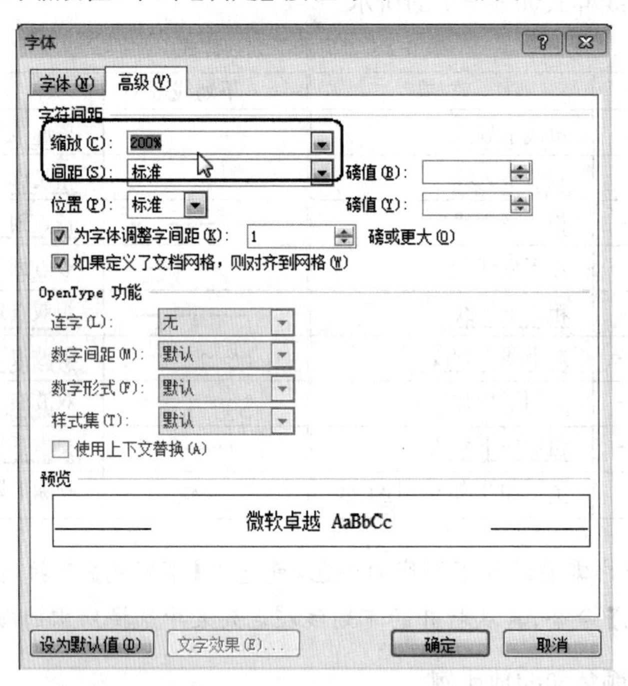

图 3-23 【字体缩放】设置

5. 使用字体对话框

使用【字体】对话框可以对字符进行综合样式设置，如设置字符的字体、字形、字号、颜色等，还可以给文本设置上标、下标、阴影、空心等特殊效果。

(1)选定要进行设置字符格式的文本，单击【字体】选项组右侧的倒三角，打开

【字体】对话框，如图 3-24 所示。右击选定的文本，在弹出的快捷菜单中选择【字体】命令也可以打开【字体】对话框。

(2)在【字体】选项卡中可以设置文字的字体、字号、字形、颜色、下划线、着重号、效果等选项，在设置的过程中可以通过下方的预览窗口查看效果。

(3)选择【高级】选项卡可以精确设置字符间距，包括缩放、间距和位置等，也可以设置 OpenType 功能，包括连字、数字间距、数字形式、样式集等，如图 3-25 所示。

提示： 如果要加宽字符的间距，可先在【间距】列表框中选择【加宽】，再在【磅值】框中输入所需的数值。

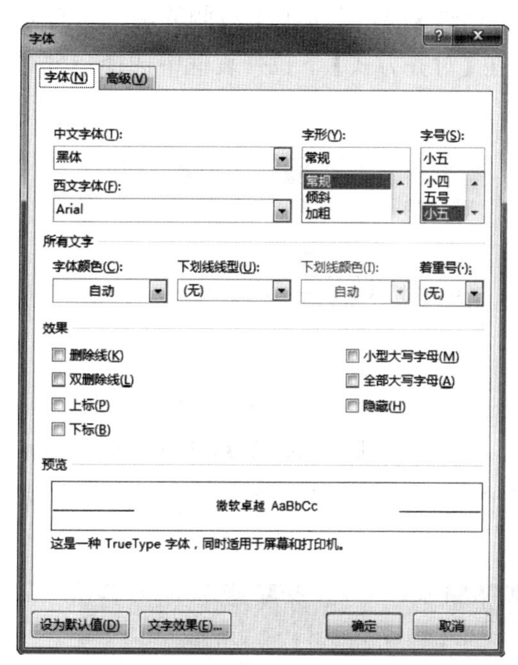

图 3-24　【字体】对话框

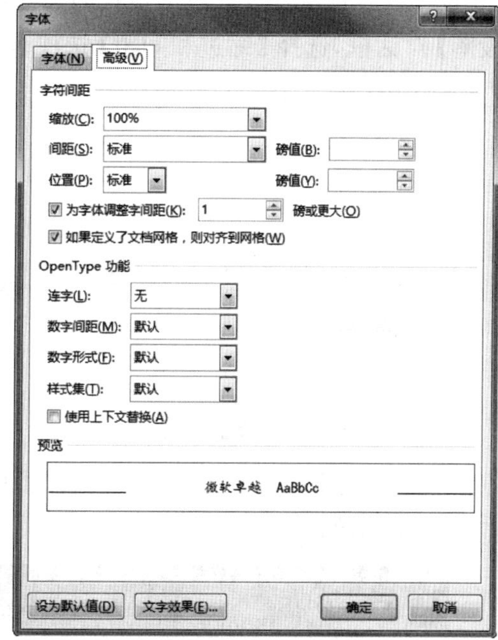

图 3-25　【高级】选项卡

3.3.2　设置段落对齐方式

段落对齐方式指的是段落在水平方向上以何种方式对齐，此命令适用于一个段落或多个段落。段落对齐方式有以下 5 种。

(1)两端对齐方式。两端对齐是指段落每行的首尾对齐，是 Word 2016 的默认对齐方式。当各行之间的字体大小不同时，将自动调整字符间距，以保持段落的两端对齐。此种对齐方式只有在占满整行的段落中才能够明显地显示出来。要使用该对齐方式可单击【格式】工具栏的【两端对齐】按钮 或按【Ctrl+J】组合键。

(2)居中对齐方式。居中对齐方式能使整个段落在页面上居中对齐排列，要使用该对齐方式可单击格式工具栏的【居中对齐】按钮 或按【Ctrl+E】组合键。

(3)右对齐方式。右对齐方式使整个段落在页面中靠右对齐排列，要使用该对齐方式可单击格式工具栏的【右对齐】按钮 或按【Ctrl+R】组合键。

(4)分散对齐方式。分散对齐方式使整个段落的文本两端充满且均匀分布。要使用该对齐方式可单击格式工具栏的【分散对齐】按钮 或按【Ctrl+Shift+J】组合键。

(5)左对齐方式。左对齐是指段落中所有行都从页面的左边距处起始。当段落中各行字数不相等时，不自动调整字符间距。但这种对齐方式有可能会导致段落右边参差不齐。

段落对齐方式可以通过【开始】选项卡【段落】选项组进行设置，如图 3-26 所示。

也可以先选定要设置段落格式的文本，再通过【段落】选项组右侧的倒三角打开【段落】对话框，选择【缩进和间距】选项卡，在【对齐方式】下拉列表框中选择一种对齐方式，如图 3-27 所示。

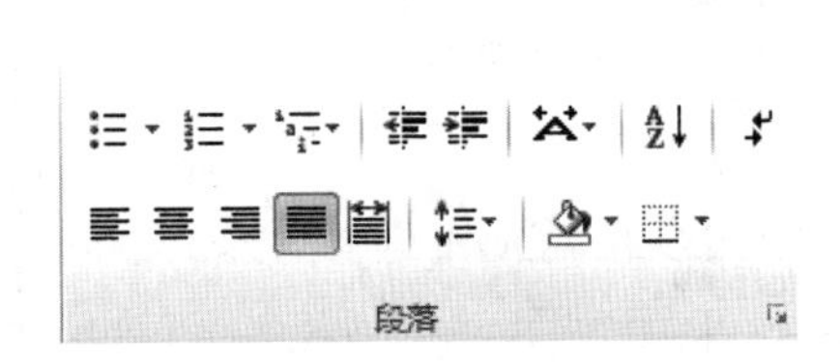

图 3-26 【段落】选项组

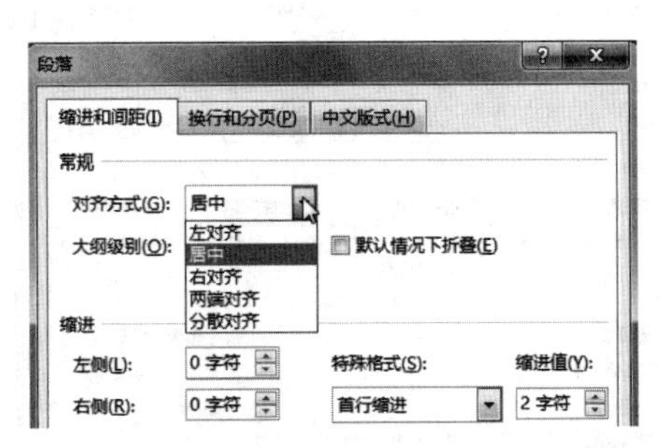

图 3-27 【缩进和间距】选项卡标签

单击【确定】按钮，所选文本即被设置成相应的对齐方式。图 3-28 所示的是段落对齐方式的示例。

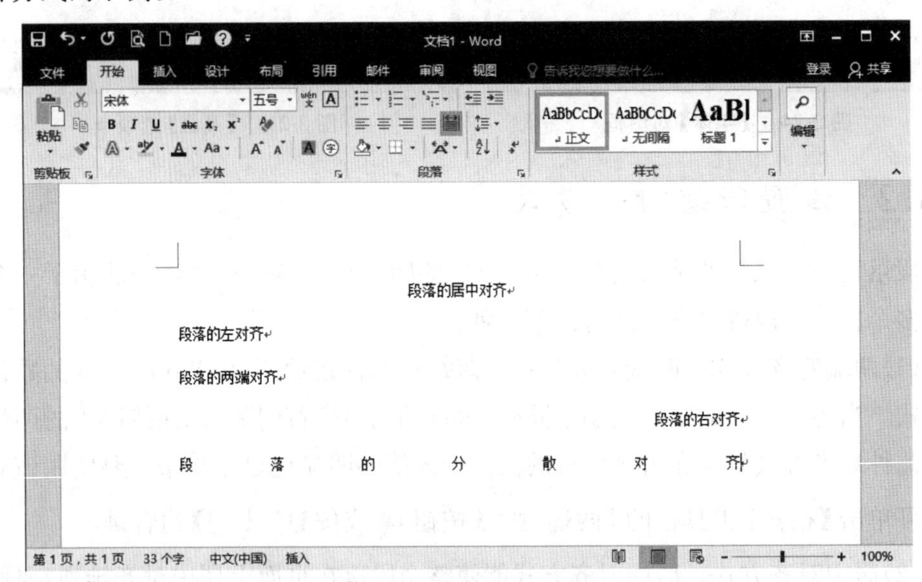

图 3-28 段落对齐方式示例

3.3.3　设置段落缩进

段落缩进是指文本与页边距之间保持的距离。段落缩进包括首行缩进、悬挂缩进、左缩进和右缩进四种缩进方式。

通过标尺可以直观地设置段落的缩进距离，Word 2016 标尺栏上有四个小滑块，它们分别对应一种段落缩进方式，如图 3-29 所示。

- 拖动【首行缩进】标记，调整当前段或选定各段首行缩进的位置。
- 拖动【左缩进】标记，调整当前段或选定各段左边界缩进的位置。
- 拖动【悬挂缩进】标记，调整当前段或选定各段中首行以外各行缩进的位置。
- 拖动【右缩进】标记，调整当前段或选定各段右边界缩进的位置。

除了通过标尺设置段落缩进外，还可以使用【段落】对话框精确设置段落缩进量。单击【开始】选项卡【段落】选项组右侧的倒三角打开【段落】对话框，选择【缩进和间距】选项卡，在【缩进】选区可以更精确地设置段落缩进，如图3-30所示。

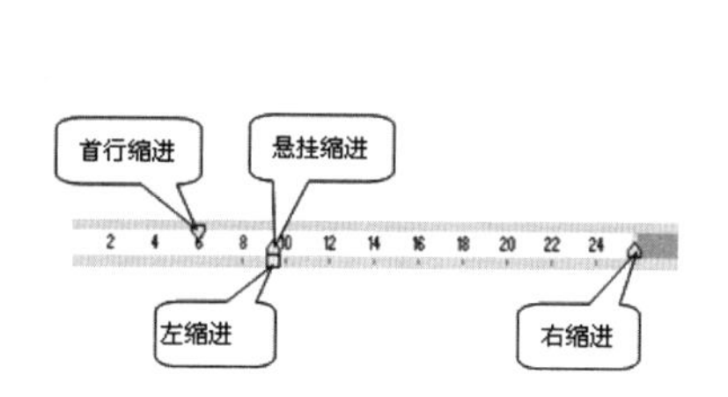

图 3-29　缩进标记

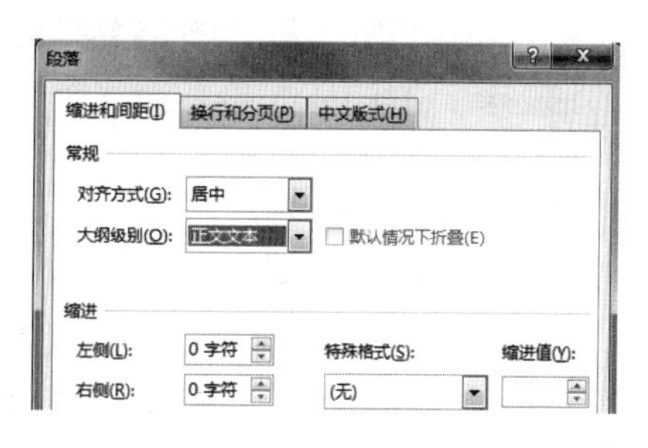

图 3-30　【缩进和间距】选项卡

提示： 单击【段落】选项组上的【增加缩进量】按钮和【减少缩进量】按钮，也可以设置缩进量，每单击【增加缩进量】按钮或【减少缩进量】按钮一次，可以将当前段或选定各段的左缩进位置增加或减少一个汉字的距离。

用户也可以在【页面布局】选项卡【段落】选项组中设置段落缩进。

技巧： 按【Ctrl＋M】组合键可以增加缩进量，按【Ctrl＋Shift＋M】组合键可以减少缩进量。如要通过标尺对段落进行精确缩进，可以按住【Alt】键再拖动标尺栏上的滑块。

3.3.4　设置段间距与行间距

在默认情况下，文档中的段落间距和行间距为单倍行距，用户可以通过调整行间距和段落间距的方法来调整页数，通常在页数过多或不满一页的情况下使用。

(1)将光标定位在要改变段落间距的段落中,在打开的【段落】对话框中选择【缩进和间距】选项卡,在【段前】和【段后】微调框中分别设置当前段落与前一段落之间的距离,最后单击【确定】按钮即可。

(2)当要设置行间距时,在【缩进和间距】选项卡的【行距】下拉列表框中选择任一种方式,然后在其右边的【设置值】框中输入数值即可,如图 3-31 所示。

技巧: 使用组合键可以快速设置行间距。按【Ctrl+1】将行距设置为 1 倍行距;按【Ctrl+2】将行距设置为 2 倍行距;按【Ctrl+5】将行距设置为 1.5 倍行距;按【Ctrl+0】在文本前增加一行空行。

提示: 除了使用【段落】对话框设置行间距外,使用【段落】选项组中的【行距】按钮可以更迅速地设置行间距。单击【行距】按钮右侧的下拉箭头,从其下拉列表框中选择合适的间距单击即可,如图 3-32 所示。

用户也可以在【页面布局】选项卡【段落】选项组中设置段前、段后间距。

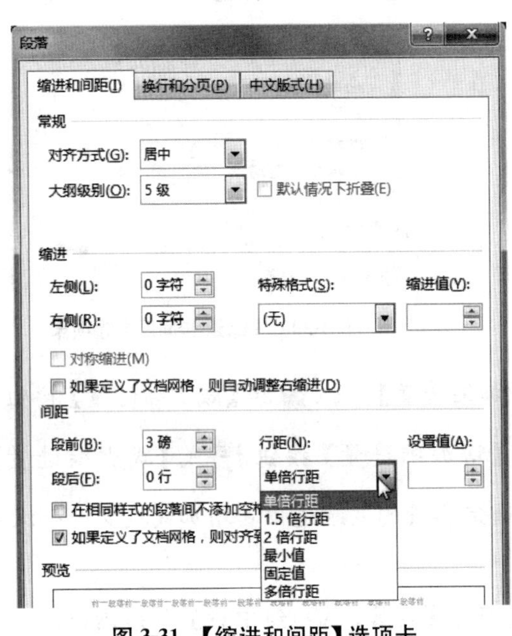

图 3-31 【缩进和间距】选项卡

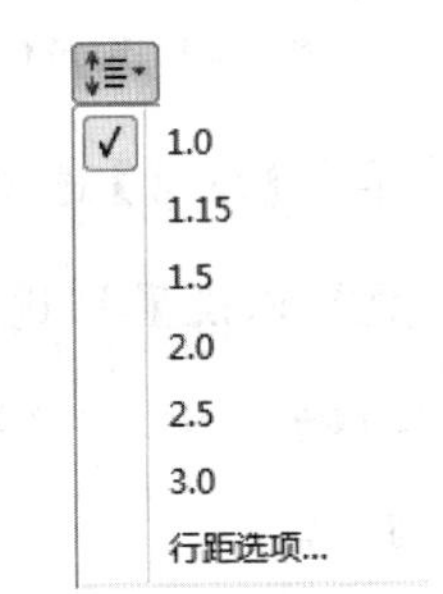

图 3-32 设置行距的下拉菜单

3.3.5 设置制表位

所谓制表位,是指按下键盘上的 Tab 键后光标文字向右移动到的位置。对不同行的文字,选中后按 Tab 键即可向右移动相同的距离,从而实现按列对齐。Word 中默认的制表位是两个字符。

选定要在其中设置制表位的段落,该段落可以先选定制表符,再输入文本,也可以先输入文本,再设置制表位。单击水平标尺最左端的制表符 ⊥(单击它可以切换各种制表符)，直到出现所需的制表符类型。

制表符类型有：左 └ 、右 ┘ 、居中 ┴ 、小数点 ┴ 或竖线 ❘ 对齐方式制表符，如图 3-33(a)所示。

以选择小数点对齐的制表符 ┴ 为例，设置制表位对齐方式的方法如下。

(1)在水平标尺上，单击要插入制表符的位置。

(2)在文档中输入要设置小数点对齐的数据(该数据要有小数点，否则就以最后面的字符对齐)。

(3)把光标移到数值的最前面，按下【Tab】键，这时该数值就会在已设置制表位处以小数点为准对齐了。

(4)按【Enter】键，再输入一个数据，在每个数据前都按【Tab】键设置制表位，这样就会按照所设置制表位对齐文字了。此时，如果想移动制表位的位置，可以先选择使用该制表位的文本，再拖动制表位。

提示： 可以在【开始】选项卡的【段落】选项组中单击打开【段落】对话框，在打开的【段落】对话框中单击【制表位】按钮打开【制表位】对话框，首先在制表位列表框中选中特定制表位，然后在【制表位位置】编辑框中输入制表位的位置数值；调整【默认制表位】编辑框的数值以设置制表位间隔，在【对齐方式】区域选择制表位的类型，在【前导符】区域选择前导符样式，设置后单击【确定】按钮，如图 3-33(b)所示。

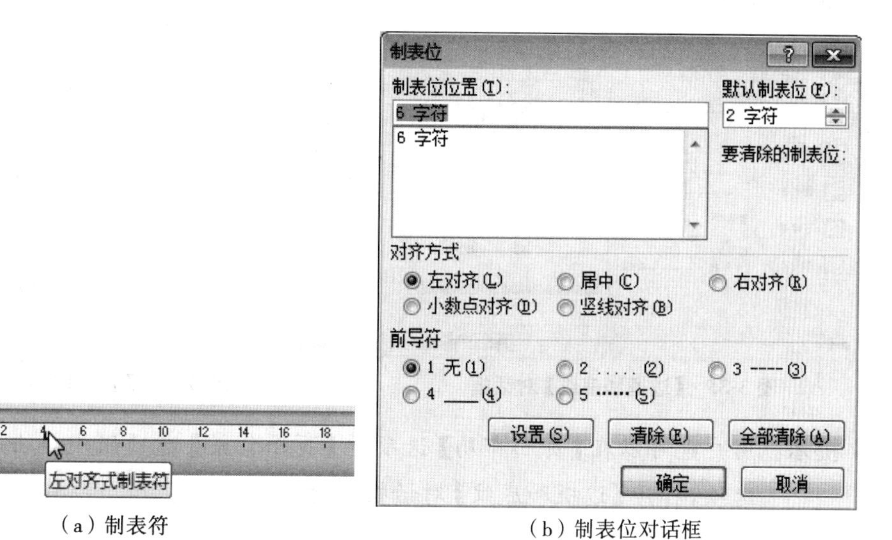

(a) 制表符　　　　(b) 制表位对话框

图 3-33　设置制表位

3.3.6　设置边框和底纹

设置边框和底纹以达到美化版面的目的。选择需要设置边框的文本，在【开始】

选项卡【段落】选项组中单击【边框】下拉按钮，在列表中选择需要的边框，例如可以选择【外侧框线】选项，使所选段落的周围均添加边框，如图 3-34 所示。

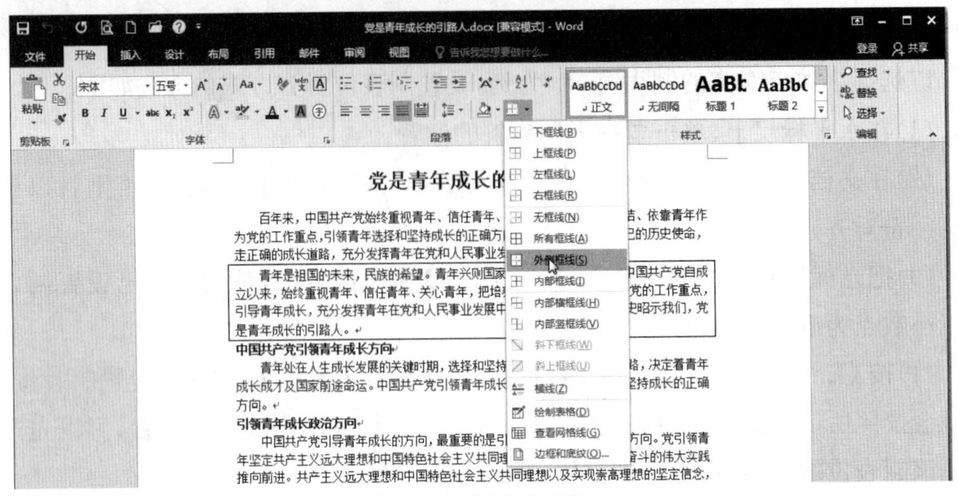

图 3-34 【边框】设置

用户也可以在【开始】选项卡【段落】选项组中单击【边框】下拉按钮，在下拉菜单中选择【边框和底纹】命令打开【边框和底纹】对话框，在【边框和底纹】对话框中完成，如图 3-35 所示。在【边框】选项卡中可以设置段落边框的类型(无边框、方框、加阴影的方框)、框线粗细、颜色及文字与边框的间距等；在【页面边框】选项卡中可以设置艺术型页面边框；在【底纹】选项卡中可以设置底纹的填充颜色及图案的样式、颜色，如图 3-36 所示。

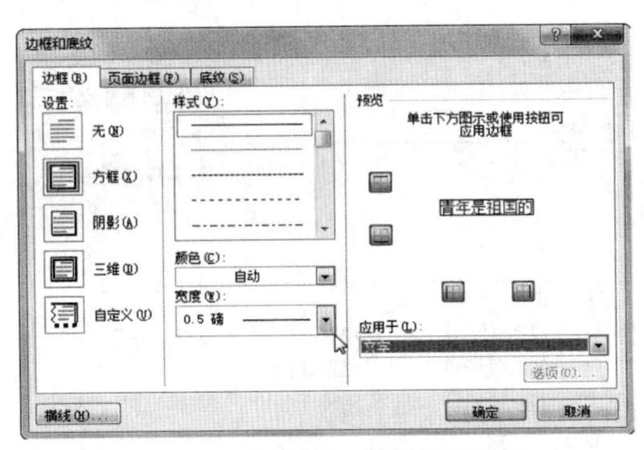

图 3-35 【边框和底纹】对话框

图 3-36 【底纹】选项卡

提示：用户也可以在【页面布局】选项卡【页面背景】选项组中单击【页面边框】选项，打开【边框和底纹】对话框进行设置。

3.3.7 使用格式刷复制格式

利用格式刷按钮 可以复制字符格式和段落格式。操作步骤如下。

(1)选定带有需要复制字体格式的文本。

(2)单击或双击【开始】选项卡【剪贴板】选项组中的【格式刷】按钮。

(3)用刷子形状的鼠标指针在需要设置新格式的文本处拖动,该文本即被设置了新的格式。

注意: 双击【格式刷】按钮可以连续复制多次,但结束时应单击一次【格式刷】按钮,表示结束格式复制操作。

3.3.8 设置段落首字下沉

段落的首字下沉可以使段落的第一个字放大数倍,以增强文章的可读性。设置段落首字下沉的方法是:将插入点定位于段落,单击【插入】选项卡【文本】选项组的【首字下沉】按钮,在菜单中选择【下沉】或【悬挂】选项,就可以实现首字下沉或首字悬挂的效果了,如图 3-37 所示。

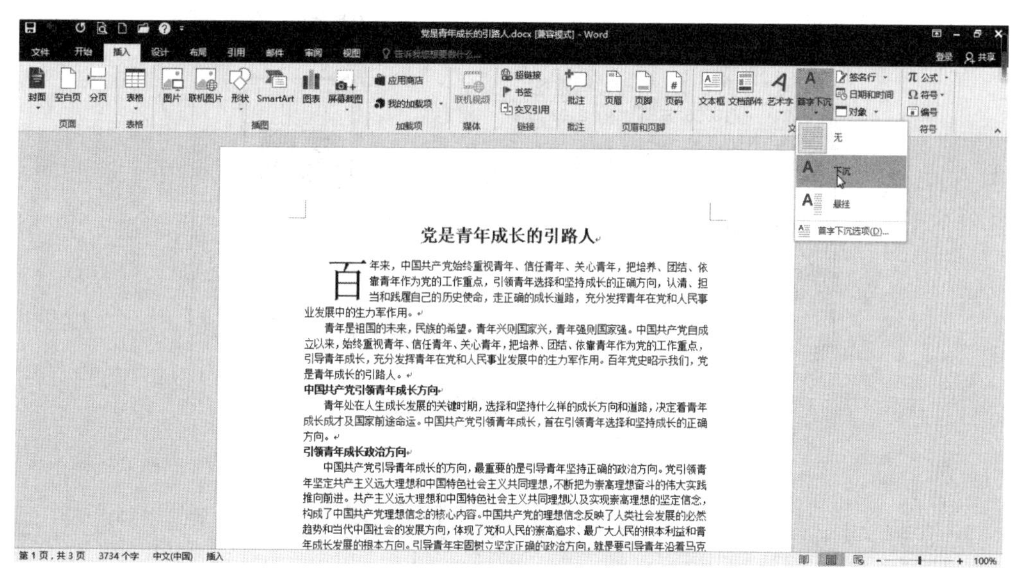

图 3-37 【首字下沉】设置

用户也可以在【首字下沉】菜单中选择【首字下沉选项】命令打开【首字下沉】对话框。在【首字下沉】对话框的【位置】框中进行【无】【下沉】【悬挂】的选择。在【选项】中可进行【字体】【下沉行数】【距正文】距离的设置,如图 3-38 所示。

图 3-38 【首字下沉】对话框

(1)选择【无】:不进行首字下沉,若该段落已设置首字下沉,则可以取消下沉功能。

(2)选择【下沉】:首字后的文字围绕在首字的右下方。

(3)选择【悬挂】:首字下面不放文字。

3.3.9 设置分栏

所谓多栏文本，是指在一个页面上文本被安排为自左向右并排排列的竖栏形式。

选中需分栏的文本，单击【布局】选项卡【页面设置】选项组【分栏】按钮，在菜单中选择需要的栏数。如果需要更多的栏数，可单击【更多分栏】命令，打开【分栏】对话框，在栏数中设置需要的数目，上限为11。在【分栏】对话框中还可设置栏数、各栏的宽度及间距、分隔线等，如图3-39所示。

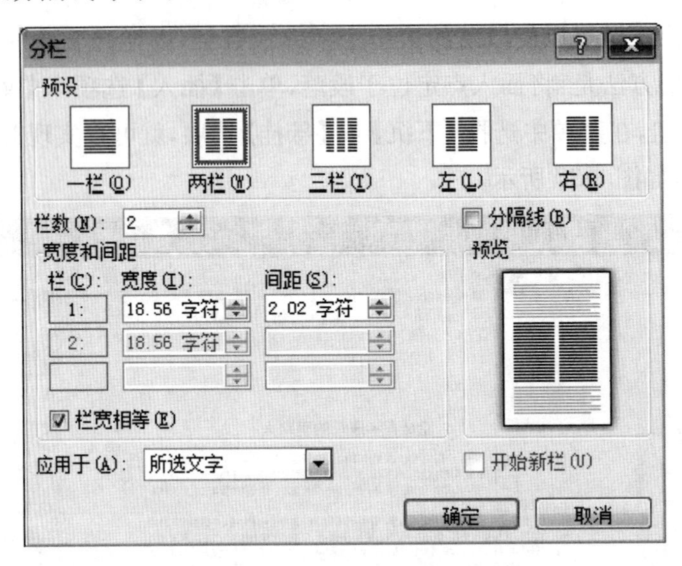

图3-39 【分栏】对话框

3.4 图片与表格

在文档中适当地插入一些图片与表格可以使文档更加生动活泼。使用表格比使用文本更有说服力，表格无须过多的文字说明就能够清晰地表达对象的关系和对象包含的内容。

3.4.1 在文档中插入图片

Word 2016除了可以利用选图美化文件以外，还可以通过【联机图片】按钮在Word中直接插入从必应搜索而来的图片，此功能取代了Office剪贴图；另外也可以插入用户自己搜集的图片文件。

1. 插入图片

当我们要为自己的文档插入一些刚刚拍摄的数码照片或从网上下载的图片时，

就要用到【插入图片】功能。这些图片文件可以是本地电脑硬盘里的，也可以是来自网络的。

插入文档的图片对象有两种形式：一种是嵌入式对象，一种是浮动式对象，浮动式对象周围的八个尺寸柄是空心的，可以放置到页面的任意位置，并允许与其他对象组合，还可以与正文实现多种形式的环绕。

嵌入式对象周围的八个尺寸柄是实心的，并带有黑色的边框，只能放置到有文档插入点的位置，不能与其他对象组合，可以与正文一起排版，但不能实现环绕。

操作步骤如下。

(1)将光标定位在要插入图片的位置。

(2)单击【插入】选项卡【插图】选项组【图片】按钮打开【插入图片】对话框。

(3)在对话框中确定查找范围，选定所需要的图片文件，同时可以在右侧预览框中观察到选定的图片。

(4)单击【插入】按钮，此图片就被插入到了文本插入点位置，如图 3-40 所示。

图 3-40　【插入图片】对话框

2. 设置图片格式

在 Word 文档中插入的图片都是按照原尺寸大小插入的，不一定符合版面的要求。用户可以选中需要编辑的图片，在出现的【图片工具】面板中单击【格式】选项卡中的按键，实现对图片的编辑工作，如图 3-41 所示。

图 3-41 【图片工具】栏

也可以在图片上右击，选择【设置图片格式】选项，打开【设置图片格式】对话框，对插入的图片进行编辑，如图 3-42 所示。

【设置图片格式】对话框包含四个选项卡。

• 【填充与线条】选项卡：可以设置对象的填充色，线条的颜色、粗细、线型等。

• 【效果】选项卡：可以设置图片的阴影、映像、发光、柔化边缘、三维格式、三维旋转、艺术效果等。

• 【布局属性】选项卡：可以设置文本框、可选文字。

• 【图片】选项卡：可以进行图片更正、设置图片颜色、对图片进行裁剪。

图 3-42 【设置图片格式】对话框

3.4.2 编辑图片和图文混排

1. 图片的编辑

(1)选定图片。

在对图片进行编辑时，首先要选定图片，然后用鼠标单击图片选定图片。图片被选定时，周围会出现八个尺寸柄。

(2)调整图片大小。

单击选定的图片，鼠标指向尺寸柄，鼠标指针变成双向的箭头，按住鼠标左键拖动就可以随意改变图片的大小。

(3)移动图片。

用鼠标左键按住浮动式图片可以将其拖放到页面的任意位置，鼠标左键按住嵌入式图片可以将其拖放到有插入点的任意位置。还可以利用剪贴板，使用【剪切】与【粘贴】的方法实现图片的移动。

另外，如果需要对图片进行轻微地调整，用鼠标是难以完成操作的，可以使用键盘来完成。方法是：单击要微调的图片，使用【Ctrl+方向键】向指定方向轻微移动图片。

（4）复制图片。

复制图片的方法主要有两种：一种是用鼠标拖动图片的同时按住【Ctrl】键，在拖动鼠标的过程中鼠标指针的尾部会出现一个“＋”号，表示目前正在执行复制操作。另一种方法是利用剪贴板，使用【复制】与【粘贴】的方法实现图片的复制。

（5）删除图片。

图片被选定后，按【Delete】键就可以将其删除，还可以使用【编辑】菜单中的【清除】命令。用【清除】命令或按【Delete】键删除的图片将被永久删除。

（6）裁剪图片。

在文档中插入的图片，有时可能只需其中的一部分，这时就需要将图片中多余的部分裁剪掉。利用【图片】工具栏就可以完成图片的裁剪，方法如下。

选中要裁剪的图片，图片周围会出现八个尺寸控点，在【图片工具】面板中单击【格式】选项卡【大小】选项组中的【裁剪】按钮，按住鼠标左键向图片内部拖动任一尺寸控点，即可裁剪掉多余的部分。单击【裁剪】下方的小箭头在下拉菜单中可以看到【裁剪】【裁剪为形状】【纵横比】【填充】【调整】等选项，如图 3-43 所示。运用这些选项用户在 Word 中就可以对图片进行基本调整了。

图 3-43　【裁剪按钮】选项

2. 设置图片的环绕方式

在 Word 2016 中，嵌入式图片不能直接与文字进行环绕排版；而浮动式图片与正文之间的关系比较灵活，既可以浮于文字之上，也可以沉于文字之下，还可以与文字环绕排版。

如果要将嵌入式图片置于文档中任何位置，可以通过右键单击要设置环绕方式的图片，从弹出的快捷菜单中选择【环绕文字】命令。打开的图片环绕方式如图 3-44 所示。

【环绕文字】一栏列出了七种环绕方式，分别为嵌入型、四周型、紧密型环绕、穿越型环绕、上下型环绕、衬于文字下方、浮于文字上方，选择

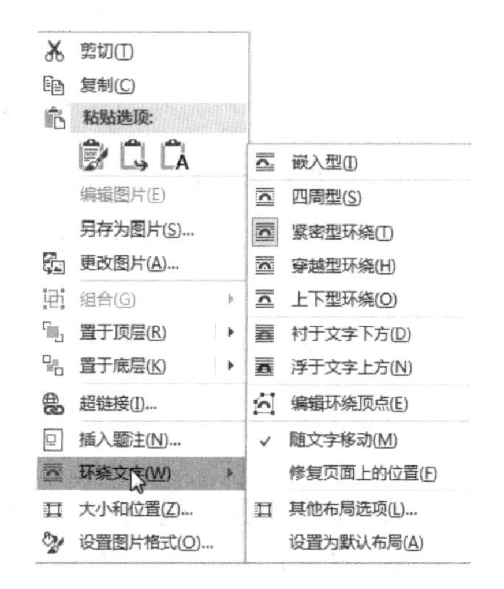

图 3-44　【环绕文字】设置

其中一种,单击【确定】按钮即可实现环绕效果。

注意:选中图片后在【图片工具】面板单击【格式】选项卡【排列】选项组的【环绕文字】按钮也可对图片进行环绕方式的设置。

3.4.3 插入艺术字与文本框

Word 2016 中的“艺术字”是具有特定形状的图形文字,将文档中某些文字以艺术字的形式插入,可以使文档看起来更加美观。

文本框是将文字、表格、图形精确定位的有力工具。文档中的任何内容,一段文字、一张表格、一幅图片等,只要被装进了文本框,就如同被装进了一个容器。它是一个独立的对象,通过文本框可以把文字放置在文档中的任何位置,并可以随意调整文本框的大小。

1. 插入艺术字

艺术字默认的插入形式是浮动式的,所以艺术字可以放置到页面的任意位置,可以实现与文字的环绕,还可以与其他浮动式对象进行组合。

插入艺术字的操作步骤如下。

(1)单击【插入】选项卡【文本】选项组的【艺术字】按钮,出现【艺术字库】面板,如图 3-45 所示。

图 3-45 【艺术字库】面板

(2)在【艺术字库】面板中选择需要的艺术字式样。

(3)在【请在此放置您的文字】文本框中输入文字。

2. 插入文本框

插入文本框的操作步骤如下。

(1)打开 Word 2016 文档窗口,单击【插入】选项卡【文本】选项组中的【文本框】按钮。

(2)在打开的【内置】文本框面板中选择合适的文本框类型,如图 3-46 所示。

(3)返回 Word 2016 文档窗口,所插入的文本框处于编辑状态,直接输入文本内容即可。

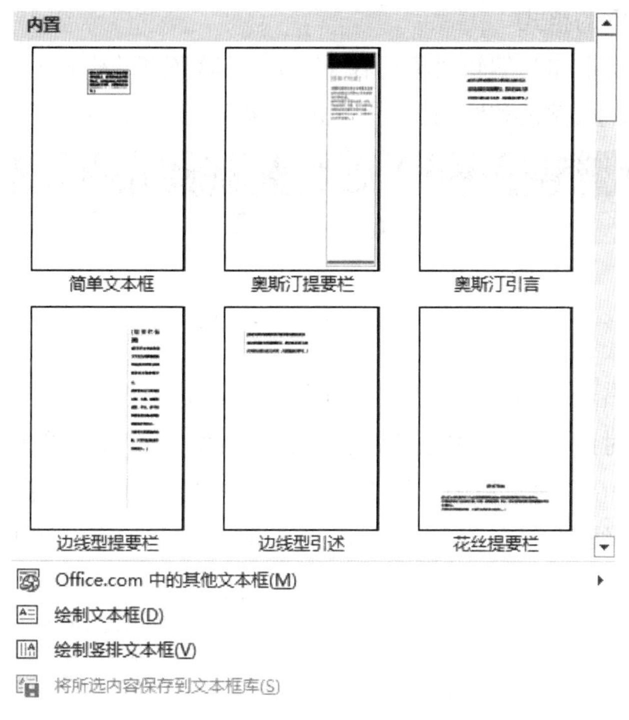

图 3-46　【文本框内置】面板

3.4.4　设置艺术字与文本框的格式

1. 设置艺术字的格式

尽管 Word 提供了多种艺术字样式，但有时仍不能满足需要。这时可以重新编辑艺术字的格式来满足需要。

选定一个艺术字作为编辑对象，在【绘图工具】面板【格式】选项卡中对输入的艺术字的效果进行设置。

也可以右击鼠标在快捷菜单中选择【设置形状格式】，打开【设置形状格式】对话框，如图 3-47 所示。在对话框内可以对艺术字的形状选项、文本选项等进行格式的设置。

图 3-47　【设置形状格式】对话框

2. 设置文本框的格式

选定一个文本框作为编辑对象后在【绘图工具】面板【格式】选项卡中可以设置文本框的形状、大小、颜色和线条、环绕方式等，如图 3-48 所示。

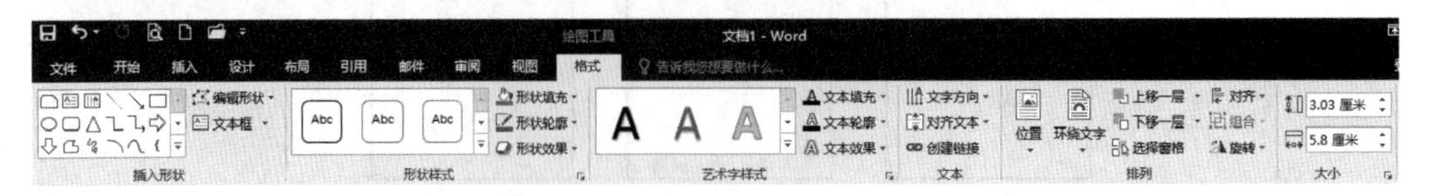

图 3-48 【绘图工具】面板

用户也可以右击文本框的边框，在打开的快捷菜单中选择【其他布局选项】选项，打开【布局】对话框，对文本框的位置、文字环绕、大小进行设置，如图 3-49 所示。选定文本框右击，在快捷菜单中选择【设置形状格式】选项，打开【设置形状格式】对话框，对文本框的线型、线条颜色、三维格式等进行设置，如图 3-50 所示。

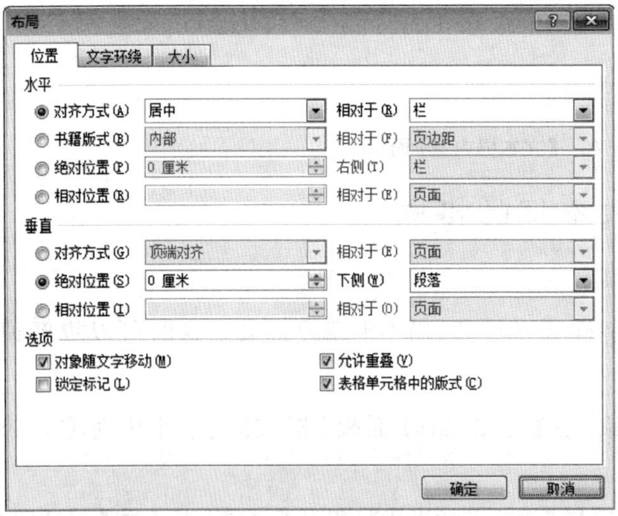

图 3-49 文本框【布局】对话框

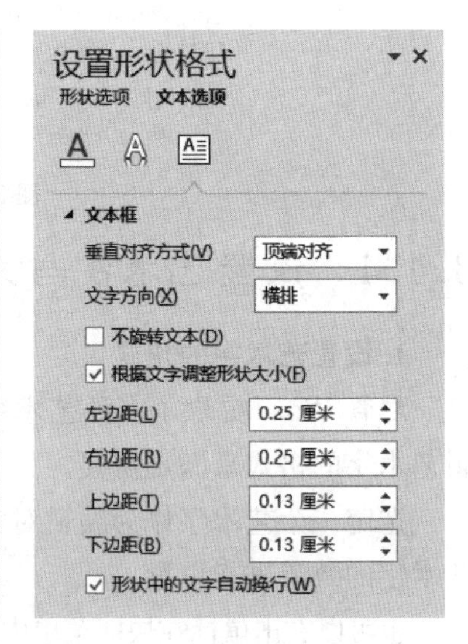

图 3-50 【设置形状格式】对话框

3.4.5 使用绘图工具绘制图形

Word 2016 除了可以在文档中插入图片外，还提供了强大的绘图功能。使用【形状】可以很方便地绘制各类基本的几何图形，包括：线条、连接符、基本形状、箭头总汇、流程图、星与旗帜、标注等，可以满足日常文档的需要。

1. 绘制自选图形

(1)单击【插入】选项卡【插图】选项组中的【形状】按钮，打开【形状】下拉菜单，单击选择所需的自选图形，如图 3-51 所示。

(2)将鼠标指针移至要插入图片的位置，此时鼠标指针变成“＋”字形，拖动鼠标

到合适的位置即可。如果要画正方形或圆形，在拖动鼠标的同时需按住【Shift】键。

2. 编辑自选图形

自选图形绘制好后，可以在其中添加文字，方法是：鼠标右击自选图形，弹出快捷菜单；单击【添加文字】命令，此时自选图形相当于一个文本框，可以输入文字。

如果用户对绘制的自选图形不满意，还可以对自选图形进行修改编辑。编辑自选图形有两种方法。

(1)使用快捷菜单命令编辑自选图形。

选中要编辑的自选图形，单击鼠标右键，弹出如图 3-52 所示的快捷菜单，其中包含对自选图形进行编辑的常用命令。

(2)使用【绘图工具】面板【格式】选项卡上的按钮。此处可以设置自选图形的形状填充、形状轮廓、形状样式及阴影效果、三维立体效果等格式。

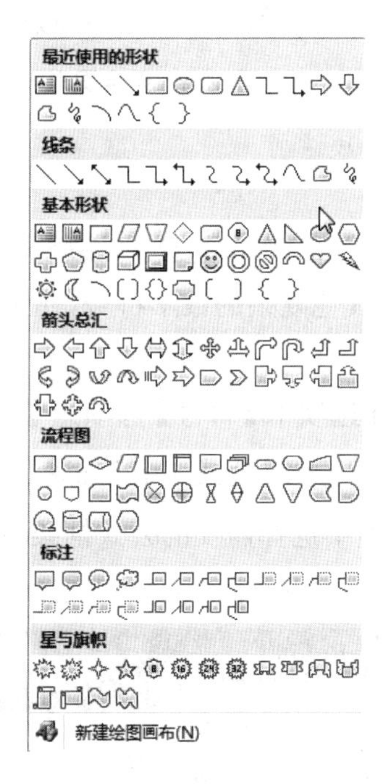

图 3-51　【形状】菜单

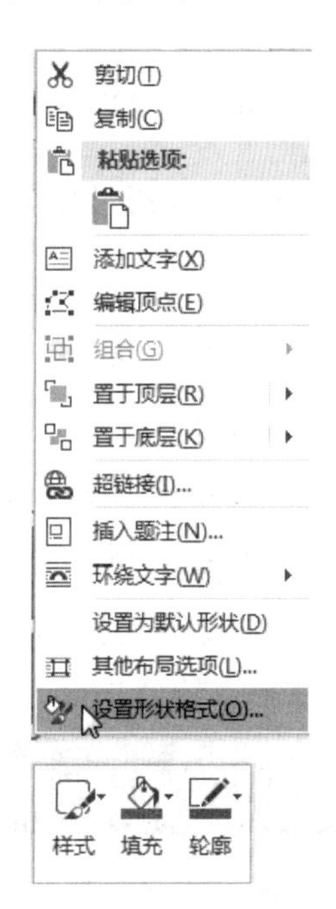

图 3-52　编辑自选图形快捷菜单

3. 组合与取消组合图形

(1)按住【Shift】键，用鼠标左键依次单击要组合的图形。

(2)单击鼠标右键，从快捷菜单中选择【组合】，再从其级联菜单中选择【组合】命令，如图 3-53 所示。这样就可以将所有选中的图形组合成一个图形，组合后的图形可以视为一个图形对象进行处理。图 3-54 就是一个由多个基本形状组合成的图形。

应当注意的是，如果需要将各种图形组合成一个图形，首先要将嵌入式对象变成浮动式对象，然后才能进行组合。

解散组合图形的过程称为【取消组合】。【取消组合】的操作方法如下：右击要解散的组合图形，在弹出的快捷菜单中选择【组合】命令，从其级联菜单中选择【取消组合】命令。

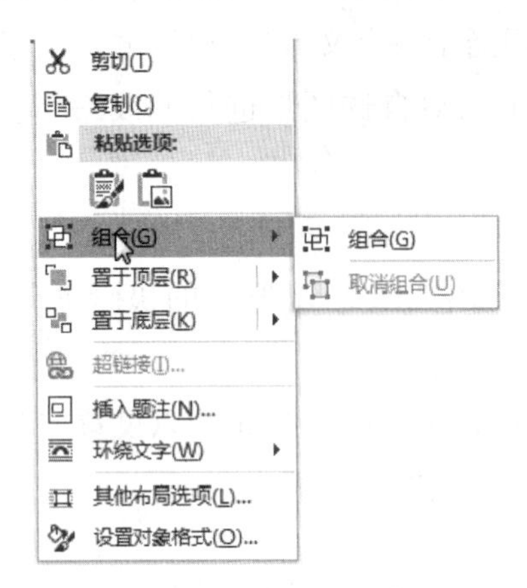

图 3-53 【组合】命令

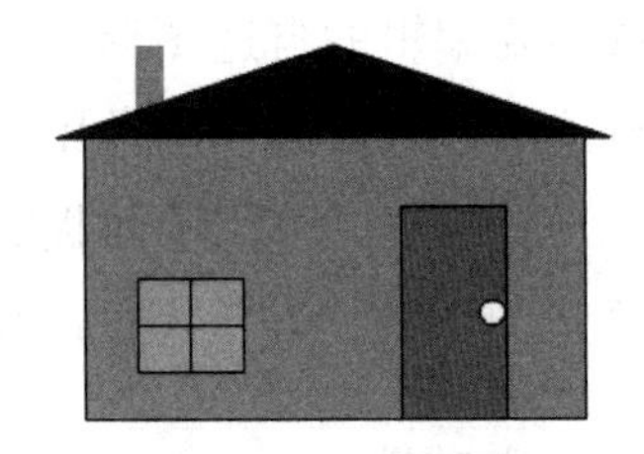

图 3-54 组合图形

3.4.6 公式编辑器

数学公式是 Word 文档常用的内容。使用 Word 2016 的公式编辑器可以在 Word 文档中加入分数、指数、微分、积分、级数以及其他复杂的数学符号，还可以创建数学公式和化学方程式。

用户可将光标插入指定位置，依次选择【插入】选项卡【符号】选项组【公式】按钮 π，在下拉菜单中选择所需公式后出现如图 3-55 所示【公式工具】面板。可以在【符号】选项组中选择合适的符号，在【结构】选项组中选择需要的公式框架以完成公式的插入。在插入的公式右边有一个下拉菜单，打开后可对插入的公式进行设置。

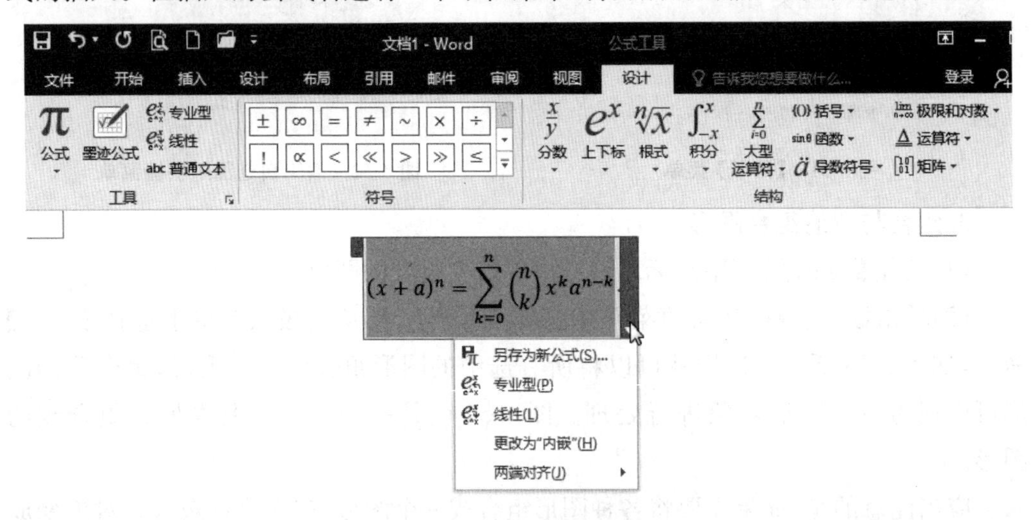

图 3-55 【公式工具】面板

提示：用户可以在【插入】选项卡【文本】选项组中单击【对象】右边的下拉按钮打开【对象】对话框，在【对象类型】列表框中选择【Microsoft 公式 3.0】项，单击【确定】按钮，屏幕上弹出【公式】工具栏，进入公式编辑器，如图 3-56所示。公式编辑器中提供了丰富的数学符号、公式模板和公式框架，共有 19 个大类近 300 种数学符号和公式模板。

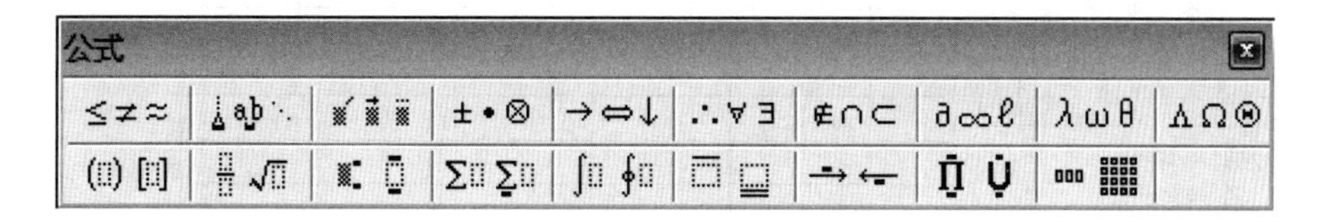

图 3-56　公式编辑器

3.4.7　新建表格

表格具有直观、简明、信息量大的特点，在一份文档中经常会用表格来表示一些数据。Word 2016 提供了多种创建和编辑表格的工具，可以方便灵活地进行表格处理。

1. 使用插入表格对话框创建

(1)单击【插入】选项卡【表格】按钮，在下拉菜单中选择【插入表格】对话框，如图 3-57 所示。

图 3-57　【插入表格】对话框

(2)在对话框中分别输入列数、行数，设置好其他各选项后，单击【确定】按钮即可。

用菜单命令这种方法适合创建大型表格，表格最多可达 32767 行、63 列。

2. 拖动鼠标创建表格

(1)单击【插入】选项卡【表格】按钮。

(2)拖动鼠标选中合适的行和列的数量，释放鼠标即可在文档插入点处插入一个表格，如图 3-58 所示。

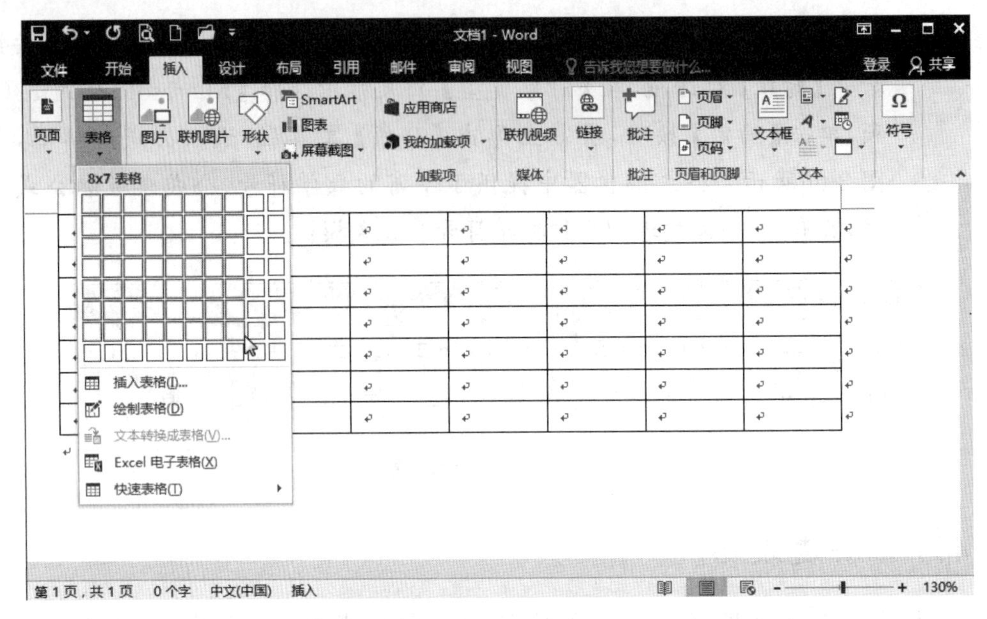

图 3-58　拖动鼠标创建表格

3. 绘制表格

制作表格的另一种方法是使用 Word 的【绘制表格】功能。这种方法的最大优点是：用户可以像使用自己的笔一样随心所欲地绘制出不同行高、列高的各种不规则的复杂表格。单击【插入】选项卡【表格】按钮，在下拉菜单中选择【绘制表格】命令，同时鼠标指针变成画笔形状，在 Word 文档中拖动鼠标左键绘制表格边框，然后在适当的位置绘制行和列。完成表格的绘制后，按下键盘上的 Esc 键，或者在【表格工具】面板的【布局】选项卡中单击【绘图】选项组中的【绘制表格】按钮结束表格绘制状态，如图 3-59 所示。

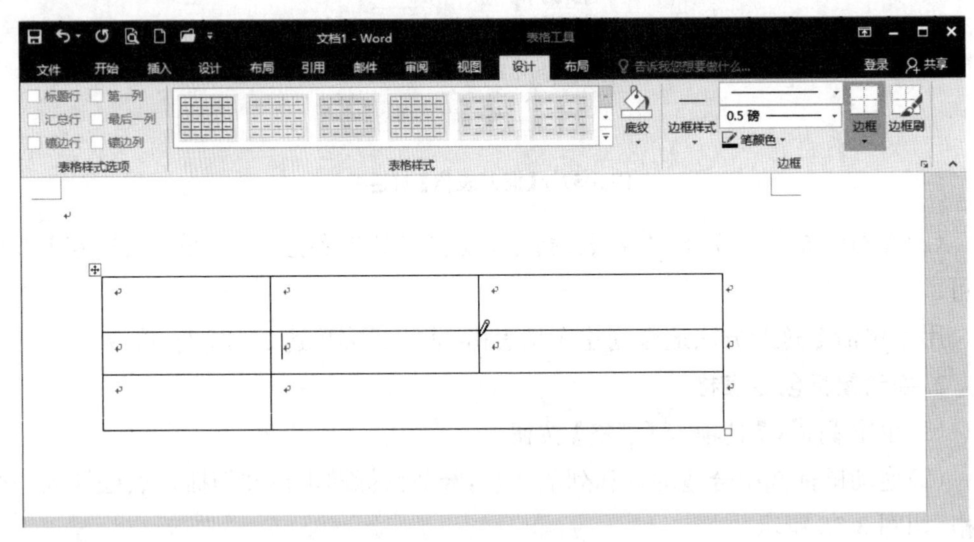

图 3-59　绘制表格

如果在绘制或设置表格的过程中需要删除某行或某列，可以在【表格工具】面板的【布局】选项卡中单击【绘图】选项组中的【橡皮擦】按钮。鼠标指针呈现橡皮擦形状，在特定的行或列线条上拖动鼠标左键即可删除该行或该列。在键盘上按下 Esc 键取消擦除状态。

3.4.8　编辑表格

编辑表格包括对表格的编辑和对表格内容的编辑。最初创建的表格是没有任何内容的，表格编辑完成后就可以开始输入内容，并对输入的内容进行编辑。表格的编辑包括行与列的插入、删除、合并、拆分、高度与宽度的调整等，经过编辑的表格才更符合我们的实际需要，也会更加美观。

1. 表格的选定

在对表格进行编辑时，首先要选定表格，包括单元格、表行、表列或整个表格，被选定的部分呈反显状态。

(1)单元格的选定：将鼠标移到单元格内部的左侧，鼠标指针变成向右的黑色箭头，单击可以选定一个单元格，按住鼠标左键拖动可以选定多个单元格。

(2)表行的选定：鼠标移到页面左侧的选定栏，鼠标指针变成向右的空心箭头 ↗ 时，单击可以选定一行，按住鼠标左键继续向上或向下拖动，可以选定多行。

(3)表列的选定：将鼠标移至表格的顶端，鼠标指针变成向下的黑色箭头，在某列上单击可以选定一列，按住鼠标向左或向右拖动，可以选定多列。

(4)表中矩形块的选定：按住鼠标左键从矩形块的左上角向右下角拖动，鼠标扫过的区域即被选中。

(5)整表选定：当鼠标指针移向表格内，在表格外的左上角会出现一个按钮 ⊞，这个按钮就是【全选】按钮，单击它可以选定整个表格。在数字小键盘区被锁定时，按【Alt+5】(数字小键盘上的 5)组合键也可以选定整个表格。

2. 插入新行或新列

在表格的指定位置插入新行或新列时，常用的方法如下。

(1)将光标定位在要插入行或列的位置，或者选定要插入位置所在的行或列。如果要插入单元格就要先选定单元格。

(2)单击【表格工具】|【布局】|【行和列】选项组中需要操作的按钮，如图 3-60 所示。

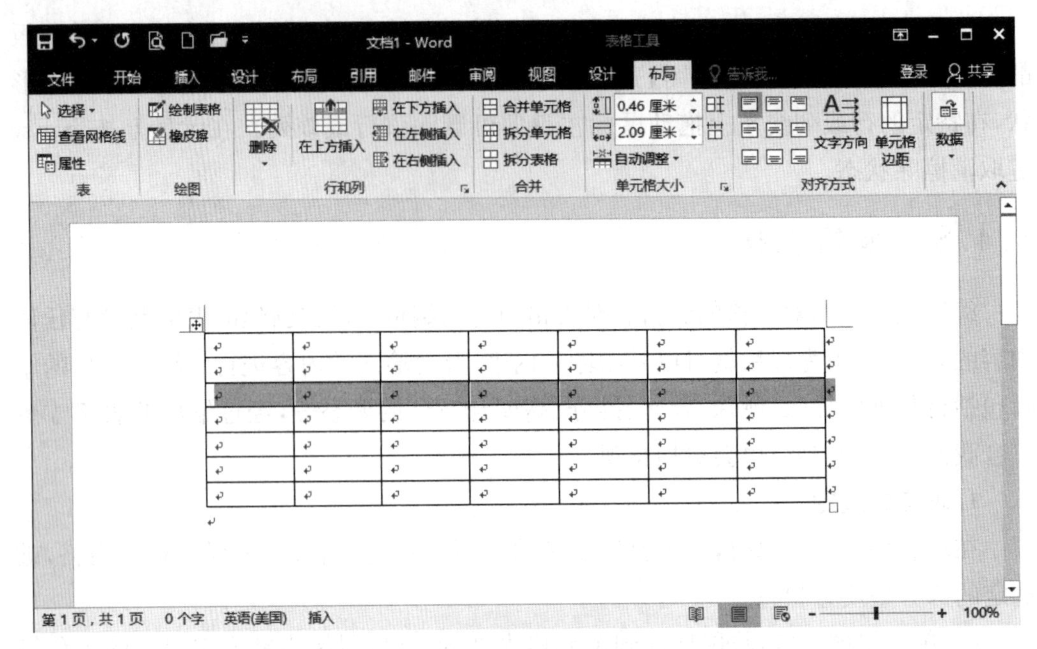

图 3-60 表格工具

如果是插入行，可以选择【在上方插入】或【在下方插入】命令；如果是插入列，可以选择【在左侧插入】或【在右侧插入】命令；如果要插入的是单元格，则单击【行和列】右侧的倒三角，在打开的【插入单元格】对话框中进行设定，如图 3-61 所示。

3. 删除行或列

如果某些行或列需要删除，则在选定要删除的行或列后，可以通过以下方法来实现。

单击【表格工具】|【布局】|【行和列】|【删除】，在下拉菜单中选择需要的选项。如果选择其中的【删除表格】命令，则将删除插入点所在的整个表格，如图 3-62 所示。

图 3-61 【插入单元格】对话框

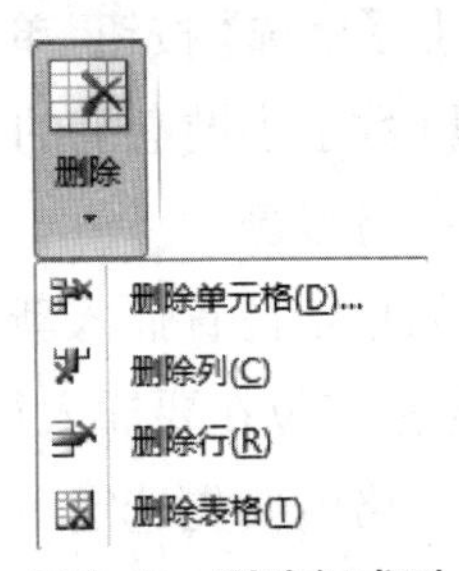

图 3-62 删除行或列

除用上述方法进行行、列的删除外，还可以使用以下两种方法。

方法一：选中要删除的行或列，右键单击要删除的行或列，在弹出的快捷菜单中选【删除行】或【删除列】命令。

方法二：选中要删除的行或列，右键单击要删除的行或列，在弹出的快捷菜单中选【剪切】命令。

4. 调整表格的高度与宽度

在通常情况下，系统会根据表格字体的大小自动调整表格的行高或列宽。当然，为了使表格更好看，我们也可以手动调整表格的行高或列宽，一般有三种方法。

方法一：将光标放置在表格中，在【表格工具】|【布局】|【单元格大小】中设置【高度】数值可以设置行高，设置【宽度】数值可以设置列宽。

方法二：单击需要设置行高或列宽的单元格，单击【表格工具】|【布局】|【表】选项组中的【属性】按钮 ，打开【表格属性】对话框，在【行】和【列】的标签页中修改表格的行高和列宽，如图 3-63 所示。

方法三：选定表格，鼠标指向右下角的调整控制点，当鼠标指针变成双箭头时，按住左键拖动鼠标改变表格行高或列宽到合适位置。

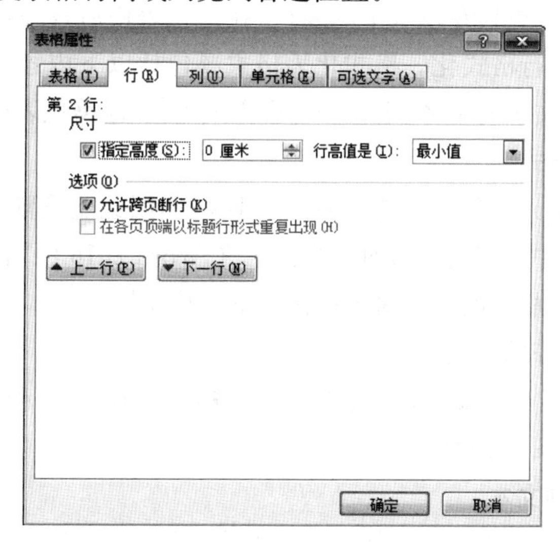

图 3-63　【表格属性】对话框

3.4.9　在表格中输入数据

在表格外观设置好之后，我们就可以对表格的内容进行添加了。实际上，表格的内容始终是在表格的单元格中显示的，如果想要在表格中输入正文，将鼠标光标放置在要输入正文的单元格，然后输入文本、数字、图像等即可。如果要换到下一个单元格，将鼠标定位在下一个单元格即可。

插入点的移动可以用鼠标在需要编辑的单元格中单击，还可以通过键盘命令来实现：

(1) ↑、↓、←、→键：可以分别将插入点向上、向下、向左、向右移动一个单元格。

(2)【Tab】键：按一下【Tab】键，插入点移到下一个单元格；按【Shift+Tab】组合键，插入点移到上一个单元格。

(3)【Home】和【End】:插入点分别移动到单元格数据之首和单元格数据之尾。

(4)【Alt+Home】和【Alt+End】:插入点分别移动到本行中第一个单元格之首和本行末单元格之首。

(5)【Alt+Page Up】和【Alt+Page Down】:插入点分别移动到本列中第一个单元格之首和本列末单元格之首。

当需要输入单元格的数据超出单元格的宽度时,系统会自动换行,增加行的高度,而不是自动变宽或转到下一个单元格。当然我们也可以通过改变表格宽度来调整表格内容,使之达到最理想的效果。

3.4.10 格式化表格

为了制作更漂亮、更具专业水平的表格,在建立表格后,经常要根据需要对表格中的文字和单元格进行格式化。格式化表格主要包括以下内容:设置表格的边框和底纹,设置单元格中文字的字体、字号和对齐方式等,从而美化表格,使人赏心悦目。

1. 表格的对齐方式

表格中的每个单元格都可以被视为一个小文档,因此能设置选定的单个单元格、多个单元格、行或列中内容的段落对齐方式。在 Word 2016 中,表格中的内容共有 9 种对齐方式。要使表格中的内容对齐可按以下步骤操作。

(1)选定需要对齐的单元格。

(2)单击【表格工具】|【布局】|【对齐方式】选项组中的 9 种对齐方式按钮,选择所需的对齐方式,如图 3-60 所示。

2. 在表格中排列文本

在 Word 2016 中可以对表格中文字的排列方式进行设置,具体操作步骤如下。

(1)选定需要设置文本排列方式的单元格。

(2)在选定的区域单击鼠标右键,在打开的快捷菜单中选择【文字方向】命令,出现【文字方向-表格单元格】对话框,如图 3-64 所示。

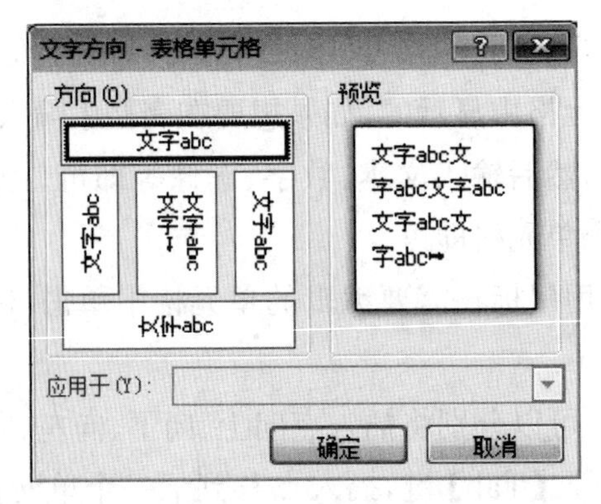

图 3-64 【文字方向-表格单元格】对话框

(3)【方向】区域共有五种排列方式供选择,选定排列方式后可在【预览】区域看到所选排列方式的效果。

(4)单击【确定】按钮,选定的单元格内的文字即可变为所选的文字排列方式。

在选定单元格后,单击【表格工具】|【布局】|【对齐方式】选项组的【文字方向】按钮就能改变当前表格的文字方向,如果再次单击【文字方向】按钮,则会恢复原来的文字方向。

3. 表格自动套用格式

设置一个美观的表格往往比创建表格还要麻烦,为了加快表格的格式化速度,Word 2016 提供了【表格样式】功能,用户只需从中选择合适的表格样式,再进行稍加修改即可满足实际需要。方法如下。

(1)单击表格中任一单元格。

(2)在【表格工具】|【设计】|【表格样式】选项组下拉列表框中选择相应的表格样式,如图 3-65 所示。

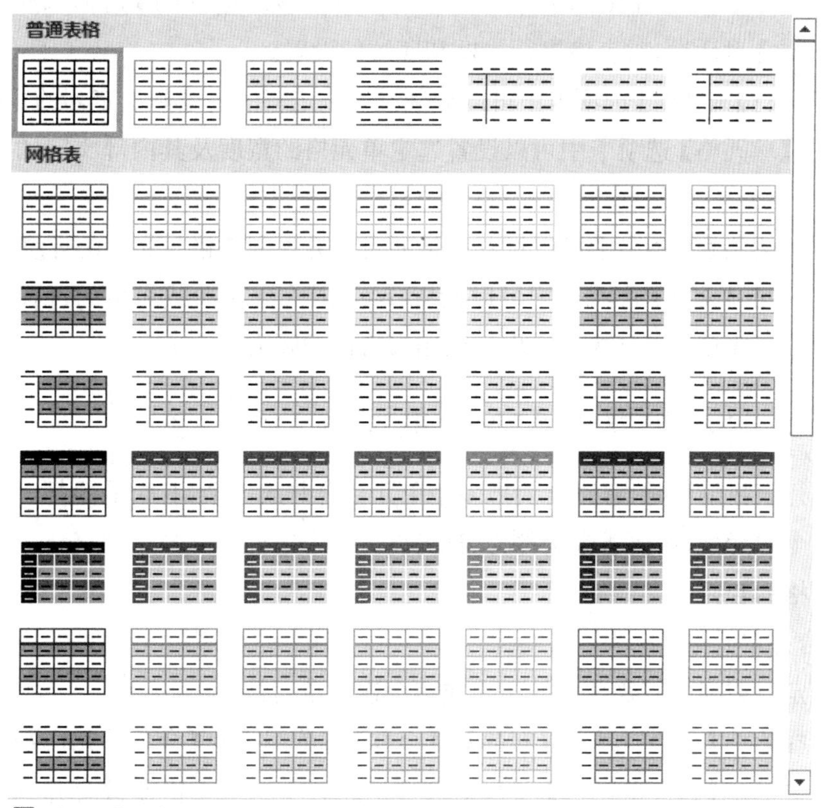

图 3-65　【表格样式】选项

(3)该列表框列出了 Word 2016 提供的多种表格样式,其中每种样式均包括边框格式、底纹格式、字体等。如果这些表格样式依然不能满足用户的实际需要,用户还可以新建或在原有表格样式基础上创建最适合实际工作需要的表格样式。

4. 设置表格属性

利用【表格属性】命令可以对表格的一些属性进行相关的设置。具体操作步骤如下。

(1)选中要格式化的表格,单击【表格工具】|【布局】|【表格】选项组中的【属性】按钮,打开【表格属性】对话框,如图 3-63 所示。

用户也可以选中要格式化的表格,右击鼠标,在快捷菜单中选择【表格属性】选项打开对话框。

该对话框共有【表格】【行】【列】【单元格】及【可选文字】五个选项卡,可以通过对这些选项卡中的选项进行相关的设置来改变表格的尺寸、对齐方式、文字环绕方式及行列尺寸的大小、单元格的大小等。也可以单击该对话框的【边框和底纹】打开【边框和底纹】对话框,对表格进行边框和底纹的设置。

(2)在【行】和【列】选项卡中可以分别设置选定行的高度和选定列的宽度。

(3)在【单元格】选项卡中可以设置选定单元格的宽度及其内部文字的垂直对齐方式。

(4)在【表格】选项卡中可以设置表格的对齐方式和表格与文字的环绕方式等。

(5)在【可选文字】选项卡中可以设置 Web 浏览器在加载表格的过程中或表格丢失时显示可选文字。可选文字也可以用来帮助残障人士。

3.4.11 合并和拆分表格和单元格

在进行表格编辑时,有时需要把多个单元格合并成一个,有时需要把一个单元格拆分成多个单元格,从而适应文件的需要。

1. 表格的合并

(1)合并单元格。

①选定行或列中需要合并的两个或多个连续单元格。

②选择菜单【表格工具】|【布局】|【合并】选项组中的【合并单元格】按钮(或单击鼠标右键选定【合并单元格】项),则被选定的若干个单元格便被合并成为一个单元格。

(2)合并整行(列)。

选定要合并的两个以上的连续行(列),再选择【表格工具】|【布局】|【合并】选项组中的【合并单元格】按钮(或单击鼠标右键选定【合并单元格】项),则被选定的

行(列)内的所有单元格便被合并成为一个单元格。使用上述方法将图 3-66 所示表格第 2 行第 1 列到第 3 行第 6 列的单元格合并成为 1 个单元格,结果如图 3-67 所示。

项目名称	规　格	单价（元）	数　量	金　额	备　注
铁皮字	5×5m	95/m²	26	2380.00	镀锌、厚 1mm，保质五年
霓虹灯管	满排	85/组	52	4420.00	上海七彩粉管，直径 Ø12
变压器		24.00/台	50	1200.00	广东虹霸，保质一年半
电源线	BV10、BV6			65.00	天运电缆厂
钢架	∠5、∠4	2600.00/吨	0.3	780.00	优质宝钢，保用十年
辅料		3.00/m²	25	75.00	防锈漆、焊条、膨胀等
人工		10.00/m²	25	200.00	
运输				80.00	
合计	9200.00 元				

图 3-66　合并前的表格

<table>
<tr><th>项目名称</th><th>规　格</th><th>单价（元）</th><th>数　量</th><th>金　额</th><th>备　注</th></tr>
<tr><td colspan="6">铁皮字
5×5m
95/m²
霓虹灯管
满排
85/组
26
2380.00
镀锌、厚 1mm，保质五年
52
4420.00
上海七彩粉管，直径 Ø12</td></tr>
<tr><td>变压器</td><td></td><td>24.00/台</td><td>50</td><td>1200.00</td><td>广东虹霸，保质一年半</td></tr>
<tr><td>电源线</td><td>BV10、BV6</td><td></td><td></td><td>65.00</td><td>天运电缆厂</td></tr>
<tr><td>钢架</td><td>∠5、∠4</td><td>2600.00/吨</td><td>0.3</td><td>780.00</td><td>优质宝钢，保用十年</td></tr>
<tr><td>辅料</td><td></td><td>3.00/m²</td><td>25</td><td>75.00</td><td>防锈漆、焊条、膨胀等</td></tr>
<tr><td>人工</td><td></td><td>10.00/m²</td><td>25</td><td>200.00</td><td></td></tr>
<tr><td>运输</td><td></td><td></td><td></td><td>80.00</td><td></td></tr>
<tr><td>合计</td><td colspan="5">9200.00 元</td></tr>
</table>

图 3-67　合并后的单元格

2. 表格的拆分

(1)拆分单元格。

①使光标定位于要拆分的单元格内。

②选择【表格工具】|【布局】|【合并】选项组中的【拆分单元格】按钮(或单击鼠标右键选定【拆分单元格】项),打开【拆分单元格】对话框,如图 3-68 所示。

图 3-68　【拆分单元格】对话框

③在【拆分单元格】对话框中输入要拆分成的行数和列数,然后单击【确定】按钮。

(2)拆分整行。

①选定一行后选择【表格工具】|【布局】|【合并】选项组中的【拆分单元格】按钮命令。

②选定要拆分的【列数】和【行数】的值。

若需要将多个单元格拆分,则选中单元格后,先打开【拆分单元格】对话框,再选择【拆分前合并单元格】选项,单击【确定】,这样在拆分时先将所有待拆分单元格合并成一个单元格,再按要求拆分。

3.4.12 文本与表格之间的转换

1. 表格转换成文本

Word 2016 可以将文档中的表格内容转换为由逗号、制表符、段落标记或其他指定字符分割的普通文本。操作步骤如下。

(1)将光标定位在需要转换为文本的表格中,单击【表格工具】|【布局】|【数据】选项组中的【转换为文本】按钮,打开【表格转换成文本】对话框。

(2)选择合适的文字分隔符来分隔单元格的内容。如果想使用其他分隔符,可以在【其他字符】文本框中输入指定的分隔符,单击【确定】按钮,如图 3-69所示。

图 3-69 【表格转换成文本】对话框

2. 文本转换成表格

如果我们有了一些排列规则的文本,则可以方便地将其转换为表格。操作步骤如下。

(1)选定需要转换成表格的文本,单击【插入】|【表格】,在打开的菜单中选择【文本转换成表格】命令,打开【文本转换成表格】对话框。

(2)在【文字分隔位置】单选框中选择要使用的分隔符,对话框中就会自动出现合适的列数、行数,还可以使用【自动套用格式】来格式化表格。

3.4.13 绘制斜线表头

在处理表格时,斜线表头是经常用到的一种表格格式,表头是指表格第一行第一列的单元格。

绘制斜线表头的方法如下。

(1)拖动行线和列线将表头单元格设置得足够大,将插入点定位在表头单元格中。

(2)在【表格工具】|【设计】|【边框】选项组【边框】按钮的下拉菜单中选择【斜下框线】,如图 3-70 所示。

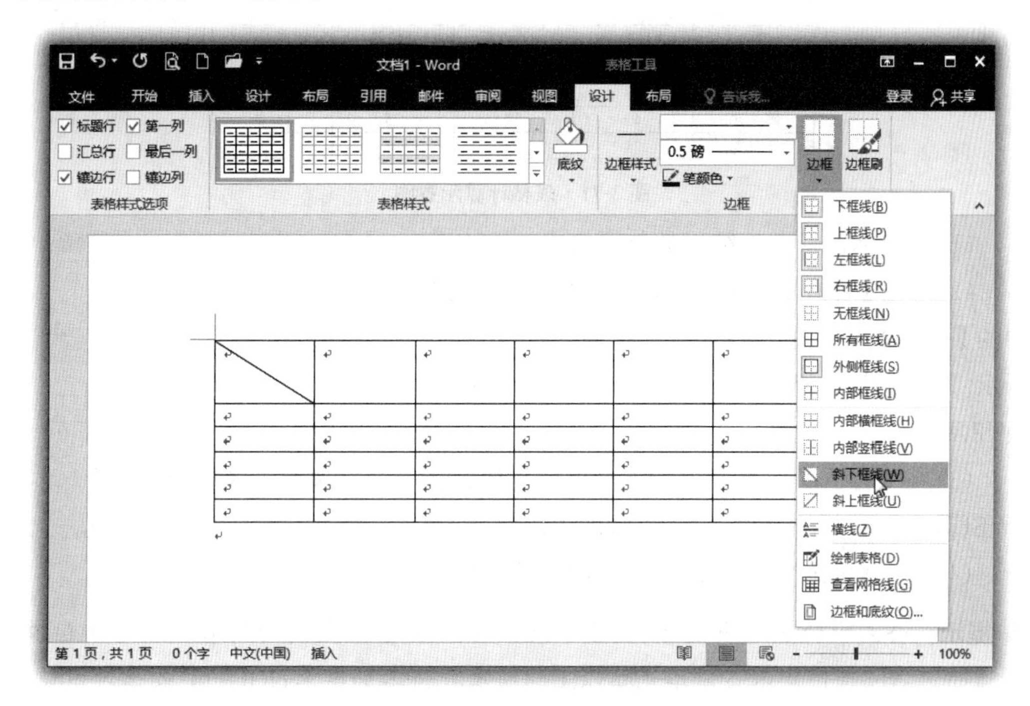

图 3-70　【绘制斜线表头】选项

(3)通过空格键和回车键控制到适当的位置输入表头文字。

提示: 绘制多条斜线不能直接插入,只能手动去画。单击【插入】选项卡【插图】选项组【形状】按钮,选择斜线,然后直接到表头上去画相应的斜线即可。画好之后,通过空格键与回车键将光标移动到合适的位置,输入相应的表头文字。双斜线绘制完成后,按住【Shift+鼠标左键】,单击选中所有文本框,然后单击【格式】选项卡【排列】中的【组合】来将所有文本框组合起来就大功告成了。也可以在选中的文本框中右击鼠标选择【组合】快捷菜单。

3.4.14　表格数据的计算和排序

1. 计算表格数据

Word 2016 具有对表格数据进行计算的功能。在表格中,Word 可以将计算结果插入到含有插入点的单元格中。单元格用字母表示的列号和用数字表示的行号来标识。例如:如果用户要引用的单元格位置为第 3 行、第 2 列,则该单元格的地址为 B3。

使用公式计算前应确保表格中有用来存放结果的单元格,如果没有则结果将会存放在光标所在的单元格中。

例如:对图 3-71 所示的表格求第 2 行的第 2～3 列两个单元格数字之和,并放在该行第 5 列。操作步骤如下。

	A	B	C	D	E
	姓名	高等数学	大学英语	计算机基础	总分
1	张佩佩	78	80	92	158
2	王小玲	87	69	81	
3	陈　杰	65	74	75	
4	李文龙	73	82	77	

图 3-71　表格计算示意图

(1)将光标置于存放结果的单元格中。

(2)单击【表格工具】|【布局】|【数据】选项组中的【公式】按钮,打开【公式】对话框,如图 3-72 所示。在【粘贴函数】下拉列表框中选择函数 SUM。

图 3-72　【公式】对话框

(3)在【公式】文本框中定位输入求和范围"=SUM(B2,C2)"或者"=SUM(B2:C2)"。

(4)单击【确定】按钮,E2 单元格中即得到 158。

提示: 公式中的函数自变量:LEFT 表示当前单元格左侧的所有数值参加运算;ABOVE 表示当前单元格以上的所有数值参加运算;RIGHT 表示对当前单元格右边的数据进行计算;A2:C2 表示 A2、B2、C2 参加运算。

2. 表格的排序

Word 2016 不仅具有对表格数据进行计算的功能,还具有对数据进行排序的功能。对表格中的数据进行排序的方法如下。

(1)使光标停留在表格中,或者选中需要进行排序的行或列。

(2) 单击【表格工具】|【布局】|【数据】选项组中的【排序】按钮,打开【排序】对话框,如图 3-73 所示。

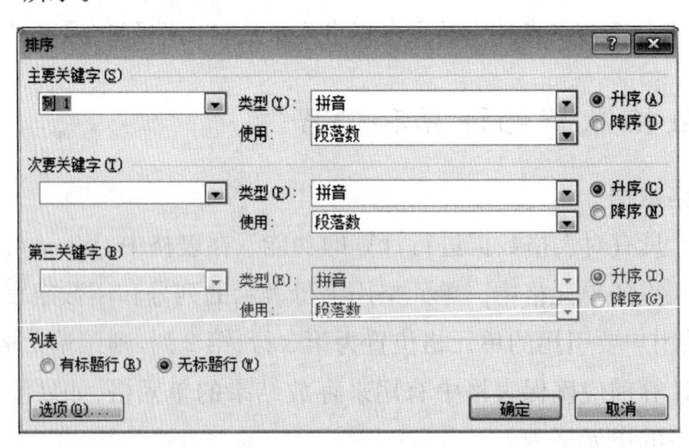

图 3-73　【排序】对话框

(3)设置好【排序】对话框中各项的内容后，单击【确定】按钮完成表格的排序。

在【排序】对话框中，【主要关键字】【次要关键字】和【第三关键字】三个下拉列表均用于选择排序的依据。不同的是，【主要关键字】的排序优先级最高，【第三关键字】的排序优先级最低。三个【类型】下拉列表均用于指定排序依据值的类型，三组【升序】和【降序】的单选按钮均用于选择排序的顺序。如果选中【列表】区域的【有标题行】单选按钮，则 Word 2016 将认为选定区域的第一行是标题行，不参加排序。

3.5　模板与样式

模板由多个特定的样式组合而成，是一种排版编辑文档的基本工具，在 Word 2016 中，模板是一种预先设置好的特殊文档，能提供一种塑造最终文档外观的框架，同时又能向其中添加自己的信息。使用模板不仅可以减轻工作负担，还可以轻松地创建出格式美观且专业的文档。对于不熟悉 Word 的初级用户而言这一点显得尤为重要。

样式就是存储在 Word 中的段落或字符的一组格式化命令，当希望快速改变某个特定文本(可以是一行文字、一段文字，也可以是整篇文档)的所有格式时，可以使用 Word 的样式来实现，这极大地提高了工作效率。

3.5.1　新建样式

在编辑长文档时，使用到的样式可能很多，当 Word 内置的样式已经不能满足用户的需求时，就必须创建新样式。

(1)打开一个需要设置新样式的文档，单击【开始】|【样式】选项组右侧的倒三角打开【样式】任务窗格，单击【新建样式】按钮，如图 3-74 所示。

(2)出现【根据格式设置创建新样式】对话框，如图 3-75 所示。

(3)在打开的对话框中，首先在【名称】文本框中为新建的样式确定好名称，然后单击【格式】按钮，单击选择字体、段落、边框等九个格式之一。每个格式对应一个对话框，用于设置相应的样式格式。

注意： 一份文档中每一个样式都有唯一确定的名称，可以为一个样式指定多个名称，样式的名称最多可以包括 253 个字符(包括别名和分隔符)，其中可以包括反斜杠(\)、分号(;)和大括号({})之外的字符和空格。样式的名称是区分大小写的，也就是说“WORD”和“Word”是不同的两个样式。在一份文档中不能有两个名称相同的样式。

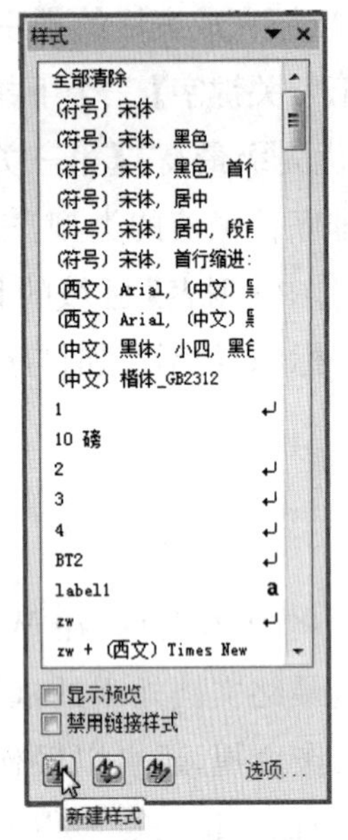

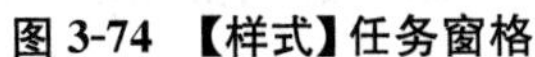

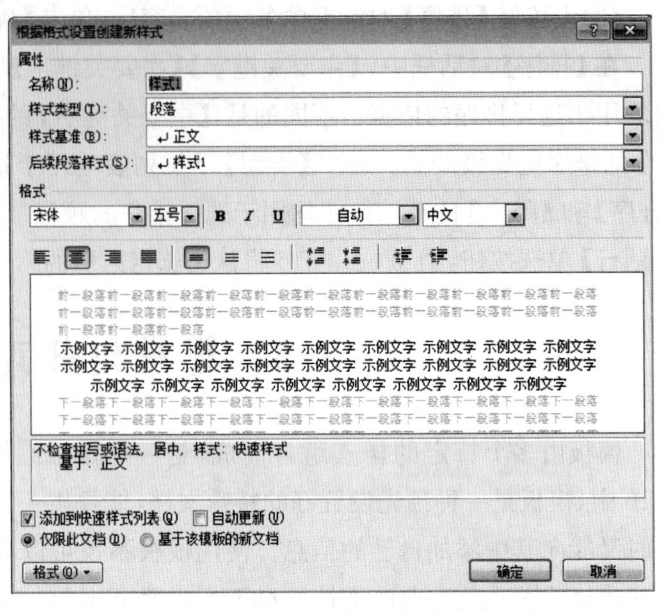

图 3-74 【样式】任务窗格

图 3-75 【根据格式设置创建新样式】对话框

3.5.2 修改样式

在编辑文档时,经常需要修改现有的样式,这时可以在现有的样式上直接改动以使其符合要求。

修改现有的样式和创建新样式的方法很类似,具体的操作步骤如下。

(1)打开一个需要设置新样式的文档,单击【开始】|【样式】选项组右侧的倒三角打开【样式】任务窗格,如图 3-74 所示。

(2)选择一个现有的样式,单击该样式名称旁的下拉三角按钮,在打开的菜单中选择【修改样式】选项打开【修改样式】对话框,如图 3-76 所示。用户即可对样式进行修改。

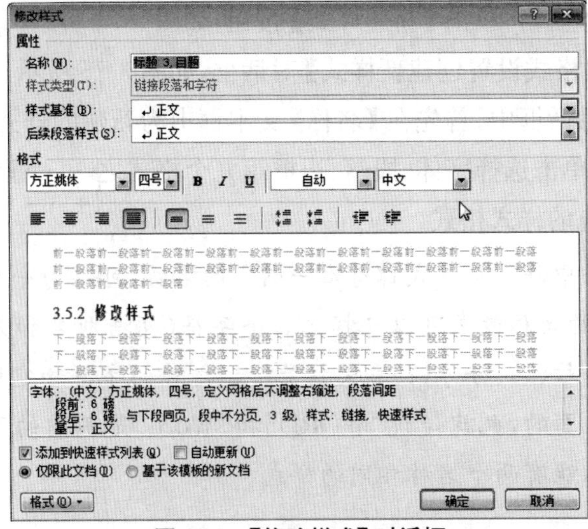

图 3-76 【修改样式】对话框

注意:在打开的【样式】窗格中右击准备修改的样式,在快捷菜单中选择【修改样式】选项,也可以打开【修改样式】对话框。

3.5.3　删除样式

用户在使用样式时,如果有些样式不符合自己排版的要求,就可以对样式进行修改,甚至删除。

(1)先选中需要清除的格式,然后在【样式】功能区单击【清除格式】选项。

(2)如果选择的是 Word 内置样式,则【删除】按钮将会变成灰色,表示不能删除此样式。

注意:在打开的【样式】窗格中右击准备删除的样式,在快捷菜单中选择【删除】选项,可以删除样式。也可以单击样式名称旁的下拉三角按钮,在打开的快捷菜单中选择【删除】选项,删除样式。

3.5.4　改变段落的样式

要改变一个段落的样式,可使光标移动到这个段落中,或选定段落中的任意部分文本,再使用样式。要改变多个连续段落的样式,可先选中这些段落,再使用样式。

1. 应用快速样式

应用段落样式时,只需将光标放置到段落中,在【开始】选项卡中的【样式】选项组中单击箭头 ,在打开的样式库中指向合适的快速样式,在 Word 文档正文中可以预览应用该样式后的效果,单击选定的快速样式即可应用该样式,如图 3-77 所示。

图 3-77　【快速样式】库

2. 使用任务窗格

选择【开始】|【样式】选项组右侧的倒三角打开【样式】任务窗格,如图 3-74 所示。在将样式应用于段落时,应将插入点放置到段落中,在对字符设置样式时,应先

选定字符，再从【样式】任务窗格中选择所需的样式。

3. 使用快捷键

制定样式快捷键可以在【创建样式】或【修改】对话框中进行。

(1)打开【创建样式】或【修改】对话框，单击【格式】按钮，在出现的菜单中选择【快捷键】命令，打开【自定义键盘】对话框，如图 3-78 所示。

(2)将光标放置到【请按新快捷键】输入框中，在键盘上按下作为“标题 2”的快捷键【Alt+F】，单击【确定】按钮，在【当前快捷键】列表框中就会出现【Alt+F】，单击【关闭】按钮关闭对话框返回。

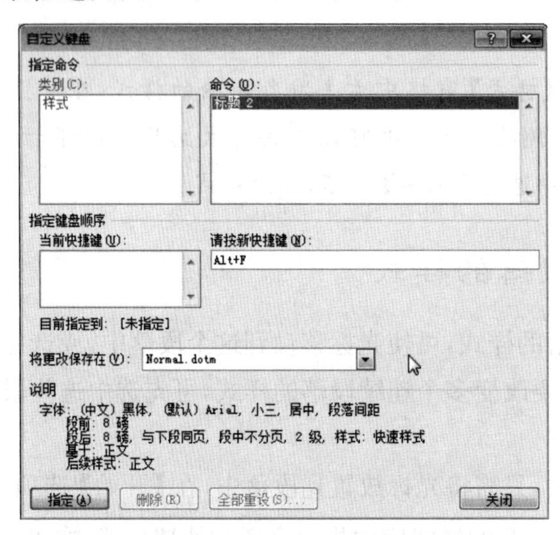

图 3-78 【自定义键盘】对话框

3.5.5 另存为模板

开始使用 Word 2016 时，实际上已经启用了模板，该模板为 Word 提供的普通模板(即 Normal 模板)。用户还可以自己创建新模板，最常用的创建模板的方法是利用文档创建新模板。

要利用文档创建新模板，首先必须排版好一篇文档，也就是说，应该先为文档设置一些格式，定制一些标题样式，如对标题 1、标题 2、标题 3 样式进行格式设定，或者对页码、页眉和页脚的样式进行设定，确定文档的最终外观。

(1)打开已经设置好并准备作为模板保存的文档，单击【文件】菜单的【另存为】命令，打开【另存为】对话框。

(2)在【另存为】对话框(如图 3-79 所示)的【保存类型】列表框中选择【Word 模板】选项；在【文件名】文本框中为该模板命名，并确定保存位置。在默认情况下，Word 会自动打开“自定义 Office 模板”文件夹让用户保存模板，单击【保存】按钮即可。

这样，一个新的文档模板就保存好了，模板文件的扩展名为.dotx。

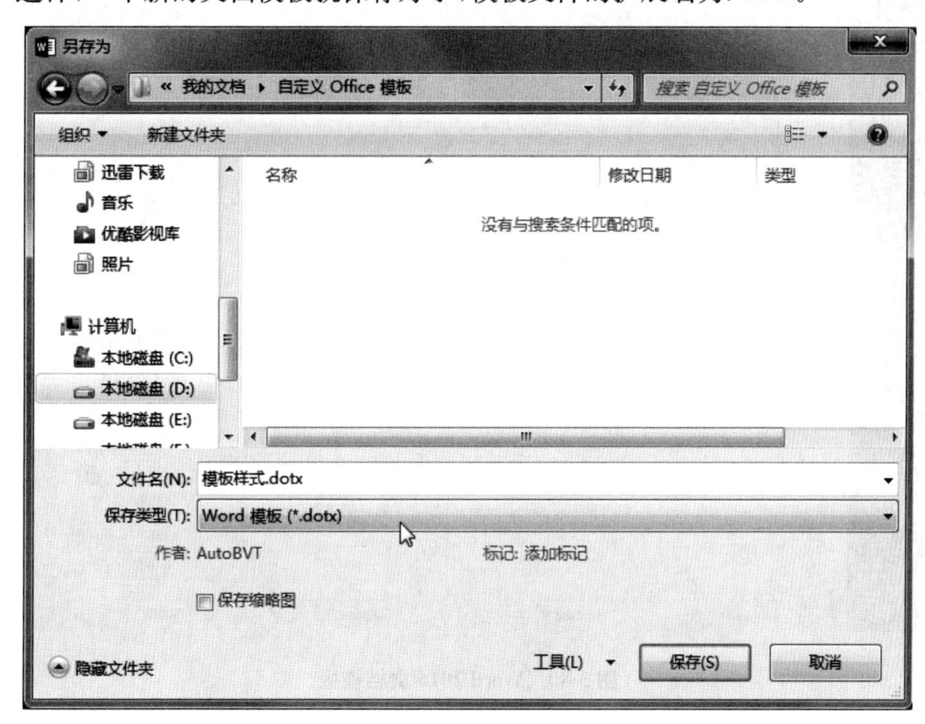

图3-79 保存新建模板

3.5.6 使用模板创建文档

Word 2016除了提供通用型的空白文档模板之外，还提供了丰富的模板。利用它们可快速制作出专业、美观的文档，如博客文章模板、书法字帖模板等等。另外，Office.com网站还提供了证书、奖状、名片、简历等特定功能模板。借助于这些模板，用户可以创建比较专业的Word 2016文档。

(1)打开【文件】菜单并选定【新建】项，可看到右侧窗格中显示了Word 2016提供的各种文档模板，如图3-80所示

(2)选择某个模板，在打开的界面中单击【创建】按键可从网上下载该模板并根据所选模板新建带有特定格式和内容的文档。

(3)打开使用选中的模板创建的文档，用户可以在该文档中进行编辑。

(4)所有设置完成后，单击【快速访问工具栏】中的【保存】按钮，打开【另存为】对话框，在【文件名】文本框中输入模板文件名(如“基本报表”)，单击【确定】按钮即可。

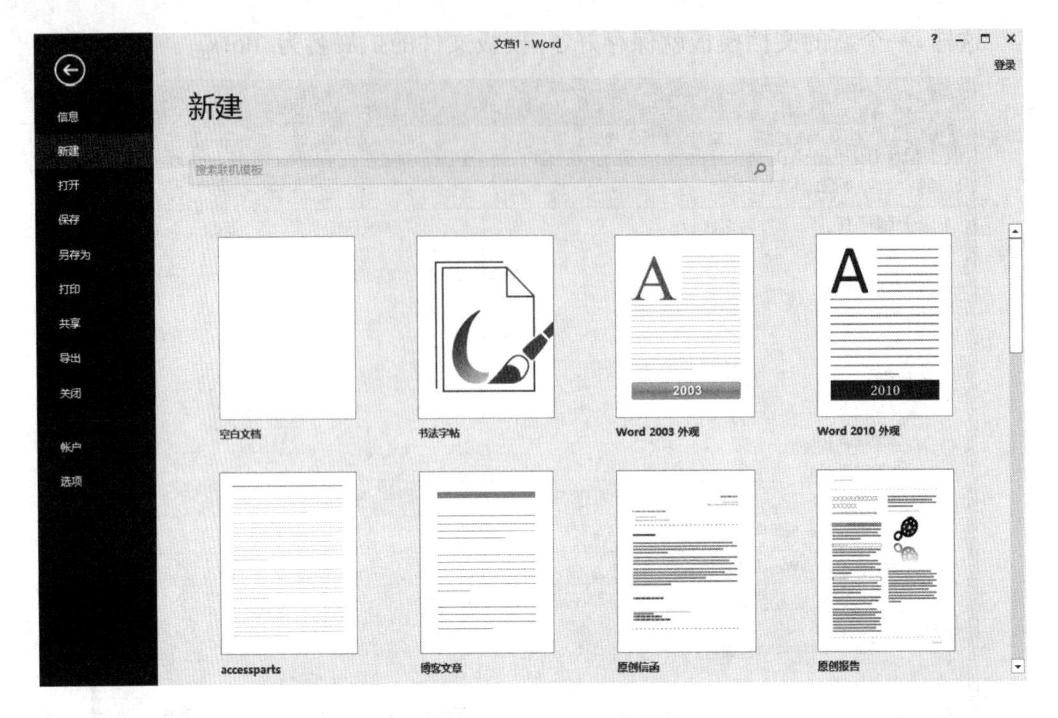

图 3-80 Word 2016 文档模板

3.5.7 创建目录

目录的使用频率很高，在书籍、杂志中都可以看到目录。尤其是在使用工具书时，目录的重要性就显得更加突出。通过目录用户能够很快地了解全书的内容或查找所需要的内容。

在文档中创建目录最常用的方法就是根据文档标题样式生成目录，所以在建立目录之前，必须给需要出现在目录中的标题使用样式。创建目录的操作步骤如下。

1. 自动生成目录

把光标定位到目录存放的位置，单击【引用】选项卡【目录】选项组的【目录】按钮，在显示的选项内选择【自动目录 1】或【自动目录 2】就会自动生成目录，如图 3-81 所示。

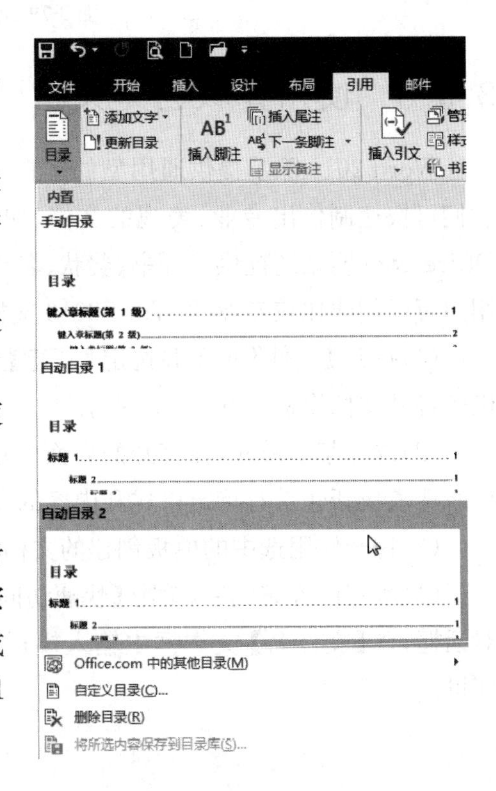

图 3-81 自动生成目录选项

2. 自定义目录格式

(1)如果用户对系统的默认目录格式不

满意，也可以自定义设置目录格式。单击【引用】选项卡【目录】选项组的【目录】按钮，选择【插入目录】选项，打开【目录】对话框，如图 3-82 所示。

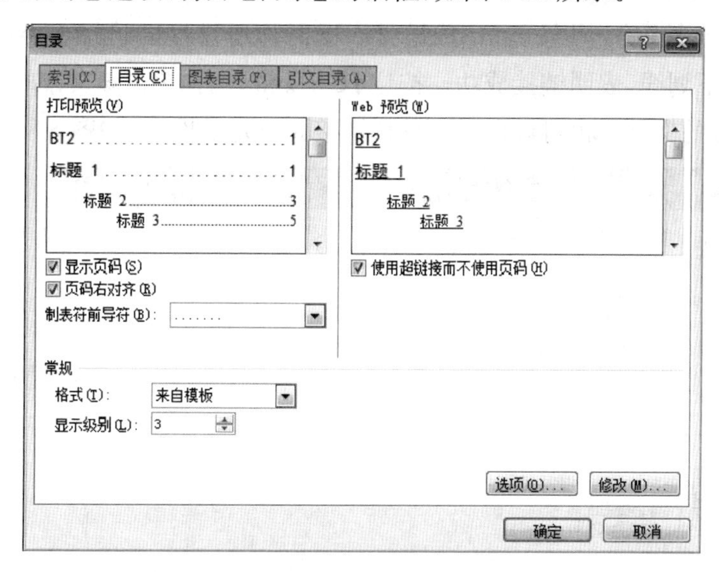

图 3-82　【目录】对话框

(2)在【格式】下拉列表中选定需要的目录格式。可以选择的目录格式有：【来自模板】【古典】【现代】【流行】【简单】【优雅】和【正式】。用户可以根据实际需要来选择。

(3)在【显示级别】文本框中输入要显示的标题级别，选中【显示页码】和【页码右对齐】复选框，则在生成的目录中自动生成页码，并且页码按常规显示，自动右对齐。

(4)用户还可以设置目录的字体大小与格式，单击【修改】按钮，在打开的【样式】对话框中可以选择要修改的目录，单击【修改】按钮就看到字体、间距等相关格式的调整，自定义修改之后，单击【确定】按钮，即可自动生成目录。

(5)当文档标题和页码被修改以后，目录需要更新，可选中目录，单击鼠标右键，在弹出的快捷菜单中选择【更新域】命令，弹出【更新目录】对话框，在该对话框中选择【只更新页码】或【更新整个目录】单选按钮，单击【确定】按钮即可。

3.5.8　创建超链接

超链接是实现从一个文档或文件快速跳转到其他文档或文件的捷径，通过它可以在自己的计算机和网络上快速切换。

(1)选中需要超链接的对象，单击鼠标右键，弹出快捷菜单，在该快捷菜单中选择【超链接】。或单击【插入】选项卡【链接】选项组，单击【超链接】命令，打开【插入超链接】对话框。

(2)在【插入超链接】对话框中的【链接到】列表中有四个选项,分别是【现有文件或网页】【本文档中的位置】【新建文档】【电子邮件地址】,在查找范围里找到你要链接的文件,单击【确定】按钮,完成链接。这时你所链接的目录文字以蓝色(或紫色)显示且有下划线,表明链接成功。按住【Ctrl】键,当你单击该文字时,系统会自动打开你所链接的文件。也可以通过地址栏链接到选定的网页,如图 3-83 所示。

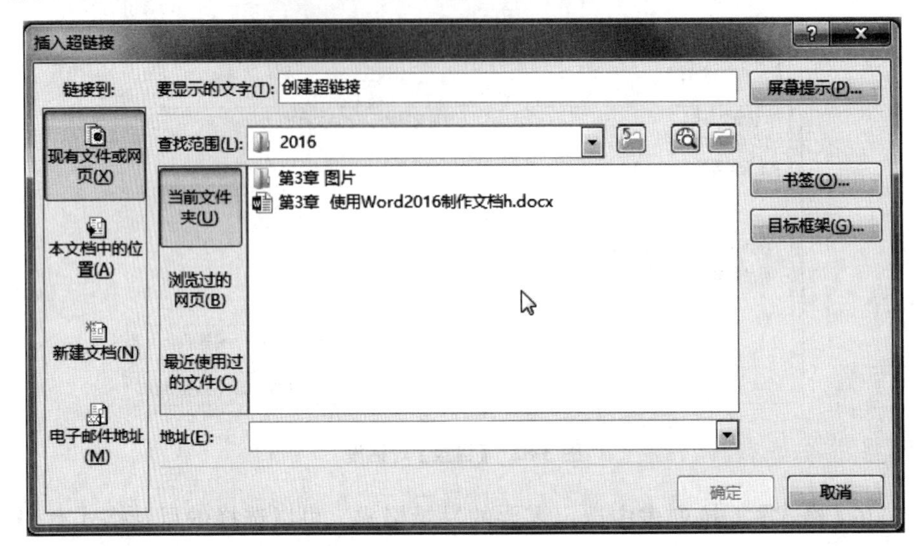

图 3-83 【插入超链接】对话框

(3)重复以上操作,直至所有文件链接完成。

3.6 页面设置与打印输出

编辑好文档内容后,还需要对文档的页面、页码、打印等进行设置。

3.6.1 设置文档页面格式

页面设置是文档排版最后的工作,页眉、页脚、页边距、纸张的大小及分栏操作等,都直接影响文档的打印效果。在建立新文档时,系统已经默认了纸型、页边距等,用户可以根据需要来修改这些设置。

单击【布局】|【页面设置】选项组右侧的倒三角,打开【页面设置】对话框。该对话框中有【页边距】【纸张】【版式】和【文档网格】四个选项卡,如图 3-84 所示。

1.【页边距】选项卡

在【页面设置】对话框中,单击【页边距】选项卡,出现如图 3-84 所示的对话框。在此对话框中可以设置页边距、打印方向、页码范围及装订线的位置。

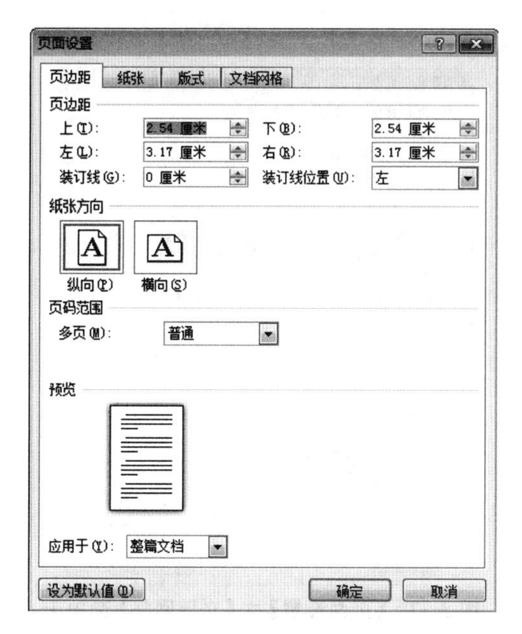

图 3-84 【页面设置】对话框

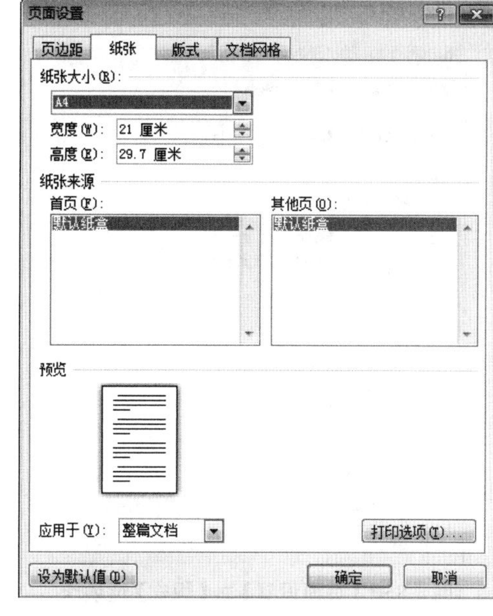

图 3-85 【页面设置】之【纸张】选项卡

2.【纸张】选项卡

在【页面设置】对话框中，单击【纸张】选项卡，在如图 3-85 所示的对话框中可以设置纸张的大小和纸张来源。如果系统中没有所需要的纸张大小，用户可以在【纸张大小】下拉列表中选择【自定义大小】项，然后在【高度】和【宽度】栏中输入自定义纸张的大小。

在此对话框中还可以设置纸张来源。对于有多个送纸盒的打印机来讲，可以选择不同的送纸盒。

3.【版式】选项卡

在【页面设置】对话框中，单击【版式】选项卡，出现如图 3-86 所示的对话框，在该对话框中可以分别设置奇数页、偶数页的页眉和页脚。在【垂直对齐方式】下拉列表框中，可以选择页面的对齐方式。单击【边框】按钮，即可在打开的【边框和底纹】对话框中设置页面边框和底纹。

4.【文档网格】选项卡

在【页面设置】对话框中，单击【文档网格】选项卡，在如图 3-87 所示的对话框中可以设置文字的排列方式和分栏数，各选项的作用如下。

(1)在【文字排列】单选框中可以设置文字的排列方向。

(2)在【栏数】文本框中可以设置等宽的分栏的栏数。

(3)在【网格】单选框中，选择【指定行和字符网格】单选框可以调整每页中的行数和每行中的字符数。

(4)在【每页】文本框中可以设置一页中打印文档的行数，当一个文档有一页加一行时，将【每页】文本框值增加一，就可以把整篇文档压缩到一页打印，系统会调整行距满足用户的要求。

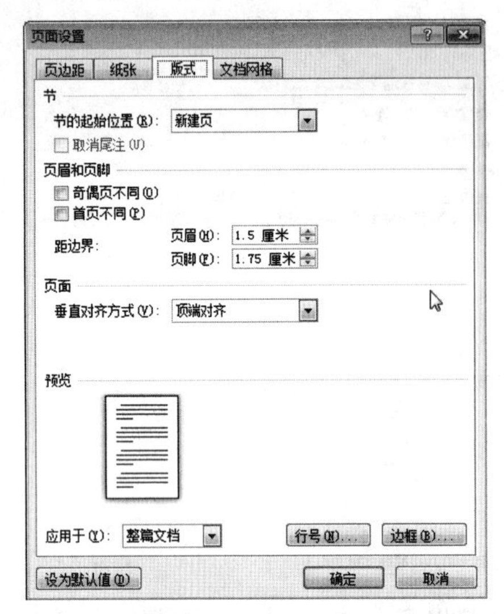

图 3-86 【页面设置】之【版式】选项卡

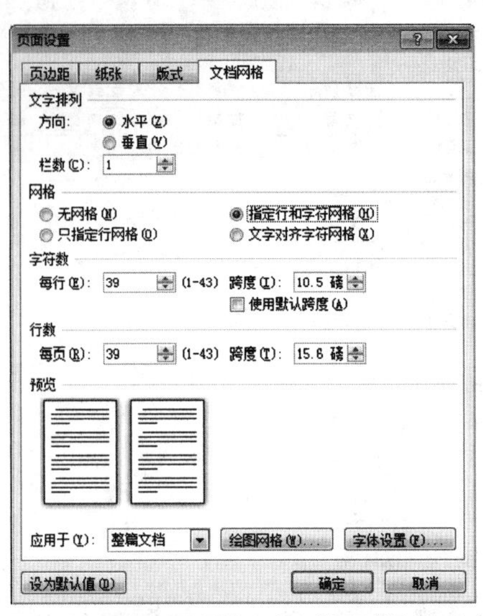

图 3-87 【页面设置】之【文档网格】选项卡

3.6.2 为文档添加页码

如果文档页数较多,为了便于阅读和查找,可以给文档设置页码。设置页码的方法如图 3-88 所示。

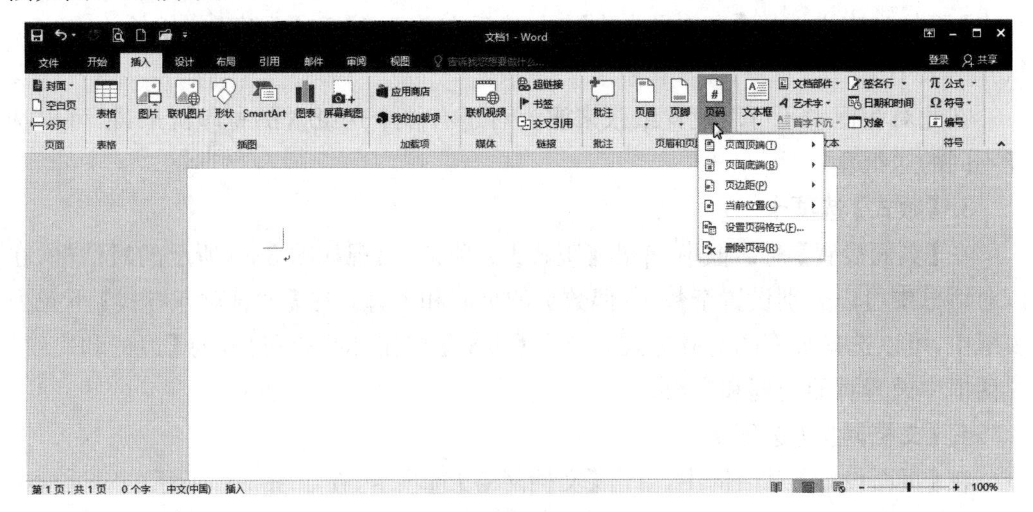

(a) 插入页码

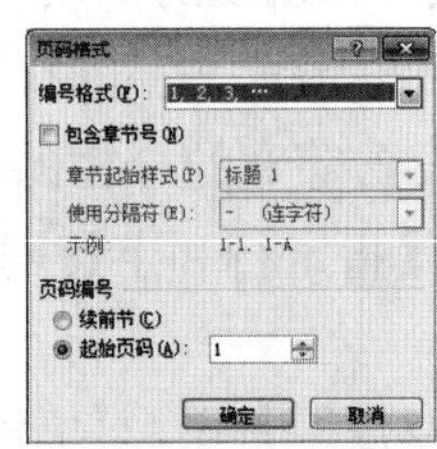

(b) 页码格式

图 3-88 设置页码

单击【插入】|【页眉和页脚】|【页码】按钮，打开下拉菜单，如图 3-88(a)所示。在下拉菜单中选择需要插入页码的位置、对齐方式以及插入页码的样式，单击【设置页码格式】选项可以设置页码的格式和起始页码，如图 3-88(b)所示。设置好后单击【确定】按钮即可。

3.6.3　设置页眉与页脚

页眉和页脚是指在文档页面的顶部或底部重复出现的文字或图片等信息，常用来插入标题、页码、日期或公司徽标等。

页眉和页脚只有在页面视图下才能看到，因此，在创建页眉和页脚时，必须先切换到页面视图。

插入页眉和页脚的操作步骤如下。

(1)单击【插入】|【页眉和页脚】|【页眉】或【页脚】按钮，在下拉菜单中根据提供的模板选择需要插入的样式。同时进入页眉和页脚编辑状态，在该状态下，正文不能编辑。用户可在【页眉和页脚工具】|【设计】选项卡内对页眉和页脚进行编辑，如图 3-89 所示。

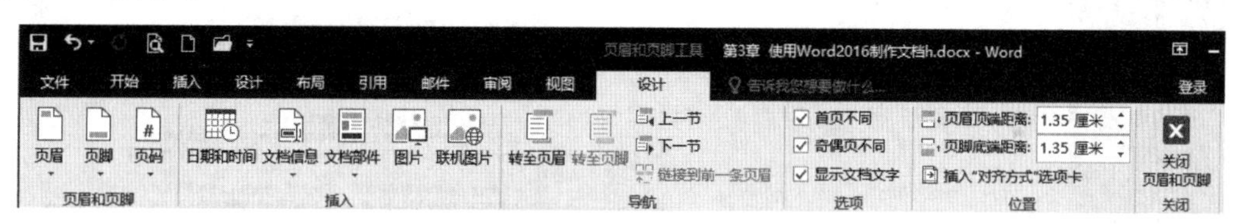

图 3-89　【页眉和页脚工具】选项卡

(2)在页眉编辑区内输入文字内容，也可以在【页眉和页脚工具】|【设计】选项卡【插入】选项组中插入需要的图片、联机图片、文档部件等，并可以对输入的内容进行格式化。

(3)单击【页眉和页脚工具】|【设计】|【导航】选项组的【转至页脚】按钮，切换到页脚，在页脚中输入内容并设置格式。

(4)单击【页眉和页脚工具】|【设计】|【关闭】按钮(或双击文档区域)，返回到正文编辑状态。

(5)双击页眉或页脚区域，再次进入页眉和页脚编辑状态，可以继续修改页眉和页脚。

我们也可以在【页面设置】对话框的【版式】选项卡中选择【奇偶页不同】【首页不同】复选框，分别为奇偶页设置不同的页眉和页脚。

3.6.4　打印预览与打印设置

完成了对文档的编辑排版后，若想看看文档的整体效果，也就是实际打印效果，可以使用打印预览功能。Word 2016 为我们提供了打印预览功能，使用户可以在打印前观察到非常逼真的打印效果。

1. 打印预览

单击【文件】|【打印】命令，显示文件【打印】页面，如图 3-90 所示。

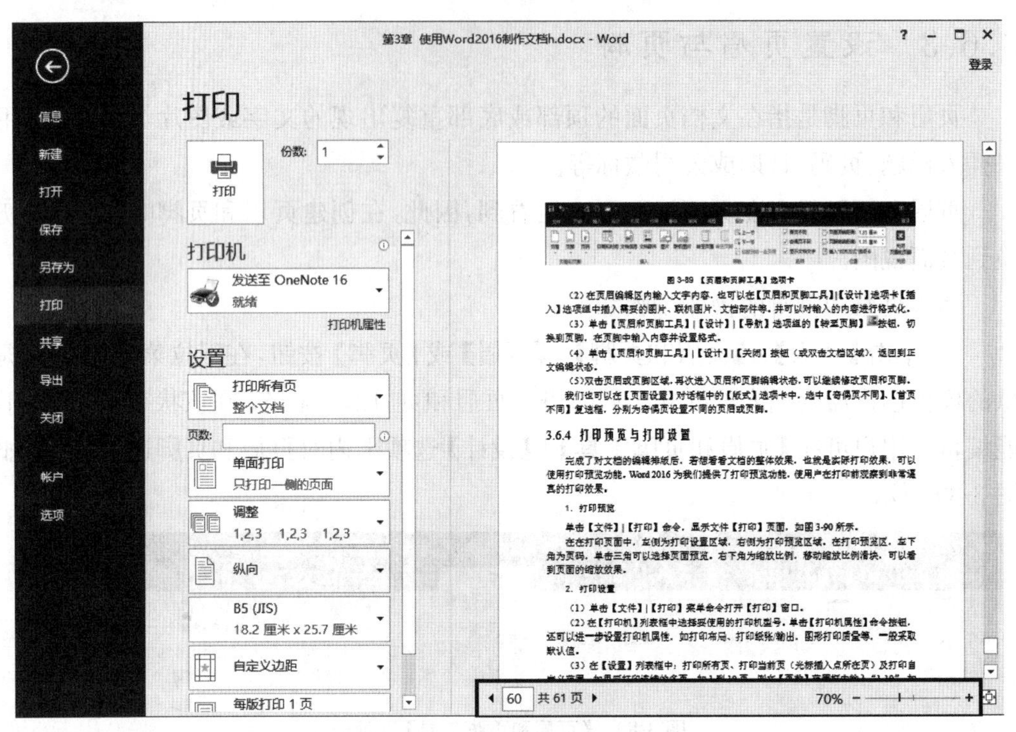

图 3-90 【打印】窗口

在打印页面中，左侧为打印设置区域。在打印预览区，左下角为页码，单击三角可以选择页面预览。右下角为缩放比例，移动缩放比例滑块，可以看到页面的缩放效果。

2. 打印设置

(1)单击【文件】|【打印】菜单命令打开【打印】窗口。

(2)在【打印机】列表框中选择要使用的打印机型号。单击【打印机属性】命令按钮还可以进一步设置打印机属性，如打印布局、打印纸张/输出、图形打印质量等，一般采取默认值。

(3)在【设置】列表框中，可以选择打印所有页、打印当前页(光标插入点所在页)及打印自定义范围。如果要打印连续的多页，如 1 到 10 页，可在【页数】范围框中输入“1-10”，如果要打印不连续的多页，如 1、5、7～9 页，可在【页数】范围框中输入“1,5,7-9”。注意页码之间的符号应在英文、半角状态下输入，否则系统会提示【打印范围无效!】。

(4)在【打印】对话框中可以设置【单面打印】或【手动双面打印】。在打印多份文件时,可以通过【调整】设置打印纸张连续输出时排序的样式。用户也可以选择打印页数、纸张大小,自定义页边距等。

设置完毕按【打印】按钮即开始打印。

习题 3

1. 什么是快捷访问工具栏? 如何在快捷访问工具栏上加入"打印预览和打印"按钮?

2. 如何自动提取文档的目录?

3. 什么是超链接? 如何在 Word 文档中插入超链接?

4. 如何查找带有格式的文本? 例如:要把文档中所有"计算机"设置成"加粗"格式,该如何利用查找和替换功能操作?

第4章 使用Excel 2016制作电子表格

【引言】

表格处理软件 Microsoft Excel 同文字处理软件一样，是 Office 系列办公软件之一。本章主要介绍了表格处理的一些基本方法和技巧，首先讲述了表格处理软件的基本知识，然后讲述了表格中数据的编辑、设置、计算、管理等，最后讲述了表格中数据的分析方法和表格的打印输出。

4.1 Excel 2016 的基本操作

电子表格是一个由多行和多列组成的表格，行列的交叉处为单元格。当在单元格中输入数据、公式时，电子表格就会自动运算。特别是当修改某些数据时，运算结果也会起相应的自动变化。此外，电子表格还提供了对数据的排序、检索、汇总等功能，并能以多种类型的图表形式显示。

4.1.1 启动与退出 Excel 2016

1. 启动 Excel

Excel 执行的是 Excel. exe 文件，其默认文件夹为 C:\Program Files\Microsoft Office\office16。启动 Excel 的方法主要有以下几种。

(1)双击桌面上的快捷方式。

(2)打开任意 Excel 文档，在打开文档前自动启动 Excel。

(3)打开【开始】下的 Microsoft Excel。

(4)在运行对话框直接执行 Excel. exe 命令。

2. 退出 Excel

退出 Excel 的方法主要有以下几种。

（1）单击工作簿右上角的关闭命令按钮 ✕ 。

（2）单击【文件】选项卡下的关闭命令选项 关闭 。

注意工作簿右上角的关闭命令按钮和【文件】选项卡下关闭命令选项的区别，关闭命令按钮是关闭 Excel 文档并退出 Excel，关闭命令选项是关闭当前编辑的文档，并没有退出 Excel。

（3）使用快捷键【Alt＋F4】。

4.1.2　Excel 2016 工作窗口

Excel 2016 工作窗口与 Word 2016 工作窗口类似，由快速访问工具栏、选项卡、功能区、编辑栏、工作表区域、工作表标签以及状态栏组成，如图 4-1 所示。下面对 Excel 2016 工作窗口中特有的部分进行介绍。

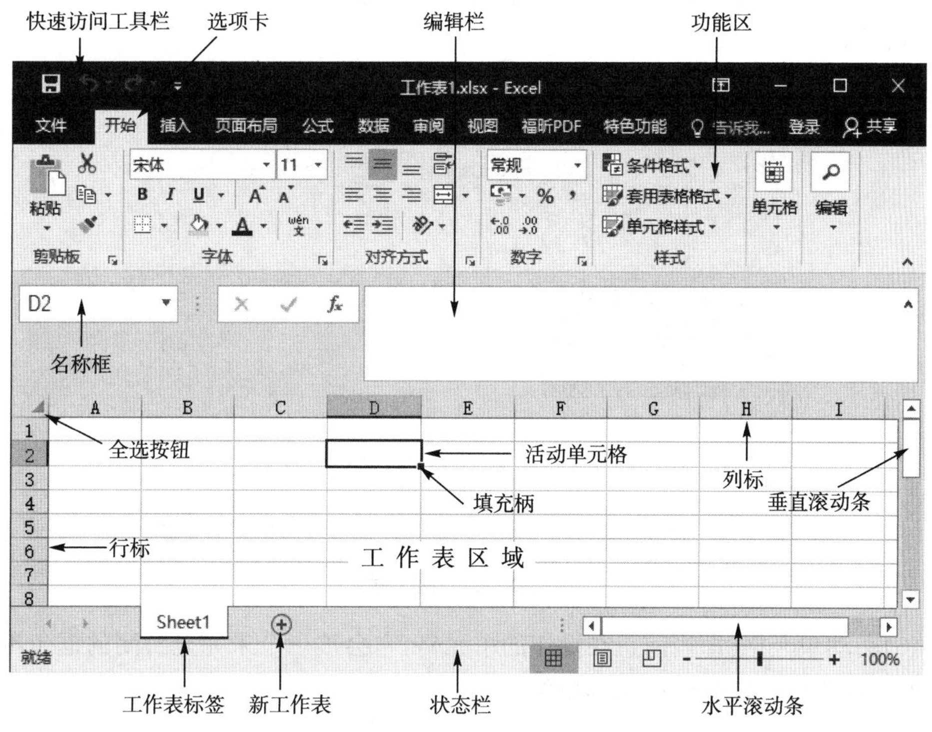

图 4-1　Excel 工作窗口

1. 行标和列标

在 Excel 工作表中，单元格地址是由行标和列标来表示的。行标和列标是为了方便使用才出现的，它并不会影响工作表的外观，也不会打印出来。

2. 工作表区域

工作表区域是 Excel 工作窗口的主体，所有的数据都存放在该区域中。

3. 工作表标签

系统默认的工作表标签以 Sheet1 来命名，也可以按照实际需要为工作表重命名。单击工作表标签左侧的左右滚动箭头可以查看工作表。

另外，为更好地学习 Excel，下面介绍一些基本概念。

(1)工作簿：一个 Excel 文档就是一个工作簿，在此工作簿内可直接输入、编辑数据。一个工作簿最多包含 255 个工作表，但系统默认的只有一个，可以按需要自行增加或减少工作表的个数。

(2)工作表：Excel 中数据处理是以一个个工作表为单位进行的。一个工作表共有 1048576 行、16384 列，列标用 A，B，C，…，Z，AA，AB…到 XFD 来表示，行标用 1、2、3…到 1048576 来表示。系统默认的工作表以 Sheet1 来命名。

(3)单元格：单元格是工作表的基本单元，是工作表中行和列的交叉点，其命名由单元格所在的列号和行号组成。例如单元格的名称可以为“A2”“B4”“AB108”等，分别表示“A 列第 2 行”“B 列第 4 行”“AB 列第 108 行”所在单元格。

(4)单元格区域：指多个单元格组成的矩形区域，其表示由左上角单元格和右下角单元格加“:”组成。如“A1:C5”表示从 A1 单元格到 C5 单元格的矩形区域，如图 4-2所示。

图 4-2　单元格区域

(5)活动单元格：即当前正在操作的单元格，它会被一个未完全封闭的框包围，单元格是工作表中数据编辑的基本单位。

4.1.3　新建工作簿

Excel 启动之后，系统将自动建立一个新文档工作簿 1，其扩展名为. XLSX。建立新工作簿的方法还有以下三种。

(1)单击【文件】选项卡下的新建命令选项，在右边的可用模板任务窗格中选择合适的模板，如单击空白工作簿模板，新建一个空白工作簿，如图 4-3 所示。

新创建的工作簿名称会按默认方式递增。例如：原来的工作簿为工作簿 1，则现在创建的工作簿名为工作簿 2，如果继续建立新工作簿，则会以工作簿 3……工作簿 n 的方式递增下去。

(2)使用【快速访问工具栏】中的新建命令按钮可以新建一个工作簿。

(3)使用快捷键【Ctrl+N】也可以新建一个工作簿。

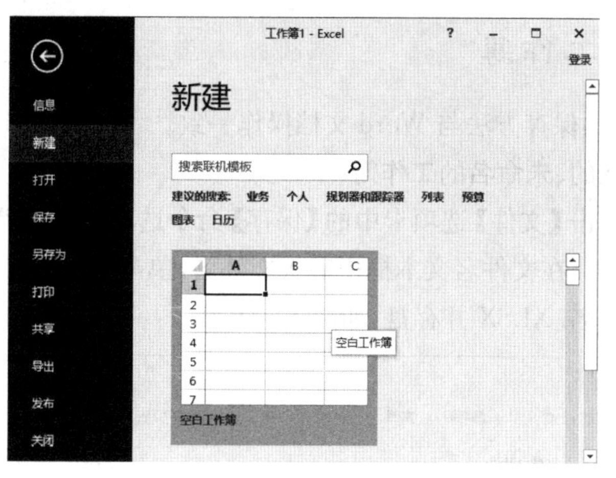

图 4-3　新建空白工作簿

4.1.4　打开与关闭工作簿

对工作簿进行操作必须先打开工作簿。所有打开的工作簿都占据一个窗口,但只有一个工作簿是活动工作簿。同一时刻打开的工作簿如果太多则会占用很多的内存空间,降低系统的运行速度。为此,需要关闭当前不用的工作簿。

1. 打开工作簿

如果希望打开最近使用过的某工作簿,可在打开 Excel 后,在最近使用的文档中选择该工作簿打开。

用户还可以单击【文件】选项卡下的打开命令或单击【快速访问工具栏】的打开命令按钮,单击【浏览】命令选项,弹出【打开】对话框后,选择需要打开的工作簿,如图 4-4 所示。

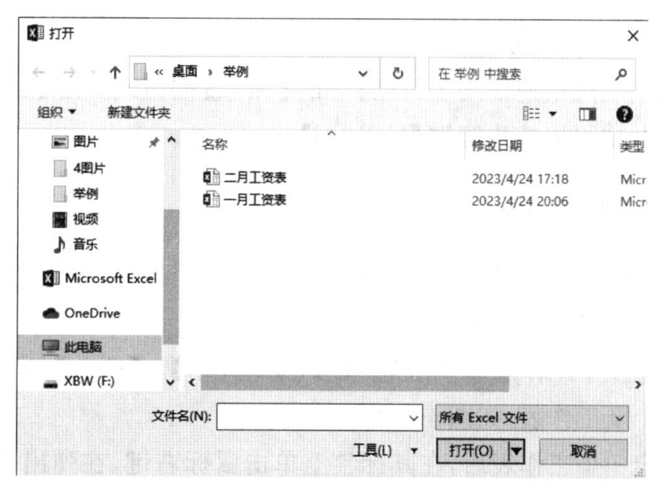

图 4-4　【打开】对话框

2. 关闭工作簿

该方法类似于前面所述的退出 Excel 的方法，在此不再详述。

4.1.5 保存工作簿

Excel 工作簿的保存方法与 Word 文档操作一致。

1. 保存新创建的、未命名的工作簿

操作方法是单击【文件】选项卡中的【保存】命令选项，单击【浏览】命令选项，打开【另存为】对话框，在文件名文本框中键入文件名，单击【保存】按钮，Excel 会自动给工作簿添加扩展名. XLSX 并存盘，如图 4-5 所示。

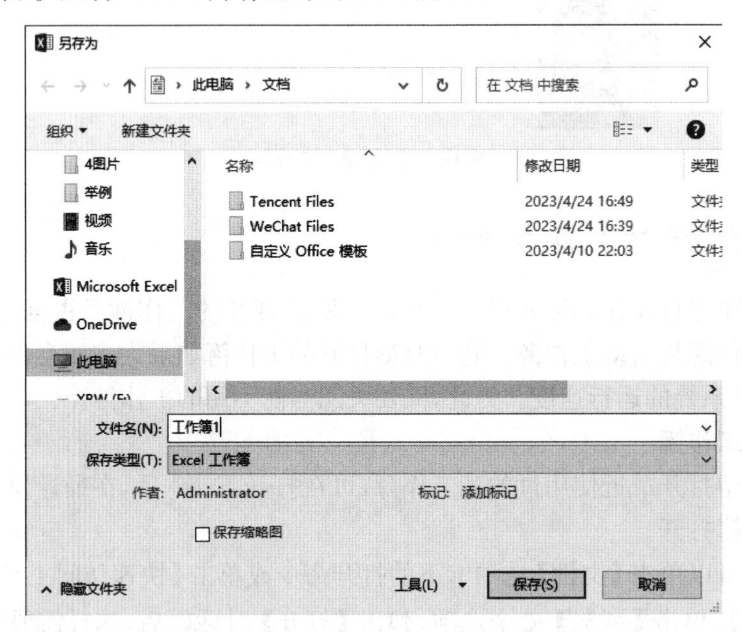

图 4-5 【另存为】对话框

2. 保存已命名的工作簿

操作方法是单击【快速访问工具栏】中的【保存】按钮或单击【文件】选项卡下的【保存】命令选项，也可以按快捷键【Ctrl+S】。

4.1.6 插入工作表

系统默认一个工作簿有以 Sheet1 来命名的一个工作表。当实际需要更多的工作表时，我们可以通过一些方法插入工作表。

方法一：选定一个工作表后单击【开始】|【单元格】|【插入】下的插入工作表命令，即可插入一个新工作表，如图 4-6 所示。

方法二：选定一个工作表后，在其标签上单击鼠标右键，在弹出的快捷选项卡中选择插入命令，在弹出的对话框中选择“工作表”，单击【确定】按钮即可，如图 4-7 所示。插入的新工作表将位于原选定的工作表的左边，成为新的活动工作表。

方法三：在工作簿工作表标签处单击新工作表按钮 ⊕ ，插入一个新工作表。

方法四：选定一个工作表后，按快捷键【Shift+F11】，也可插入一个新工作表。

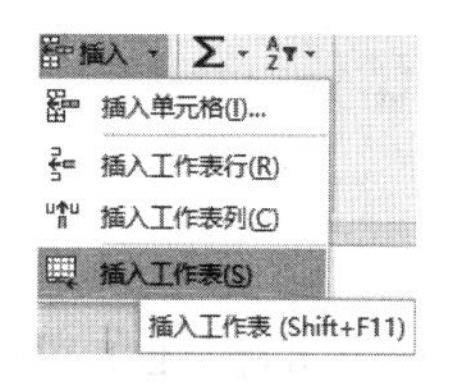

图 4-6　插入工作表方法一

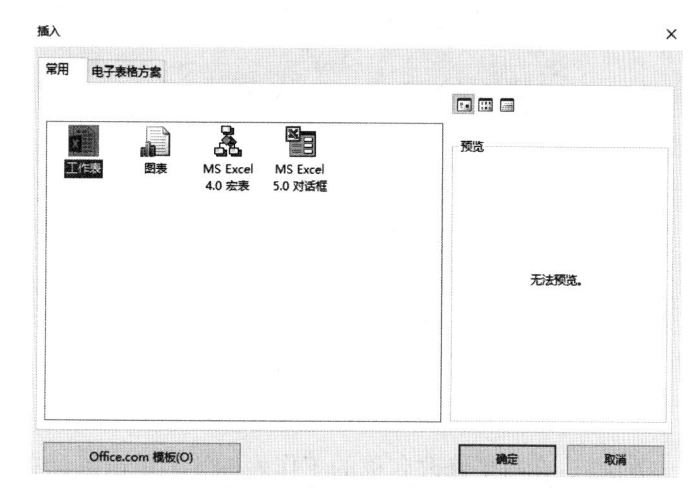

图 4-7　插入工作表方法二

4.1.7　重命名工作表

任何一个工作表的名称都可以改变。工作表名称最长可达 31 个中文字符，其中可含有空格。工作表名称改变之后，该工作表标签上的名字也随之改变。

方法一：用鼠标左键双击要修改名称的工作表标签，当工作表标签变为黑底白字时，输入新工作表名，确定名字无误后按回车键，新工作表名就出现在了标签上，如图 4-8所示。

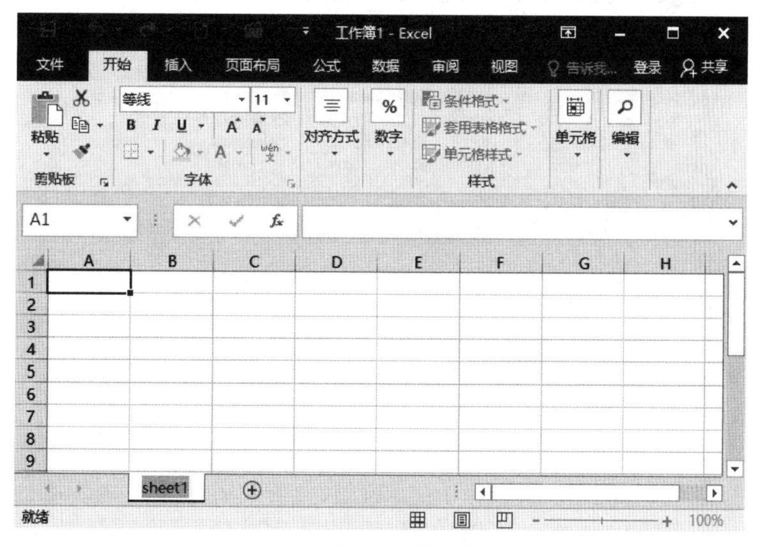

（a）双击工作表标签

（b）输入新工作表名

图 4-8　重命名工作表

方法二:在需要修改名称的工作表标签上单击鼠标右键,在弹出的快捷菜单中选择重命名命令,当工作表标签变为黑底白字时直接进行修改即可。

4.1.8 移动与复制工作表

对于工作表的移动与复制操作,可以采用以下方法实现。

1. 在当前工作簿中移动或复制工作表

(1)如果在当前工作簿中移动工作表,可以选定工作表标签后拖动,在目的地释放鼠标按键。如果在当前工作簿中复制工作表,可以在按住【Ctrl】键的同时拖动工作表,在目的地释放鼠标按键后,再松开【Ctrl】键,如图 4-9 所示。

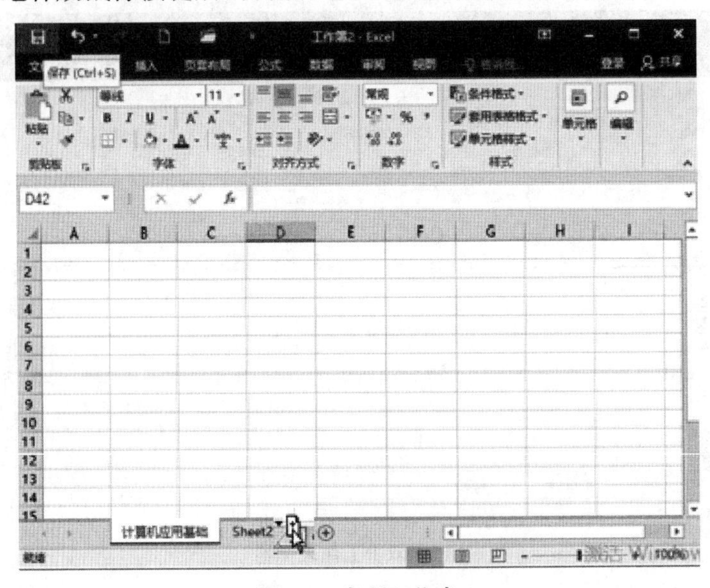

图 4-9　复制工作表

(2)还可以在选定工作表标签后单击鼠标右键，在弹出的快捷菜单中单击移动或复制工作表命令，打开【移动或复制工作表】对话框，如图 4-10 所示。在【下列选定工作表之前】列表框中，单击需要在其前面插入移动工作表的工作表，确定即可，如图 4-10 所示。如果是复制工作表，则需要选中【建立副本】复选框，单击确定。

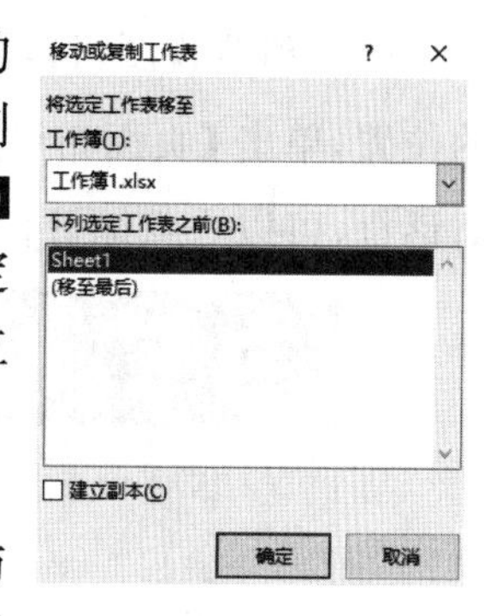

图 4-10　移动工作表

2. 在不同工作簿间移动或复制工作表

如果要将工作表移动或复制到另一个已有工作簿中，与当前工作簿中移动或复制工作表的第二种方法基本相同，但要在【工作簿】下拉列表框中选定用来接收工作表的工作簿，如图 4-10 所示。注意，接收工作表的工作簿需要打开。

4.1.9　删除工作表

选定要删除的工作表标签后单击鼠标右键，在弹出的快捷菜单中选择删除命令，弹出【删除警告】对话框，确认后可删除当前工作表。注意，删除后不可以恢复。以上操作也可以通过【开始】选项卡|【单元格】组|【删除】下的删除工作表命令完成。

4.1.10　Excel 文档的视图模式

Excel 文档的视图模式有普通视图、页面布局视图、分页预览视图、自定义视图，在【视图】选项卡|【工作簿视图】组下显示这几种视图模式命令，单击显示相应的视图模式。普通视图即正常打开 Excel 所见到的模式。

页面布局视图用来查看文档的打印外观，使用该视图可以查看页面的起始位置和结束位置，并可以查看和修改页面上的页眉和页脚，如图 4-11 所示。

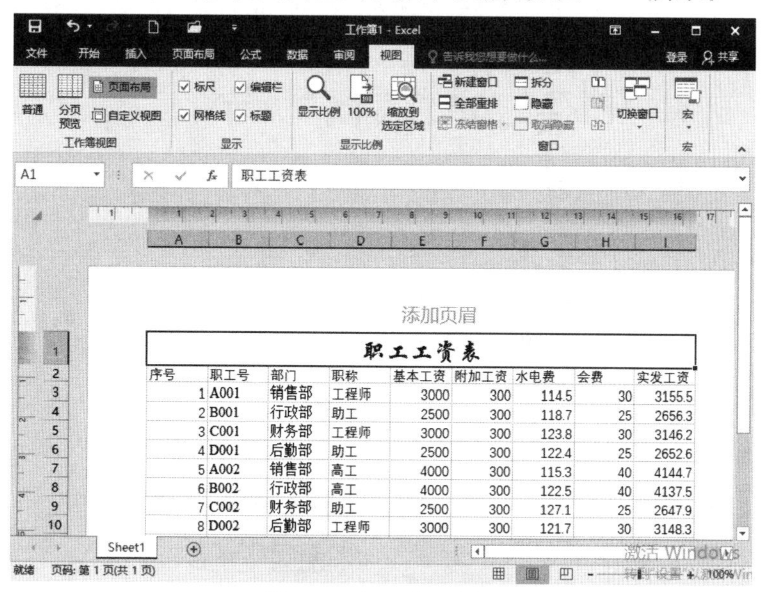

职工工资表								
序号	职工号	部门	职称	基本工资	附加工资	水电费	会费	实发工资
1	A001	销售部	工程师	3000	300	114.5	30	3155.5
2	B001	行政部	助工	2500	300	118.7	25	2656.3
3	C001	财务部	工程师	3000	300	123.8	30	3146.2
4	D001	后勤部	助工	2500	300	122.4	25	2652.6
5	A002	销售部	高工	4000	300	115.3	40	4144.7
6	B002	行政部	高工	4000	300	122.5	40	4137.5
7	C002	财务部	助工	2500	300	127.1	25	2647.9
8	D002	后勤部	工程师	3000	300	121.7	30	3148.3

图 4-11　页面布局视图

分页预览视图可以预览文档打印时的分页位置，通过拖动鼠标可以改变分页符的位置，单击【页面布局】选项卡|【页面设置】组下的命令按钮 ，打开【页面设置】对话框，可以查看缩放比例变化情况，如图 4-12、图 4-13 所示。

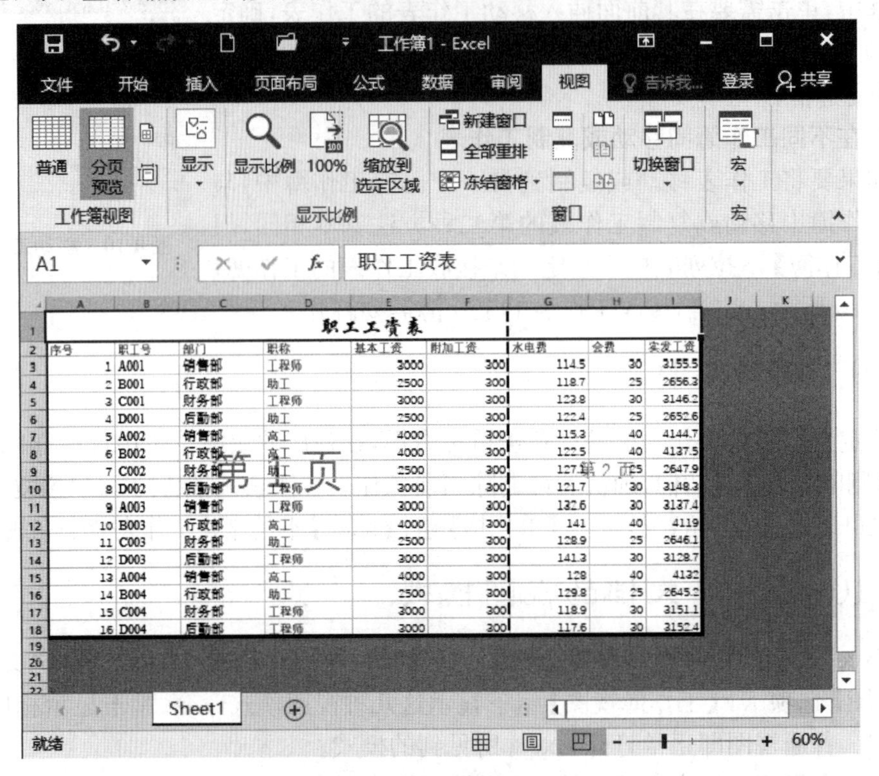

职工工资表								
序号	职工号	部门	职称	基本工资	附加工资	水电费	会费	实发工资
1	A001	销售部	工程师	3000	300	114.5	30	3155.5
2	B001	行政部	助工	2500	300	118.7	25	2656.3
3	C001	财务部	工程师	3000	300	123.8	30	3146.2
4	D001	后勤部	助工	2500	300	122.4	25	2652.6
5	A002	销售部	高工	4000	300	115.3	40	4144.7
6	B002	行政部	高工	4000	300	122.5	40	4137.5
7	C002	财务部	助工	2500	300	127.1	25	2647.9
8	D002	后勤部	工程师	3000	300	121.7	30	3148.3
9	A003	销售部	工程师	3000	300	132.6	30	3137.4
10	B003	行政部	高工	4000	300	141	40	4119
11	C003	财务部	助工	2500	300	128.9	25	2646.1
12	D003	后勤部	工程师	3000	300	141.3	30	3128.7
13	A004	销售部	高工	4000	300	128	40	4132
14	B004	行政部	助工	2500	300	129.8	25	2645.2
15	C004	财务部	工程师	3000	300	118.9	30	3151.1
16	D004	后勤部	工程师	3000	300	117.6	30	3152.4

图 4-12　分页预览视图

页面设置 ? ×

页面　页边距　页眉/页脚　工作表

方向

◉ 纵向(T)　○ 横向(L)

缩放

◉ 缩放比例(A): 81 % 正常尺寸

○ 调整为(F): 1 页宽 1 页高

纸张大小(Z): A4

打印质量(Q): 600 点/英寸

起始页码(R): 自动

打印(P)...　打印预览(W)　选项(O)...

确定　取消

图 4-13　【页面设置】对话框

如果有一个 Excel 表格内容比较多，需要我们隐藏或筛选部分内容后再打印，这就需要通过自定义视图来实现，这里不再举例。

4.1.11　工作表元素的基本操作

1. 单元格的选定

区域是指工作表中的两个或多个单元格。区域中的单元格可以相邻，也可以不相邻。对工作表中的许多操作都需要先选定单元格区域再进行操作。选定不同区域单元格的操作方法各不相同。

(1)选定单个单元格。

单击要选定的单元格，此时鼠标指针在单元格上以白十字光标“✚”出现，单元格周围用黑框圈定，如[序号 ✚]。或者按方向键(←、↑、→、↓)移动到要选定的单元格。

(2)选定连续区域单元格。

将鼠标指针指向区域中的第一个单元格，再按住鼠标左键拖拉到最后一个单元格，便可选定一块单元格区域；或者选定区域中的第一个单元格后按住 Shift 键，再单击区域的最后一个单元格。例如单击 A1 单元格，然后按 Shift 键再单击 C5 单元格，如图 4-2 所示。

(3)选定不连续单元格或区域。

选定不连续区域或单元格的方法是：选定第一个单元格或区域后按住【Ctrl】键并用鼠标单击其他单元格或区域。

(4)选定行或列。

选定行(或列)的操作方法是：用鼠标单击行号(或列号)，所在行(或列)就突出显示；选定相邻多行(或多列)时，先单击第一个要选定的行号(或列号)，再按住 Shift 键，然后单击最后一个要选定的行号(或列号)；选定不相邻多行(或多列)时，先单击第一个要选定的行号(或列号)，再按住【Ctrl】键，然后单击其他行的行号(或列号)。

(5)取消单元格选定区域。

如果要取消某个单元格选定区域，单击工作表中其他任意一个单元格即可。

2. 编辑单元格内容

当单元格内容需要调整或修改时，操作方法如下。

(1)将鼠标指针✚移至需修改的单元格上，双击鼠标，使光标变为 I 型；或按 F2 键，使光标变为 I 型；或将鼠标移动至编辑栏，单击，使光标变为 I 型。

(2)对单元格(或编辑栏)中的内容进行修改。

(3)按回车键或按编辑栏左边的输入命令按钮✔确认所进行的改动；按 Esc 键或按编辑栏左边的取消命令按钮✖取消所进行的改动。

3. 移动、复制、插入单元格和数据

移动、复制、插入工作表中的单元格及数据是工作表中的重要操作，掌握其基本操作方法对使用 Excel 是至关重要的。

(1)移动单元格。

移动单元格的操作方法是：首先选定要移动的单元格，然后单击【开始】选项卡|【剪贴板】组下的剪切命令按钮 ；或者在单元格区域内单击鼠标右键，弹出快捷菜单，如图 4-14 所示，选择剪切命令；或者直接按【Ctrl+X】快捷键，在选定区域的边框上出现一个闪烁的线框 ，如果要将选定区域移到另一个工作表或工作簿上，则切换到该工作表或工作簿。其次选定粘贴区域左上角的单元格或者整个粘贴区域(剪切区域可与粘贴区域重叠)。最后单击【开始】选项卡|【剪贴板】组下的粘贴命令按钮 ；或者单击鼠标右键在弹出的快捷菜单中选择粘贴命令；或者直接按快捷键【Ctrl+V】，便将选定区域移到了目标区域。

(2)复制单元格。

复制单元格的操作方法是：首先选定要复制的单元格，单击【开始】选项卡|【剪贴板】组下的复制命令按钮 ；或者直接按快捷键【Ctrl+C】，最后单击【开始】选项卡|【剪贴板】组下的粘贴命令按钮 ，便将选定区域移到了目标区域。Excel 将以选定区域数据替换粘贴区域中任何现有数据。采用这种方法，Excel 将复制整个单元格，包括其中的公式及其结果、批注和格式。

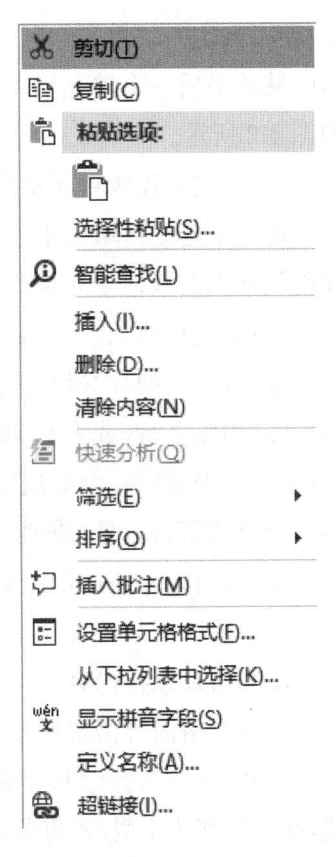

图 4-14 快捷菜单

用鼠标拖动复制单元格的方式与用鼠标拖动移动单元格类似，只是在拖动过程中需按住【Ctrl】键。如果要在已有单元格间插入单元格，需先按住【Shift+Ctrl】键(只按住【Shift】键时表示单元格的移动)，再拖动鼠标。

(3)选择性粘贴。

当需要有选择地复制单元格的内容时(例如复制公式、数值、格式、批注等)，可通过选择性粘贴来完成。

选择性粘贴的操作方法是：选定需要复制的单元格区域，单击【开始】选项卡|【剪贴板】组下的复制命令按钮 ，选定粘贴区域的左上角单元格，单击【开始】选项卡|【剪贴板】组|【粘贴】下的选择性粘贴命令，打开【选择性粘贴】对话框，如图4-15所示。在【选择性粘贴】对话框中，选择粘贴的方式和运算方式，如果在粘贴时需

交换行列值，可选择转置复选框☑转置(E)。

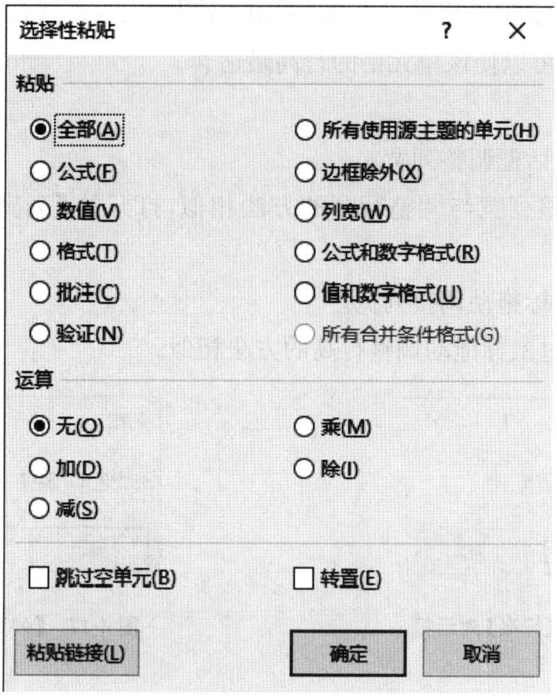

选择性粘贴　?　×

粘贴

◉全部(A)　○所有使用源主题的单元(H)

○公式(F)　○边框除外(X)

○数值(V)　○列宽(W)

○格式(T)　○公式和数字格式(R)

○批注(C)　○值和数字格式(U)

○验证(N)　○所有合并条件格式(G)

运算

◉无(O)　○乘(M)

○加(D)　○除(I)

○减(S)

☐跳过空单元(B)　☐转置(E)

粘贴链接(L)　确定　取消

图 4-15　【选择性粘贴】对话框

4. 调整行高和列宽

当单元格中的数据内容超出预设的单元格的长度或宽度时，可以调整行高或列宽以便显示完整内容。

(1)调整行高。

调整行高一般有两种方法。

方法一：通过对话框调整行高。

操作方法：单击【开始】选项卡|【单元格】组|【格式】下的行高命令，或在行号上单击鼠标右键，在弹出的快捷菜单中选择行高命令，打开【行高】对话框，在行高文本框中输入行高的数值，单位为磅，如图 4-16 所示，单击【确定】按钮完成调整行高。

方法二：通过鼠标拖动调整行高。

操作方法：将鼠标移至两行的分隔线上，鼠标指针变为双向箭头╪，按住鼠标左键，根据当前行高的磅值显示，拖动行号的底边框线至要调整到的位置，释放鼠标左键，行高就被调整了。

如果要调整工作表中的所有行高，可单击全选按钮(此按钮为行标与列标相交处的矩形)，然后向上(下)拖动行号的底边框线。

如果要调整行高以适合数据的显示，可选中行后单击【开始】选项卡|【单元格】

组|【格式】下的自动调整行高命令，行高便自动被调整到适合行中最高单元格的数据；或将鼠标移至所选单元格所在行的行标的下边线上，当鼠标指针变为双向箭头 ✚ 时，双击鼠标，也可以使该单元格的行高最适合。

(2)调整列宽。

方法一：通过对话框调整列宽。

通过对话框调整列宽与调整行高的方法相似，打开的【列宽】对话框如图 4-17 所示。

方法二：通过鼠标拖动调整列宽。

操作方法与通过鼠标拖动调整行高的方法相似。

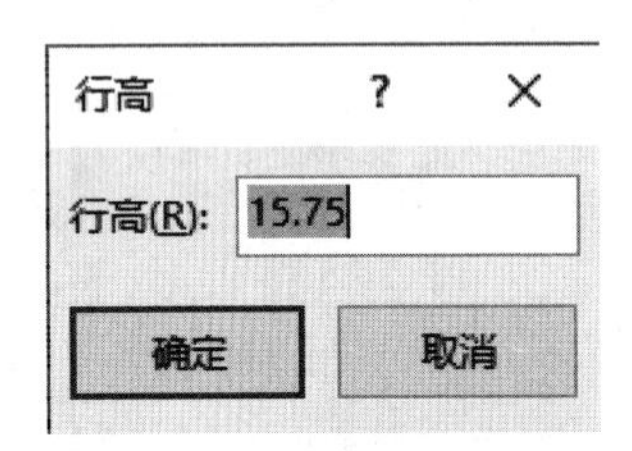

图 4-16 【行高】对话框

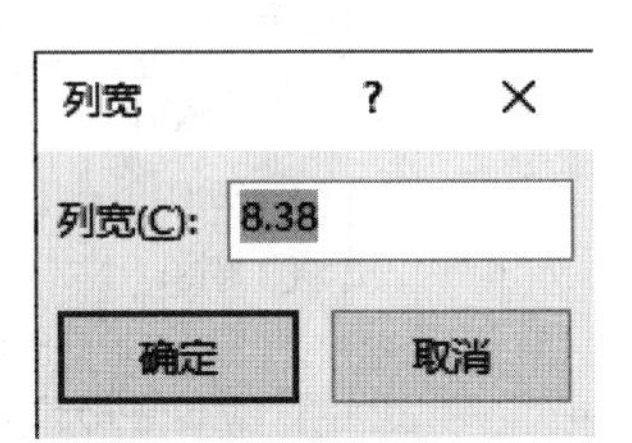

图 4-17 【列宽】对话框

4.2 编辑与设置表格数据

4.2.1 录入表格数据

选定要输入数据的单元格后即可输入数字或文字，按回车键(Enter)确认后活动单元格自动下移，也可以按 Tab 键以确认输入的内容，但活动单元格右移。在按下【Enter】键之前，按 Esc 键，可取消输入的内容；如果已经按【Enter】键确认了，则可以单击【快速访问工具栏】的撤消命令按钮 ↶ 。

在单元格中输入数据时，其输入内容同时显示在编辑栏中，因此也可以在编辑栏中向活动单元格输入数据。当在编辑栏中输入数据时，编辑栏左侧显示出取消命令按钮 × 和输入命令按钮 ✔。单击输入命令按钮 ✔，将编辑栏中的数据输入当前单元格中，单击取消命令按钮 ×，取消输入的数据。

1. 输入文本

在 Excel 中，文本是指当作字符串处理的数据，包括汉字、字母、数字字符、空格及各种符号。

在 Excel 中，下列数据被视作文本："邮编 102206""10AA109""127AXY"和"12—976"。

当需要输入如"065000"等纯数字形式的文本(如输入邮政编码、身份证号码、电话号码)时，应先输入半角单引号"'"，表示随后输入的数字是文本，不可以计算。

在默认状态下，文本型数据在单元格内左对齐显示。当数据宽度超过单元格的宽度时，若右侧单元格内没有数据，则单元格的内容会扩展到右边的单元格内显示；若右侧单元格内有数据，则结束输入后，单元格内的数据被截断显示，内容没有丢失，选定单元格后，完整的内容即显示在编辑栏内。

一个单元格最多可以容纳 32767 个字符。当单元格内的数据比较长时，可以按【Alt+Enter】组合键（或在单元格格式中选中自动换行复选框）实现单元格内换行，单元格高度自动增加，以容纳多行数据。

2. 输入数值

在 Excel 中，数值可以采用整数、小数格式，也可以使用科学记数法格式。

(1)数字符号。

数值数据除了包括数字字符(0～9)，还包括下面特殊字符中的任意字符。

①“+”“-”符号。

②左、右括号“(”“)”。

③分数“/”、千位符“,”、小数点“.”、百分号“%”、指数“E”和“e”。

④货币符号“￥”“$”。

(2)数字格式。

在默认状态下，所有数值在单元格中均右对齐。如果要改变其对齐方式，则选中单元格，单击【格式】选项卡|【对齐方式】组下的左对齐命令按钮、居中命令按钮、右对齐命令按钮，可分别设置左对齐、居中对齐和右对齐。

在【格式】选项卡|【数字】组下，单击会计输入格式命令按钮、百分比样式命令按钮%、千位分隔样式命令按钮,、增加、减小小数位数命令按钮和，可设置当前活动单元格的货币样式、百分比样式、千位分隔样式及小数有效位数。

(3)注意事项。

①输入分数时，应在分数前加“0”和一个空格，这样可以区别于日期。

②带括号的数字被认为是负数。例如输入(123)，在单元格显示的是-123。

③如果在单元格中输入的是带千分位“,”的数据，则编辑栏中显示的数据没有“,”。

④如果在单元格中输入的数据太长，那么单元格中显示的是“######”，这时可以适当调整此单元格的列宽。

⑤无论在单元格中输入数值时显示的位数是多少，Excel 只保留 15 位的数字精度。如果数值长度超出了 15 位，Excel 会将多余的数字位显示为“0”。

3. 输入时间

Excel 将日期和时间视为数字处理。工作表中的时间或日期的显示方式取决于所在单元格的数字格式。键入了 Excel 可以识别的日期或时间数据后，单元格格式会从常规数字格式改为某种内置的日期或时间格式。日期和时间项在单元格中默认右对齐。如果 Excel 不能识别输入的日期或时间格式，则输入的内容将被视为文本，并在单元格中左对齐。

键入日期时，使用斜杠(/)或连字符(-)分开年月日；输入时间时，时、分、秒之间要用半角符号“:”分开。

可在同一单元格键入日期和时间，但必须用空格分隔。当前日期的输入可按快捷键【Ctrl+;】，当前时间的输入可按快捷键【Ctrl+Shift+;】。

4.2.2 设置数据验证

单击【数据】选项卡|【数据工具】组|【数据验证】下的数据验证命令，弹出【数据验证】对话框，如图 4-18 所示。通过【设置】选项卡，可以限定单元格的数据输入类型和范围，还可以设置数据输入提示信息和输入错误警告信息。

1. 限定数据输入条件

在【设置】选项卡中，用户可以在下拉框中选择允许的数据类型或文本长度，也可以在数据下拉框、最小值框、最大值框设定数据的允许范围。

2. 提示输入信息

当输入数据时，如果有提示信息出现，就可以预防输入错误数据。在数据有效性对话框中，单击【输入信息】选项卡，选中【选定单元格时显示输入信息】复选框，在标题文本框中输入提示信息的标题，如输入“输入数据值”，在输入信息文本框中输入要提示的信息，例如输入“必须是 100～500 的整数!”，如图 4-19 所示，详见例 4.1。

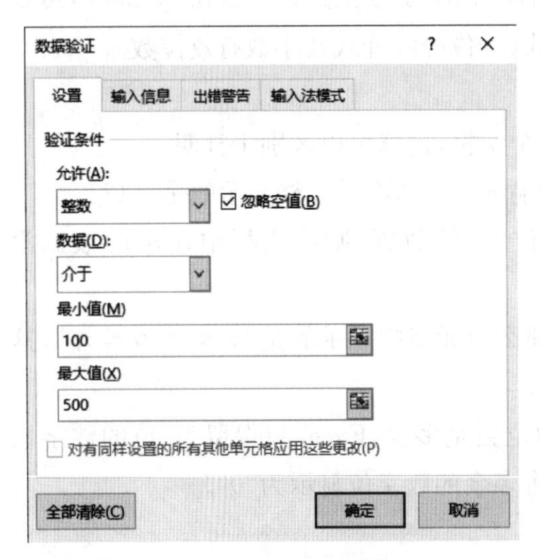

图 4-18 数据验证【设置】选项卡

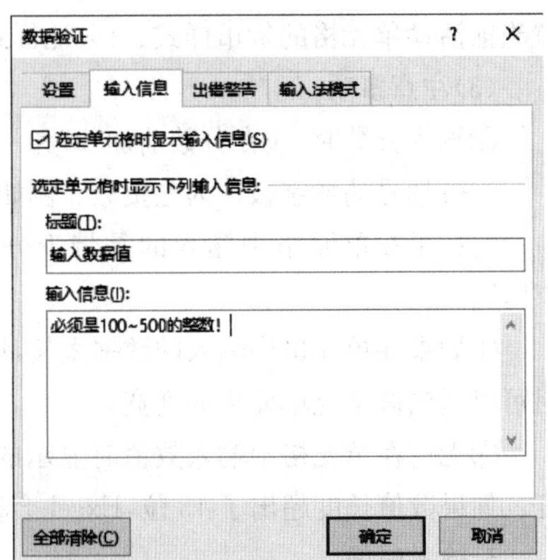

图 4-19 数据验证【输入信息】选项卡

3. 确定输入错误后的提示信息

在输入错误数据后，希望提示更为明确的信息，如指出应当输入什么类型或大小的数据。可以在【数据有效性】对话框下的【出错警告】选项卡中进行设置。

【例 4.1】 设置图 4-20 所示工作表中“小额储蓄”的输入提示标题为“输入数据值”，提示信息为“必须是 100～500 的整数！”。

操作方法如下。

(1)在图 4-18 所示对话框中【允许】下拉框选择“整数”，在【数据】下拉框选择“介于”，在【最小值】框填写“100”，在【最大值】框填写“500”。

(2)在图 4-19 所示对话框中，选中【选定单元格时显示输入信息】复选框；在标题框中输入“输入数据值”，在输入信息框中输入“必须是 100～500 的整数！”。

(3)单击【确定】按钮完成输入条件的设定。

当选中设置输入信息的单元格时，便会出现提示信息，如图 4-20 所示。

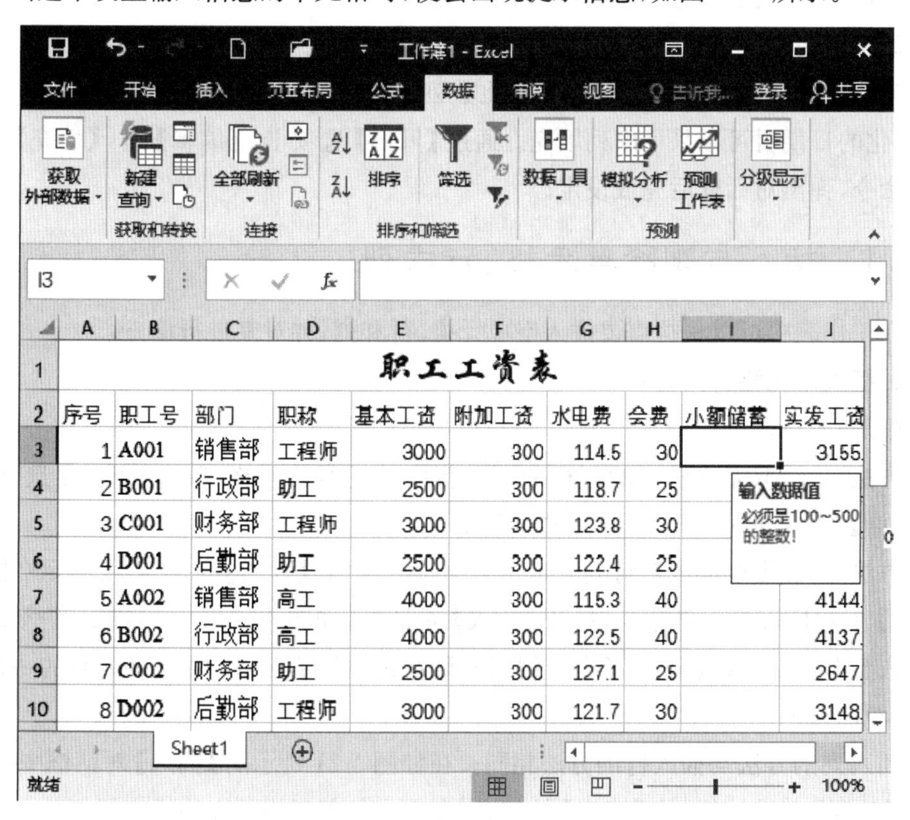

图 4-20　设置数据验证样例

4.2.3　自动填充数据

在 Excel 工作表中，如果输入的数据是一组变量或一组有固定序列的数值，则可以使用系统提供的“自动填充”功能进行填充。操作方法为：通过鼠标拖动“填充柄”

(选中活动单元格右下角的“■”),在工作表上复制公式或单元格内容。

1. 鼠标拖动填充等差数列

(1)数值型数据的填充。

①选中初值单元格后直接拖动填充柄,数值不变,相当于复制。

②当填充的步长为±1时,选中第一个初值,拖动填充柄的同时按【Ctrl】键,向右、向下填充,数值增大,向左、向上填充,数值减小;当填充的步长不等于±1时,选中前两项作为初值,用鼠标拖动填充柄进行填充。

(2)文本型数据的填充。

①不含数字串的文本串,无论填充时是否按【Ctrl】键,文本串中的数值均保持不变,相当于复制。

②含有数字串的文本串,直接拖动,文本串中最后一个数字串呈等差数列变化,其他内容不变;按【Ctrl】键拖动,相当于复制。

2. 序列填充

当填充数据比较复杂时,例如:等比数列、等差数列(公差任意)、按年(月、工作日)变化的日期时可以采用序列填充。通过【开始】选项卡|【编辑】组|【填充】下的系列命令,弹出对话框后完成设定。

4.2.4 插入与删除单元格、行或列

在工作表中可以根据需要插入空单元格、行和列,并对其进行填充。

1. 插入单元格、行和列

(1)插入行。

方法一:选取需要插入的新行的下一行中的任意单元格,单击【开始】选项卡|【单元格】组|【插入】下的插入工作表行命令。

方法二:在需要插入新行处选定一个单元格,单击【开始】选项卡|【单元格】组|【插入】下的插入单元格命令,打开【插入】对话框,如图4-21所示。在对话框中,选择插入【整行】单选按钮,按【确定】按钮,则在选中的单元格的上边插入新的一行。

(2)插入列。

插入列的方法与插入行的方法相同。在如图4-21所示的【插入】对话框中,选择插入【整列】单选按钮,按【确定】按钮,则在选中的单元格的左边插入了新的一列。

(3)插入单元格。

插入单元格的方法与插入列、行的方法相同。在需要插入单元格处选定单元格或单元格区域,选定单元格的数量与待插入单元格的数量相同。在如图4-21所示【插入】对话框中选择插入【活动单元格右移】或【活动单元格下移】单选按钮,按【确定】按钮,则在选中的单元格或单元格区域的右边或下边插入了单元格或单元格区域。

2. 清除或删除单元格、行或列

如果删除了不再需要的单元格，Excel 将从工作表中移去这些单元格，并调整周围的单元格填补删除后的空缺；而如果清除单元格，则只是删除了单元格中的内容（公式和数据）、格式或批注，清除后的单元格仍然保留在工作表中。

（1）清除单元格。

清除单元格的内容、格式或批注的方法是：选定需要清除的单元格区域，单击【开始】选项卡|【单元格】选项|【清除】下的清除全部、格式、内容、批注、超链接等命令，即可清除单元格的全部（内容、格式、批注）、格式、内容、批注、超链接。

如果选定单元格后按 Del 或 Backspace 键，Excel 将只清除单元格中的内容，而保留其中的批注和单元格格式。

（2）删除单元格、行或列。

删除单元格、行或列的方法是：选定需要删除的单元格、行或列，单击【开始】选项卡|【单元格】选项|【删除】下的删除单元格命令，打开【删除】对话框，如图 4-22 所示，从中选择右侧单元格左移、下方单元格上移、整行、整列等单选按钮后，即可相应地删除单元格、行或列。

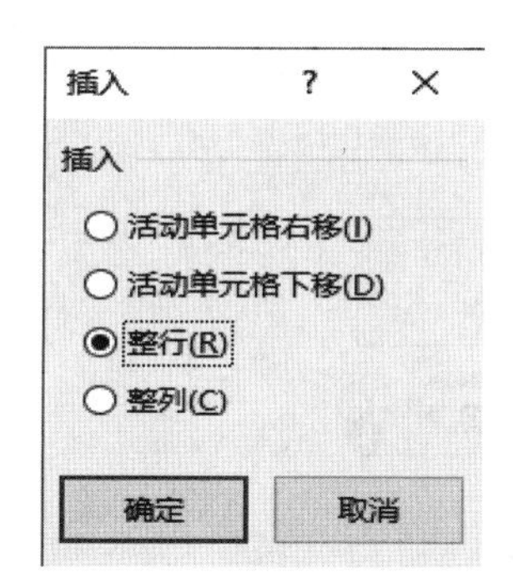

图 4-21　单元格【插入】对话框

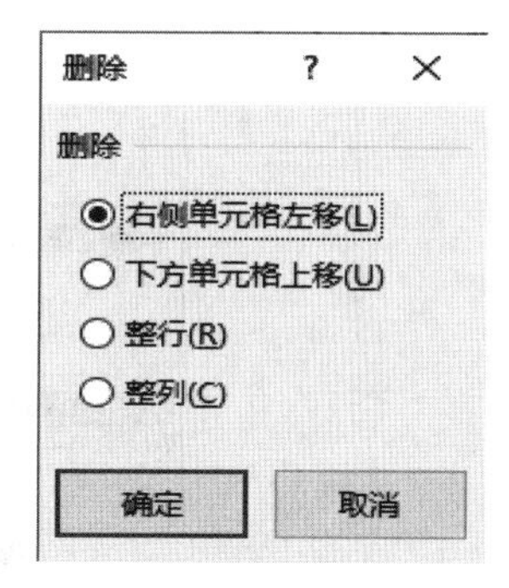

图 4-22　单元格【删除】对话框

4.2.5　隐藏（显示）行或列

在使用 Excel 工作表时，有时需要将行或列隐藏起来，如打印工作表。下面介绍隐藏行或列的方法。

1. 隐藏（显示）行

首先选中需要隐藏的行，按【Ctrl＋9】快捷键，若立即需要重新显示，则按【Ctrl＋Shift＋9】快捷键，否则需要选中隐藏的行后（选中隐藏的一行或多行的上下至少两行）才能按【Ctrl＋Shift＋9】快捷键使隐藏的行重新显示。

2. 隐藏（显示）列

与隐藏（显示）行相同，隐藏（显示）列首先要选中需要隐藏的列，再按【Ctrl＋0】快捷键，若立即需要重新显示，则按【Ctrl＋Shift＋0】快捷键，否则需要选中隐藏的列后(选中隐藏的一列或多列的左右至少两列)才能按【Ctrl+Shift+0】快捷键使隐藏的列重新显示。

也可以选中需要隐藏或取消隐藏的行或列,单击鼠标右键,在弹出的快捷菜单中选择隐藏或取消隐藏。

4.2.6 查找和替换

Excel 工作表中的查找和替换与 Word 文档中的使用方法一致。Word 的【查找和替换】对话框有三个选项卡,分别是【查找】选项卡、【替换】选项卡、【定位】选项卡,而 Excel 工作表中的【查找和替换】对话框只有两个选项卡,没有【定位】选项卡,它的定位操作是通过一个单独的对话框来实现的,如图 4-23 所示。

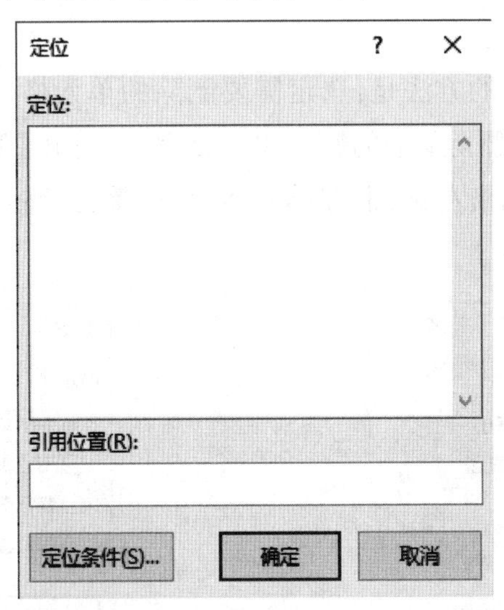

图 4-23 【定位】对话框

在 Excel 工作表中,能迅速地查找到除了 Visual Basic 模块以外的所有工作表中含有特殊字符的单元格。

1. 查找文字、数字、单元格

Excel 不仅可以查看并编辑指定的文字或数字,也可以查找出包含相同内容(如公式)的所有单元格,还可以查找出与活动单元格中内容不匹配的单元格。

查找文字和数字的步骤如下。

(1)选定需要搜索的单元格区域。如果只选定单个单元格,则 Excel 的搜索范围是整个表;如果选定了一组表,则 Excel 的搜索范围是除了 Visual Basic 模块以外的所有工作表。

(2)单击【开始】选项卡|【编辑】组|【查找和选择】下的查找或替换命令,打开【查找和替换】对话框。

(3)在查找内容下拉列表框中输入待查找的文字或数字。

(4)如果希望在查找时区分大小写,则单击选项命令按钮,选中区分大小写复选框;如果只查找字符而且要求完全匹配,则选中单元格匹配复选框;如果查找符号区分全角和半角,则选中区分全/半角复选框。

(5)如果要查找指定字符串下一次出现的位置,则单击查找下一个命令按钮。如果要查找上一次出现的位置,则在单击查找下一个命令按钮时按住 Shift 键。

(6)操作完成后单击【关闭】按钮。

2. 替换文字或数字

替换文字或数字的步骤如下。

(1)选定需要替换的单元格区域。如果要搜索整个工作表,则单击其中的任意单元格。

(2)单击【开始】选项卡|【编辑】组|【查找和选择】下的查找或替换命令,或者按【Ctrl+H】快捷键,打开【查找和替换】对话框。

(3)在查找内容下拉列表框中输入待查找的文字或数字。

(4)在【替换为】下拉列表框中输入替换字符。如果只是想删除查找到的内容,则在【替换为】下拉列表框内不输入任何内容。

如果要逐个替换搜索到的字符,则单击【替换】按钮;如果要替换所有搜索到的字符,则单击【全部替换】按钮。

(5)替换完毕后单击【关闭】按钮,返回工作表,即可看到替换后的内容。

4.2.7　撤消和恢复操作

Excel 同 Word 一样提供了撤消操作这一功能。

如果只撤消上一步操作,只需单击【快速访问工具栏】中的撤消命令按钮,或按快捷键【Ctrl+Z】。

如果要撤消多步操作,则单击撤消命令按钮右端的下拉按钮,在随后显示的列表中选择要撤消的步骤,Excel 将撤消选定的操作项。

如果要恢复已撤消的操作,可单击【快速访问工具栏】中的恢复命令按钮,或按快捷键【Ctrl+Y】。

如果上一次的操作由于某种原因不能恢复或重复,则恢复命令按钮会为灰色显示。

4.2.8　使用批注

批注是用来对某个单元格进行说明的文字信息。当把鼠标移动到这个单元格时,不需要按鼠标按键就能显示文字信息。

加入批注的方法是:单击【审阅】选项卡|【批注】组下的新建批注命令,就可以编辑批注内容了,编辑完成后,鼠标单击任何其他位置,批注内容自动保存。在需要加批注的单元格上单击鼠标右键,弹出快捷菜单后选择插入批注命令,同样可以完成相同操作。

在已经加入批注的单元格的右上角,会出现一个红色的三角形,表明该单元格有批注。

4.2.9 设置单元格格式

在 Excel 中,用户可以自动套用系统提供的单元格格式,也可以自行进行设置。单元格的格式决定了信息在工作表中的显示方式及输出方式。单元格格式设置包括数字格式设置、对齐方式设置、字体设置、边框设置、填充设置、保护设置。

首先选中需要设置格式的单元格,然后单击【开始】选项卡|【字体】组下的命令按钮 ,打开【设置单元格格式】对话框,如图 4-24 所示,在该对话框中规定了单元格格式的分类标准。也可以在选中需要设置格式的单元格后单击鼠标右键,在弹出的快捷菜单中选择【设置单元格格式】命令。

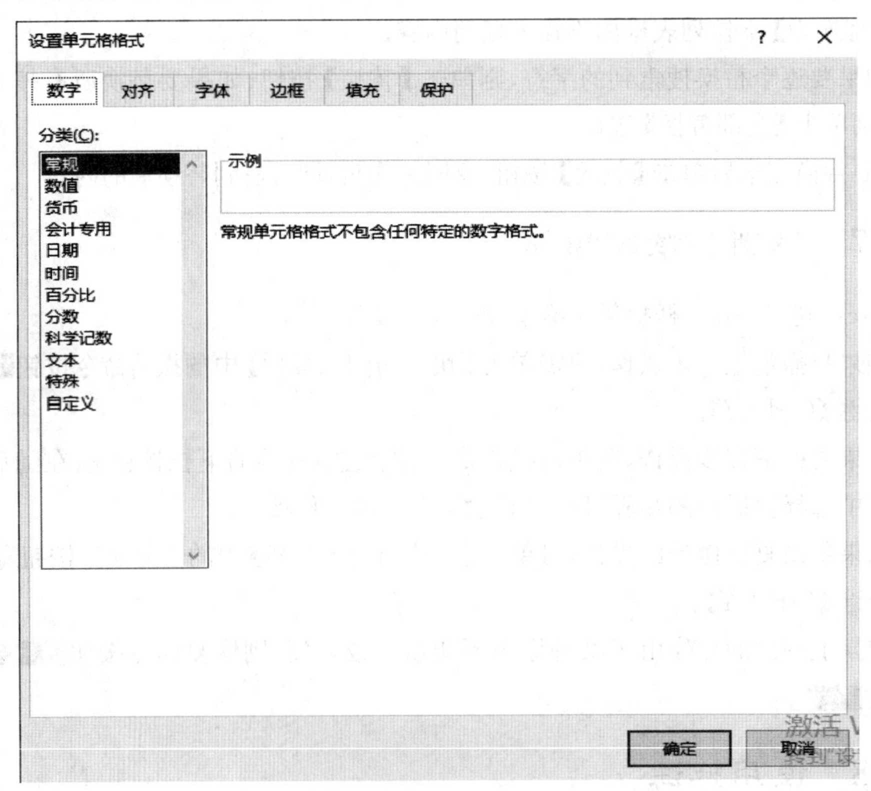

图 4-24 【设置单元格格式】对话框

1. 数字

数字样式很多，有普通数字、电话号码、邮政编码、科学计数、货币等等，不同样式的数字需要设置不同的数字格式。设置数字的格式主要通过【单元格格式】对话框中的【数字】选项卡完成。在分类列表框中选择要设置的格式，单击【确定】按钮即完成设置，如图 4-24 所示。

如果选择“文本”，则单元格内的数值以文本方式处理。这样就可以避免以“0”开头的数值的显示问题。如邮政编码、电话号码都可以以文本方式处理。

2. 对齐

对齐方式是一种对选定单元格内数据放置位置的设置。单击【对齐】选项卡可以进行对齐方式的设置。

(1)水平对齐。

水平对齐下拉列表框中包括几种水平对齐的设置：常规、靠左(缩进)、居中、靠右、填充、两端对齐、跨列居中和分散对齐。

(2)垂直对齐。

垂直对齐下拉列表框中可设置靠上、居中、靠下、两端对齐、分散对齐。

(3)文字方向。

文字默认方向为水平，如序号。但在表格中为了达到特殊效果，有时需将单元格内的文字进行旋转。【对齐】选项卡中提供了这项特殊功能。

文字旋转的操作方法为：选定单元格，在方向列表框中设置方向，如顺时针旋转 90 度，即文字垂直显示。

(4)文本控制。

【对齐】选项卡中还提供文本控制功能，主要有自动换行、缩小字体填充、合并单元格等。

选中自动换行复选框，那么在单元格中输入文本时，当文本超出单元格长度时，自动换行到下一行。

选中缩小字体填充复选框，则单元格大小不变，将字体缩小填充入单元格。

选中合并单元格复选框，可以将横向或纵向上相邻的数个单元格合并为一个单元格，合并后单元格的引用取左上角第一个单元格的引用。

合并单元格和水平居中对齐组合起来相当于选择【开始】选项卡|【对齐方式】组下的合并后居中命令按钮。

3. 字体

在【字体】选项卡中可以设置所选单元格内数据的字体、字形、字号、颜色等。我们也可以通过【开始】选项卡|【字体】组下的字体列表框宋体的下拉按钮设置字体，通过字号列表框11的下拉按钮设置字号；通过字体颜色列表框A的

下拉按钮▾设置颜色。

4. 边框

边框的作用是为所选定的单元格添加或去除边框。操作步骤如下。

(1)在【设置单元格格式】对话框中单击【边框】选项卡。

(2)在线条样式列表框中选择边框的形状和粗细,在颜色下拉列表框中设置边框的颜色。

(3)在预置列表框中选择边框的位置;或从边框命令按钮中选择单元格的上、下、左、右等边框线。

5. 填充

在【填充】选项卡,从背景色中可以选择所需的颜色,从图案颜色、样式下拉列表框中可以选择合适的填充图案颜色和样式,在其他颜色中可以设置背景色中未提供的颜色,在填充效果中可以设置一些特殊的效果,如图4-25、图4-26所示。

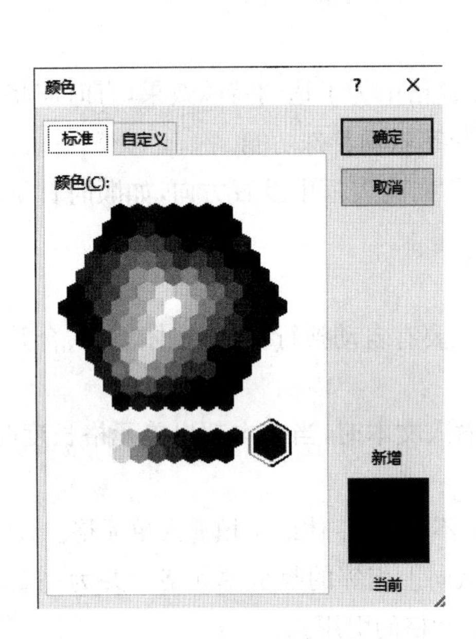

图4-25 【颜色】对话框

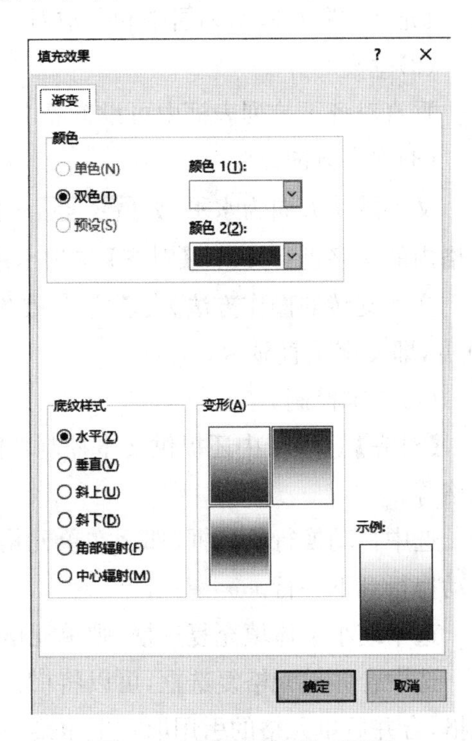

图4-26 【填充效果】对话框

4.2.10 使用格式刷

格式刷是复制格式用的,与Word中格式刷的使用方法类似。选中单元格,单击【开始】选项卡|【剪贴板】组格式刷命令按钮,鼠标就变成了一个小刷子的形状,用这把刷子"刷"过的单元格的格式就变得和选中单元格的格式一样了。

4.2.11　设置工作表背景

工作表格式基本上取决于单元格、行、列格式，除此之外，还有一些其他格式。如工作表标签名称、是否隐藏工作表和工作表背景设置。为工作表添加背景可以起到美化工作表的作用。

【例 4.2】 为工作表添加一个背景图片。

操作方法如下。

(1)单击【页面布局】选项卡|【页面设置】组下的背景命令，打开【工作表背景】对话框，从中选择合适的图片作为工作表的背景图片，如图 4-27 所示。

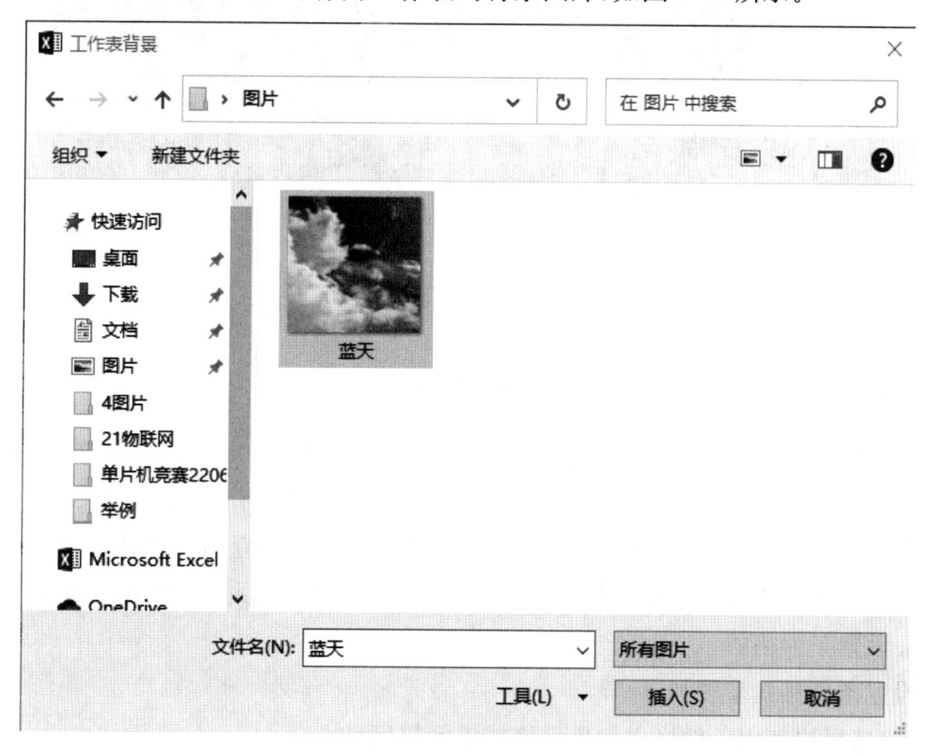

图 4-27　【工作表背景】对话框

(2)单击对话框中的【插入】按钮，即可为工作表添加背景。

添加背景后工作表如图 4-28 所示。

添加背景后，如果想删除背景，可单击【页面布局】选项卡|【页面设置】组下的删除背景命令。

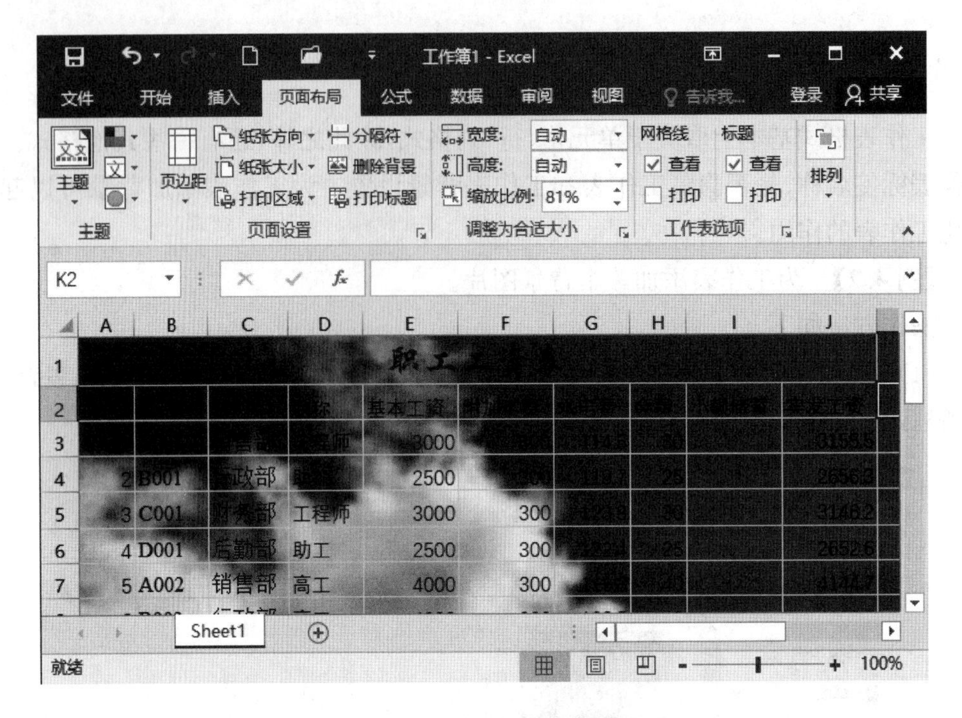

图 4-28　设置工作表背景样例

4.2.12　条件格式的设置与删除

在工作表中有时为了突出显示满足设定条件的数据，可以设置单元格的条件格式。所谓条件格式是指当指定条件为真时，Excel 自动应用于单元格的格式。例如：单元格底纹或字体颜色。如果想为某些符合条件的单元格应用某种特殊格式，使用条件格式功能比较容易实现。如果再结合使用公式，条件格式就会变得更加有用。

1. 设置条件格式

设置条件格式步骤如下。

(1)选择要使用条件格式的单元格或单元格区域。

(2)单击【开始】选项卡|【样式】组|【条件格式】|【突出显示单元格规则】下的其他规则命令，弹出【新建格式规则】对话框，如图 4-29 所示。

(3)在条件设置中选择单元格值，则其右侧的下拉框中将提供“介于”“未介于”“等于”“不等于”“大于”“小于”“大于或等于”“小于或等于”等选项，并且在其右侧的输入框中可以输入相应的数值。其中，选择“介于”时，包括设置的最大值和最小值，而选择“未介于”时，不包括设置的最大值和最小值。然后单击【格式】命令按钮，设置当条件为真时所应用的格式。

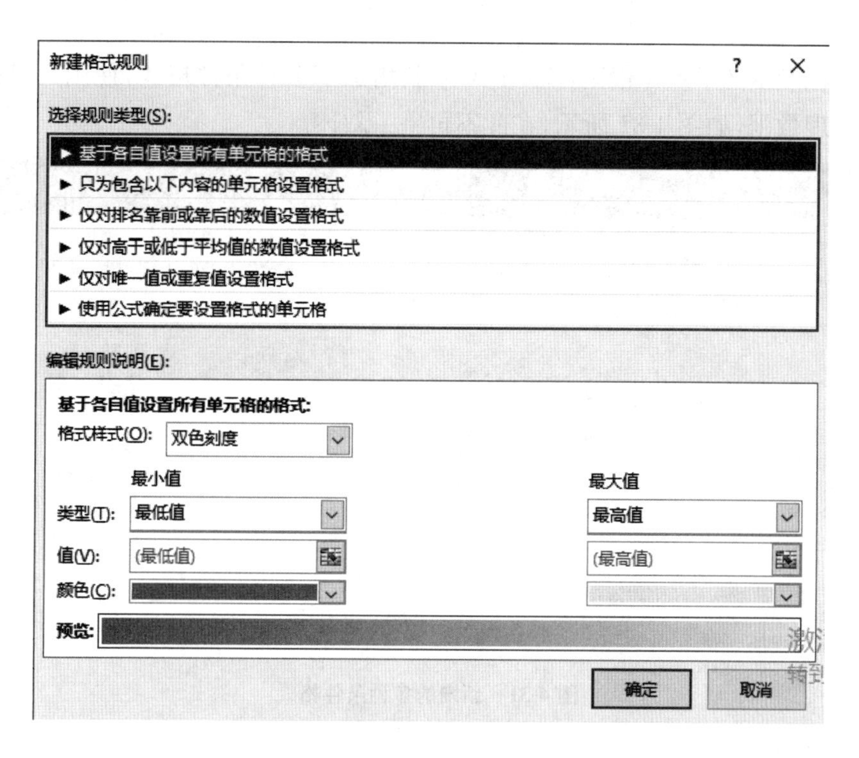

图 4-29　【新建格式规则】对话框

(4)按【确定】命令按钮后,效果如图 4-30 所示,该例对实发工资大于 4000 元的单元格突出显示。

职工工资表

序号	职工号	部门	职称	基本工资	附加工资	水电费	会费	实发工资
1	A001	销售部	工程师	3000	300	114.5	30	3155.5
2	B001	行政部	助工	2500	300	118.7	25	2656.3
3	C001	财务部	工程师	3000	300	123.8	30	3146.2
4	D001	后勤部	助工	2500	300	122.4	25	2652.6
5	A002	销售部	高工	4000	300	115.3	40	4144.7
6	B002	行政部	高工	4000	300	122.5	40	4137.5
7	C002	财务部	助工	2500	300	127.1	25	2647.9
8	D002	后勤部	工程师	3000	300	121.7	30	3148.3
9	A003	销售部	工程师	3000	300	132.6	30	3137.4
10	B003	行政部	高工	4000	300	141	40	4119

图 4-30　设置条件格式样例

与以往版本的 Excel 相比,Excel 2016 新增加了多种条件格式,使用户可以更加有效地处理数据,如图 4-31 所示,在此不再一一叙述。

图 4-31　新增的多种条件格式

2. 删除条件格式

删除条件格式步骤如下。

(1)选择要删除条件格式的单元格或单元格区域。

(2)单击【开始】选项卡|【样式】组|【条件格式】|【清除规则】下的清除所选单元格的规则命令或清除整个工作表的规则命令。

4.2.13　插入与设置图形、文本框和迷你图等

Excel 提供了一套绘图工具,利用它可以进行一些简单图形的制作,例如设计一些线条、箭头、基本图形、标注和文字框等。

用户可在【插入】选项卡下选择适当的命令进行所需的操作,Excel 中绘制图形、插入艺术字、插入文本框的方法与 Word 中基本相同。

迷你图是 Excel 最近版本新增的一项功能,使用该功能,可以在一个单元格内显示一组数据的变化趋势,让用户获得直观快速的数据可视化显示。迷你图有三种格式:折线迷你图、柱形迷你图、盈亏迷你图,选定数据范围、迷你图所在单元格后,单击【确定】按钮完成创建迷你图,效果如图 4-32 所示。

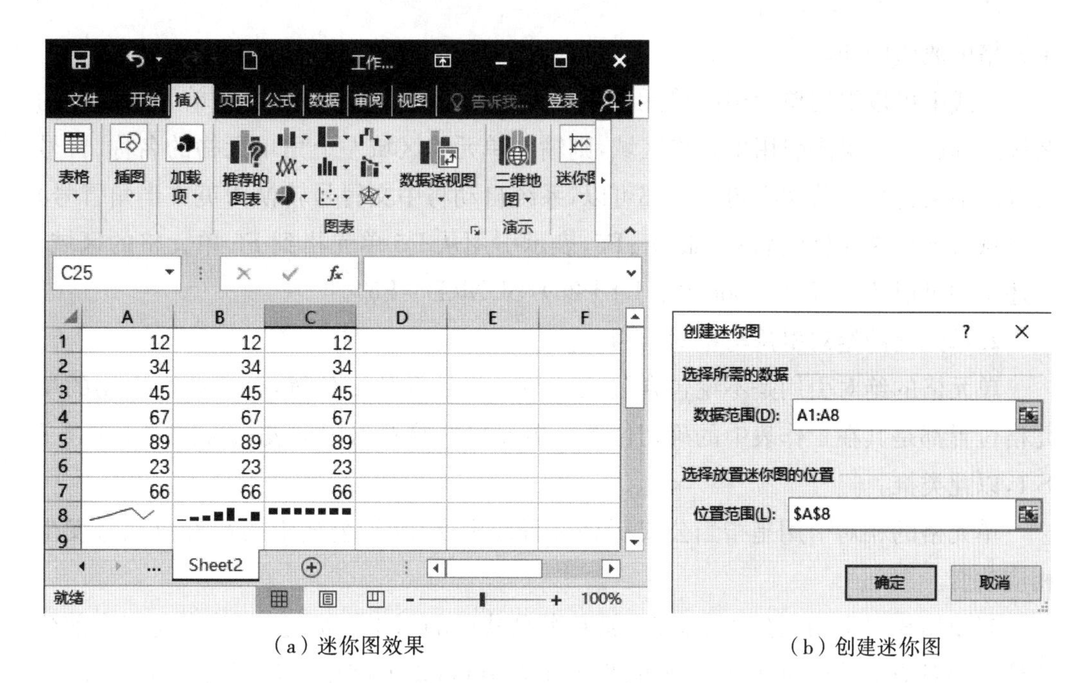

（a）迷你图效果　　（b）创建迷你图

图 4-32　创建迷你图样例

4.3　表格数据的计算

数据计算是 Excel 工作表的重要功能，它能根据各种要求，通过公式和函数迅速计算各类数值。

4.3.1　数据的引用方式

1. 单元格和单元格区域的引用

公式可以引用单一的单元格。如果希望本单元格中包含与另一个单元格相同的数值，可以先输入等号，再在后面加上对目标单元格的引用。例如：在 B2 单元格中输入 35，在 B3 单元格中输入“＝B2”，表示 B3 单元格的值与 B2 单元格的值相等，B3 单元格的值取决于 B2 单元格。

含有公式的单元格被称为从属单元格，它的值依赖于另一个单元格的值。只要对公式引用的单元格做了修改，包含公式的单元格也就随之修改。如果将上例中 B2 单元格的值改为 65，则 B3 单元格的值也相应变化为 65。当引用单元格的值变化时，从属单元格中的公式将自动重新计算。

公式可以引用同一工作表中的单元格、同一工作簿不同工作表中的单元格，或者其他工作簿的工作表中的单元格。如“＝(Sheet2！ B4＋25)/SUM(D5，E5，F5)”，表示将 Sheet2 工作表中 B4 单元格中的数值加上 25，再除以当前工作表中 D5、E5 和 F5

单元格中数值的和。

公式中可以引用单元格或单元格区域，还可以引用代表单元格或单元格区域的名称或标志。如果要引用单元格区域，则输入单元格区域左上角单元格的名称、冒号(:)（用中文冒号或英文半角冒号都可以，系统自动将中文冒号转换为英文半角冒号）和区域右下角单元格的名称，如 D5:F5，表示引用从 D5 单元格到 F5 单元格的区域。上述示例可以改写成：=(Sheet2! B4+25)/SUM(D5:F5)。

2. 单元格的绝对引用与相对引用

单元格的绝对引用是不论包含公式的单元格处在什么位置，公式中所引用的单元格位置都是其在工作表中的确切位置。单元格的绝对引用可表示为：A1、B1，以此类推。

单元格的相对引用是指当公式所处位置发生变化时，公式中的行号或列号发生相应改变。

当使用相对引用的公式复制时，被粘贴公式中的引用将被更新，并指向与当前公式位置相对应的其他单元格。例如：将工作表中 G3 单元格中的计算公式“C3+C3*E3/100*D3”复制到 G4 单元格中就变成了“C4+C4*E4/100*D4”。

如果在公式复制中有些地方需要绝对引用，而有的地方需要相对引用，那么可以使用混合引用。如果复制时不希望行号发生改变，就在被复制公式的行号前加上符号“$”；如果不希望列号发生改变，就在被复制公式的列号前加上符号“$”。

3. 引用工作簿或工作表中的数据

在 Excel 中，不但可以引用同一个工作表中的单元格，还可以引用同一工作簿中不同工作表的单元格，也可以引用不同工作簿中的单元格（外部引用），不同工作簿中单元格的引用格式为：

[工作簿名]+工作表名！+单元格引用

同一工作簿不同工作表中单元格的引用格式为：

工作表名！+单元格引用

例如，在工作表 Sheet1 中引用不同工作簿中工作表 Sheet2 中的 D2 单元格可表示为：

[工作簿主名.xlsx]Sheet2! D2

4.3.2 公式和公式的输入

1. 公式

公式是对单元格中数值进行计算的等式。通过公式可以对单元格中的数值完成各类数学运算，例如：进行加减乘除的运算。公式的输入由等号“=”开头，其后为常量、单元格引用、函数和运算符等。

(1)运算符。

运算符是公式组成的元素之一。运算符是一种符号,用于指明对公式中的元素进行运算的类型,如:加法、减法、乘法或除法。Excel 中包含四种类型的运算符:算术运算符、关系运算符、文本运算符和引用运算符。

①算术运算符。

算术运算符包括:＋(加号)、－(减号)、*(乘号)、/(除号)、%(百分号)、^(乘方)。

②关系运算符。

关系运算符包括:＝(等号)、＞(大于号)、＜(小于号)、＞＝(大于等于号)、＜＝(小于等于号)、＜＞(不等于号)。

关系运算符可以比较两个数值,并产生逻辑值 True 或 False。

③文本运算符。

文本运算符可以将一个或多个文本连接为一个组合文本。文本运算符"&"表示将两个文本值连接起来。例如:"Tele"&"phone"将产生值:"Telephone"。

④引用运算符。

引用运算符可以将单元格区域合并计算。

引用运算符包括":"(冒号)、" "(空格)、","(逗号)。

(2)运算符运算优先级。

如果公式中同时用到了多个运算符,则运算符运算的优先级别是:

①:(冒号) (空格),(逗号);

②－(负号);

③%(百分号);

④^(乘方);

⑤*、/(乘号和除号);

⑥＋、－(加号和减号);

⑦&(文本运算符);

⑧＝、＜、＞、＜＝、＞＝、＜＞(关系运算符)。

2. 输入公式

在单元格中输入公式的方法是:首先在单元格中输入"＝",然后在单元格中输入公式,如"＝ C4＋D4＋E4＋F4"。最后按回车键或输入命令按钮✔确认。修改公式的方法与单元格的数据编辑操作方法相同。

【例 4.3】 在工作表的 I3 单元格中输入公式"实发工资＝基本工资＋附加工资－水电费－会费",计算"实发工资"。

操作方法:选中 I3 单元格,在编辑栏中输入公式"＝E3＋F3－G3－H3",按回车键或输入命令按钮✓确认，如图 4-33 所示。

	A	B	C	D	E	F	G	H	I
1	职工工资表								
2	序号	职工号	部门	职称	基本工资	附加工资	水电费	会费	实发工资
3	1	A001	销售部	工程师	3000	300	114.5	30	3155.5
4	2	B001	行政部	助工	2500	300	118.7	25	
5	3	C001	财务部	工程师	3000	300	123.8	30	
6	4	D001	后勤部	助工	2500	300	122.4	25	
7	5	A002	销售部	高工	4000	300	115.3	40	
8	6	B002	行政部	高工	4000	300	122.5	40	
9	7	C002	财务部	助工	2500	300	127.1	25	
10	8	D002	后勤部	工程师	3000	300	121.7	30	

图 4-33 公式的使用方法

4.3.3 移动、复制和删除公式

1. 移动和复制公式

当移动公式时，公式中的单元格引用并不改变。当复制公式时，单元格绝对引用也不改变；但单元格相对引用将会改变。移动或复制公式的方法如下。

(1)选定包含待移动或复制公式的单元格。

(2)鼠标指针指向选定区域的边框，鼠标指针变为▭。

(3)如果要移动单元格，则按住鼠标左键把选定区域拖动到需移动到的单元格中，Excel 将替换原有数据。如果要复制单元格，则在拖动鼠标时同时按住【Ctrl】键即可；也可以通过使用填充柄将公式复制到相邻的单元格中。如果要这样做，则在选定包含公式的单元格后，再拖动填充柄，使之覆盖需要填充的区域。

【例 4.4】 在如图 4-34 所示工作表中填充“实发工资”数据列。

操作方法：选中 I3 单元格，按下鼠标左键拖动单元格右下角的填充柄，使之向下填充“实发工资”数据列。

2. 删除公式

如果要在删除公式的同时也删除单元格或单元格区域的数据，可选中单元格或单元格区域后直接按【Delete】键或【Backspace】键。

图 4-34　自动计算的工作表

如果删除公式后希望保留单元格或单元格区域的数据，则选中单元格或单元格区域后单击复制命令按钮，在选中的单元格或单元格区域上单击鼠标右键，在弹出的快捷选项卡上单击选择性粘贴命令，弹出【选择性粘贴】对话框，在粘贴选项内选中数值单选按钮，单击【确定】按钮后单元格或单元格区域公式删除，但数据保留。

4.3.4　函数的使用

Excel 函数是一种预设的公式，它在得到输入值后执行运算操作，然后返回结果值。使用函数可以简化和缩短工作表中的公式，特别适用于执行复杂计算的公式。例如：用“SUM( )”函数可以计算多个值的和或多个单元格区域的数值总和。

参数是函数中用来执行操作或计算的元素。参数的类型与具体的函数有关。函数中使用的常见参数类型包括数值、文本、单元格引用、单元格区域、名称、标志和函数嵌套。

参数可以是数字、文本，或是 True 或 False 的逻辑值、数组或单元格引用。给定的参数必须能产生有效的值。参数也可以是常量、公式或其他函数。

函数的语法以函数名称开始，后面是左圆括号、以逗号隔开的参数和右圆括号。如果函数以公式的形式出现，那么在函数名称前面必须键入等号(=)；如果使用粘贴函数，那么用户不必输入等号，系统会自动添加。当生成包含函数的公式时，公式选项将会提供相关的帮助。

1. 函数的输入和编辑

对于一些常用函数，可以直接进行函数引用并进行指定参数的计算。例如在G15单元格输入"＝SUM(G3:G14)"。

但由于Excel中提供的函数种类繁多，用【函数参数】对话框输入函数是非常方便的。当在单元格中粘贴函数时，【函数参数】对话框会显示函数的名称、函数中使用的各个参数、函数功能、函数的当前结果和整个公式的结果。操作方法如下。

方法一：

(1)选择需要输入公式的单元格，例如：图4-34所示的工作表中的I3单元格。

(2)单击编辑栏左边的按钮 f_x，或单击【格式】选项卡|【函数库】组下的插入函数命令，打开【插入函数】对话框，如图4-35所示。

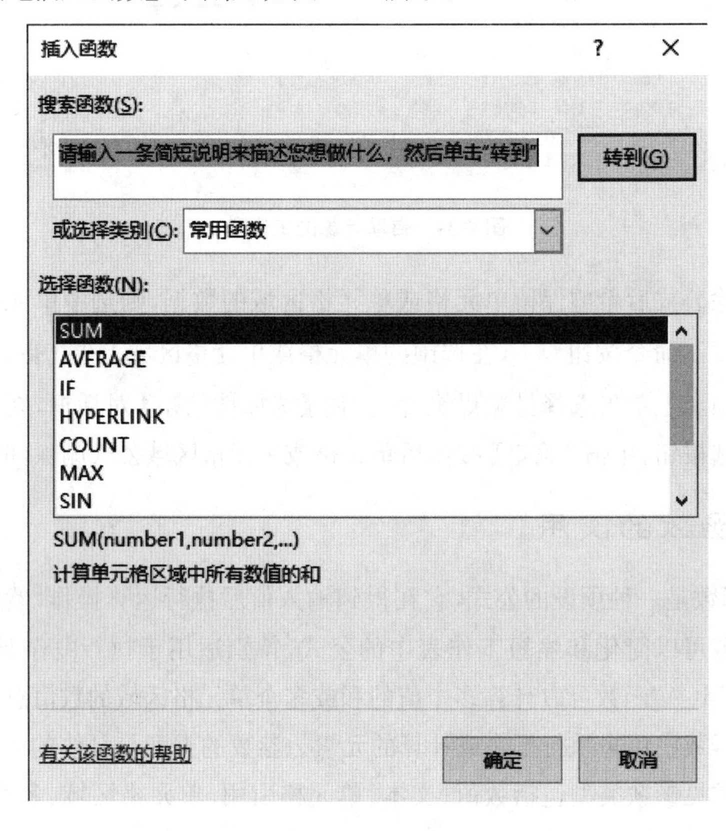

图4-35 【插入函数】对话框

(3)从选择类别下拉列表框中选择函数类型，如选择"常用函数"，在选择函数列表框中选定函数名称，如选择"SUM"，单击【确定】按钮，弹出【函数参数】对话框，如图4-36所示。

(4)在公式选项板的参数框中输入参数，参数可以是常量、单元格或区域。

单击参数框右侧的折叠命令按钮，可将对话框折叠，在显露的工作表中选择单元格或单元格区域，如选择 E3:F4 区域(即 E3 到 F4 连续的单元格)，再单击折叠后的输入框右侧的返回命令按钮，恢复参数输入对话框。

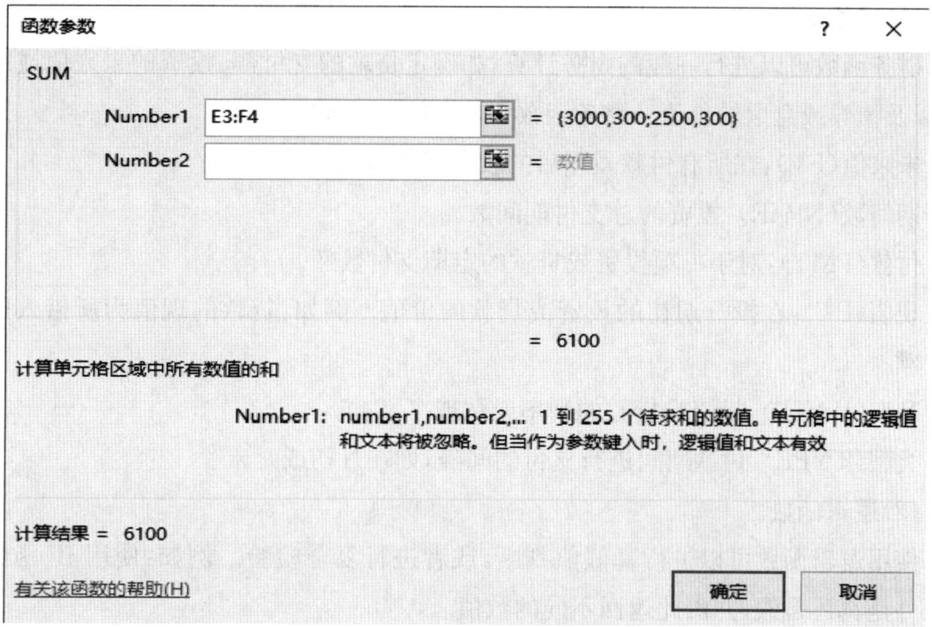

图 4-36　【函数参数】对话框

(5)输入完成函数所需的所有参数后，单击【确定】按钮。在单元格中即显示计算结果，而在编辑栏中显示公式。

方法二：

选择需输入函数的单元格，在编辑栏中输入"="，单击编辑栏左侧函数下拉列表框的箭头，打开函数列表。选择所需的函数(选择其他函数命令可打开【插入函数】对话框)，也将出现【函数参数】对话框，输入函数参数进行计算即可。

2. 自动求和

求和是最常用的函数之一，Excel 提供了自动求和功能，可以快速输入 SUM 函数。方法是选择需要输入求和公式的单元格，单击【开始】选项卡|【编辑】组下的自动求和命令按钮 Σ 。

3. 自动计算

如果要计算一个单元格区域的合计数，可使用 Excel 中的自动计算功能。当选择单元格区域时，Excel 在状态栏中显示所选区域的合计数。

自动计算可执行多种运算功能。在状态栏上单击鼠标右键，弹出自定义状态栏快捷菜单，从中可以选择其他运算功能，如求平均值、最小值、最大值等。

4. 函数的种类

Excel 函数一共有 11 类，分别是财务函数、逻辑函数、文本函数、日期与时间函数、查找和引用函数、数学和三角函数、统计函数、工程函数、多维数据集函数、信息函数、兼容性函数。

(1)财务函数。

财务函数可以进行一般的财务计算,如确定贷款的支付额、投资的未来值或净现值,以及债券或息票的价值。财务函数中常见的参数如下。

未来值(FV):在所有付款发生后的投资或贷款的价值。

期间数(NPER):投资的总支付期间数。

付款(PMT):对于一项投资或贷款的定期支付数额。

现值(PV):在投资期初的投资或贷款的价值。例如:贷款的现值为所借入的本金数额。

利率(RATE):投资或贷款的利率或贴现率。

类型(TYPE):付款期间进行支付的间隔,如在月初或月末。

(2)逻辑函数。

使用逻辑函数可以进行真假值判断,或者进行复合检验。例如:使用 IF 函数确定条件是真还是假,并由此返回不同的数值。

(3)文本函数。

通过文本函数,可以在公式中处理字符串。例如:可以改变大小写或确定字符串的长度,或将日期插入字符串或连接在字符串上。例 4.11 和 4.12 说明了如何使用函数 TODAY 和函数 TEXT 来创建一条信息,该信息包含当前日期并将日期以“dd-mm-yy”的格式表示。

(4)日期与时间函数。

通过日期与时间函数,可以在公式中分析和处理日期值和时间值。

(5)查找和引用函数。

当需要在数据清单或表格中查找特定数值,或者需要查找某一单元格的引用时,可以使用查询和引用工作表函数。例如:如果需要在表格中查找与第一列中的值相匹配的数值,可以使用 VLOOKUP 工作表函数。如果需要确定数据清单中数值的位置,可以使用 MATCH 工作表函数。

(6)数学和三角函数。

通过数学和三角函数,可以处理简单的计算,例如:对数字取整,计算单元格区域中数值的总和,或进行其他复杂计算。

(7)统计函数。

统计函数用于对工作表数据区域进行统计分析。例如:提供由一组给定值绘制出的直线的相关信息,如直线的斜率和 y 轴截距,或构成直线的实际点数值等。

(8)工程函数。

工程函数用于工程分析。这类函数中的大多数可分为三种类型:对复数进行处理的函数、在不同的数字系统(如十进制系统、十六进制系统、八进制系统和二进制系统)间进行数值转换的函数、在不同的度量系统中进行数值转换的函数。

(9)多维数据集函数。

多维数据集函数用于联机分析处理(OLAP)数据库,是 Excel 新增的函数类型。

(10)信息函数。

信息函数用于确定存储在单元格中的数据的类型。信息函数包含一组称为 Is 的工作表函数,在单元格满足条件时返回 True。例如:如果单元格包含一个偶数值,则 ISEVEN 工作表函数返回 True。如果需要确定某个单元格区域中是否存在空白单元格,可以使用 COUNTBLACK 工作表函数对单元格区域中的空白单元格进行计数,或者使用 ISBLACK 工作表函数确定区域中的某个单元格是否为空。

(11)兼容性函数。

为了保证文档中使用的函数可以在以往版本的 Excel 中使用,Excel 2016 新增了兼容性函数,以方便用户的文档可以在不同的 Excel 版本中使用。

5. 函数使用举例

(1)嵌套函数。

函数是否可以是多重的呢? 也就是说一个函数是否可以是另一个函数的参数呢? 当然可以,这就是嵌套函数的含义。所谓嵌套函数,就是指在某些情况下,可能需要将某些函数作为另一个函数的参数使用。例如"=IF(AVERAGE(F2:F5)>50,SUM(G2:G5),0)",使用了嵌套的 AVERAGE 函数,并将结果和 50 比较,如果单元格 F2 到 F5 的平均值大于 50,则求 F2 到 F5 的和,否则显示数据 0。

(2)日期函数举例。

Excel 将日期存储为一系列连续的序列数,而将时间存储为小数(因为时间被看作天的一部分)。日期和时间都是数值,因此它们也可以进行各种运算。例如:计算两个日期之间相差的天数,可以用后面的日期减去前面的日期。通过将单元格的格式设置为常规格式,可以看到以数字或小数显示的日期或时间。

【例 4.5】 假设当前 B1 值为:2023-5-18 16:15,则以下函数及其值如表 4-1 所示。

表 4-1　时间与日期函数及其值

函数名	YEAR(B1)	MONTH(B1)	DAY(B1)	HOUR(B1)
函数值	2023	5	18	16

(3)工程函数举例。

【例 4.6】 已知复数 5+12i,请用函数求解该复数的共轭复数、实系数、虚系数、模。假设在 B1 单元格输入 5+12i,则在其他单元格输入相应函数并回车后,解得相应的值如表 4-2 所示。

表 4-2　复数计算函数

问　题	函　数	值
求 5+12i 的共轭复数	IMCONJUGATE(B1)	5−12i
求 5+12i 的模	IMABS(B1)	13
求 5+12i 的实系数	IMREAL(B1)	5
求 5+12i 的虚系数	IMGINARY(B1)	12

(4)进制转换函数举例。

这类函数名称容易记忆，只要记住二进制为 BIN，八进制为 OCT，十进制为 DEC，十六进制为 HEX，再记住函数名称之间有个数字 2，就可以容易地记住这些数值转换函数了。

【例 4.7】 进制转换函数举例。Excel 工程函数中提供了二进制、八进制、十进制和十六进制之间的进制转换函数，如表 4-3 所示。

表 4-3　进制转换函数

二进制转换	十六进制转换	十进制转换	八进制转换
BIN2DEC	HEX2BIN	DEC2BIN	OCT2BIN
BIN2HEX	HEX2DEC	DEC2HEX	OCT2DEC
BIN2OCT	HEX2OCT	DEC2OCT	OCT2HEX

(5)数学和三角函数举例。

【例 4.8】 如果 A1=16.24、A2=−28.389，则"=INT(A1)"返回 16，"=INT(A2)"返回−29。

【例 4.9】 如果 A1=1、A2=2、A3=3，则"=SUM(A1:A3)"返回 6。

(6)统计函数举例。

【例 4.10】 如果 A1=71、A2=83、A3=76、A4=49、A5=92、A6=88、A7=96、B1=59、B2=70、B3=80、B4=90、B5=89、B6=84、B7=92，则"=INTERCEPT(A1:A7\B1:B7)"返回 87.61058785。

(7)文本函数举例。

【例 4.11】 在 B2 单元格中输入"=TODAY()"，确认后显示出系统的日期和时间。如果系统的日期和时间发生改变，只要按【F9】功能键，就可以让其随之改变。

【例 4.12】 在 C2 单元格中输入"=TEXT(B2,"dd:mm:yy")"，确认后显示结果为"16:32:14"。

4.4 管理表格数据

Excel 针对工作簿中的数据提供了一整套强大的命令集，可以像数据库数据一样使用，使得数据的管理与分析变得十分容易。用户可以对数据进行排序、筛选、分类汇总等操作。

4.4.1　数据的排序

在 Excel 工作表中，针对某些行列的数据可以利用【数据】选项卡|【排序和筛选】组下的排序命令来重新组织行列的顺序。用户可以选择排序数据的范围和排序方式，让工作表数据以用户要求的方式显示。

1. 简单排序

可以单击【数据】选项卡|【排序和筛选】组下的升序命令按钮和降序命令按钮，对工作表数据进行简单排序。

【例 4.13】 对图 4-33 所示的工作表中的数据按“实发工资”进行降序排列。

操作方法如下。

(1)在工作表中单击“实发工资”所在列的任一单元格。

(2)单击【数据】选项卡|【排序和筛选】组下的降序命令按钮，即可对数据按“实发工资”进行降序排列，排序的结果如图 4-37 所示。以上操作也可以通过【开始】选项卡|【编辑】组|【排序和筛选】命令下的降序命令按钮来完成。

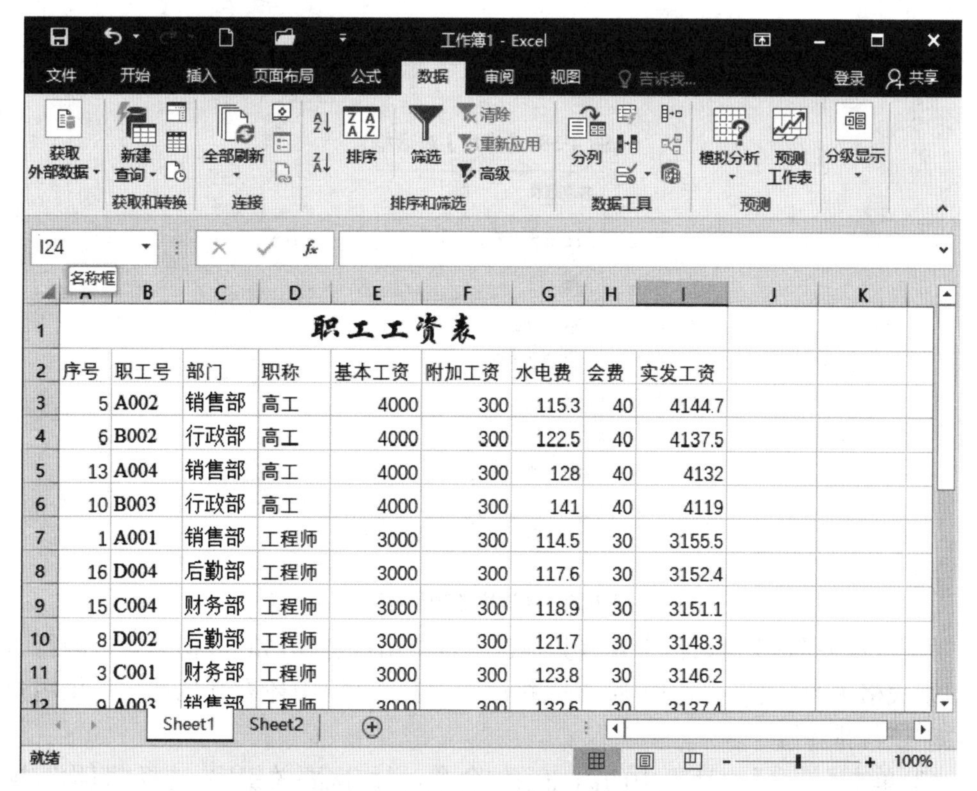

图 4-37　按“实发工资”降序排序样例

2. 多条件排序

单击【数据】选项卡|【排序和筛选】组下的排序命令，打开【排序】对话框，可以设定多级排序条件对数据进行多条件排序。

【例 4. 14】 对图 4-37 所示的“工资表”工作表中的数据按“部门”笔画升序排列，对相同的部门按“职称”降序排序。

操作方法如下。

(1)选择排序范围。在工作表中选定参加排序的数据，没有选中的数据将不参加排序。若是对所有的数据进行排序，则不用选定排序数据区，系统在排序时默认选择所有的数据。本例是对所有数据排序，因此不必选择数据排序范围，只需要活动单元格在数据区域中。

(2)进行排序设置。打开【排序】对话框，在对话框中选择主要关键字为“部门”，排序方式是升序，如图 4-38 所示；单击【排序】对话框中的【选项】按钮，打开【排序选项】对话框，在排序方法下选中【笔画顺序】单选按钮，如图 4-39 所示。

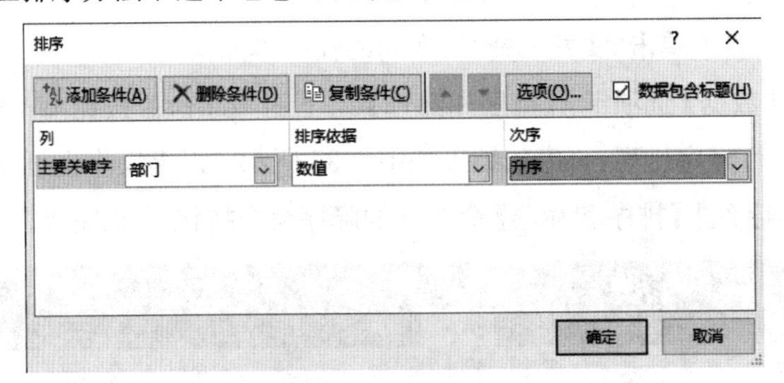

图 4-38 【排序】对话框

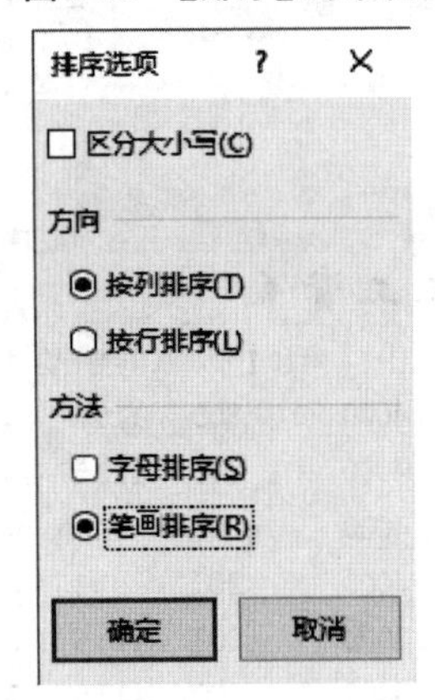

图 4-39 【排序选项】对话框

另外，在【排序】对话框中还有其他选项可供用户选择，如“数据包含标题行”，选择时则表格中的标题行参加排序；在【排序选项】对话框中还有其他选项可供用户选择，如“按行排序”。

(3)单击【排序】对话框中的添加条件命令，增加次要关键字，选择“职称”，排序方法是降序。

（4）排序。所有设置确定后，在【排序】对话框中单击【确定】按钮，关闭对话框。系统即可根据选定的排序范围按指定的关键字条件重新排列数据，排序结果如图 4-40 所示。

序号	职工号	部门	职称	基本工资	附加工资	水电费	会费	实发工资
4	D001	后勤部	助工	2500	300	122.4	25	2652.6
16	D004	后勤部	工程师	3000	300	117.6	30	3152.4
8	D002	后勤部	工程师	3000	300	121.7	30	3148.3
12	D003	后勤部	工程师	3000	300	141.3	30	3128.7
6	B002	行政部	高工	4000	300	122.5	40	4137.5
10	B003	行政部	高工	4000	300	141	40	4119
2	B001	行政部	助工	2500	300	118.7	25	2656.3
14	B004	行政部	助工	2500	300	129.8	25	2645.2
7	C002	财务部	助工	2500	300	127.1	25	2647.9
11	C003	财务部	助工	2500	300	128.9	25	2646.1
15	C004	财务部	工程师	3000	300	118.9	30	3151.1
3	C001	财务部	工程师	3000	300	123.8	30	3146.2
5	A002	销售部	高工	4000	300	115.3	40	4144.7

图 4-40　多条件排序样例

3. 自定义序列

在【排序】对话框中单击次序下拉列表框下的【自定义系列】命令，打开【自定义系列】对话框，用户可选择月份、星期、季度、天干、地支等排序规则。

也可以选择新序列，排序规则由用户输入的内容确定。如在新序列中输入一个班级学生名单，确定后，在 Excel 工作表中只要输入班级第一个同学的姓名，就可以通过填充柄快速添加班级学生名单，新序列添加情况如图 4-41 所示。

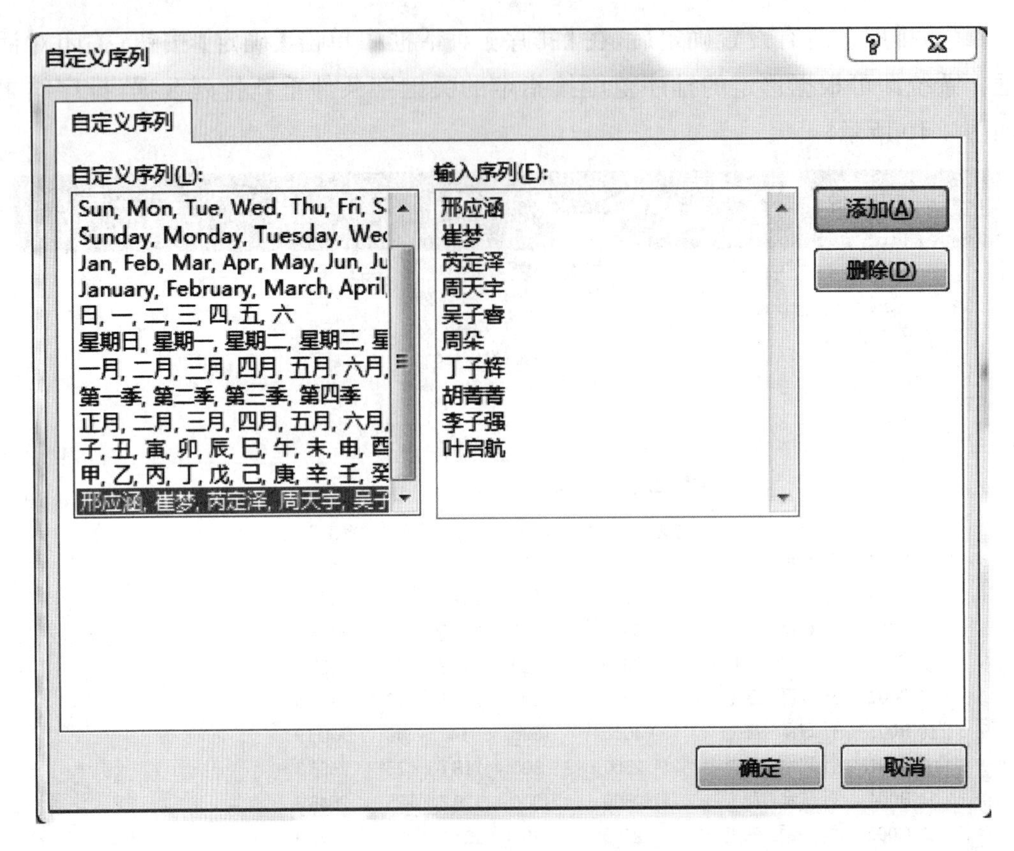

图 4-41 【自定义序列】对话框

4.4.2 自动和高级筛选

如果用户需要浏览或操作的只是数据中的部分记录，为了方便操作和加快操作速度，往往把需要的记录筛选出来作为操作对象而把无关的记录隐藏起来，使之不参加操作。一个经筛选的记录仅显示那些包含了某一特定值或符合一组条件的行，其他行暂时隐藏。

Excel 同时提供了自动筛选和高级筛选两种命令来筛选数据。自动筛选能满足大部分需求，然而当需要更复杂的条件来筛选数据时，则需使用高级筛选。

1. 自动筛选

在要筛选数据的清单中选定任意单元格后，单击【数据】选项卡|【排序和筛选】组下的筛选命令，Excel 便在数据每个列标记的右边插入了一个下拉式按钮。单击某个列标记右边的下拉箭头 会出现一个下拉式列表，如图 4-42 所示。

筛选条件复选框选中的数据显示，未选中的数据隐藏。

如果筛选的条件不仅是下拉式列表中的一个值，我们就可以在下拉式列表数字筛选下选择自定义筛选，在【自定义自动筛选方式】对话框中输入筛选条件。

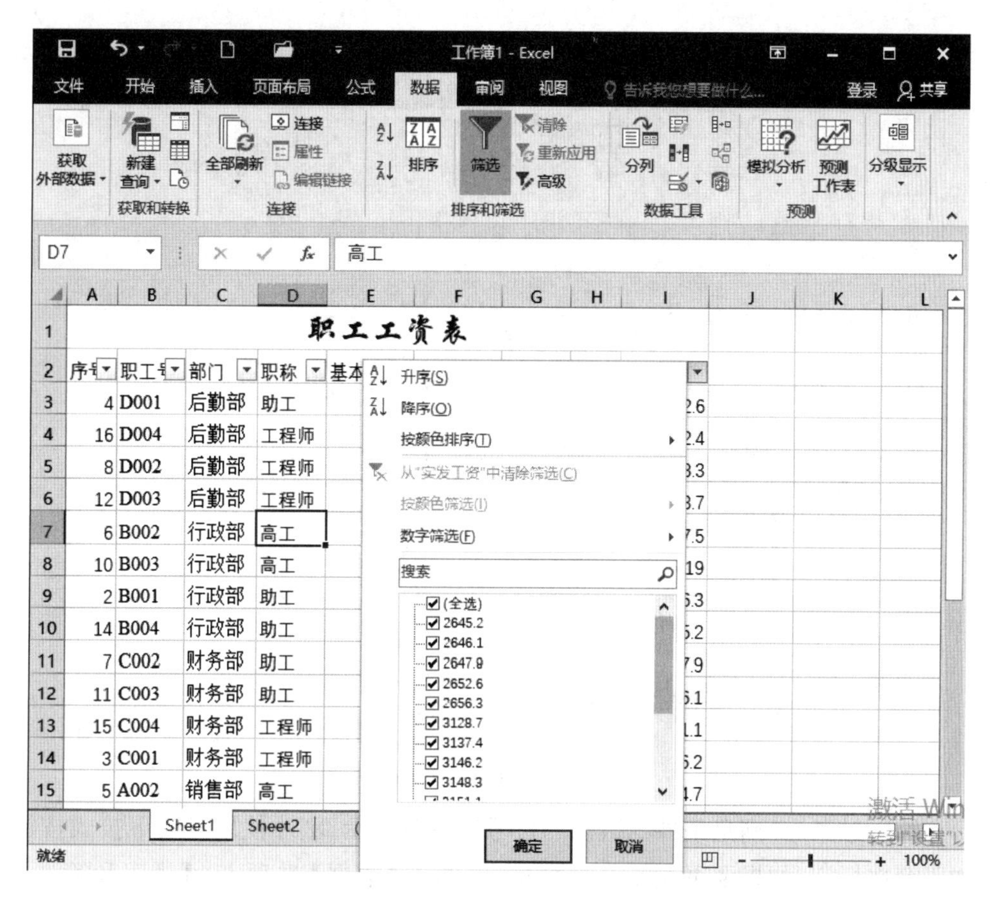

图 4-42　对工作表进行自动筛选

【例 4.15】 筛选实发工资大于 3000 且小于 3500 的工资记录。对话框设置如图 4-43所示，筛选结果如图 4-44 所示。

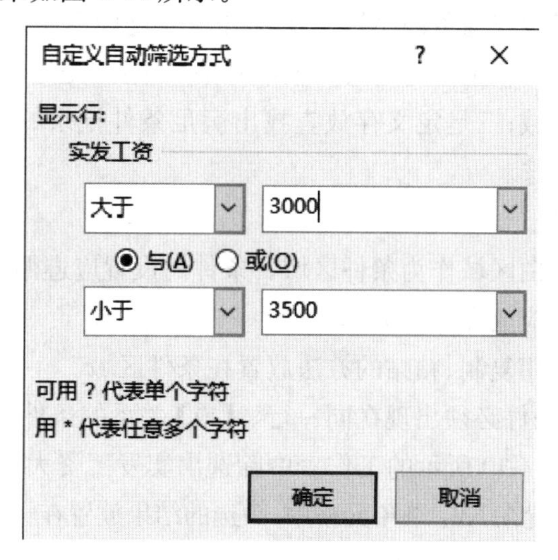

图 4-43　【自定义自动筛选方式】对话框

	序号	职工号	部门	职称	基本工资	附加工资	水电费	会费	实发工资
4	16	D004	后勤部	工程师	3000	300	117.6	30	3152.4
5	8	D002	后勤部	工程师	3000	300	121.7	30	3148.3
6	12	D003	后勤部	工程师	3000	300	141.3	30	3128.7
13	15	C004	财务部	工程师	3000	300	118.9	30	3151.1
14	3	C001	财务部	工程师	3000	300	123.8	30	3146.2
17	1	A001	销售部	工程师	3000	300	114.5	30	3155.5
18	9	A003	销售部	工程师	3000	300	132.6	30	3137.4

图 4-44 自动筛选样例

在筛选结果中，满足条件的数据的行号以蓝色显示，刚才使用过的下拉式按钮则添加了筛选标记，如果要再显示全部数据，可单击【数据】选项卡|【排序和筛选】组下的清除命令。如果要去除自动筛选功能，可单击【数据】选项卡|【排序和筛选】组下的筛选命令。

2. 高级筛选

在某些情况下，如：查询条件比较复杂或必须经过计算才能进行查询，这就要使用高级筛选方式。其方法主要是定义三个单元格区域：一是定义查询的数据区域；二是定义查询的条件区域；三是定义存放查找出满足条件记录的区域。当这些区域都定义好后便可进行筛选。

(1)设置筛选条件。

选择数据表中空白区域作为条件区域。条件的设置应遵循以下要求。

①字段名和条件应放在不同的单元格。

②字段名最好采用复制、粘贴的方法放置在条件区域。

③【与】关系的条件必须出现在同一行。【或】关系的条件不能出现在同一行。

【例 4.16】 在图 4-40 所示的工作表中筛选出实发工资大于 4000，职称是高工的人员。筛选的条件放置在 K2:L3 单元格中，筛选的结果放置在 A20 开始的单元格中。

(2)执行高级筛选。

单击【数据】选项卡|【排序和筛选】组下的高级选项，打开【高级筛选】对话框。

在对话框中进行下列设置。

①设置方式。在方式框中有两个单选按钮，用来指定筛选结果存放的方式，即是在原有区域显示筛选结果，还是将筛选结果复制到其他位置。本例选择【将筛选结果复制到其他位置】单选按钮。

②设置列表区域。在列表区域框中输入或利用折叠命令按钮选择数据区域，本例的数据区域为 A2:I18。

③设置条件区域。在条件区域框中输入或利用折叠命令按钮选择条件区域，本例的条件区域为 K2:L3。只有当选中将筛选结果存放到其他位置单选按钮时该区域才自动激活。

④设置选择不重复的记录。如果选中此复选框，那么筛选结果不会存在完全相同的两个记录。本例可以不选择此项。

单击【确定】按钮，开始高级筛选操作。

【高级筛选】对话框的设置如图 4-45 所示。筛选结果如图 4-46 所示。

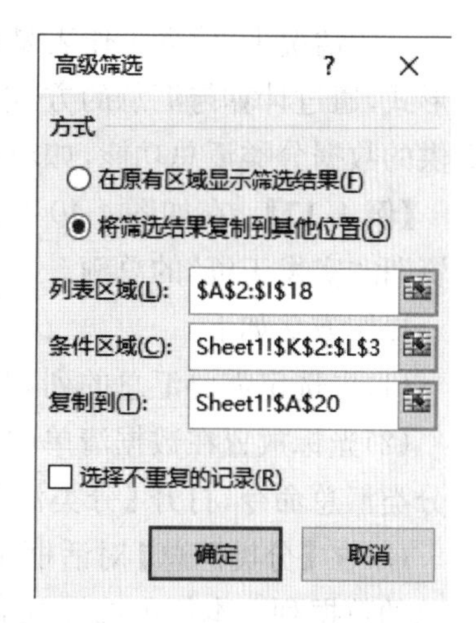

图 4-45　【高级筛选】对话框

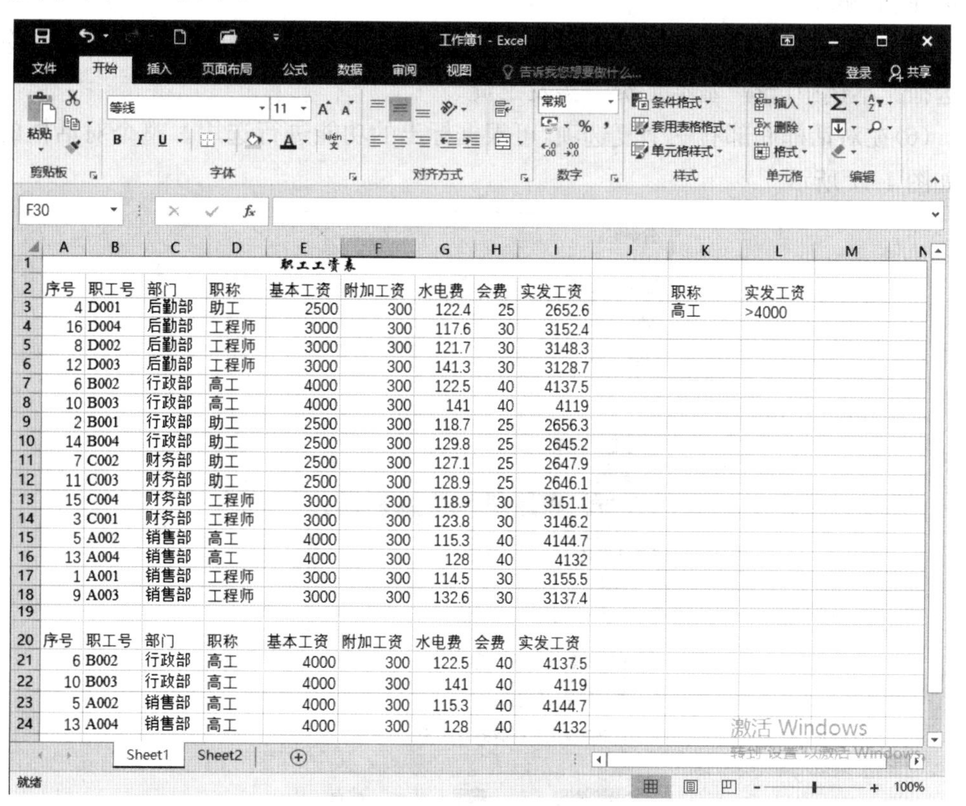

职工工资表

序号	职工号	部门	职称	基本工资	附加工资	水电费	会费	实发工资
4	D001	后勤部	助工	2500	300	122.4	25	2652.6
16	D004	后勤部	工程师	3000	300	117.6	30	3152.4
8	D002	后勤部	工程师	3000	300	121.7	30	3148.3
12	D003	后勤部	工程师	3000	300	141.3	30	3128.7
6	B002	行政部	高工	4000	300	122.5	40	4137.5
10	B003	行政部	高工	4000	300	141	40	4119
2	B001	行政部	助工	2500	300	118.7	25	2656.3
14	B004	行政部	助工	2500	300	129.8	25	2645.2
7	C002	财务部	助工	2500	300	127.1	25	2647.9
11	C003	财务部	助工	2500	300	128.9	25	2646.1
15	C004	财务部	工程师	3000	300	118.9	30	3151.1
3	C001	财务部	工程师	3000	300	123.8	30	3146.2
5	A002	销售部	高工	4000	300	115.3	40	4144.7
13	A004	销售部	高工	4000	300	128	40	4132
1	A001	销售部	工程师	3000	300	114.5	30	3155.5
9	A003	销售部	工程师	3000	300	132.6	30	3137.4

职称	实发工资
高工	>4000

序号	职工号	部门	职称	基本工资	附加工资	水电费	会费	实发工资
6	B002	行政部	高工	4000	300	122.5	40	4137.5
10	B003	行政部	高工	4000	300	141	40	4119
5	A002	销售部	高工	4000	300	115.3	40	4144.7
13	A004	销售部	高工	4000	300	128	40	4132

图 4-46　高级筛选样例

如果在方式选项中选中了在原有区域显示筛选结果单选按钮，当要再显示全部数据时，可单击【数据】选项卡|【排序和筛选】组下的清除命令。

4.4.3 数据的分类汇总

一般情况下，建立工作表是为了将其作为信息提供给他人。报表是用户最常用的形式，通过计算与汇总的方式，可以得到有条理的报表。制作报表可以借助 Excel 提供的数据分类汇总功能，如求和、均值、方差及最大值和最小值等函数。

【例 4.17】 在如图 4-40 所示的工作表中，按“部门”分类汇总所有数据的“基本工资”和“实发工资”的总额。

操作方法如下。

(1)先选定需要汇总的列，对数据进行排序。本例对“部门”所在列按降序排序。

(2)光标放置在数据清单中任一单元格。单击【数据】选项卡|【分级显示】组下的分类汇总命令，打开【分类汇总】对话框。

(3)在【分类汇总】对话框中打开分类字段下拉列表框，从中选择需要用来分类汇总的数据列。本例中选择“部门”。

(4)打开汇总方式下拉列表框，从中选择所需的用于计算分类汇总的函数。本例中选择“求和”。

(5)在选定汇总项列表框中选择需要汇总计算的数值列(可选择多个)所对应的复选框。本例中选择“基本工资”“实发工资”。

(6)在对话框底部有三个复选项，可根据标出的功能进行选用。整个对话框的设置如图 4-47 所示。

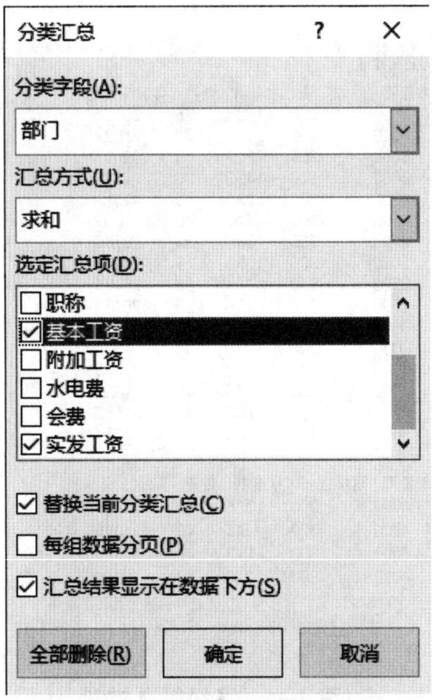

图 4-47 【分类汇总】对话框

(7)单击【确定】按钮后,完成分类汇总。在工作表中可以看到分类汇总的结果,如图 4-48 所示。

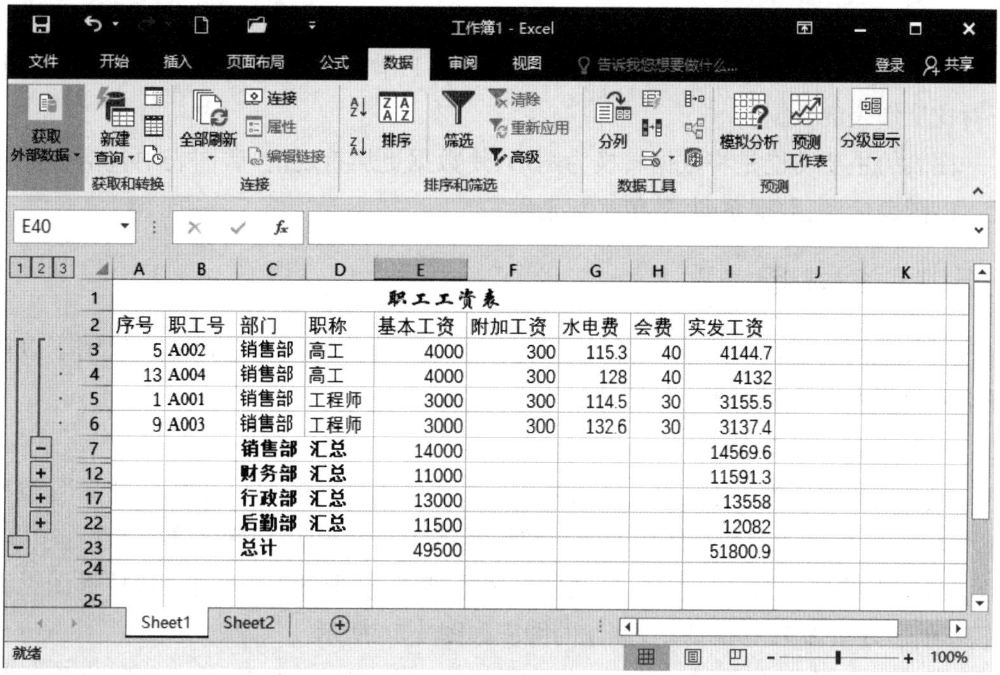

	A	B	C	D	E	F	G	H	I
1					职工工资表				
2	序号	职工号	部门	职称	基本工资	附加工资	水电费	会费	实发工资
3	5	A002	销售部	高工	4000	300	115.3	40	4144.7
4	13	A004	销售部	高工	4000	300	128	40	4132
5	1	A001	销售部	工程师	3000	300	114.5	30	3155.5
6	9	A003	销售部	工程师	3000	300	132.6	30	3137.4
7			销售部 汇总		14000				14569.6
12			财务部 汇总		11000				11591.3
17			行政部 汇总		13000				13558
22			后勤部 汇总		11500				12082
23			总计		49500				51800.9

图 4-48　分类汇总样例

在进行分类汇总时,Excel 会自动对列表中的数据进行分级显示。在工作表窗口左边会出现分级显示区,列出一些分级显示符号,允许对数据的显示进行控制。

在默认情况下,数据按三级显示,可以通过单击工作表左侧的分级显示区上方的 1、2、3 三个按钮进行分级显示控制。在图 4-48 中,单击 1 按钮,工作表中将只显示列标题和总计结果;单击 2 按钮,工作表中将显示各个分类汇总结果和总计结果;单击 3 按钮,工作表将显示所有的详细数据。

分级显示区中有 + 、 - 分级显示按钮。 + 表示单击该按钮,工作表中数据的显示由高一级向低一级展开; - 表示单击该按钮,工作表中数据的显示由低一级向高一级折叠。

当不需要分类汇总表时,单击【数据】选项卡|【分级显示】组下的分类汇总命令,在打开的【分类汇总】对话框中单击【全部删除】按钮,恢复工作表。

4.5 使用图表分析表格数据

图表是 Excel 工作表中较为重要的对象，在工作表中创建一个合适的图表有助于对比工作表的数据。

图表的主要功能是将数据转换为图形，使数据更加直观清晰，图表中包括各种元素，如：图表标题、数据系列、数值坐标轴等。

4.5.1 创建图表

用户要创建图表，可以单击【插入】选项卡下的命令完成创建，Excel 取消了以往版本使用图表向导创建图表的方法。

1. 创建嵌入式图表

嵌入式图表作为一个对象，嵌入在 Excel 工作表中。若要创建簇状柱形图类型嵌入式图表，可先选中数据区域或选中数据区域任一单元格，再单击【插入】选项卡|【图表】组下的柱形图命令，在下拉菜单中选择“簇状柱形图”后创建簇状柱形图类型图表，创建方法如图 4-49 所示，创建的图表如图 4-50 所示。

图 4-49 创建嵌入式图表

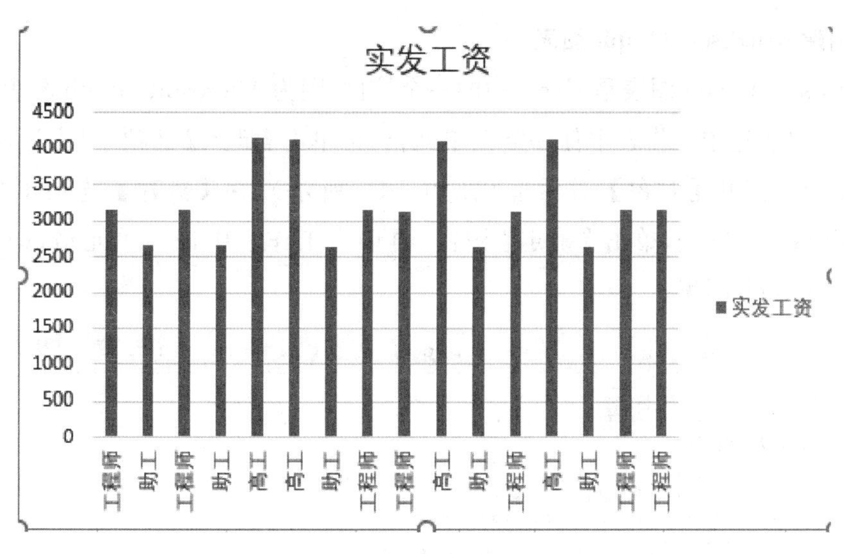

图 4-50　嵌入式图表

2. 创建图表工作表

图表工作表中没有单元格，只用来存放图表。若要创建簇状柱形图类型图表工作表，可选中数据区域或选中数据区域任一单元格，按 F11 功能键创建图表工作表（默认名称为 Chart1），如图 4-51 所示。

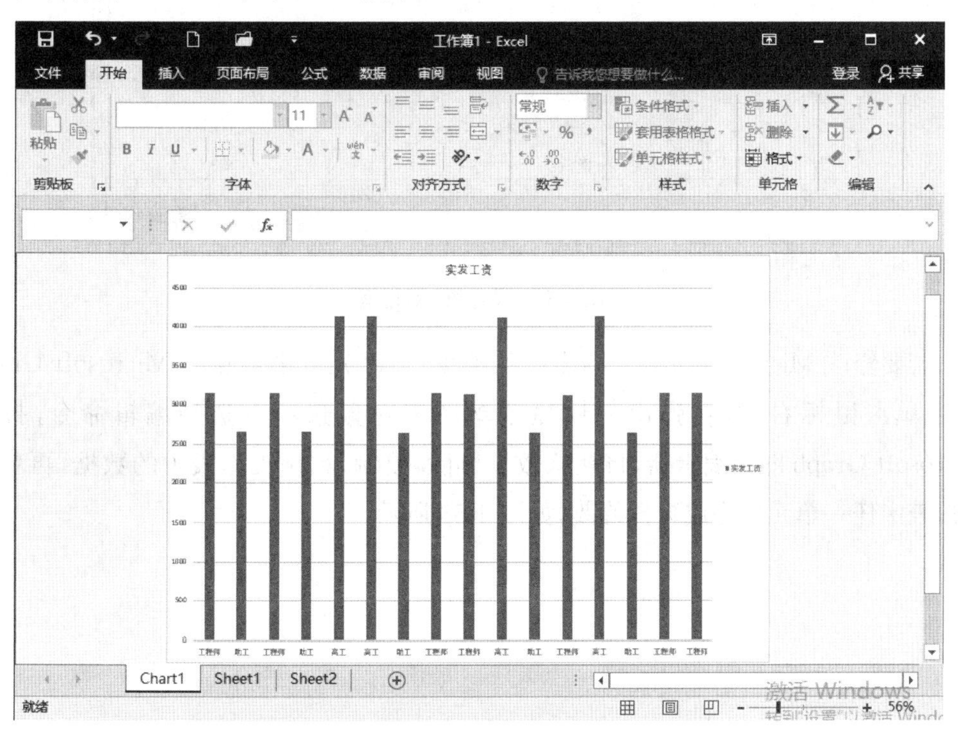

图 4-51　图表工作表

3. 创建 Microsoft Graph 图表

Microsoft Graph 图表是 Excel 中的一个控件，因为 Microsoft Graph 图表自带数据表，所以只要选中工作表中任一空白单元格，再单击【插入】选项卡|【文本】组下的对象命令，打开【对象】对话框（如图 4-52 所示），在【新建】选项卡中选择 Microsoft Graph 图表，单击【确定】按钮，再单击工作表中任一单元格，即可插入 Microsoft Graph 图表。

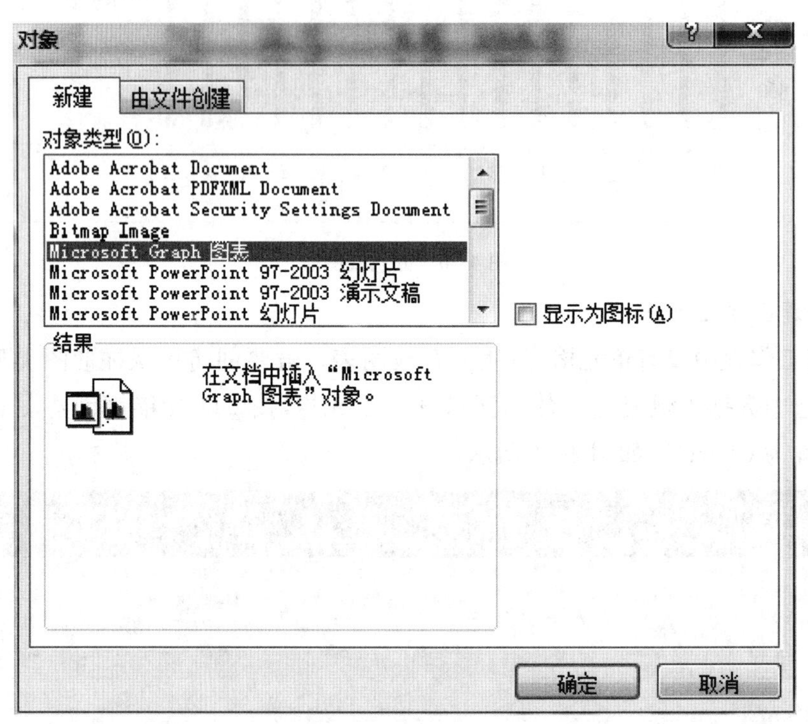

图 4-52 【对象】对话框

若要修改 Microsoft Graph 图表中的数据，可以先选中创建的 Microsoft Graph 图表，单击鼠标右键，在弹出的快捷菜单图表对象选项下选择编辑命令，打开 Microsoft Graph 图表编辑器，将默认数据删除，复制、粘贴工作表中的数据，再单击工作表中任一单元格完成数据修改，如图 4-53 所示。

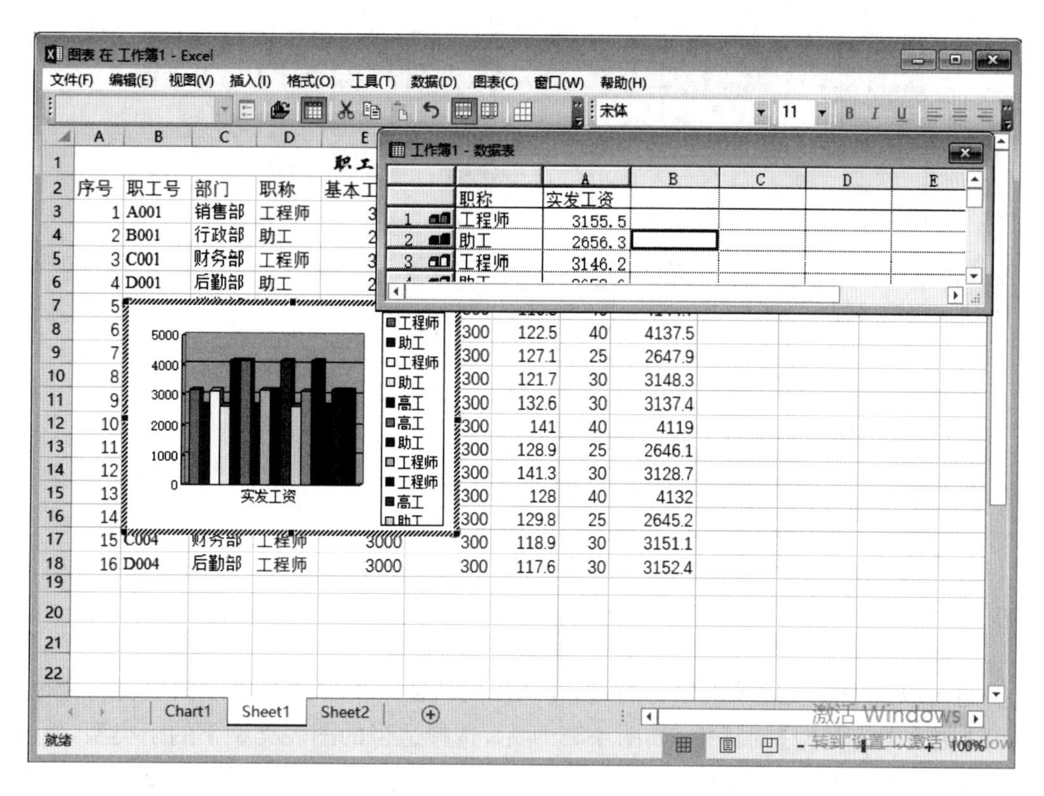

图 4-53　修改 Microsoft Graph 图表数据样例

4.5.2　编辑图表

图表建立之后，经常需要对图表中的某些组成部分进行必要的修改。例如：图表类型的改变，数据系列的添加、删除、调整，图表中的文字编辑，对图表进行移动、复制、缩放和删除等。下面介绍一些常用的图表编辑操作。

1. 图表的复制、移动、删除和缩放

（1）图表的复制：可以采用复制粘贴的方法，对于嵌入式图表还可以按住【Ctrl】键用鼠标直接拖动复制。

（2）图表的移动：可以采用剪切粘贴的方法，对于嵌入式图表还可以用鼠标直接拖动来移动。

（3）图表的删除：选中图表按【Delete】键直接删除或者删除整个图表工作表。

（4）图表的缩放：选中图表，用鼠标直接拖动图表上的句柄。

2. 更改图表类型

Excel 中常用的图表类型有柱形图、折线图、饼图、条形图、面积图、散点图、股价图、曲面图、雷达图、树状图、旭日图、直方图、箱形图、瀑布图、组合图。

更改图表类型的方法是选中图表后，单击【插入】选项栏|【图表】组下适当的图表类型下拉框中的子类型，更改图表类型，如图 4-54 所示。

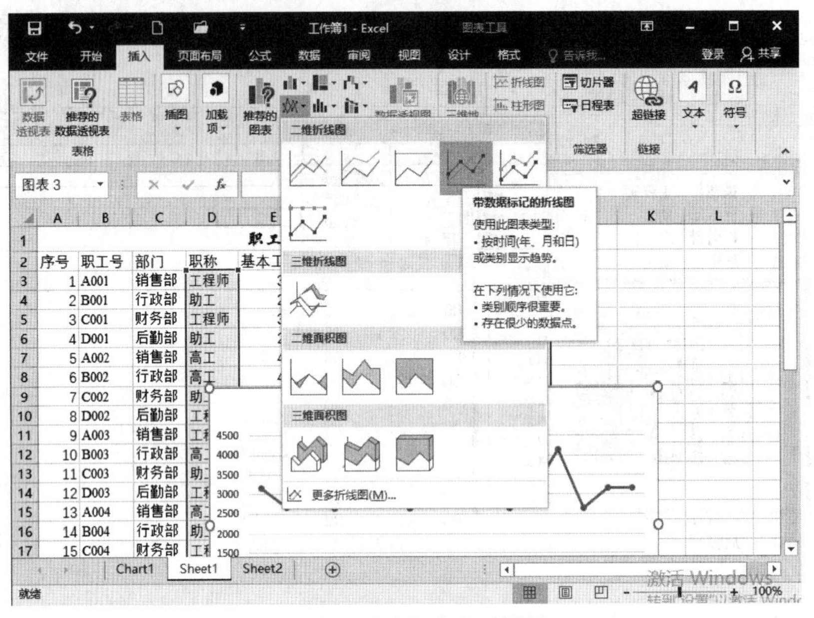

图 4-54 更改图表类型样例

也可以选中图表后单击鼠标右键，在弹出的快捷菜单中选择更改图表类型命令，打开【更改图表类型】对话框，如图 4-55 所示，选择适当的图表类型下的子类型，更改图表类型。还可以选中图表后单击【图表工具】|【选项】选项卡下的更改图表类型命令，更改图表类型。

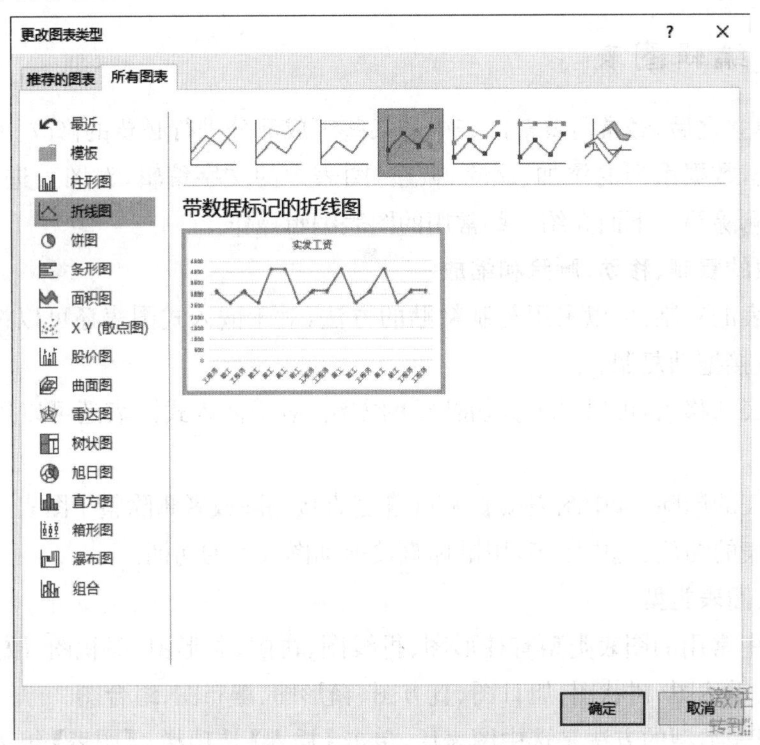

图 4-55 【更改图表类型】对话框

3. 更改数据源

更改数据源的方法是选中图表后单击【图表工具】|【设计】选项卡下的选择数据命令，或者在图表数据区域上单击鼠标右键后在弹出的快捷菜单上选择数据命令，打开【选择数据源】对话框，在图表数据区域输入或利用折叠命令按钮来选择数据区域，单击【确定】按钮后更改数据源，如图 4-56 所示。

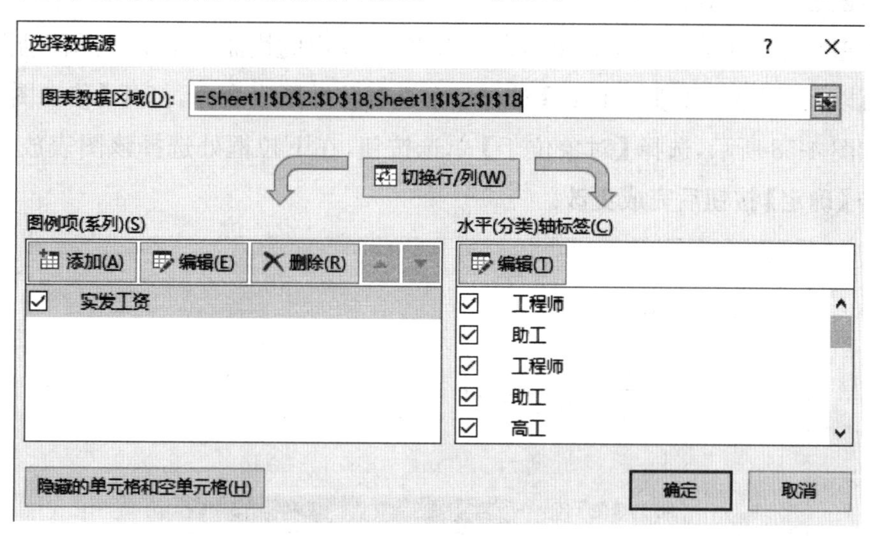

图 4-56 【选择数据源】对话框

在对话框中更改图表的数据源，插入的图表将根据数据的改变而改变。

4. 更改图表选项

更改图表选项的方法是选中图表后在相应位置上，如标题、图例、网格线，数据源，单击鼠标右键，弹出选项不同的快捷菜单，可以选择编辑文字命令修改标题、选择设置图例格式命令修改图例位置、选择设置图标区域格式命令修改填充效果等，在此不再一一详述。更改图表选项也可以在【图表工具】|【设计】选项卡下完成。

【例 4.18】 将图 4-50 所示的工作表中的图表图例位置由在右侧改为在底部。

选中图表后在图例上单击鼠标右键，在弹出的快捷菜单上选择设置图例格式命令，打开【设置图例格式】列表，在图例选项中选择靠下单选按钮，关闭【设置图例格式】列表，完成图例位置修改，如图 4-57 所示。

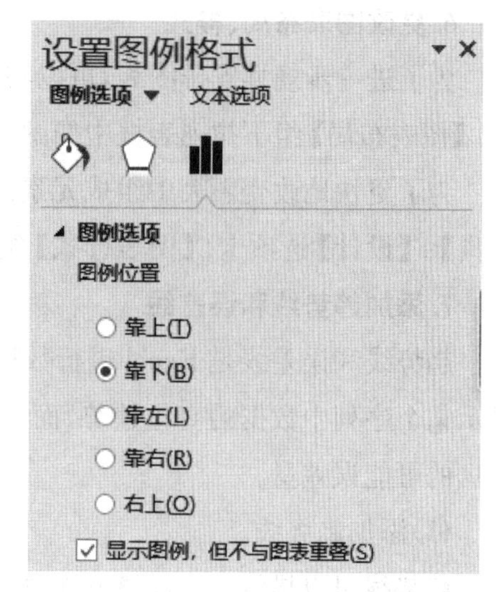

图 4-57 【设置图例格式】列表

5. 更改图表位置

图表位置是可以改变的，嵌入式图表可以从一个工作表移动到另一个工作表，嵌入式图表和工作表图表也是可以相互转换的。

【例 4.19】 更改图表位置。

(1)创建一个工作表图表。

(2)在工作表图表空白位置单击鼠标右键，在弹出的快捷菜单中选择移动图表命令，也可以在【图表工具】|【设计】选项卡下选择移动图表命令，打开【移动图表】对话框，如图 4-58 所示，选择【对象位于】单选按钮，在下拉框处选择该图表放置的位置，单击【确定】按钮后完成更改。

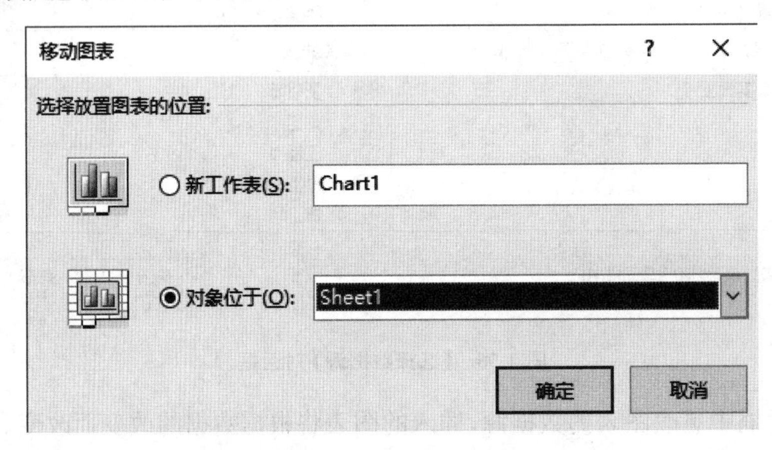

图 4-58 【移动图表】对话框

6. 更改图表布局、样式

为了进一步规划安排图表，可以在选中图表后，单击【图表工具】|【设计】选项卡|【图表布局】组下拉列表框中的图表布局方案，更改图表布局方案。

为了更快地改变图表中组成元素的格式风格，可以在选中工作表后，单击【图表工具】|【设计】选项卡|【图表样式】组下拉列表框中的图表样式，更改图表样式。

7. 添加趋势线和误差线

趋势线和误差线是 Excel 进行数据分析的重要手段。趋势线能够以图形的方式显示某个序列中数据的变化趋势，而误差线则能以图形的方式表示数据序列中每个数据的可能误差量。

(1)添加趋势线。

趋势线可以描绘一个品牌几个季度市场占有率的变化情况，并帮助用户预测下一步的市场变化情况。选中图表后，单击【图表工具】|【设计】选项卡|【图表布局】组|【添加图表元素】|【趋势线】下的各类趋势线选项命令，如选择“张某”为添加趋

势线的对象，弹出【设置趋势线格式】列表，如图 4-59 所示。

在【趋势线选项】等选项中完成设置，关闭【设置趋势线格式】列表，图表中就多了一条刚刚添加的趋势线，如图 4-60 所示。从这条线我们可以清楚地看出一季度张某个人工资变化的趋势，双击趋势线还可以再次打开【设置趋势线格式】列表。

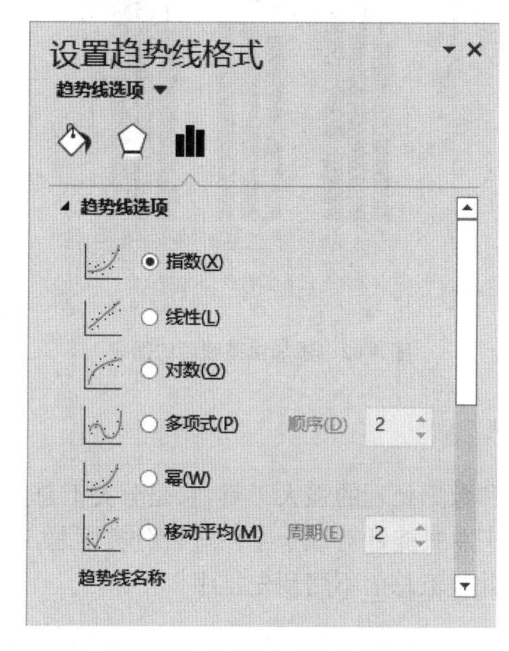

图 4-59　【设置趋势线格式】列表

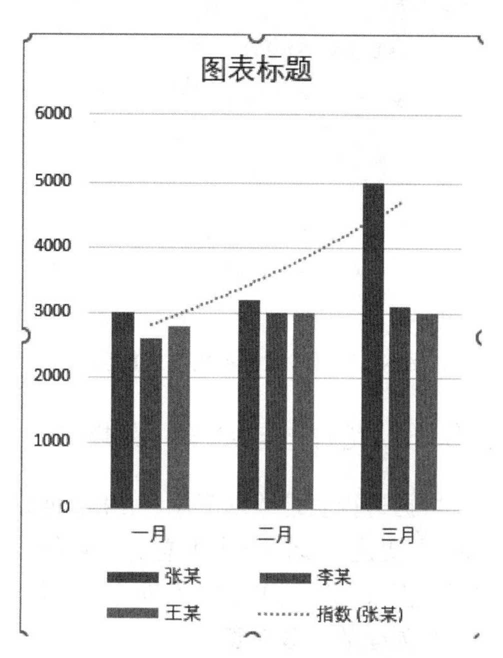

图 4-60　添加趋势线后的图表

(2)添加误差线。

误差线通常用于统计数据，误差线显示相对序列中的每个数据标记的潜在误差或不确定度。数据序列是在图表中绘制的相关数据点，这些数据源自数据表的行或列，图表中的数据序列具有唯一的颜色或图案并且在图表的图例中表现出来。

选中图表后，单击【图表工具】|【设计】选项卡|【图表布局】组|【添加图表元素】|【误差线】下的各类误差线选项，如选择“温度点 1”为添加误差线的对象，弹出【设置误差线格式】列表，如图 4-61 所示。

在【误差线选项】等选项中完成设置，关闭【设置误差线格式】列表，图表中就出现了我们刚刚添加的误差线，如图 4-62 所示。从这条线我们可以清楚地看出温度点 1 温度误差的情况，双击误差线还可以再次打开【设置误差线格式】列表。

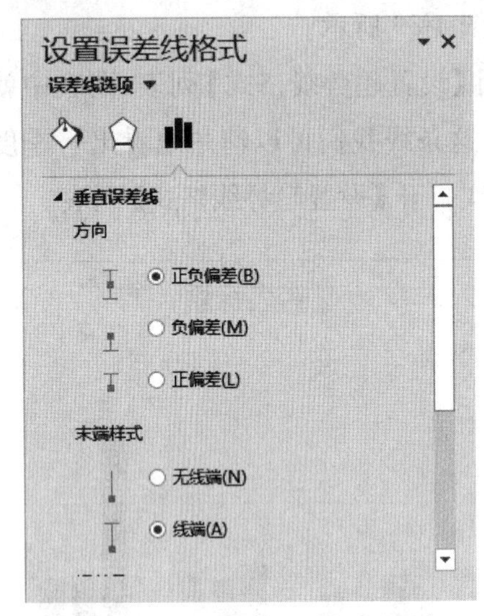

图 4-61 【设置误差线格式】列表

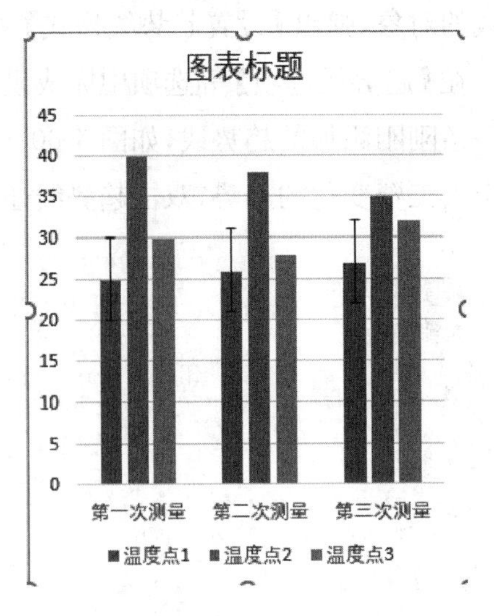

图 4-62 添加误差线后的图表

4.5.3 创建与编辑数据透视表

数据透视表是数据汇总、优化数据显示和数据处理的强大工具，它是分类汇总的延伸，是更进一步的分类汇总。一般的分类汇总只能针对一个字段进行分类汇总，而数据透视表可以按多个字段进行分类汇总，并且汇总前不用预先排序。

1. 创建数据透视表

创建数据透视表的方法如下。

(1)选中数据区域或选中数据区域任一单元格，单击【插入】选项卡|【表格】组|【数据透视表】下的数据透视表命令，打开【创建数据透视表】对话框，如图 4-63 所示。

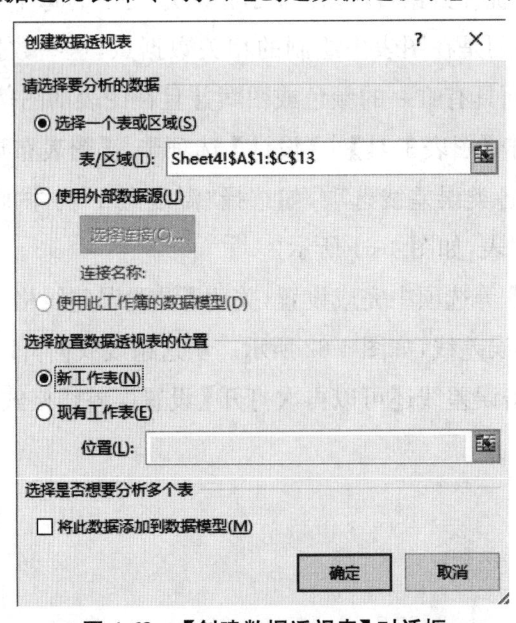

图 4-63 【创建数据透视表】对话框

(2)在【创建数据透视表】对话框数据区域输入或利用折叠命令按钮选择数据区域(若已经选中数据区域则该步骤可省略),也可以使用外部数据源。数据透视表提供了在新工作表创建和在当前工作表创建的选择,如果数据透视表数据量大、内容多,建议在新工作表中生成数据透视表。完成设置后单击【确定】按钮,Excel 中就生成了一个新工作表,其左边是空白的透视表区域,右边是数据透视表字段列表,如图 4-64所示。

图 4-64　创建数据透视表时生成的新工作表

(3)数据透视表字段列表中显示的字段名称是原始数据区域的抬头,可以拖动到【筛选器】【行】【列】【值】四个框中。如把"类别"字段拖到【行】位置,把"月份"字段拖到【列】位置,把"金额"字段拖到【值】位置,这时左边的数据透视表已经按照不同月份对各类花费的金额进行了汇总,如图 4-65 所示。

2. 编辑数据透视表

数据透视表的编辑包括增加、删除数据字段,改变统计方式,改变数据透视表布局,使用切片器,插入数据透视图等。

(1)增加、删除字段。

增加字段的方法与创建透视表的方法相同。删除字段时,单击字段右侧下拉箭头,弹出快捷菜单,选择删除字段命令即可。

(2)改变按值汇总方式。

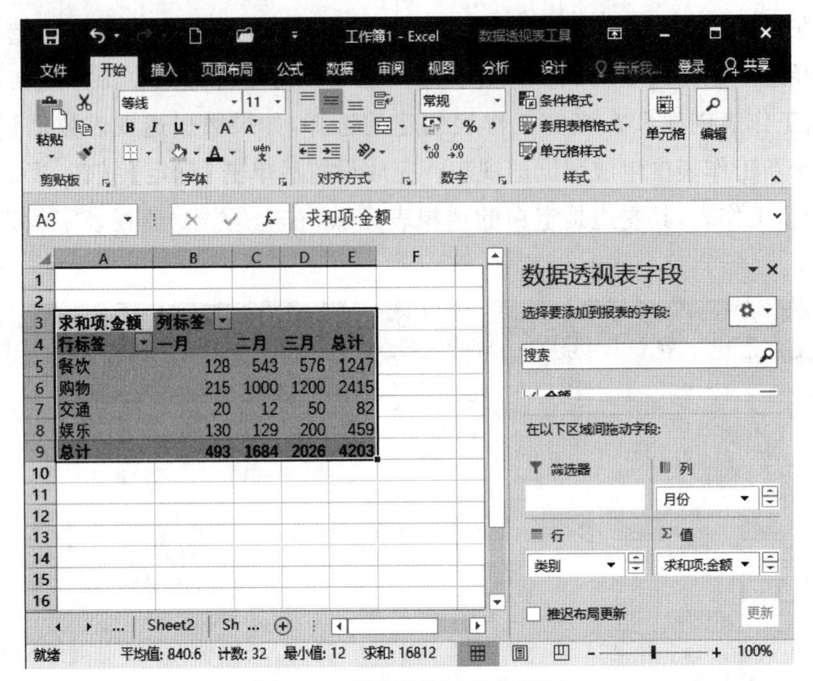

图 4-65 创建数据透视表样例

【例 4. 20】 如图 4-65 所示，将“金额”字段汇总方式由求和项改为平均值项。

选中“金额”字段中任一单元格，单击【数据透视表工具】|【分析】选项卡|【活动字段】组下的字段设置命令，打开【值字段设置】对话框，如图 4-66 所示，在值汇总方式选项卡下计算类型中选择“平均值”，单击【确定】按钮后，“金额”字段值汇总方式由求和项改为平均值项，改变后的数据透视表如图 4-67 所示。【值显示方式】选项卡可以改变值显示方式。

以上操作也可以在【数据透视表工具】|【分析】选项卡|【计算】组下完成。

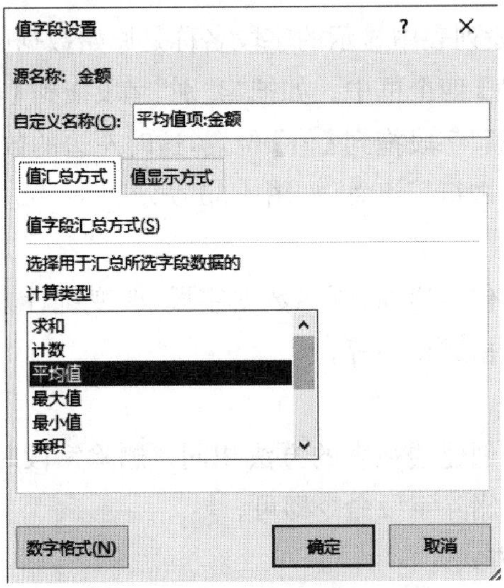

值字段设置
源名称: 金额
自定义名称(C): 平均值项:金额
值汇总方式
值显示方式
值字段汇总方式(S)
选择用于汇总所选字段数据的
计算类型
求和
计数
平均值
最大值
最小值
乘积
数字格式(N)
确定
取消

图 4-66 【值字段设置】对话框

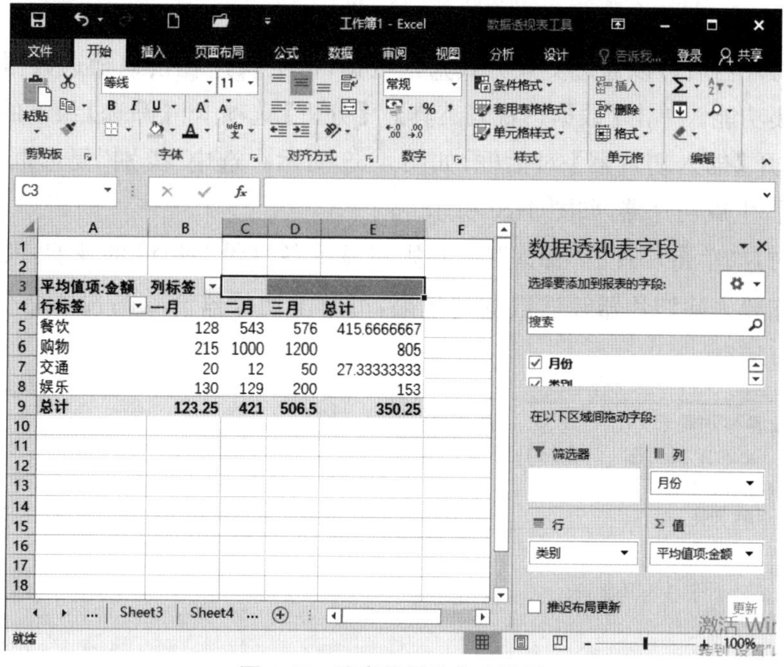

图 4-67　改变值汇总方式样例

(3)改变数据透视表布局。

在数据透视表字段列表【筛选器】【行】【列】【值】四个框之间拖动字段可以改变数据透视表布局。如图 4-65 所示,将列标签中的“月份”字段拖到行标签中,改变了数据透视表布局,如图 4-68 所示。【数据透视表工具】|【设计】选项卡|【布局】组下的报表布局命令也可以改变数据透视表布局。

图 4-68　改变数据透视表布局样例

(4)使用切片器。

插入切片器后可以通过交互方式筛选数据,可更快速轻松地筛选数据透视表和多维数据集功能。单击【数据透视表工具】|【分析】选项卡|【筛选】组下的插入切片器命令,打开【插入切片器】对话框,如图 4-69 所示。选中“类别”复选框,单击【确定】按钮后,生成切片器,如图 4-70 所示。

操作时,如单击切片器“餐饮”选项,则只显示各月份“餐饮”的花费,其他选项操作一致。如要去除切片器筛选数据的效果,可单击切片器清除筛选器命令按钮,数据即恢复原状。

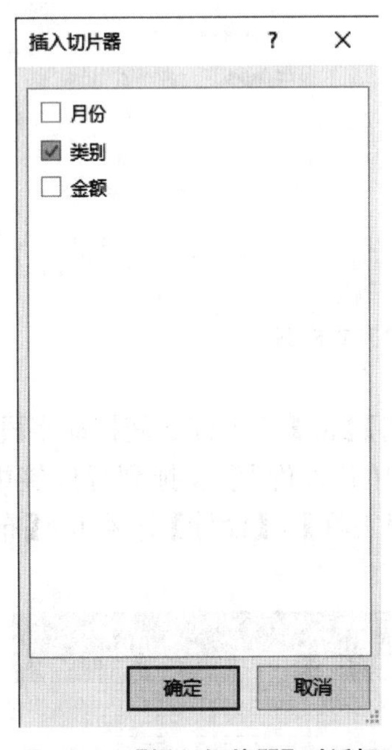

图 4-69 【插入切片器】对话框

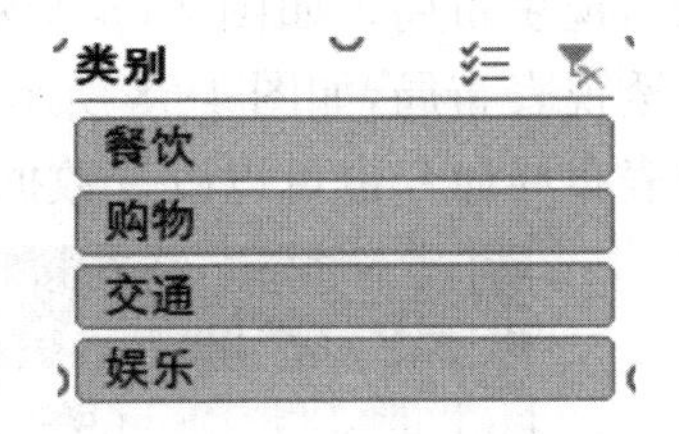

图 4-70 切片器

(5)插入数据透视图。

选中数据透视表数据区域或选中数据区域任一单元格,单击【数据透视表工具】|【分析】选项卡|【工具】组下的数据透视图命令,打开【插入图表】对话框,选择数据透视图类型后可以插入数据透视图。数据透视图的设计、布局等操作可以在数据透视图工具下完成。

3. 删除数据透视表

选中数据透视表数据区域或选中数据区域任一单元格,单击【数据透视表工具】|【分析】选项卡|【操作】选项|【清除】下的清除全部命令,删除数据透视表数据,但工作表保留。在数据透视表表名上单击鼠标右键,弹出快捷菜单,单击删除命令,可以将数据和工作表一起删除。

4.6　打印与输出数据表

4.6.1　设置工作表的页面格式

在文档打印前，可以对页面格式，如打印方向、缩放比例、纸张大小、页边距等进行设置，这些设置一般都通过【页面设置】对话框来完成。

单击【页面布局】选项卡|【页面设置】选项下的命令按钮 ，打开【页面设置】对话框，如图 4-71 所示，可以根据需要分别进行设置。

图 4-71　【页面设置】对话框

1. 页面

单击【页面设置】对话框中的【页面】选项卡，可进行如下设置。

(1)打印方向。可从中选择纵向或横向打印。

(2)缩小或放大打印的内容。如果工作表中的内容不能按所需的页码打印输出，可以对其进行调整或缩放，使其能够以比正常比例略大或略小的方式打印。

(3)纸张大小。单击纸张大小选择框右侧的下拉箭头，打开下拉列表，从中选择合适的纸张类型。

(4)改变起始页的页码。

2. 页边距

单击【页面设置】对话框中的【页边距】选项卡,可设置上、下、左、右边距和页眉、页脚的高度。

3. 页眉/页脚

如果要创建选定工作表的页眉和页脚,在【页面设置】对话框中打开【页眉/页脚】选项卡,用户可以设置所需的页眉和页脚。

选择内置页眉或页脚的方法:分别单击页眉或页脚编辑列表框右侧的下拉箭头,打开下拉列表,从中选择所需的页眉或页脚。

用户也可以自定义页眉和页脚,操作方法如下。

(1)单击自定义页眉或自定义页脚命令按钮,打开【页眉】或【页脚】对话框,【页眉】对话框如图 4-72 所示。

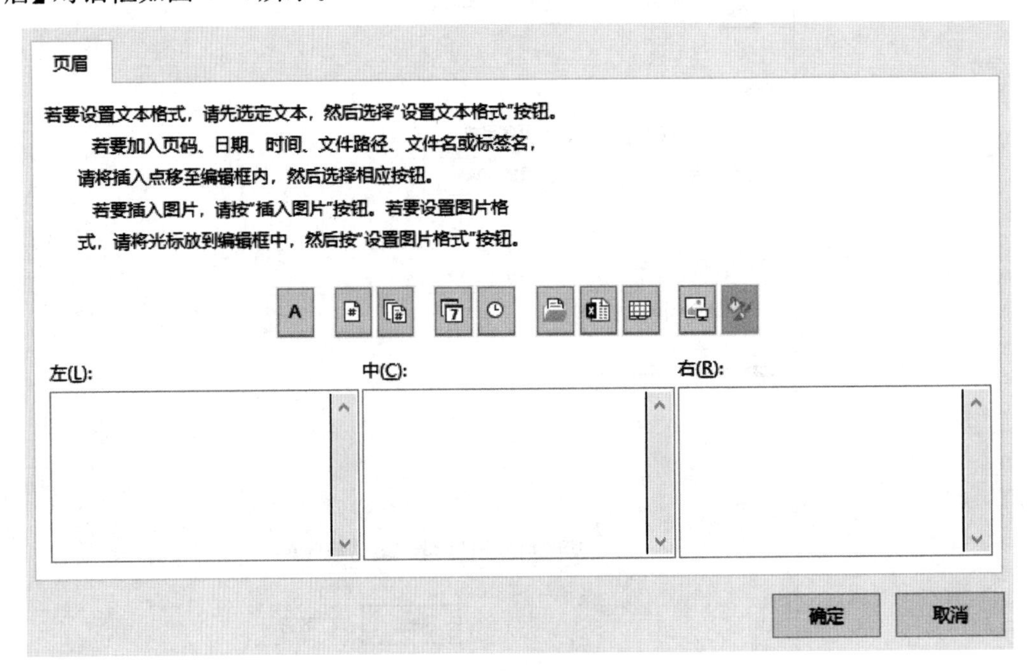

图 4-72 【页眉】对话框

(2)单击左、中或右编辑框,然后单击对话框中相应的按钮,如:格式文本、插入页码、插入页数、插入日期、插入时间、插入文件路径、插入文件名、插入数据表名称、插入图片等,在所需的位置插入相应的页眉或页脚内容。

如果要在页眉或页脚中添加其他文字,则在左、中或右编辑框中键入相应的文字。如果要在某一位置另起一行,按回车键即可;如果要删除某一部分的页眉或页脚,可选中需要删除的内容,然后按【Backspace】键或【Delete】键。

4. 工作表

选择【页面设置】对话框中的【工作表】选项卡，如图 4-73 所示。

图 4-73　【页面设置】对话框【工作表】选项卡

(1)定义打印区域。

如果只需打印选定工作表的部分内容，则可在打印区域编辑框中输入打印的区域范围。

在顶端标题行框中输入顶端标题行或利用折叠命令按钮选择顶端标题行，在左端标题行框中输入左端标题行或利用折叠命令按钮选择左端标题行，可以使顶端标题行或左端标题行出现在每一页打印输出的工作表中。

(2)指定打印项目。

选中打印区域中的网格线、草稿品质、单色打印、行号列标复选框可分别指定打印的项目和打印方式。

(3)打印单元格批注。

如果单元格中含有批注,也可将其打印出来。

(4)设置打印顺序。

在【工作表】选项卡中还可以设置打印行列的顺序,选择先列后行,则按从列到行的顺序打印;选择先行后列,则按从行到列的顺序打印。

以上操作也可以通过【页面布局】选项卡|【页面设置】选项下的一些命令来完成。

4.6.2 打印数据与图表

当有关的设置完成后,就可以打印文档了。单击【文件】选项卡下的打印命令,可以看到,界面的右边是打印预览效果图,左边是打印选项,如图 4-74 所示。

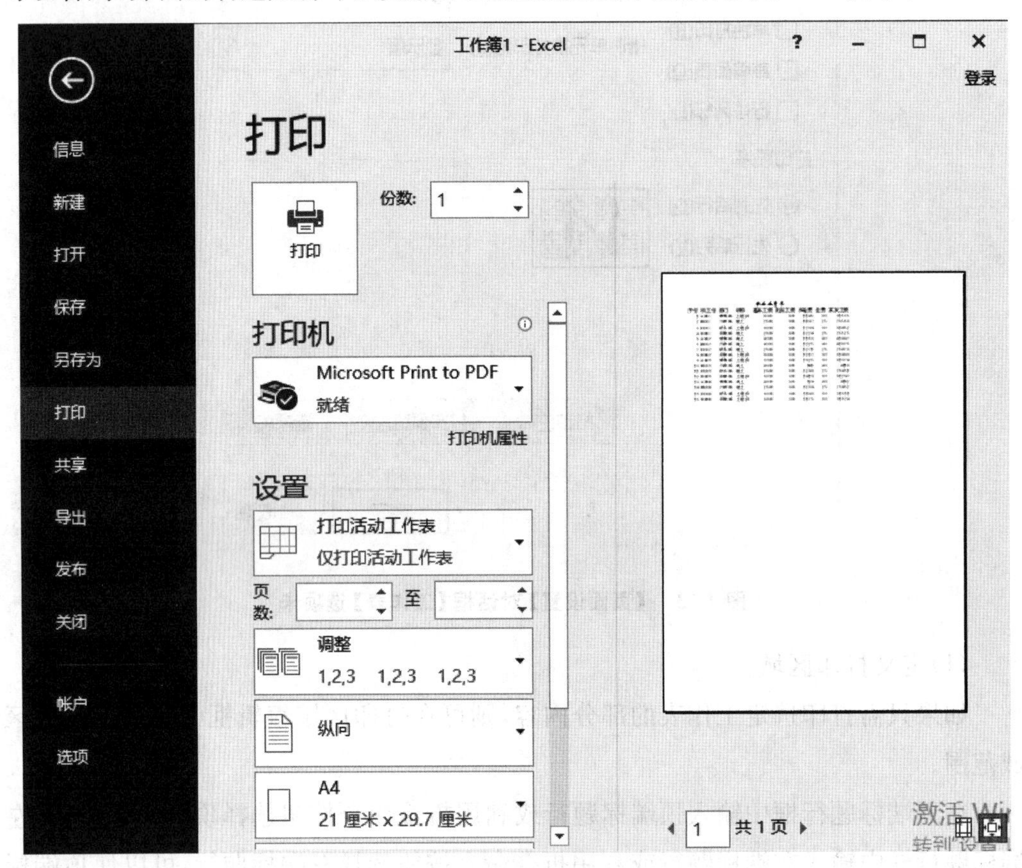

图 4-74 打印界面

在打印选项可以设置打印的份数、页数范围、打印机、纸张的大小和方向等。

若只打印选定的单元格区域,则在【页面设置】对话框中设定;若需要打印活动工作表,在图 4-74 所示设置选项中单击打印对象下拉框,选择【打印活动工作表】,如果需要将整个工作簿打印,则选择打印整个工作簿。

如果在工作表中定义了打印区域，则打印该区域；如果在工作表中选定了某一单元格区域，而在设置选项又选择了打印选定区域，则只打印选定的单元格区域而忽略工作表中任何定义的打印区域，设置的打印区域是长期有效的。

4.6.3　保护工作簿与工作表的安全

数据的安全始终是我们所关心的问题，下面是保护 Excel 工作簿的方法。

1. 文件安全的实现

工作簿具有多级安全性保护机制，最高的一层是文件安全性。文件的安全性又可分为三个层次。

(1)设置文件的保护口令。

具体操作步骤如下。

选择【文件】选项卡下的【另存为】命令，弹出【另存为】对话框，单击工具下拉框中的常规选项，打开【常规选项】对话框，如图 4-75 所示。在【常规选项】对话框的【打开权限密码】输入框中键入口令，单击【确定】按钮。在确认密码对话框中再输入一遍刚才键入的口令，再单击【确定】按钮。最后单击【另存为】对话框中的【确定】按钮。

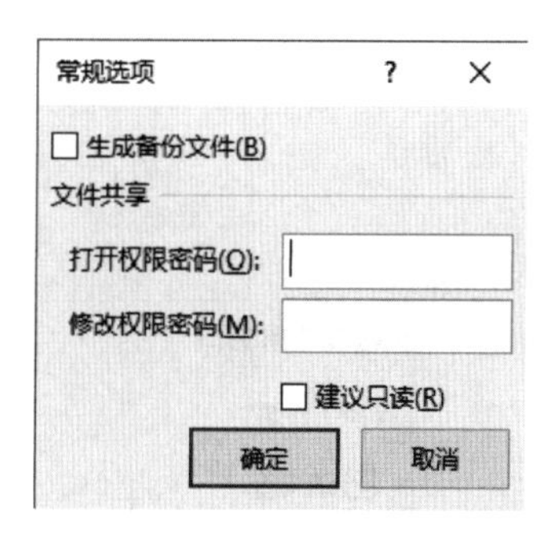

图 4-75　【常规选项】对话框

这样，以后每次打开或存取工作簿时，都必须先输入该口令。一般说来，这种保护口令适用于需要最高级安全性的工作簿。口令可以使用特殊字符，并且区分大小写。

(2)修改权限口令。

具体操作步骤同上。

这样，在不了解该口令的情况下，用户可以打开、浏览和操作工作簿，但不能存储该工作簿，从而达到保护工作簿的目的。口令可以使用特殊字符，并且区分大小写。

(3)以只读方式保存。

以只读方式保存工作簿就可以实现以下目的：当多人使用同一工作簿时，需防止工作簿中关键数据被修改；当工作簿需要定期维护，而不是每天都做修改时，将工作簿设置成只读方式可以防止无意中修改工作簿。

2. 工作簿内部的保护

当用户打开工作簿后，Excel 提供了其他安全性机制来限制用户的行为，从而达到保护的目的，通常，也可分为三个层次。

(1)工作簿的保护。

具体操作步骤如下。

单击【审阅】选项卡|【更改】选项下的保护工作簿命令，打开【保护结构和窗口】对话框，如图 4-76 所示。根据实际需要选定结构或窗口复选框，若需要口令则在对话框的密码(可选)文本框中键入口令，单击【确定】按钮。并在【确认密码】对话框中再输入一遍刚才键入的口令，再单击【确定】按钮。口令可以使用特殊字符，并且区分大小写。

(2)工作表的保护。

使用工作表保护机制可防止用户对工作表内容做修改。具体操作步骤如下。

单击【审阅】选项卡|【更改】选项下的保护工作表命令，打开【保护工作表】对话框，如图 4-77 所示。

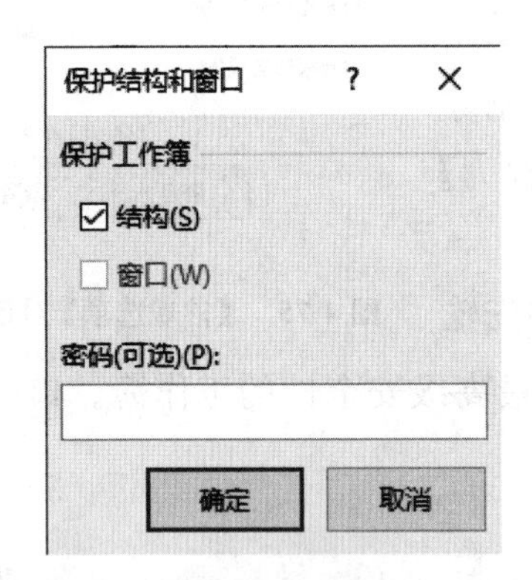

图 4-76 【保护结构和窗口】对话框

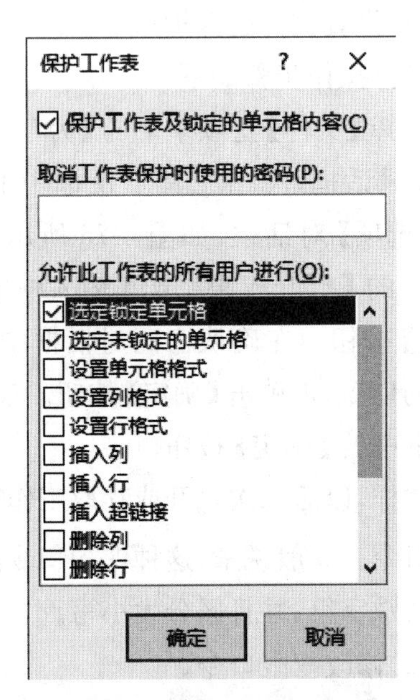

图 4-77 【保护工作表】对话框

在【允许此工作表的所有用户进行】列表框中根据需要选择【选定锁定单元格】等复选框。若需要口令则在取消工作表保护时使用的密码文本框中键入口令，单击【确定】按钮，并在【确认密码】对话框中再输入一遍刚才键入的口令，再单击【确定】按钮。口令可以使用特殊字符，并且区分大小写。

(3)单元格的保护。

有时需要对工作表中的个别单元格进行保护。如工作表中往往有许多公式单元格进行一些统计计算，如果操作者直接在这些单元格中键入数据，将会丢失这些设计的公式，使计算统计工作无法进行。所以，很有必要对这些单元格进行保护。具体操作如下。

选定要保护的单元格，打开【设置单元格格式】对话框，如图 4-78 所示。单击【保护】选项卡，并根据需要选定【锁定】或【隐藏】复选框，单击【确定】按钮即可。

若选择【锁定】复选框,则工作表受保护后不能更改这些单元格;若选择【隐藏】复选框,则工作表受保护后隐藏公式。需要特别指出的是:只有在保护工作表的情况下,锁定单元格或隐藏公式才会生效,即单元格保护从属于工作表保护。

图 4-78　【设置单元格格式】对话框

总之,Excel 为用户提供了全面的工作簿应用安全保护机制,在实际应用中用户可以根据实际情况选择实施。

习题 4

1. Excel 的主要功能有哪些?

2. 一个 Excel 工作簿中最多包含多少个工作表? 一个工作表中最多包含多少行、多少列?

3. 在 Excel 工作表中,相对引用、绝对引用和混合引用的含义分别是什么?

4. Excel 中提供的函数本质是什么?

5. Excel 中管理表格数据的方法主要有哪些?

6. 在 Excel 中,要想对单元格进行保护,前提条件是什么?

第5章 使用PowerPoint 2016 制作演示文稿

【引言】

PowerPoint 2016 是 Microsoft 公司推出的 Office 2016 办公组件之一，是一种专门用于制作演示文稿的软件，PowerPoint 2016 可以创建融文本、图形、图像、图表、声音、动画、视频于一体的演示文稿。因此用 PowerPoint 2016 制作的演示文稿广泛应用于各行各业。

本章主要介绍 PowerPoint 演示文稿的制作以及演示文稿的放映设置等。

5.1 PowerPoint 2016 的基本操作

PowerPoint 2016 是 Office 2016 的重要组件之一，安装了 Office 2016 即安装了其中的 PowerPoint 组件。PowerPoint 2016 是优秀的演示文稿制作软件，可以将文字、图形、图像、声音以及视频剪辑等多媒体元素融为一体，设计出极具感染力的演示文稿。

5.1.1 启动与退出 PowerPoint 2016

1. 启动 PowerPoint 2016

启动 PowerPoint 2016 的常用方法有如下几种。

(1)单击【开始】按钮⊞，单击 PowerPoint 2016 命令，或者单击“开始”屏幕中的 PowerPoint 2016 图标。此时将显示启动屏幕，并且 PowerPoint 2016 将启动。

(2)双击桌面上的快捷图标。

(3)通过打开已经存在的演示文稿。

(4)在【资源管理器】中查找 PowerPoint 2016 的安装路径,找到应用程序 PowerPoint. exe 图标,双击该图标。

2. 退出 PowerPoint 2016

退出 PowerPoint 2016 常用的有以下几种方法。

(1)单击标题栏最右方的【关闭】按钮。

(2)选择菜单【文件】|【关闭】命令,关闭当前文档。

(3)在标题栏任意位置单击鼠标右键,在出现的快捷菜单中选择【关闭】命令。

(4)按快捷键【Ctrl+F4】关闭当前文档,按快捷键【Alt+F4】关闭 PowerPoint 2016。

5.1.2　PowerPoint 2016 工作窗口

启动 PowerPoint 2016 应用程序之后,我们就可以看到 PowerPoint 2016 的工作窗口,如图 5-1 所示。它主要由标题栏、快速访问工具栏、【文件】菜单、功能选项卡、功能区、【缩略图】窗格、幻灯片编辑区、备注窗格和状态栏等部分组成。

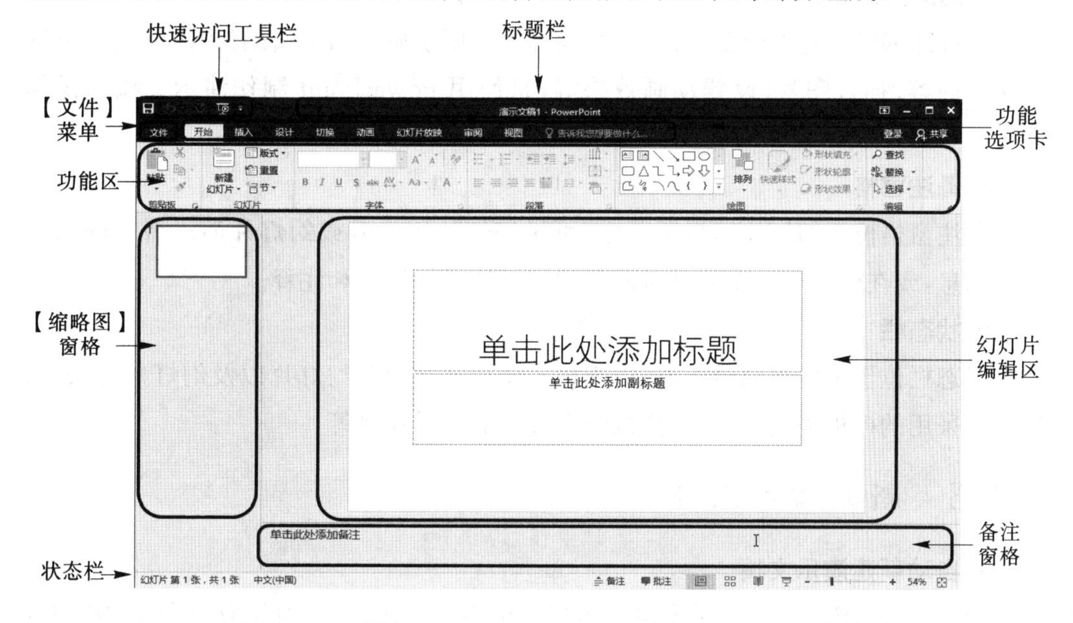

图 5-1　PowerPoint 2016 工作窗口

1. 标题栏

标题栏位于 PowerPoint 工作界面的最顶端,用于显示演示文稿的名称和程序名称,最右侧的三个按钮分别用于对窗口执行最小化、最大化和关闭等操作。

2. 快速访问工具栏

快速访问工具栏提供了最常用的【保存】按钮、【撤消】按钮和【恢复】按钮,单击对应的按钮可执行相应的操作。如需在快速访问工具栏中添加其他按钮,可单击其后的按钮,在弹出的菜单中选择所需的命令。

3.【文件】菜单

【文件】菜单用于执行 PowerPoint 演示文稿的新建、打开、保存和退出等基本操作;该菜单右侧列出了用户经常使用的演示文稿的名称。

4. 功能选项卡

功能选项卡相当于菜单命令,它将 PowerPoint 2016 的所有命令集成在几个功能选项卡中,选择某个功能选项卡可切换到相应的功能区。

5. 功能区

功能区中有许多自动适应窗口大小的工具栏,不同的工具栏中又放置了与此相关的命令按钮或列表框。

6.【缩略图】窗格

【缩略图】窗格也称大纲窗格,显示了幻灯片的排列结构,即整个演示文稿中幻灯片的编号及缩略图。单击此区域的不同幻灯片可以实现工作区内幻灯片的切换。

7. 幻灯片编辑区

幻灯片编辑区是整个工作窗口的核心区域,用于显示和编辑幻灯片,在其中可输入文字内容、插入图片、设置动画效果等,是使用 PowerPoint 制作演示文稿的操作平台。

8. 备注窗格

备注窗格位于幻灯片编辑区下方,可供幻灯片制作者或幻灯片演讲者查阅该幻灯片信息,或在播放演示文稿时对需要的幻灯片添加说明和注释。

9. 状态栏

状态栏位于工作界面最下方,用于显示演示文稿当前幻灯片以及幻灯片总张数、幻灯片采用的模板类型、视图切换按钮以及页面显示比例等。

5.1.3 新建演示文稿

1. 自动新建演示文稿

启动 PowerPoint 2016 后会自动新建一个空白演示文稿,其默认文件名为“演示文稿 1”。我们还可以选择【文件】菜单中的【新建】命令,在【新建】栏中单击【空白演示文稿】缩略图,创建一个默认名为“演示文稿 *i*”(*i* 为从 1 开始递增的自然数)的演示文稿,如图 5-2 所示。

2. 利用模板新建演示文稿

用户可以利用 PowerPoint 2016 提供的模板来创建演示文稿,其方法与通过命令创建空白演示文稿的方法类似。启动 PowerPoint 2016,选择【文件】菜单中的【新建】命令,在【新建】栏中选中某个模板缩略图,也可以从网上下载需要的模板,如图 5-2 所示。返回 PowerPoint 2016 工作界面,即可看到新建的演示文稿。

提示： 使用主题可使没有专业设计水平的用户设计出专业的演示文稿效果。其方法是：选择【文件】菜单中的【新建】命令，打开页面【新建】栏中的“特色”，选择需要的主题，最后单击【创建】按钮，即可创建一个有背景颜色的演示文稿。

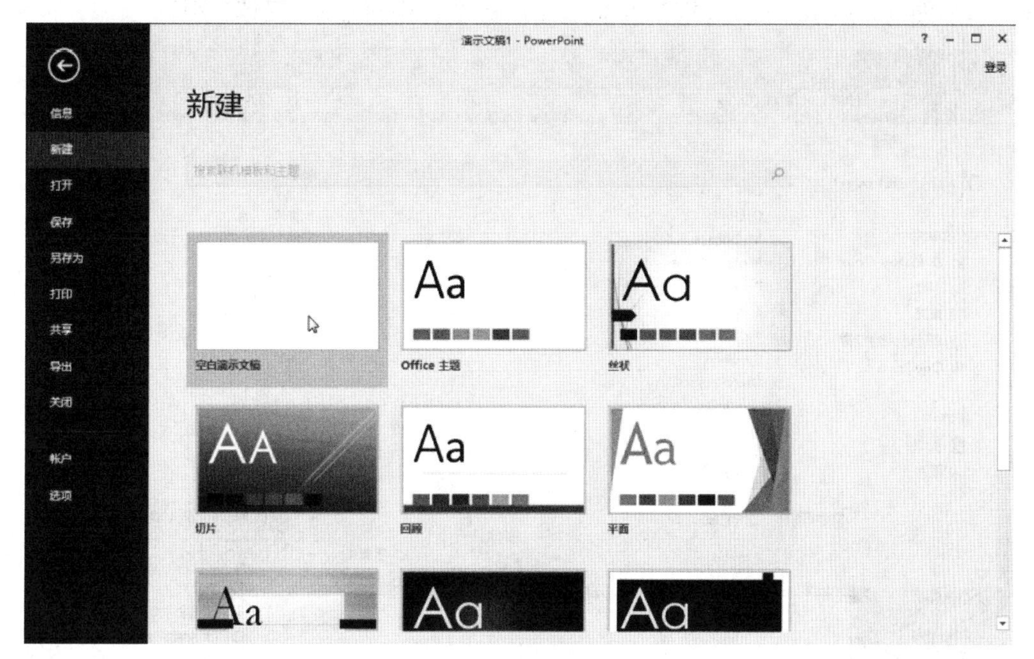

图 5-2　新建演示文稿

3. 使用 Office. com 上的模板新建演示文稿

如果 PowerPoint 中自带的模板不能满足用户的需要，就可使用 Office. com 上的模板来快速创建演示文稿。其方法是：选择【文件】菜单中的【新建】命令，在【搜索联机模板和主题】栏中输入需要的模板名称(例如：业务计划、年度报告、每周更新、业务建议、日历等)，然后按 Enter 键，找到所需的模板后，单击该模板查看详细信息，然后单击【创建】按钮。

5.1.4　打开与关闭演示文稿

1. 打开演示文稿

可通过下面的方法之一打开演示文稿。

(1)打开一般演示文稿：启动 PowerPoint 2016，选择【文件】|【打开】命令，打开【打开】对话框，在其中选择需要打开的演示文稿，单击 打开(O) 按钮，即可打开选择的演示文稿。

(2)打开最近使用的演示文稿：PowerPoint 2016 提供了记录最近打开演示文稿保存路径的功能。如果想打开刚关闭的演示文稿，可选择【文件】|【打开】|【最近】命令，在打开的页面中将显示最近使用的演示文稿的名称和保存路径，然后选择需要打开的演示文稿完成操作。

(3)以只读方式打开演示文稿:以只读方式打开演示文稿只能进行浏览,不能更改演示文稿中的内容。其打开方法是:选择【文件】|【打开】命令,找到需要打开的文件,单击 按钮右侧的下拉按钮,在弹出的下拉列表中选择【以只读方式打开】选项,如图 5-3 所示。此时,打开的演示文稿标题栏中将显示“只读”字样。

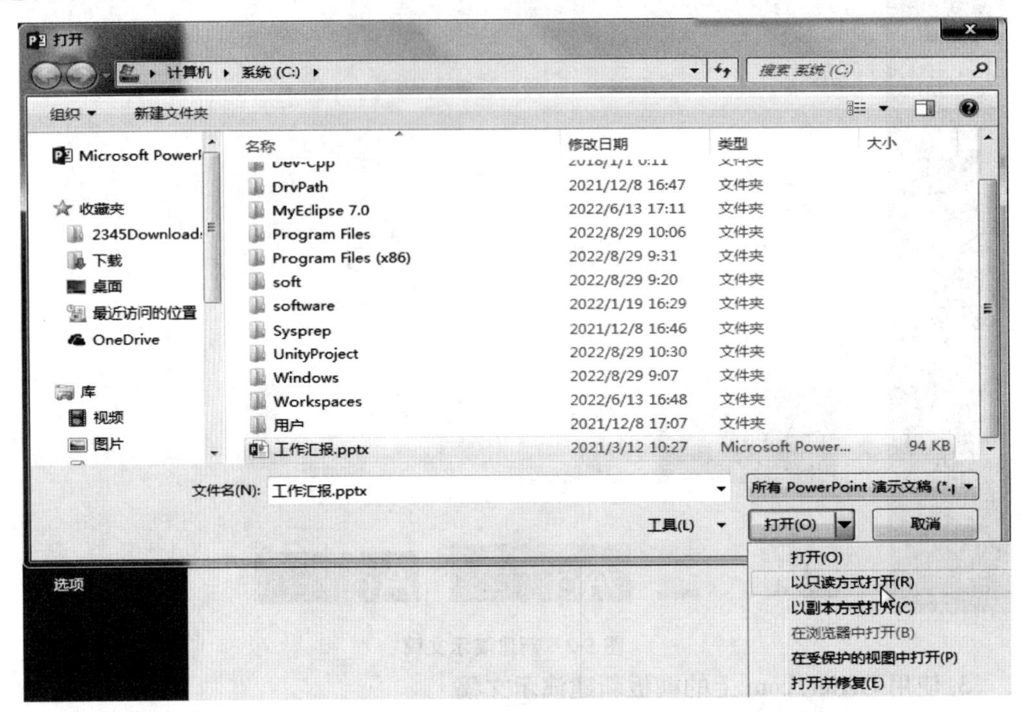

图 5-3 选择打开方式

(4)以副本方式打开演示文稿:以副本方式打开演示文稿是将演示文稿作为副本打开,对演示文稿进行编辑时不会影响源文件的效果。其打开方法和以只读方式打开演示文稿方法类似,在【打开】对话框中选择需打开的演示文稿后,单击 按钮右侧的下拉按钮,在弹出的下拉列表中选择【以副本方式打开】选项,在打开的演示文稿文件名前将加上“副本”字样。

2. 关闭演示文稿

(1)通过快捷菜单关闭:在 PowerPoint 2016 工作界面标题栏上单击鼠标右键,在弹出的快捷菜单中选择【关闭】命令。

(2)单击按钮关闭:单击 PowerPoint 2016 工作窗口标题栏右上角的 按钮,关闭演示文稿并退出 PowerPoint 2016。

(3)通过命令关闭:在打开的演示文稿中选择【文件】|【关闭】命令,关闭当前演示文稿。

如果当前演示文稿没有保存,Excel 会提醒用户是否保存文件。

5.1.5　保存演示文稿

(1)直接保存演示文稿:直接保存演示文稿是最常用的保存方法。其方法是:选择【文件】|【保存】命令或单击快速访问工具栏中的【保存】按钮,打开【另存为】对话框,在【另存为】对话框单击【浏览】按钮,在弹出的【另存为】对话框左侧的位置栏快速定位,或在保存位置下拉列表框中选择存放该文档的文件夹。

(2)在【文件名】下拉列表框中输入文档名,单击 保存(S) 按钮。

(3)另存为演示文稿:若不想改变原有演示文稿中的内容,可通过【另存为】命令将演示文稿保存到其他位置,如图 5-4 所示。

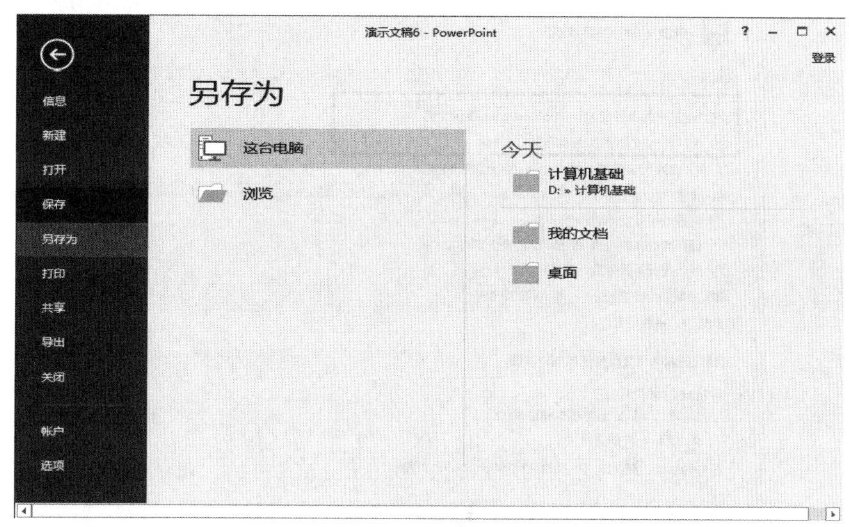

(a)【文件】|【保存】

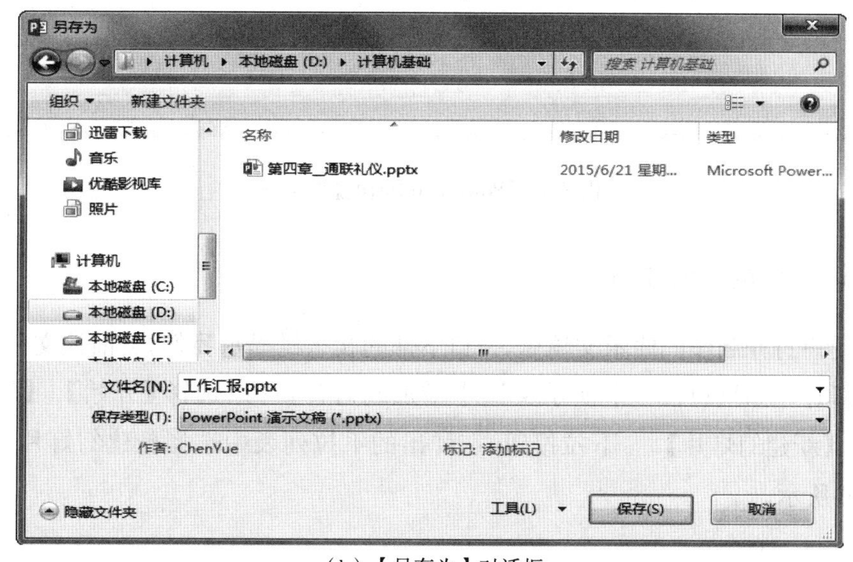

(b)【另存为】对话框

图 5-4　保存演示文稿

(4)将演示文稿保存为模板：为了提高工作效率，可根据需要将制作好的演示文稿保存为模板，以备以后制作同类演示文稿时使用。其方法是：选择【文件】|【保存】命令，打开【另存为】对话框，在【保存类型】下拉列表框中选择【PowerPoint 模板】选项，单击 保存(S) 按钮。

(5)自动保存演示文稿：在制作演示文稿的过程中，为了减少不必要的损失，可为正在编辑的演示文稿设置定时保存。其方法是：选择【文件】|【选项】命令，打开【PowerPoint 选项】对话框，如图 5-5 所示。选择【保存】选项卡，在【保存演示文稿】栏中进行设置，并单击 确定 按钮。

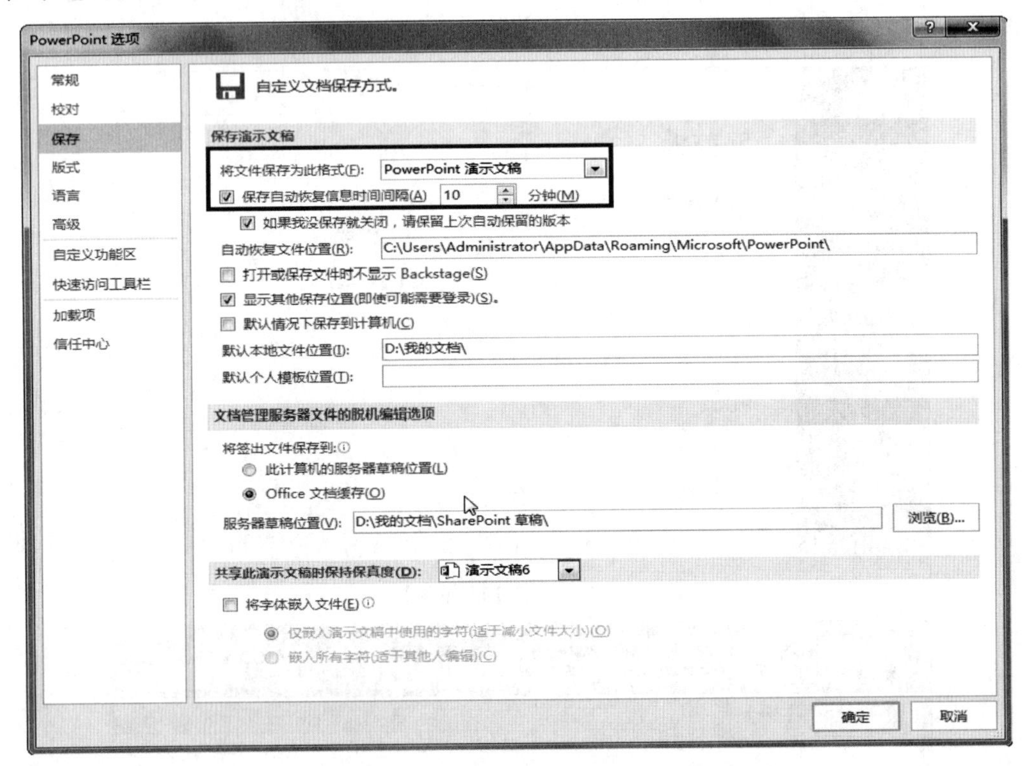

图 5-5 【PowerPoint 选项】对话框

5.1.6 新建幻灯片

当用户打开制作的演示文稿后，窗口下部的状态栏提示我们，目前该文件中只有一页幻灯片。如果想在一个演示文稿中增加幻灯片，可以选择【开始】|【幻灯片】组，单击【新建幻灯片】下拉按钮，在弹出的下拉列表中选择新建幻灯片的版式，如图 5-6 所示。

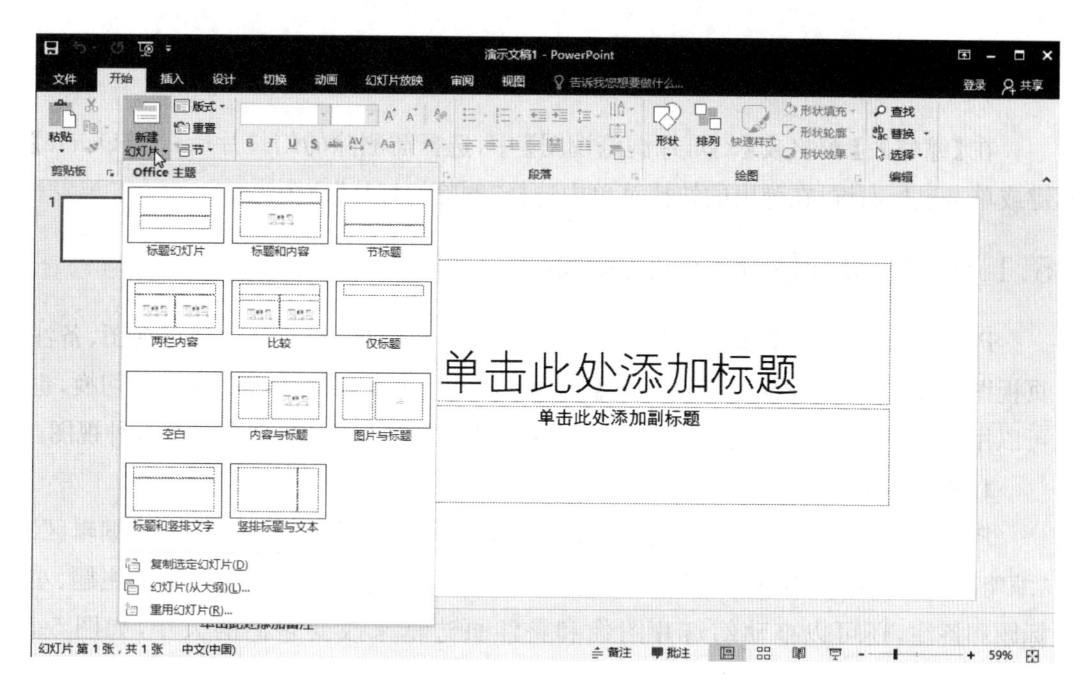

图 5-6 选择幻灯片版式

提示： 用户可在新建的空白演示文稿的【缩略图】窗格空白处单击鼠标右键，在弹出的快捷菜单中选择【新建幻灯片】命令创建幻灯片。

在【缩略图】窗格中，选择任意一张幻灯片的缩略图，按回车键即可新建一张与所选幻灯片版式相同的幻灯片。

5.1.7 移动与复制幻灯片

1. 通过鼠标拖动移动和复制幻灯片

选择需移动的幻灯片，按住鼠标左键不放，拖动到目标位置后释放鼠标，完成移动操作。选择幻灯片后，按住Ctrl键的同时拖动到目标位置可实现幻灯片的复制。

2. 通过菜单命令移动和复制幻灯片

方法一：选择需移动或复制的幻灯片，在其上单击鼠标右键，在弹出的快捷菜单中选择【剪切】或【复制】命令，然后将鼠标定位到目标位置，单击鼠标右键，在弹出的快捷菜单中选择【粘贴】命令，完成移动或复制幻灯片。

方法二：选择需移动或复制的幻灯片，单击【开始】|【剪贴板】选项组中的【剪切】或【复制】按钮，然后将鼠标定位到目标位置，单击【开始】|【剪贴板】选项组中的【粘贴】按钮。

提示： 选择需移动或复制的幻灯片，按【Ctrl+X】或【Ctrl+C】组合键，然后在目标位置按【Ctrl+V】组合键，也可移动或复制幻灯片。

5.1.8 删除幻灯片

在【缩略图】窗格或【幻灯片浏览视图】中，选择需删除的幻灯片后，按【Delete】键或单击鼠标右键，在弹出的快捷菜单中选择“删除幻灯片”命令。

5.1.9 PowerPoint 的视图模式

PowerPoint 2016 有五种视图方式：普通视图、大纲视图、幻灯片浏览视图、备注页视图和阅读视图。可以利用【视图】选项卡的相应命令来完成视图方式的切换，也可以用鼠标单击相应的视图按钮，进入相应的视图方式。下面分别介绍这五种视图。

1. 普通视图

PowerPoint 2016 默认显示普通视图，在该视图中可以同时显示“幻灯片编辑区”“缩略图窗格”以及“备注窗格”。在该视图中，可以输入、查看每张幻灯片的主题、小标题和备注，还可以拖动幻灯片图像和备注页边框来改变它们的大小，如图 5-7 所示。

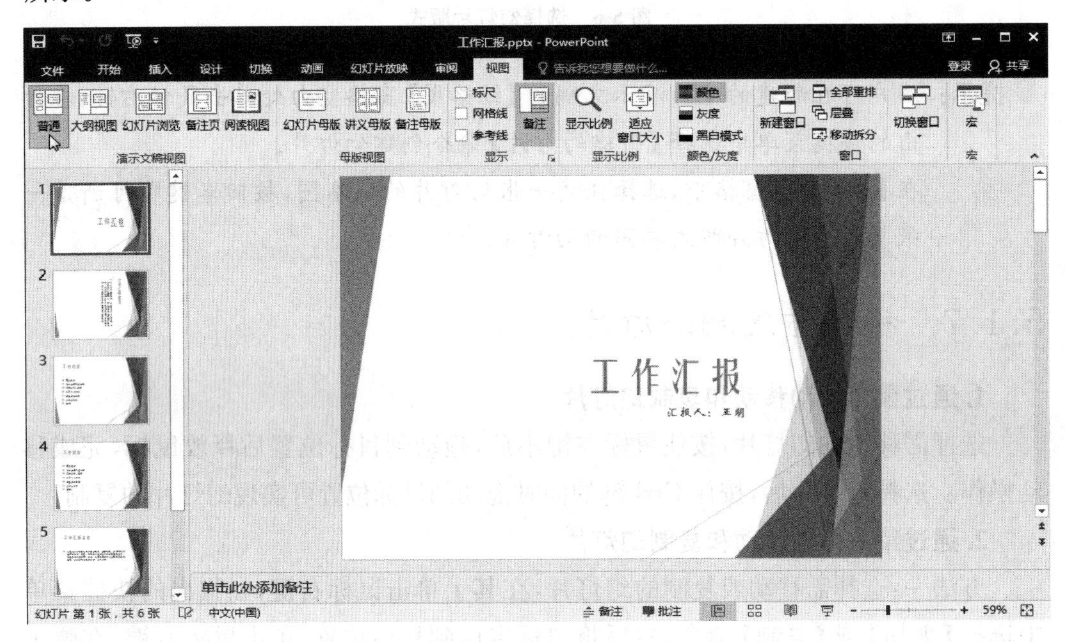

图 5-7 普通视图

2. 大纲视图

大纲视图主要用于查看、编排演示文稿的大纲，在此视图下可以调整各幻灯片的前后顺序，在一张幻灯片内可以调整标题的层次级别和前后次序；可以将幻灯片的文本复制或移动到其他幻灯片中。

3. 幻灯片浏览视图

幻灯片浏览视图是以缩略图形式显示所有幻灯片的视图。结束创建或编辑演示文稿后，幻灯片浏览视图显示演示文稿的整个图片，使重新排列、添加或删除幻灯片以及预览切换和动画效果都变得很容易。在该视图中，可以查看演示文稿中所有幻灯片的缩略图；可以检查文稿在总体设计方案上的前后协调性，重新排列幻灯片顺序，设置幻灯片切换和动画效果，设置排练幻灯片放映时间等，如图 5-8 所示。

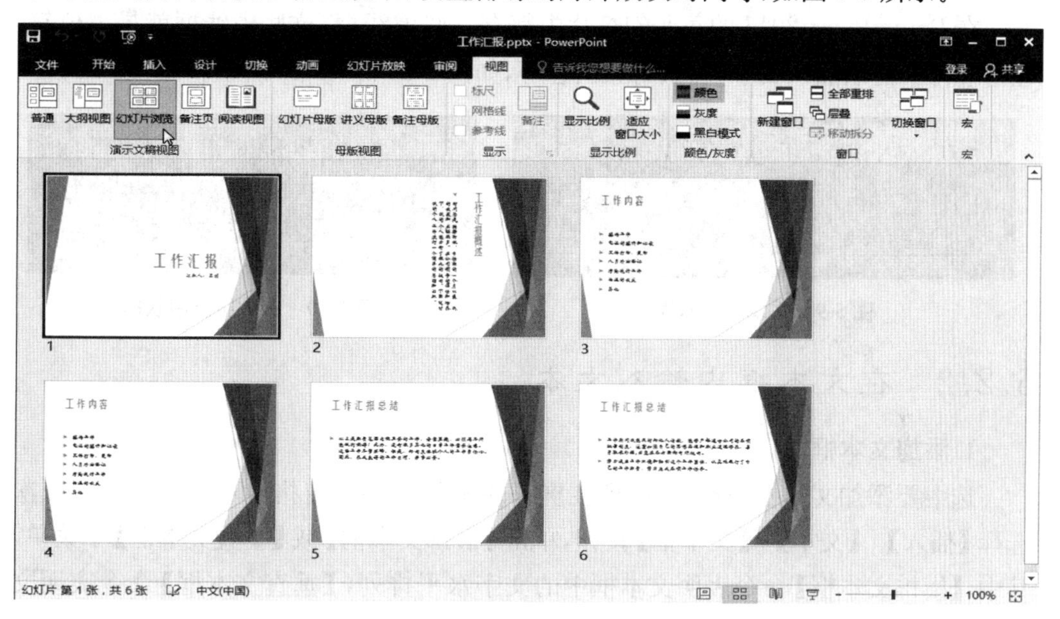

图 5-8　幻灯片浏览视图

4. 备注页视图

备注页视图与普通视图相似，只是没有“缩略图窗格”，在此视图下幻灯片编辑区中完全显示当前幻灯片的备注信息。在该视图中，可以查看或编辑每张幻灯片的备注信息，还可以自由调整备注文本框的大小。

5. 阅读视图

该视图仅显示标题栏、阅读区和状态栏，主要用于浏览幻灯片的内容。在该模式下，演示文稿中的幻灯片将以窗口大小进行放映。

5.2　演示文稿中的文本编辑与设置

文字是幻灯片中最主要的组成元素，在制作演示文稿的过程，首先需要考虑的就是如何向幻灯片中输入文字，并对文字进行编辑和格式化。文本的录入、编辑的操作方法与文字处理软件中的方法类似。

5.2.1 在占位符中输入文本

占位符就是先占住一个固定的位置，等着用户往里面添加内容的。它在幻灯片上表现为一个虚框，绝大多数幻灯片版式都有这种框。虚框内往往有“单击此处添加标题”之类的提示内容，一旦鼠标单击之后，提示语会自动消失，可用实际内容替换提示内容，提示语在放映中不会出现。

在 PowerPoint 2016 的每张幻灯片中都有一些虚线框，这些虚线框就是占位符。在占位符中可以插入文字信息、对象内容等，如图 5-9 和图 5-10 所示。

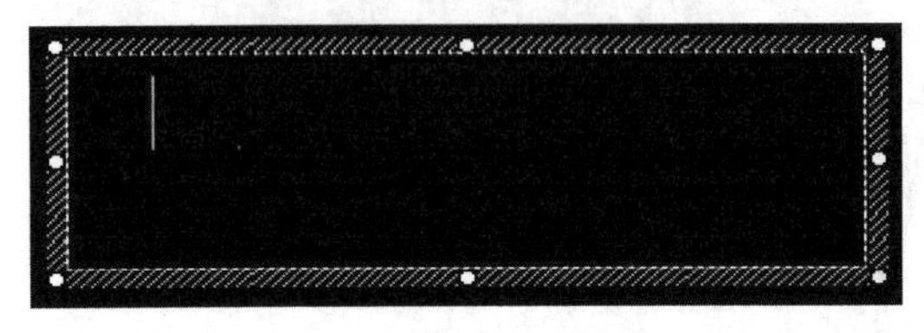

图 5-9 文本编辑状态

图 5-10 占位符选中状态

5.2.2 在文本框内输入文本

1. 添加文本框

选中要添加文本框的幻灯片，即在屏幕左侧的缩略图窗格中单击幻灯片。依次选择【插入】|【文本】|【文本框】按钮，单击【横排文本框】或【垂直文本框】子菜单，其中，【横排文本框】命令表明文本框中的文字水平排列，【垂直文本框】命令表明文本框中的文字垂直排列。

在进行上述操作后，光标变成“十”字形，在要添加文本框的幻灯片上，按住鼠标左键并拖动，屏幕上便会出现一个具有虚边框的长方框，这就是插入的文本框。其中文本框的默认高度是能容纳下一行文本，当在文本框中输入的文字超过一行时，系统会自动换行，而不用按回车键，同时自动调整文本框的高度。

2. 占位符与文本框的区别

文本占位符与文本框在形式与内容上非常类似，但是有区别。

(1)文本占位符由幻灯片的版式和模板确定，文本框是通过绘图工具或插入菜单确定的。

(2)占位符的文本可以在大纲视图中显示出来，而文本框的文本不会在大纲视图中显示。

(3)当其中的文本太多或太少时，占位符可以自动调整文本的字号，使之与占位符的大小相适应，文本框则不可以。

5.2.3 选择文本

在要全部修饰的文本区内单击鼠标，使该文本框被选中，即文本被一虚边框包围。

选中文本框内要修饰的文本部分。选中的步骤是先将鼠标移动到要修饰的文本的开始，按住鼠标左键不放，将鼠标拖动到要修饰的文本的末端，松开鼠标左键，此时该文字段的背景色和它的色彩都变为反色，表明被选中。

5.2.4　移动与复制文本

1. 移动文本

首先选中文本，按住鼠标左键拖动选中的文本，将其拖动到需要放置的位置，松开鼠标左键。

2. 复制文本

首先选中文本，按快捷键【Ctrl＋C】，或在文本选择区中右击鼠标，在弹出菜单中选择【复制】菜单项，然后将光标定位在需要粘贴的位置，按快捷键【Ctrl＋V】或右击鼠标，在弹出菜单中选择【粘贴】菜单项。

5.2.5　删除文本

如果是删除一部分文本，则要先选中文本，然后按【Delete】键；如果是删除单个字符，可以通过键盘的【Backspace】键和【Delete】键来完成。

5.2.6　撤消与恢复文本

当对文本内容进行错误的修改或删除，需要恢复到修改前的状态时，可以单击【快速访问工具栏】的 按钮或按快捷键【Ctrl＋Z】撤消最近的操作。

5.2.7　查找与替换文本

要对幻灯片中的某个（或多个）字符进行查找，依次选择【开始】|【编辑】选项组，单击【查找】按钮，在弹出的对话框中输入要查找的内容，单击【查找下一处】按钮即可对内容进行定位；如果要对幻灯片文件中的某个（或多个）字符进行替换，可依次选择【开始】|【编辑】选项组，单击【替换】按钮，在弹出的对话框中输入要查找和替换的内容，单击【替换】或【全部替换】按钮进行替换操作。

5.2.8　设置文本字体格式

设置修饰文本（包括定义文本的字体、字号、颜色及效果等操作）。首先选中需要设置的文本内容，然后通过下面的操作完成字体格式的设置。这和在 Word 中进行设置是一样的。

单击【开始】|【字体】中的按钮可以改变文字的格式，例如：字体、字号、加粗等，

也可以单击【字体】选项组右侧的倒三角打开【字体】对话框进行设置，如图 5-11 所示。

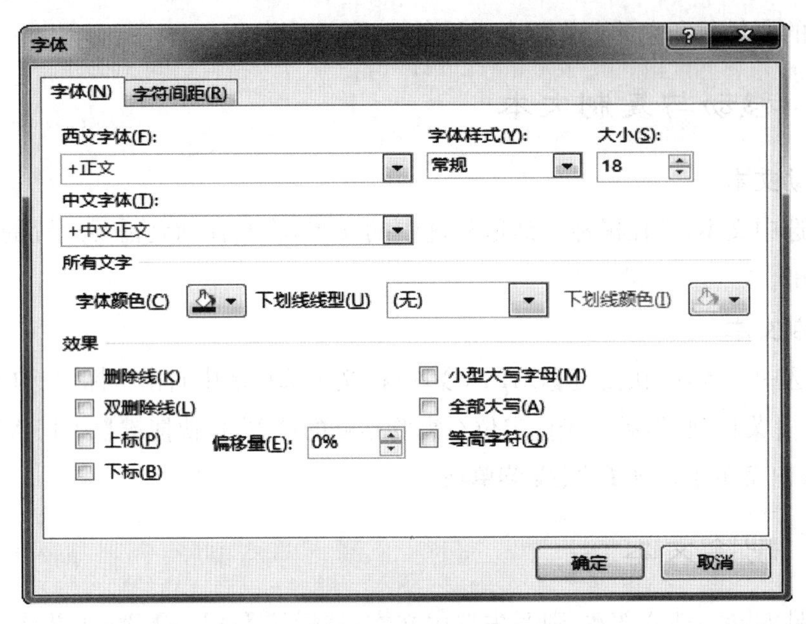

图 5-11 【字体】对话框

5.2.9 设置段落格式

单击【开始】|【段落】中的按钮可以改变文字的段落设置，例如：对齐方式、间距、缩进等，也可以单击【段落】选项组右侧的倒三角打开【段落】对话框进行设置，如图 5-12 所示。

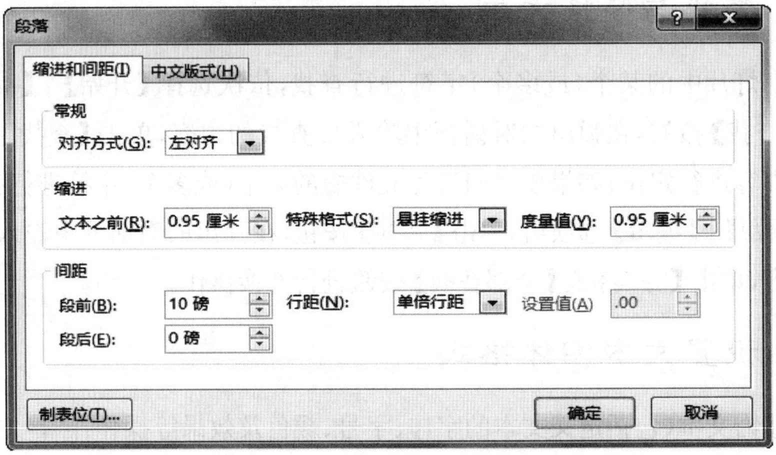

图 5-12 【段落】对话框

5.2.10　设置项目符号与编号

选中需要设置项目符号或编号的文本，单击【开始】|【段落】中的【编号】按钮 或【项目符号】按钮 ，在打开的选项中选择需要的编号和项目符号的样式，也可选择【项目符号和编号】选项，在打开的【项目符号和编号】对话框中单击项目符号或编号选项卡进行设置，如图 5-13 所示。

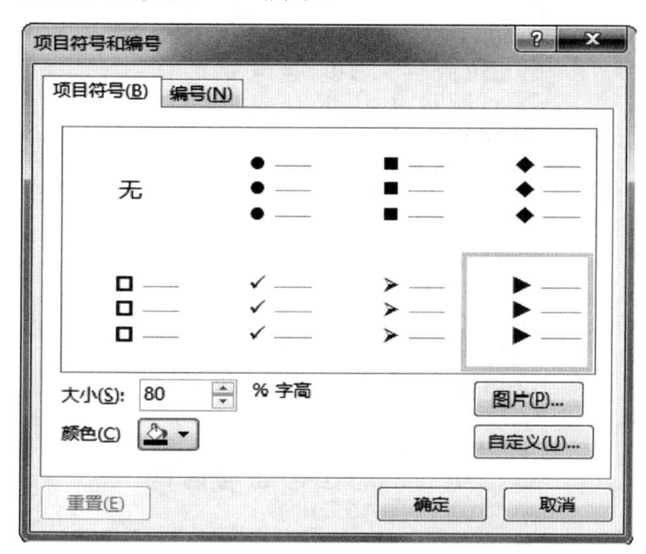

图 5-13　【项目符号和编号】对话框

5.3　演示文稿中图形与图表的使用

在使用 PowerPoint 设计演示文稿时，为了增强文稿的演示效果，更生动形象地表示数据，可以在演示文稿中插入各类图形和统计图表。

5.3.1　绘制图形

单击【开始】选项卡，在【绘图】选项组形状菜单里单击所需的自选图形，如图 5-14所示。将鼠标指针移至要插入图片的位置，此时鼠标指针变成“＋”字形，拖动鼠标到合适的位置即可。如果要画出正方形或圆形，可在拖动鼠标的同时按住【Shift】键。

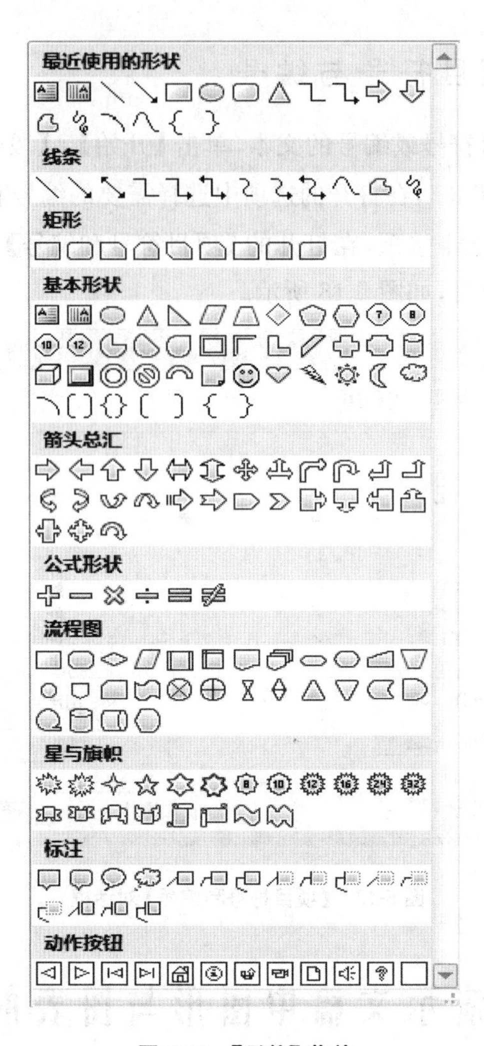

图 5-14 【形状】菜单

提示：也可单击【插入】选项卡【插图】选项组中的【形状】按钮打开形状菜单。

5.3.2 插入图片

选中需要插入图片的幻灯片，单击【插入】选项卡|【图像】选项组|【图片】按钮，打开【插入图片】对话框。在对话框中确定查找范围，选定所需要的图形文件，同时可以在右侧预览框中观察选定的图形。单击【插入】按钮，此图形即插入文本插入点位置，如图 5-15 所示。

图 5-15　【插入图片】对话框

5.3.3　创建相册

在 PowerPoint 2016 中，相册的功能是把要使用的图片放置在相册中，这样用户可以一次性将相册中的所有图片插入到当前幻灯片文件中。依次单击【插入】选项卡【图像】选项组【相册】按钮，在菜单中选择【新建相册】选项，打开【相册】对话框，如图 5-16 所示。

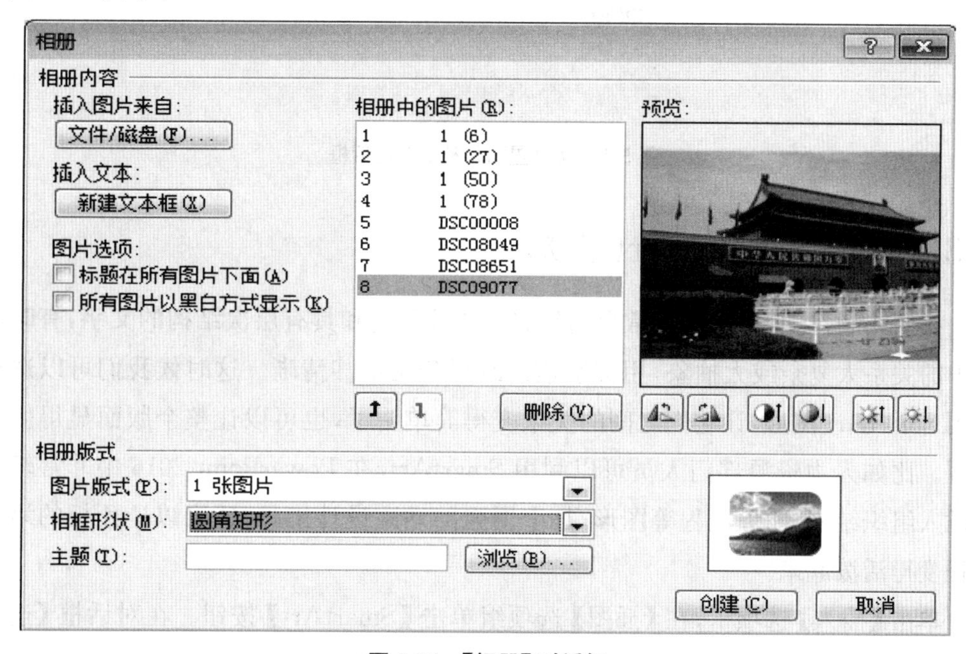

图 5-16　【相册】对话框

5.3.4 设置图片格式

在 PowerPoint 2016 中插入的图片都是按照原尺寸大小插入的，不一定符合版面要求，用户可以选中需要编辑的图片，这时就会出现【图片工具】面板，如图 5-17 所示。

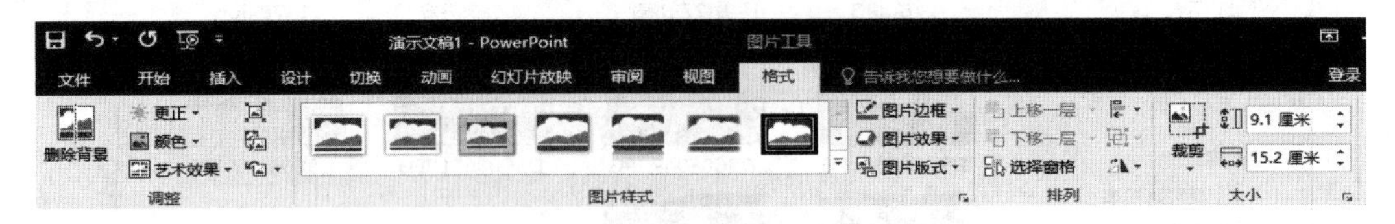

图 5-17 【图片工具】面板

单击【格式】选项卡中的按键可以完成图片的编辑工作。也可以在图片上右击，选择【设置图片格式】选项，打开【设置图片格式】对话框，对插入的图片进行编辑，如图 5-18 所示。

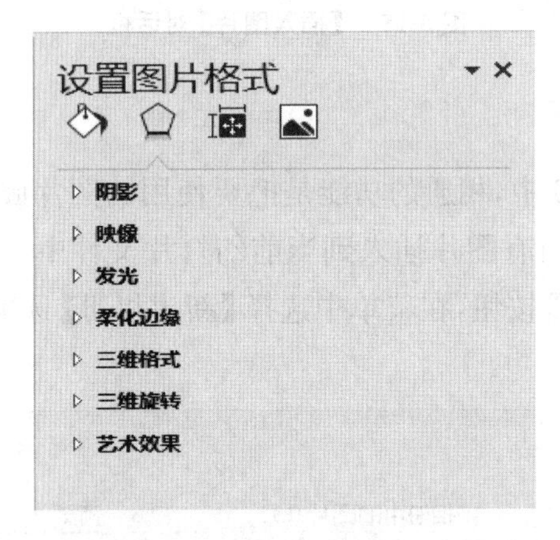

图 5-18 【设置图片格式】对话框

5.3.5 插入 SmartArt 图形

我们在制作幻灯片时，常常会遇到需要统计分析和具有层次结构的文字，有时候其中的关系太复杂或太抽象，用文字描述既累赘又不甚清晰。这时候我们可以选择使用 SmartArt 图形，让它们之间的关系变得简单明了，也可以让整个版面显得生动美观。比如人力资源部门人员可以利用 SmartArt，在 PowerPoint 2016 中非常轻松地插入组织结构、业务流程等图形，加上增强的动画设计工具，还可以让死板的培训课程变得活泼起来。

单击【插入】选项卡，在【插图】选项组单击【SmartArt】按钮。在对话框【选择 SmartArt 图形】中选择一种，选择完毕后单击【确定】，如图 5-19 所示。

在【文本】框内依次输入文字。SmartArt 图形设置动画效果可以整体添加，也可以给每一部分分别添加，要分别添加首先要取消图形组合。选中 SmartArt 图形，在【SmartArt 工具】|【格式】选项卡中，单击【排列】选项组，在下拉面板中选择【组合】|【取消组合】。这时候我们发现跳转到了【绘图工具】，选中图形，单击鼠标右键，在弹出的快捷菜单中再次选择【组合】|【取消组合】。这时候图形才能被一块块分别添加动画效果。

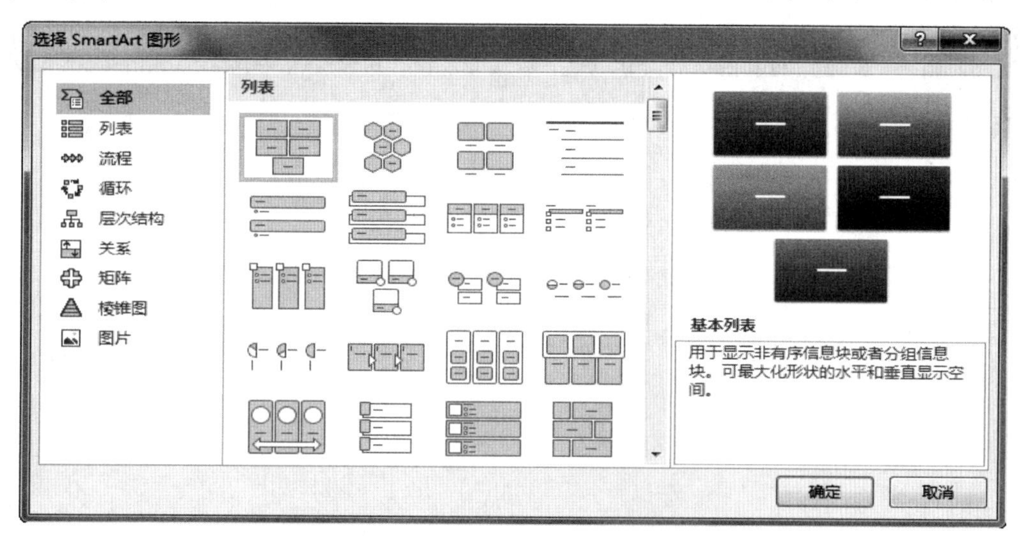

图 5-19　【选择 SmartArt 图形】对话框

5.3.6　插入与编辑艺术字

艺术字的编辑方式与 Word 软件的操作类似。

(1)依次单击【插入】选项卡|【文本】选项组|【艺术字】按钮，，出现【艺术字库】面板，如图 5-20 所示。

(2)在【艺术字库】面板中选择需要的艺术字式样。

(3)在【请在此放置您的文字】文本框中输入文本。

(4)选中刚才生成的艺术字，在【绘图工具】|【格式】选项卡中可以对艺术字进行很多的设置，如：形状填充、形状轮廓、形状效果、文本填充颜色、文本轮廓、文本效果，以及层叠时的对齐方式、位置和大小，如图 5-21 所示。

图 5-20　【艺术字库】面板

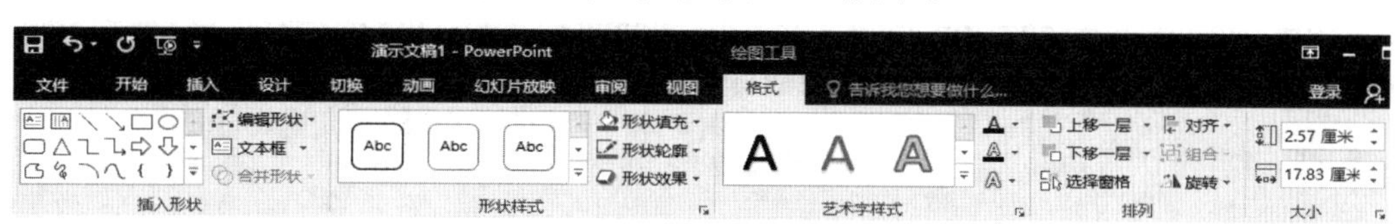

图 5-21　【绘图工具】|【格式】面板

5.3.7 表格的创建及设置

1. 插入表格

我们可以在幻灯片中插入表格。单击【插入】选项卡中的【表格】按键，PowerPoint 2016 会显示【表格】下拉菜单，当拖动鼠标在小格子上滑动时，演示文稿中就会出现正在设计的表格的雏形，如图 5-22 所示。

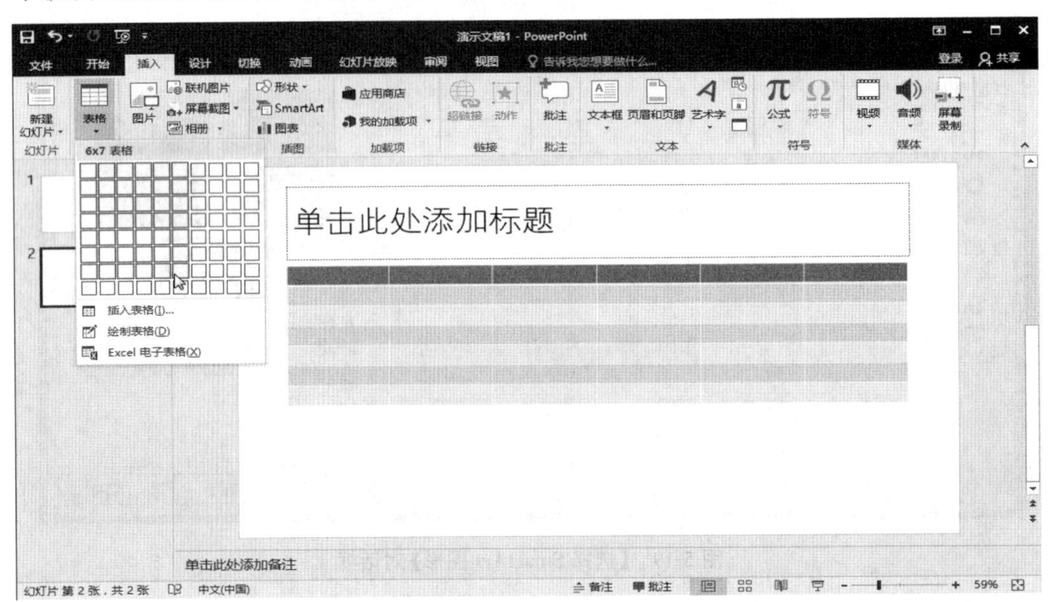

图 5-22 插入表格

用户也可以在菜单中选择【插入表格】，弹出如图 5-23所示的【插入表格】对话框。设好列数和行数，单击【确定】按钮即可完成表格的插入。

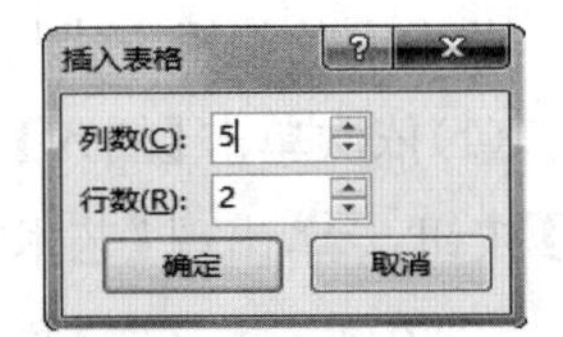

图 5-23 【插入表格】对话框

2. 设置表格外观

选中或者双击表格的边缘，在【表格工具】|【设计】中可以设置表格的样式，如：表格的底纹、边框、效果、表格线条的粗细和颜色，甚至表格中文字的样式。

除了表格的样式外，在【表格工具】|【布局】中可以对表格的行和列、单元格大小、对齐方式、表格尺寸等进行设置，如图 5-24 所示。

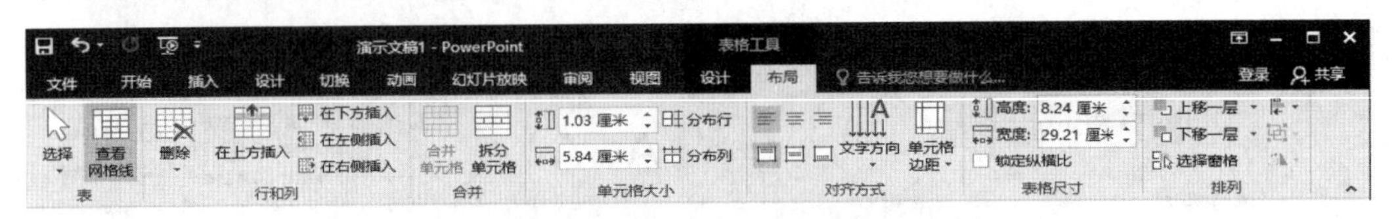

图 5-24 【表格工具】|【布局】面板

提示： 用户也可以在【表格】下拉菜单中选择【Excel 电子表格】命令，单击这项命令会在演示文稿中插入一个 Excel 工作区，在这个编辑区（在默认情况下这个区域比较小）中，用户完全可以像操作 Excel 一样来进行数据排序、计算等工作，用完之后只需要在旁边空白的位置单击一下鼠标，一个美观的表格便跃然纸上。表格的样式和颜色模板同样也可以应用到 Excel 工作区中。

5.3.8　插入图表

为了更生动形象地表示数据，可在 Microsoft PowerPoint 的草稿中创建一个图表，或导入一个 Microsoft Excel 工作表或图表。PowerPoint 的默认图表程序是 Microsoft Graph，它是与 PowerPoint 一起自动安装的。

在幻灯片中创建一个新图表时，Microsoft Graph 打开，图表和其相关数据一起显示在一个称为数据表的表中。该数据表包含在图表中提供简单信息，如：显示在何处键入行与列的标签和数据。您可以在数据表中输入自己的数据，从文本文件或 Lotus 1-2-3 文件导入数据，导入或插入一个 Microsoft Excel 工作表或图表，或从另一程序粘贴数据。

在幻灯片中插入图表一般分为两种情况：创建一张包含图表的新幻灯片和在已有幻灯片中插入图表。

1. 创建包含图表的新幻灯片

依次单击【开始】|【新建幻灯片】，选择【标题和内容】选项，单击【插入图表】按键，开始新建，如图 5-25 所示。在打开的【插入图表】对话框中选择一款图表样式，单击【确定】，如图 5-26 所示。

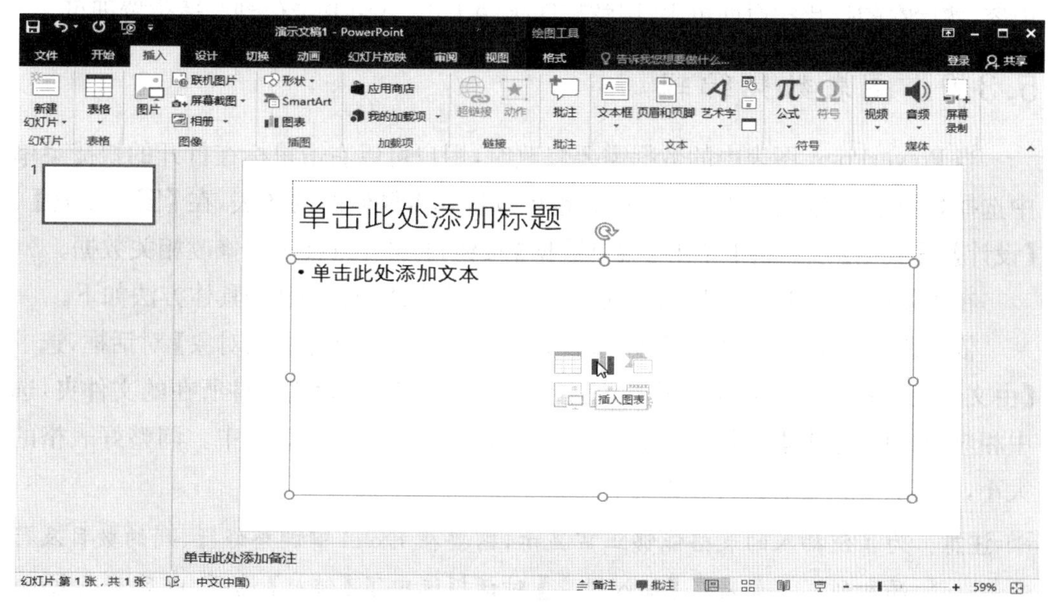

图 5-25　新建【标题和内容】幻灯片

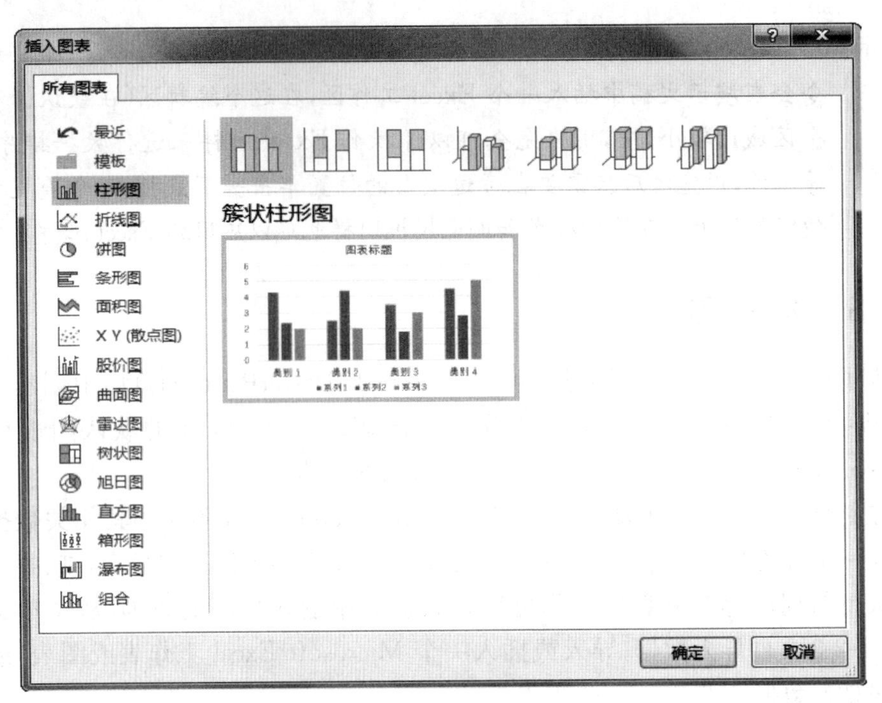

图 5-26 【插入图表】对话框

这时会自动启动 Excel，并生成表格数据。修改表格数据，PowerPoint 中图表的数据也会相应发生变化。数据输入完成后就可以得到想要的 PowerPoint 图表。

2. 在已有幻灯片中插入图表

选定需要插入图表的幻灯片，依次单击【插入】|【插图】选项组的【图表】按钮，打开如图 5-26 所示【插入图表】对话框，在打开的 Excel 数据表中编辑好相应的数据内容，然后在幻灯片空白处单击，调整好图表的大小，并将其定位到合适位置即可。

5.3.9 图表数据编辑

当 PowerPoint 图表中的数据需要修改时，用户可以右击鼠标在打开的快捷菜单中选择【编辑数据】打开 Excel 表格。也可以选择需要修改的图表，在【图表工具】|【设计】|【数据】选项组中单击【编辑数据】按钮，打开 Excel 表格修改相关数据。

在实际应用中，还可以将已有的数据表导入到数据工作表内，具体方法如下。

依次选择【插入】|【对象】按钮，打开如图 5-27 所示的【插入对象】对话框，选中【由文件创建】选项，然后单击【浏览】按钮，定位到 Excel 表格文件所在的文件夹，选中相应的文件，单击【确定】按钮返回，即可将表格插入到幻灯片中。调整好表格的大小，并将其定位在合适位置即可。

注意： 为了使插入的表格能够正常显示，需要在 Excel 中调整好行、列的数目及行高和列宽。如果在【插入对象】对话框选中了【链接】选项，以后若在 Excel 中修改了插入表格的数据，则打开演示文稿时，相应的表格会自动随之修改。

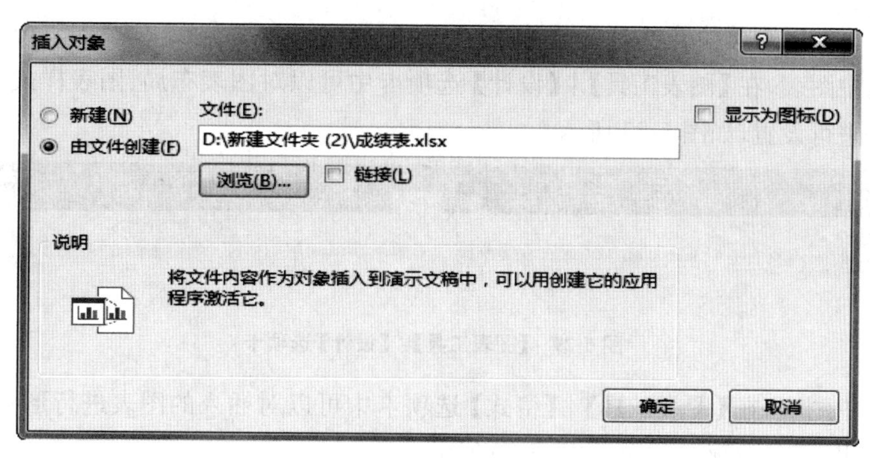

图 5-27　【插入对象】对话框

5.3.10　设置图表格式

如果对默认的图表类型和样式不满意，可以通过对图表的设置制作出满足实际需求的图表。下面介绍如何设置图表的类型以及图表的其他选项。

1. 设置图表的类型

选中图表，在【图表工具】|【设计】|【类型】选项组中单击【更改图表类型】按钮，打开【更改图表类型】对话框，选择自己喜欢的图表类型，如图 5-28 所示。

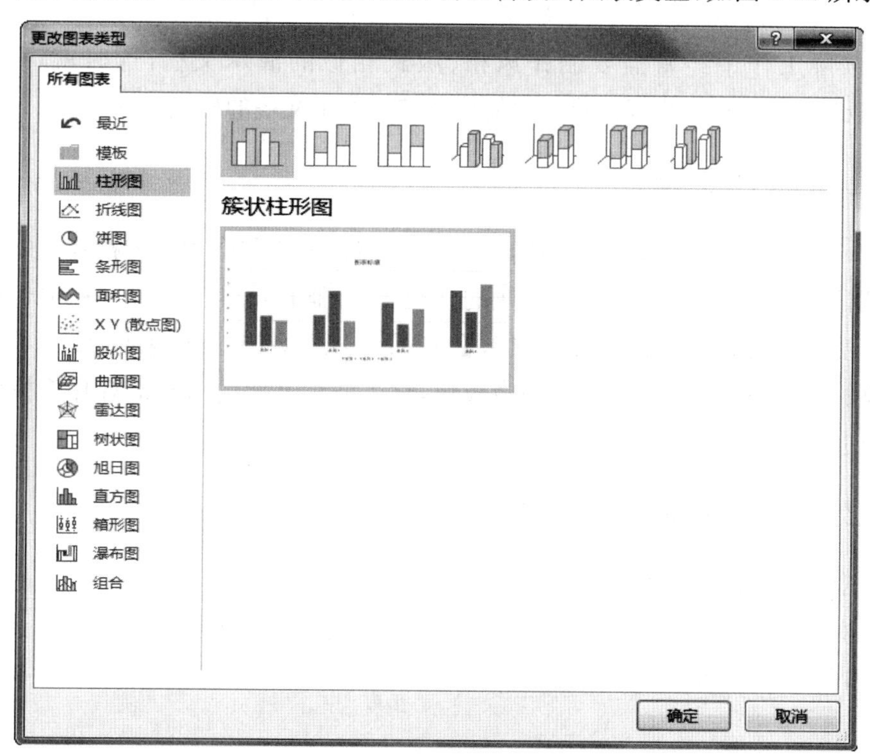

图 5-28　【更改图表类型】对话框

2. 设置图表其他选项

选中图表,在【图表工具】|【设计】选项卡中可以对图表布局、图表样式、数据、类型等进行设置,如图 5-29 所示。

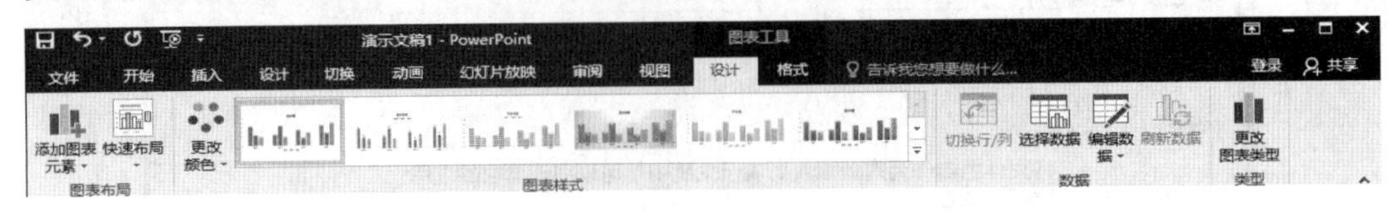

图 5-29 【图表工具】|【设计】选项卡

选中图表,在【图表工具】|【格式】选项卡中可以对插入的图表进行形状填充、形状效果、形状轮廓等美化,如图 5-30 所示。

图 5-30 【图表工具】|【格式】选项卡

5.4 演示文稿的模板与母版

在实际工作中经常需要制作风格、版式相似的演示文稿,这时就可以使用 PowerPoint 2016 提供模板或母版功能快速统一演示文稿的格式。

5.4.1 选择主题

PowerPoint 2016 提供了丰富的设计模板文件,模板包含预定的格式和配色方案等,可以为演示文稿提供完整的、专业的外观设计,制作演示文稿的过程中也可以随时更换模板。依次选择【设计】选项卡【主题】选项组,在打开的【主题】选项组中选择需要的模板即可。当选择了某一模板后,整个演示文稿的所有幻灯片都按照所选的模板进行改变。

5.4.2 设置主题配色方案

1. 应用标准配色方案

依次选择【设计】选项卡【变体】选项组,在下拉选项【颜色】中选择需要的配色方案,如图 5-31 所示。

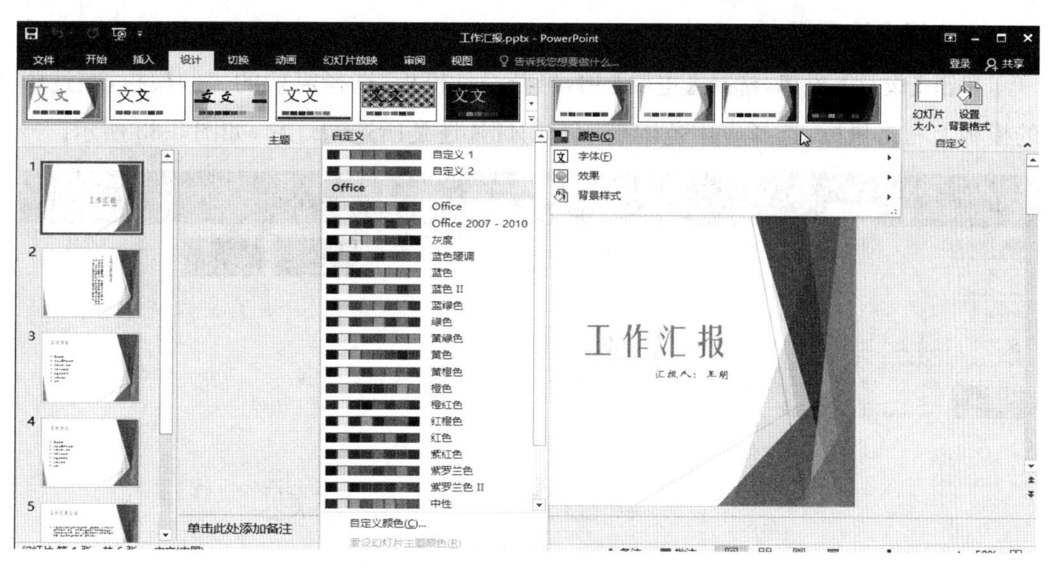

图 5-31 【新建主题颜色】

2. 添加自定义配色方案

如果 PowerPoint 自带的配色方案不能满足需要，可以在【设计】|【变体】|【颜色】下拉选项中单击【自定义颜色】选项，打开【新建主题颜色】对话框，如图 5-32 所示。在对话框的主题颜色中设置需要的配色。

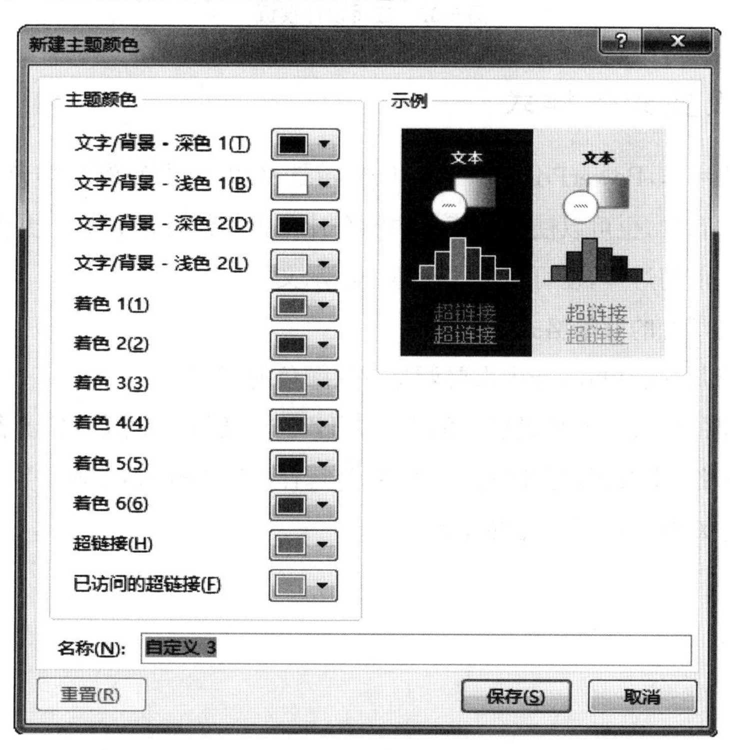

图 5-32 【新建主题颜色】对话框

3. 应用设计模板

单击【设计】菜单，选择【主题】项，打开设计模板，选择需要的主题模板，在选中的模板上右击鼠标，选择应用范围是所有幻灯片还是所选幻灯片，如图 5-33 所示。

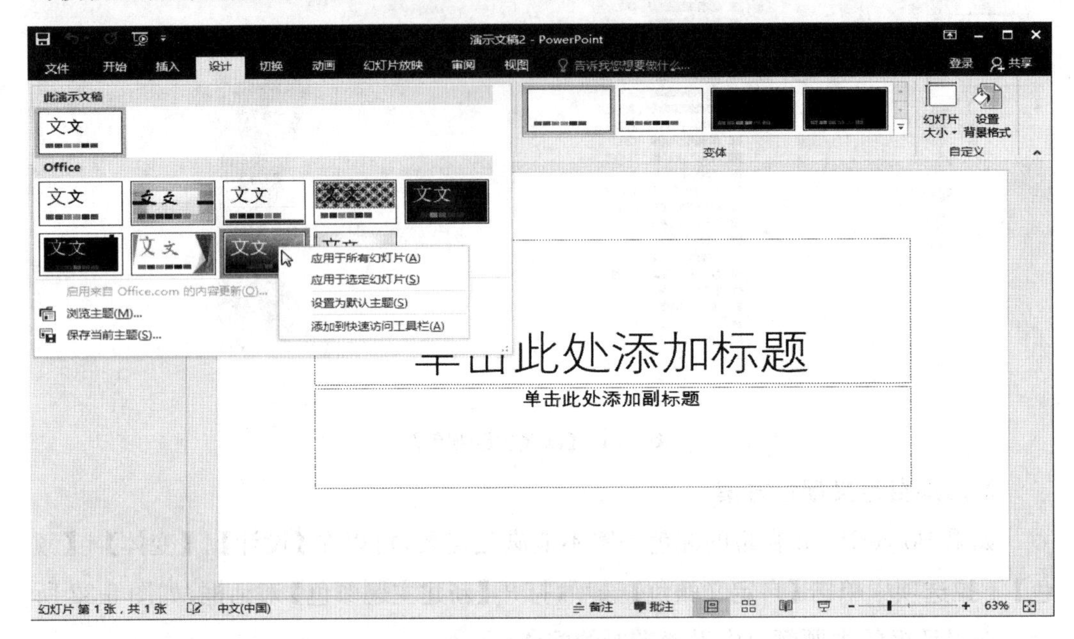

图 5-33 应用设计模板

5.4.3 设置背景样式

同 Word 一样，PowerPoint 2016 可以自由选择单一颜色、渐变颜色、纹理、图案作为幻灯片的背景，也可以使用计算机中的图片作为幻灯片的背景。更改背景时，可以只应用于当前幻灯片，也可以应用于整个演示文稿。

1. 调整幻灯片的背景格式

进入幻灯片视图模式，选中需要调整背景颜色的幻灯片。

如果自带的样式不能满足用户的需要，可以选择【设计】|【自定义】选项组，单击【设置背景格式】按钮，打开设置背景格式，选择需要的样式，如图 5-34 所示。在打开的对话框中对背景进行填充的设置。

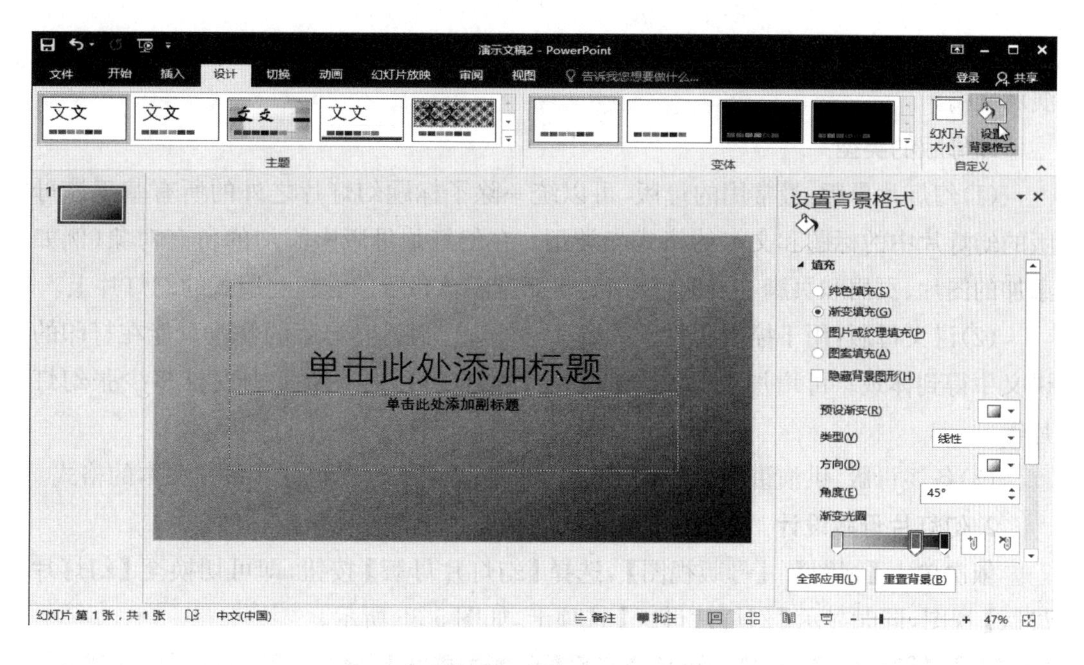

图 5-34　背景格式设置

2. 设置幻灯片大小

我们在使用幻灯片时，一般都使用默认的页面大小，但其实 PowerPoint 2016 也为我们提供了自定义方式。选择【设计】|【自定义】选项组，单击【幻灯片大小】下拉按钮，列表中有三种选择，标准(4:3)、宽屏(16:9)、自定义幻灯片大小。单击【自定义幻灯片大小】选项，打开【幻灯片大小】对话框，可以设置更多尺寸的页面，如图 5-35 所示。

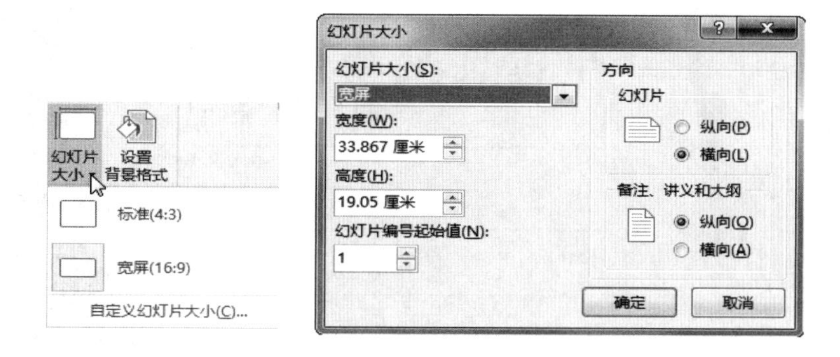

图 5-35　【自定义幻灯片大小】设置

5.4.4　创建幻灯片母版

母版是幻灯片版式中文字的默认格式，包括位置、字体、字号及颜色等。当插入一张新的幻灯片时，输入的标题和文本内容等将自动套用母版格式。因此，对母版的修改将会影响所有基于该母版的幻灯片，利用母版可以设计出前后风格较为统一的演示文稿。

1. 母版的类型

(1)幻灯片母版：最常用的母版，可以统一除了标题幻灯片之外的所有基于该母版的幻灯片中的标题和文本的格式与类型。在幻灯片母版中添加的所有对象(例如添加的图片、页眉和页脚等)都会作用到每张基于该母版的非标题版式的幻灯片上。

(2)讲义母版：用于控制所打印的讲义的外观。对讲义母版的修改只能在打印的讲义中得到体现。可增加页码、页眉和页脚，指定打印时一页纸上安排多少张幻灯片等。

(3)备注母版：供演讲者备注使用的空间，也可用来设置幻灯片备注文本的格式。

2. 幻灯片母版设计

依次单击【视图】|【母版视图】，选择【幻灯片母版】按钮，即可切换至【幻灯片母版】视图，同时显示【幻灯片母版】选项卡，如图 5-36 所示。

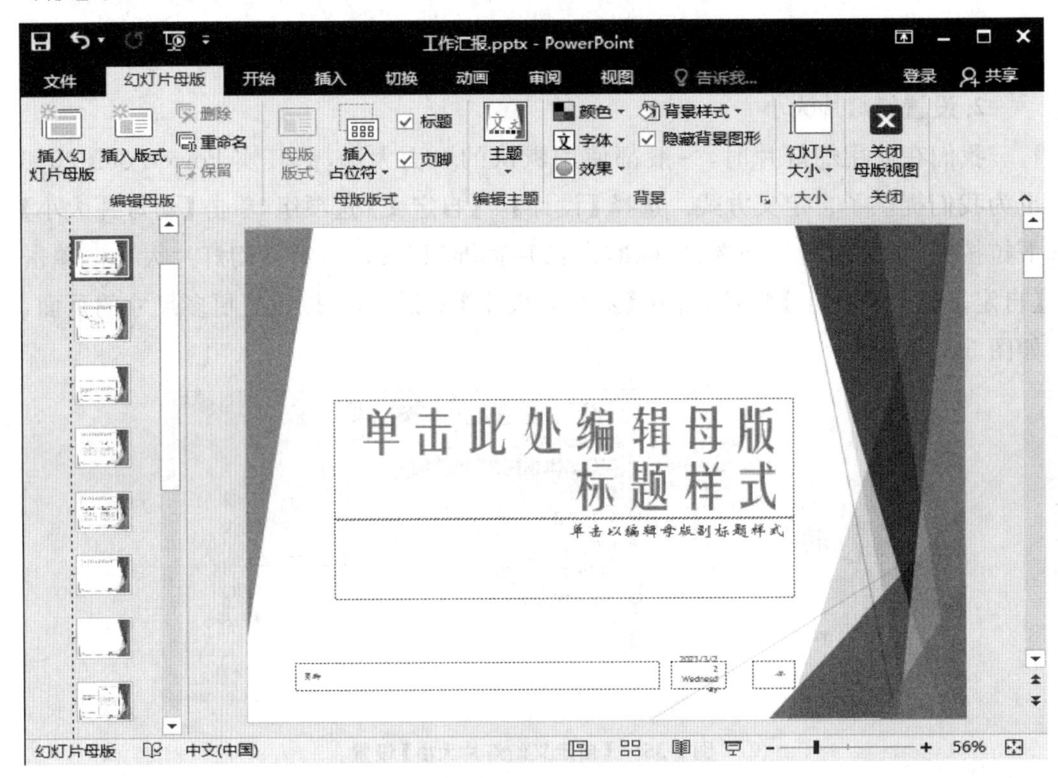

图 5-36 【幻灯片母版】视图

【幻灯片母版】视图一般显示两个分区，左侧为导航窗格(用于控制母版和版式)，右侧为版式内容设置区，包含一组占位符及相关母版元素，同时隐藏已经制作的幻灯片的具体内容。

从图 5-36 可以看出，左侧导航区顶部第一张幻灯片称为“母版”，起主控幻灯片版式的作用，其下一组面积较小的幻灯片称为“版式”，用于设置差异性版式，包括标题幻灯片（也称“片头”）、标题和内容（也称“正文”）、节标题、仅标题等默认的十一种版式。母版和一组版式间显示虚线连接线，显示了“母”与“子”的关系。

“母版”用于控制幻灯片的统一格式，“版式”用于控制幻灯片的个性化表现。

5.4.5　设置母版文字属性

单击【幻灯片母版】视图中幻灯片占位符，显示尺寸控制点，在【开始】|【字体】选项组中设置所需的字体、字号、颜色等。设置完成后返回【幻灯片母版】选项卡，单击【关闭母版视图】按钮，返回【普通视图】。

5.4.6　设置母版项目符号

为了在演示文稿中取得一致的风格，每个层次标题都有一致的各级项目符号，我们可以在幻灯片母版中设置默认的各级项目符号。具体操作如下。

打开【幻灯片母版】视图，将光标定位到目标行。单击【开始】|【段落】选项组的【项目符号】按钮，在弹出的列表区选择底部的【项目符号和编号】，打开【项目符号和编号】对话框，如图 5-37 所示。

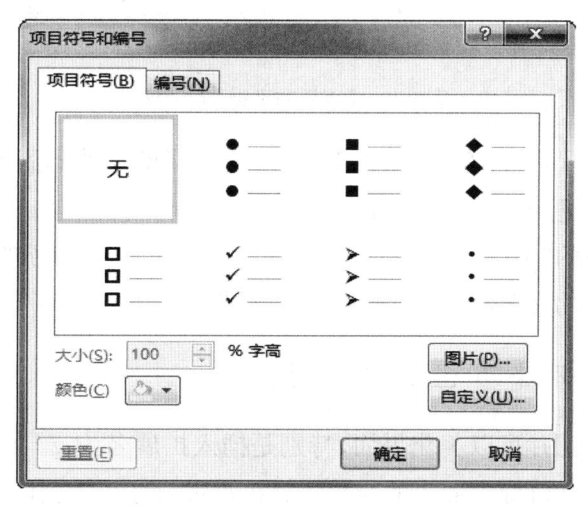

图 5-37　【项目符号和编号】对话框

单击【图片】按钮打开【图片项目符号】对话框，双击更换的符号，返回上级对话框，单击【确定】按钮即可。完成项目符号的设置后，返回【幻灯片母版】选项卡，单击【关闭母版视图】按钮，返回【普通视图】。

注意： 用同样的方法可以更改幻灯片的编号。

5.4.7 设置日期、编号、页眉和页脚

编号、日期/时间、页眉和页脚是幻灯片的重要内容，通过幻灯片母版也可以设置页眉、页脚，打开【幻灯片母版】视图，依次选择【插入】|【文本】选项组，单击【页眉和页脚】按钮，打开【页眉和页脚】的对话框，如图 5-38 所示。

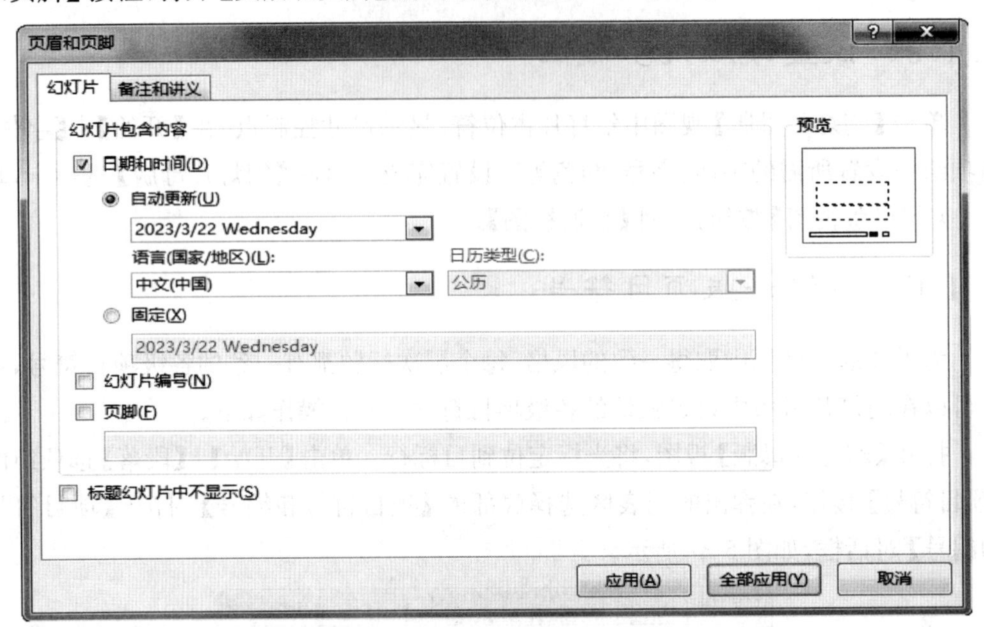

图 5-38 【页眉和页脚】对话框

选择相应的设置，单击【全部应用】按钮。返回【幻灯片母版】选项卡，单击【关闭母版视图】按钮，返回【普通视图】。

也可以在母版的“页眉”或“页脚”区域输入文字信息，则在放映幻灯片时，日期、编号等信息和输入的文字信息都会同时显示出来。

5.4.8 为母版添加图片和图形

在母版中添加图片可以美化界面，特别是插入扩展名为 gif 的动画文件，会使放映效果增色不少。在母版上插入的对象将会在每张幻灯片的相同位置显示出来。在普通视图下，不可以删除、移动或修改这些插入的对象。具体操作如下。

在【幻灯片母版】视图中，选择【幻灯片母版】页，单击【插入】|【图像】选项组的【图片】按钮，打开【插入图片】对话框，打开图片所在的文件夹，选择所要的图片，单击【插入】按钮，调整图片大小并将图片定位。返回【幻灯片母版】选项卡，单击【关闭母版视图】按钮，返回【普通视图】。

5.4.9　设置母版背景

默认情况下母版的背景颜色是白色的，用户可以改变母版的背景样式，有两种方法。

(1)在母版上右击鼠标，在弹出的快捷菜单中选择【设置背景格式】对话框，如图 5-39 所示。

选择合适的填充方案，单击【全部应用】按钮。返回【幻灯片母版】选项卡，单击【关闭母版视图】按钮，返回【普通视图】。

(2)在【幻灯片母版】视图中，依次选择【幻灯片母版】|【背景】选项组，单击【背景样式】，在弹出的列表区中选择底部的【设置背景格式】选项，打开【设置背景格式】对话框，在对话框中进行需要的设置，单击【全部应用】按钮，返回【幻灯片母版】选项卡，单击【关闭母版视图】按钮，返回【普通视图】。

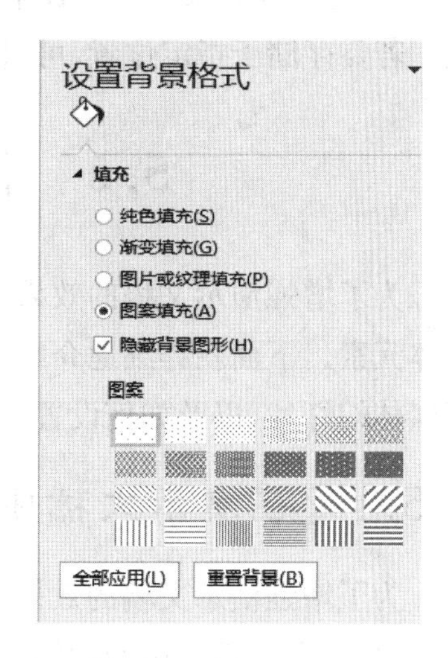

图 5-39　【设置背景格式】对话框

5.4.10　将母版保存为模板

为了方便下次使用，可以将编辑好的母版保存为模板，具体操作如下。

单击【文件】菜单，选择【另存为】菜单项，弹出【另存为】对话框，如图 5-40 所示。

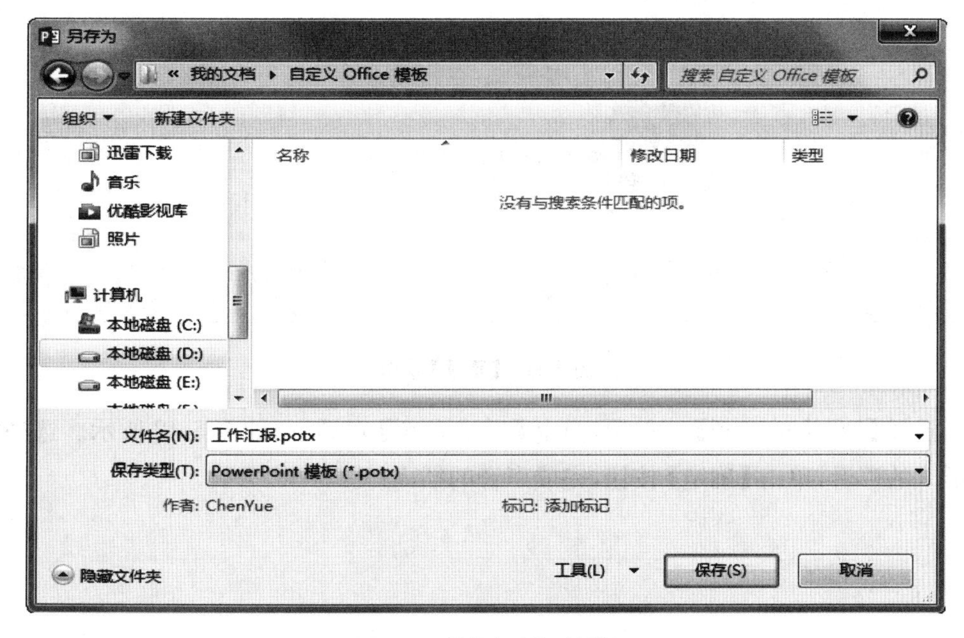

图 5-40　【另存为】对话框

在【保存类型】中选择“PowerPoint 模板(＊.potx)”选项(若选择“PowerPoint 97-2003模板”,则保存为旧版本打开的类型),此时文件夹区显示模板的默认存储位置。若要存储于指定位置,可自行设置。设置完成后单击【保存】按钮。

5.5 演示文稿的特效处理

为了增强演示文稿的效果,需要在演示文稿中插入图片、声音、影片和动画等多媒体元素。下面就详细地介绍一下如何向幻灯片中添加多媒体元素来制作出精美的多媒体幻灯片,以及如何设置幻灯片的动画效果和超链接。

5.5.1 在演示文稿中插入声音

为了增强演示文稿的效果,可以在演示文稿中插入声音,具体操作如下。

(1)选择要插入声音的幻灯片。

(2)单击【插入】|【媒体】选项组中的【音频】下拉按钮,在菜单中选择需要插入的声音的方式,如图 5-41 所示。

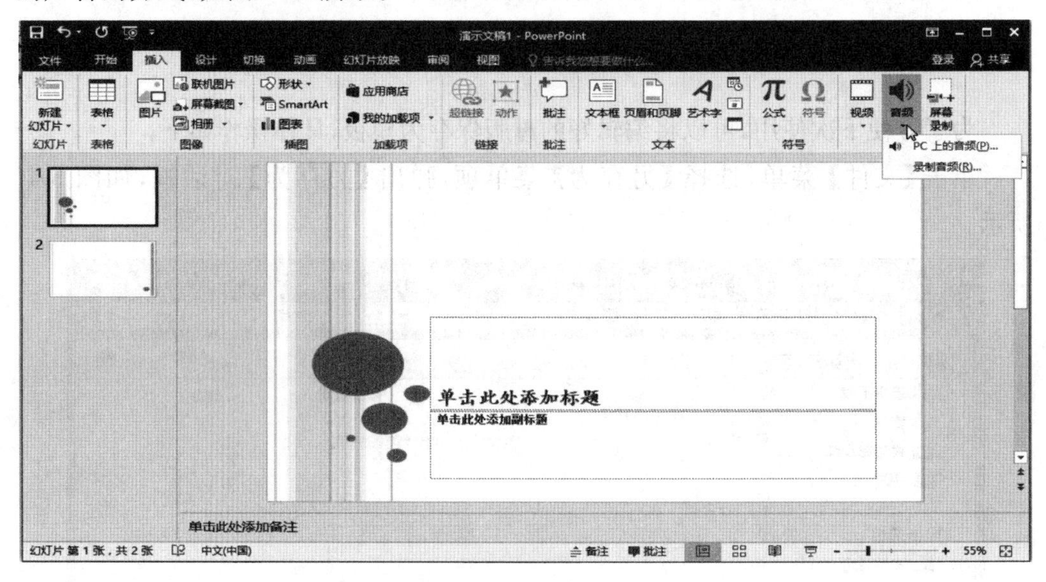

图 5-41 【音频】菜单

选择【PC 上的音频】菜单项,弹出【插入音频】对话框,如图 5-42 所示。选择需要插入的声音,单击【确定】按钮,完成声音的插入。

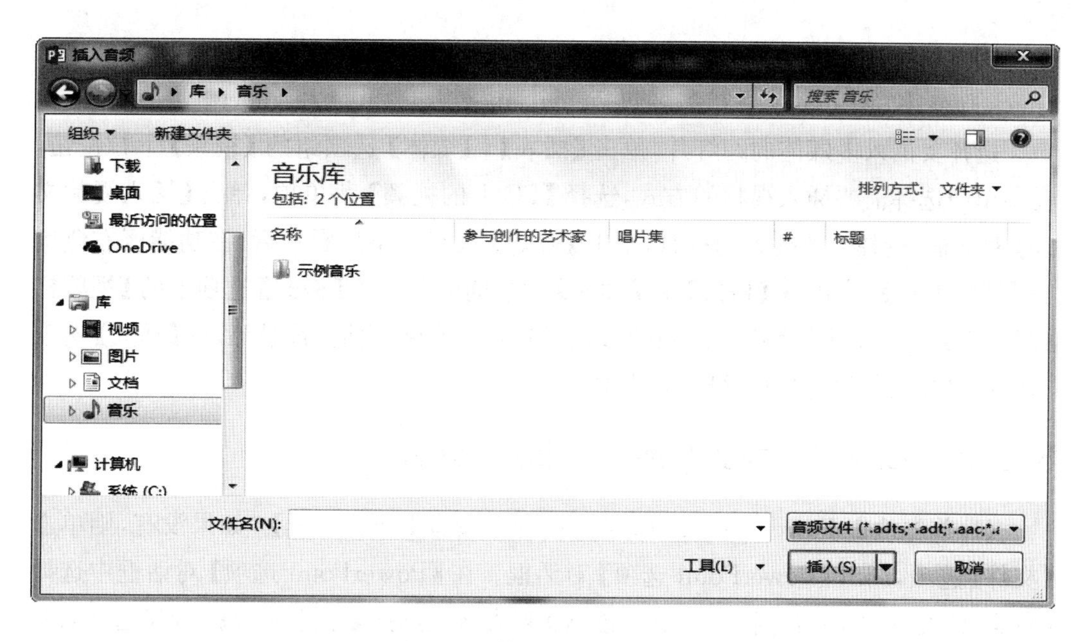

图 5-42　【插入音频】对话框

插入声音后，幻灯片会出现一个声音控件（小喇叭）和相关功能区选项卡，如图5-43所示。通过【播放】选项卡的【音频选项】组，可以控制声音的开始方式（自动、单击等）、隐藏图标以及循环播放等，在【编辑】选项组可以进行简单的音频剪辑。

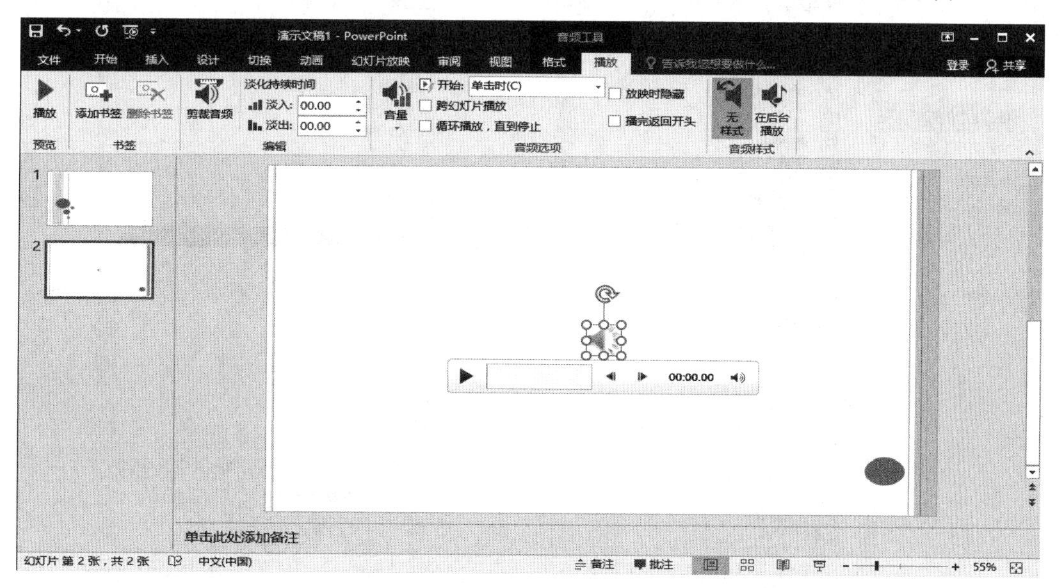

图 5-43　在幻灯片中插入声音

5.5.2　在演示文稿中插入影片

在 PowerPoint 中，可以播放影片帮助观众理解您的观点，也可以播放演讲录像，还可以播放轻松愉快的节目来吸引观众。影片是桌面视频文件，其格式包括 AVI、QuickTime 和 MPEG，文件扩展名包括.avi、.mov、.qt、.mpg 和.mpeg。

选择要插入多媒体的幻灯片，单击【插入】|【媒体】选项组的【视频】下拉按钮，在菜单中选择需要插入视频的方式，选择【PC 上的视频】菜单项，弹出【插入视频文件】对话框，选择需要插入的视频，单击【确定】按钮。添加影片后，在功能区右侧增加【视频工具】，会出现【格式】和【插入】两个选项卡。在【格式】选项卡的【视频样式】选项组中，可以设置影片放映的形式，如形状、效果、边框、背景等；在【播放】选项卡中可以控制影片的起止、循环状态等。

5.5.3 在演示文稿中插入 Flash 动画

(1)首先检查 PowerPoint 2016 工具栏中有没有【开发工具】，如果没有，则单击【文件】选项，调出【PowerPoint 选项】对话框。在【PowerPoint 选项】对话框中选择【自定义功能区】，在右侧【自定义功能区】列表区先选择【主选项卡】，再勾选下面的【开发工具】选项，如图 5-44 所示，单击【确定】按钮返回。

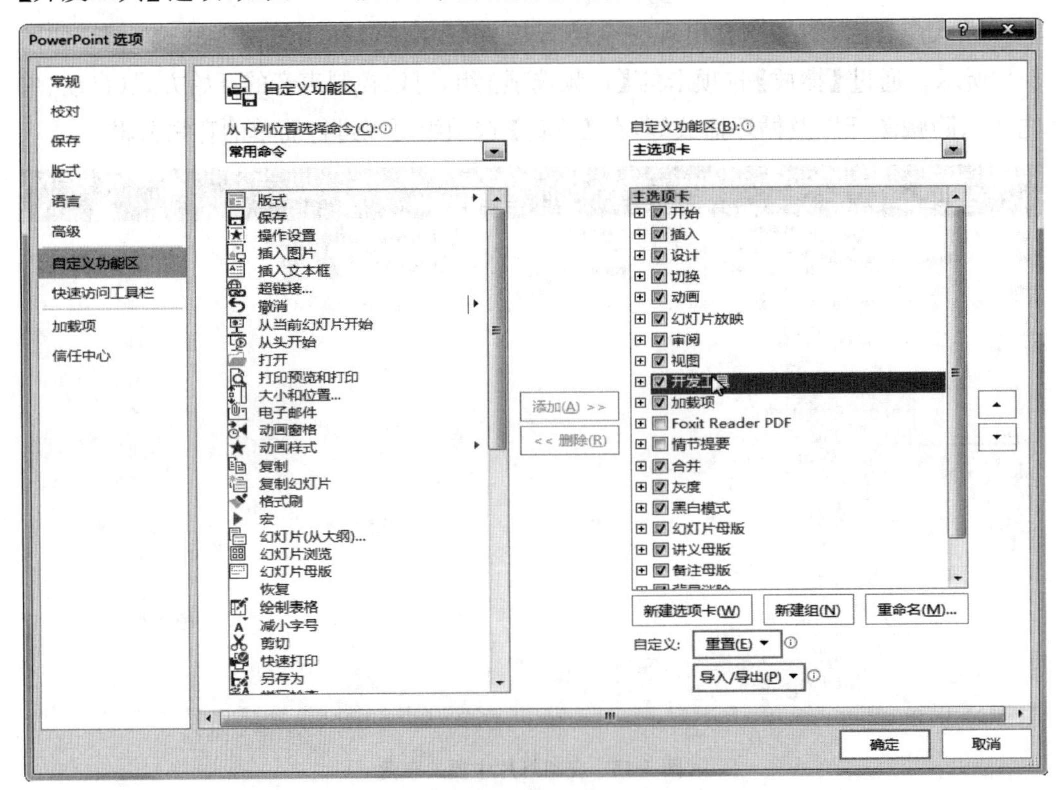

图 5-44 【PowerPoint 选项】对话框

(2)在【开发工具】下的【控件】选项组选择其他控件，调出【其他控件】对话框。在【其他控件】对话框中选择"Shockwave Flash Object"对象(按 S 键可快速定位到 S

开头的对象名)，如图 5-45 所示，单击【确定】按钮返回。此时鼠标变成“十”字形，按住左键在工作区中拖出一个矩形框(以后可以调)。此时的控件还是空白的，如图 5-46所示。

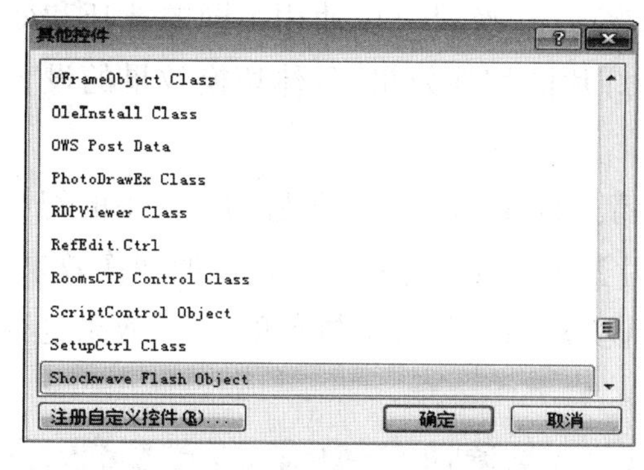

图 5-45　【其他控件】对话框

图 5-46　控　件

(3)在控件上右击，在快捷菜单上选择【属性】，调出【属性】对话框，在“Movie”属性选项后面的方框中输入需要插入的 Flash 动画文件名及完整路径，如图 5-47 所示。请注意，文件名要包括扩展名，其他都不用设置，关闭返回。

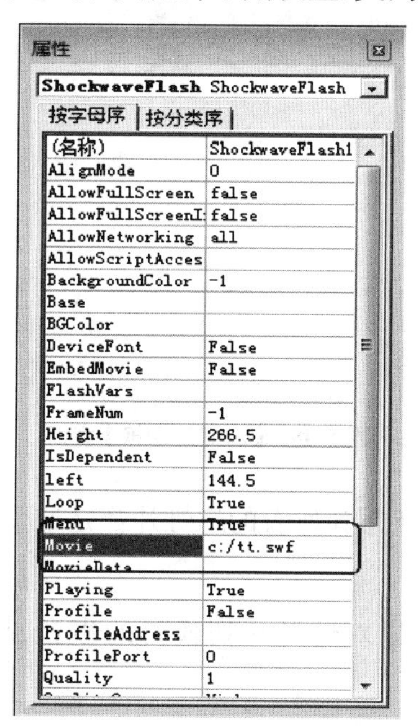

图 5-47　【属性】对话框

注意： 为便于移动演示文稿，最好将 Flash 动画文件与演示文稿保存在同一个文件夹中，这时，路径可以使用相对路径。

5.5.4 设置幻灯片切换效果

演示文稿放映过程中由一张幻灯片进入另一张幻灯片即为幻灯片之间的切换。为了使幻灯片放映更具有趣味性，在幻灯片切换时可以使用不同的技巧和效果。PowerPoint 2016 为用户提供了多种幻灯片的切换效果，具体切换效果的设置方法如下。

首先，打开需要设置切换效果的演示文稿。然后，选择需要设置切换效果的幻灯片，单击【切换】选项卡，在【切换到此幻灯片】选项组中选择一个需要的切换效果。在设置了切换效果以后，还可以单击【效果选项】按钮，打开下拉菜单，对其效果进行设置，如图 5-48 所示。

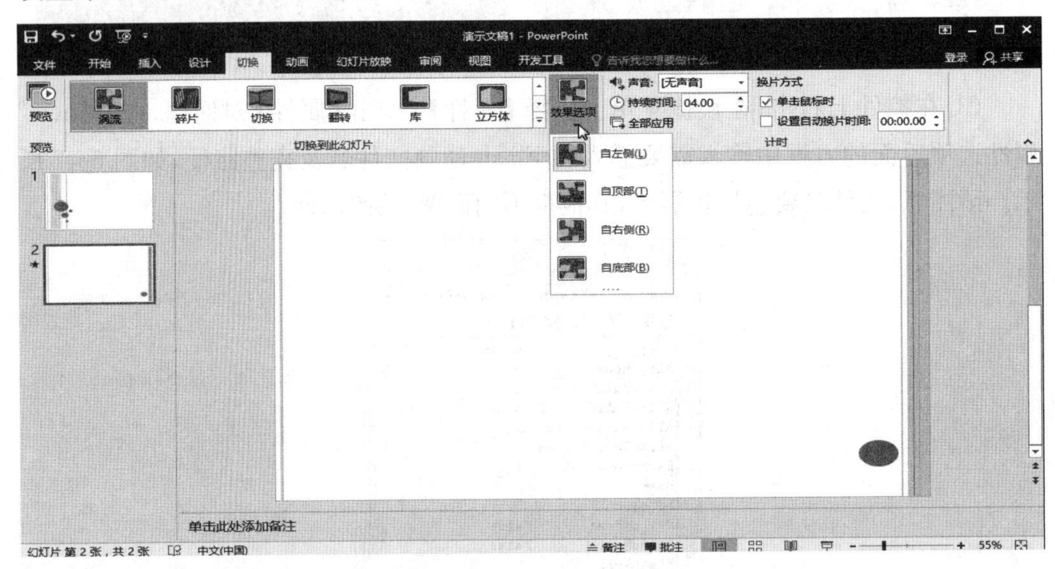

图 5-48 【幻灯片切换】窗口

设置好切换效果后，如果想让所有的幻灯片都是这个效果，可以选择【全部应用】按钮。

在【计时】选项组中可以对幻灯片切换时的声音、持续时间、换片方式等进行设置。

5.5.5 自定义幻灯片动画效果

在制作幻灯片时，我们不仅需要在内容设计上深入研究，还需要在动画上下功夫，好的 PowerPoint 动画可以增加演示文稿的趣味性和感染力。在幻灯片中添加的各类对象，如占位符、图片等，都可以设置动画效果。

选中需要设置动画的对象，在【动画】选项卡【动画】选项组中选择需要的动画效果，如图 5-49 所示。或者单击【添加动画】按钮，在打开的菜单中选择需要设置的动画效果。

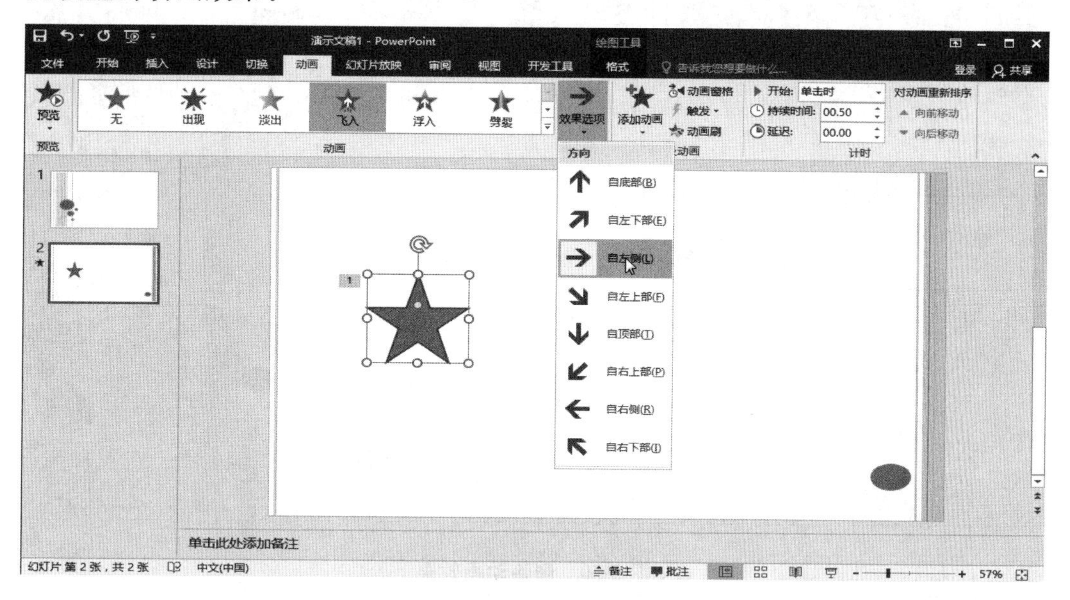

图 5-49　【幻灯片动画】窗口

用户可以在【动画】选项卡|【动画】组中选择【效果选项】按钮，对所选择的动画进行效果设置，也可在【计时】中对动画进行开始方式、持续时间、延迟等设置。如果菜单中显示的动画效果不能满足用户的需要，还可以在菜单下方选择【更多进入效果】【更多强调效果】【更多退出效果】【其他动作路径】等。

(1)设置幻灯片的进入效果。在弹出的下拉列表中，单击【进入】菜单项，选中其中的某个动画方案。此时，在幻灯片工作区中可以预览动画的效果。

如果对列表中的动画方案不满意，可以单击【更多进入效果】选项，打开【更改进入效果】对话框，在对话框中选择合适的动画方案，确定返回即可。

(2)设置强调效果。这种效果方式用于对某个特定对象(如一段文字)进行强调说明。

(3)设置退出动画。如果我们希望某个对象在演示过程中退出幻灯片，就可以通过设置【退出】效果来实现。选中需要设置动画的对象，仿照上面【进入】的设置操作，为对象设置退出动画。

(4)删除动画。如果对设置的动画方案不满意，我们可以在【动画】|【高级动画】选项组中单击【动画窗格】按钮，则右侧出现的【动画窗格】显示出动画列表，如图 5-50所示。用鼠标把所要删除的动画效果选定后，在菜单中选择【删除】，即可删除动画效果。

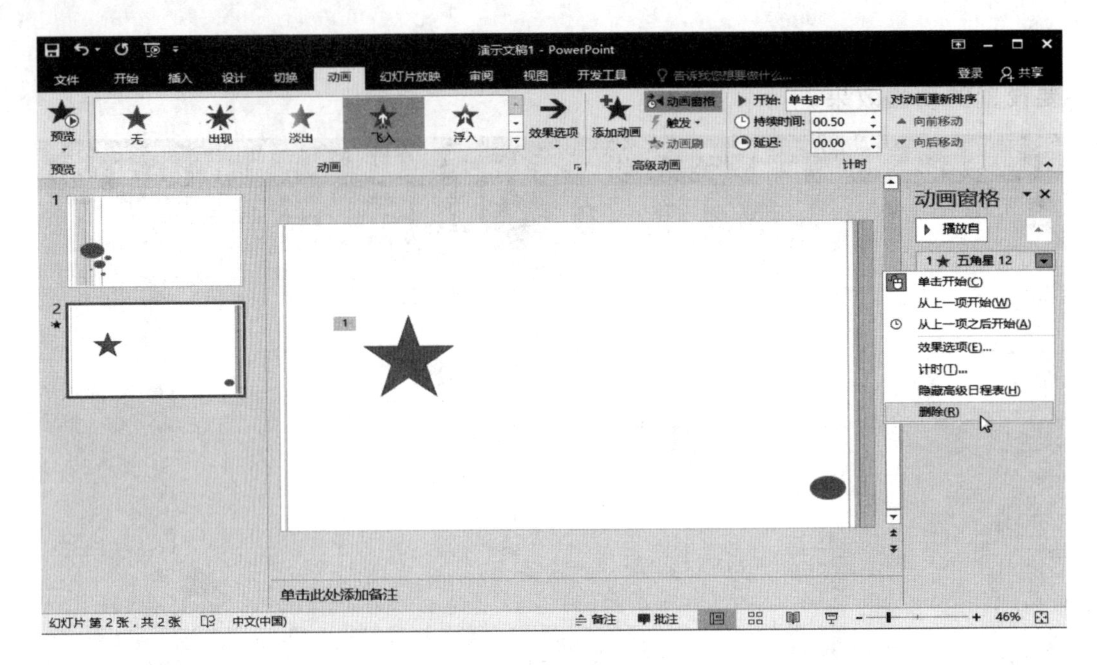

图 5-50　删除动画效果

5.5.6　设置路径动画效果

如果对系统内置的动画路径不满意，可以自定义动画路径，步骤如下。

(1)选中需要设置动画的对象(如一张图片)，在【动画】|【高级动画】选项组中单击【添加动画】按钮，在下拉列表下方选择【其他动作路径】选项，打开【添加动作路径】对话框。

(2)选择合适的效果后自动播放一次，单击【确定】按钮，返回幻灯片页。同时，动画对象上显示动画的路径。

用户如果需要自定义路径，可以在【动作路径】菜单项中选择【自定义路径】，此时，鼠标变成细画笔，用户可根据需要在工作区自由描绘。全部路径描绘完成后，双击鼠标即可返回幻灯片页，同时自动播放一次，播放完成后动画对象上显示所描绘路径。

5.5.7　调整动画播放顺序和动画播放控制

1. 调整动画播放顺序

如果需要调整一张幻灯片里多个动画的播放顺序，则单击一个对象，在【计时】选项卡【对动画重新排序】下面选择【向前移动】或【向后移动】。更为直接的办法是单击【动画窗格】，在右边框的【动画窗格】对话框中单击 重新排序 两端的箭头来改变选中幻灯片的播放顺序。也可以拖动动画改变其位置。

2. 动画播放控制

在【动画窗格】下边的动画对象列表中选中一个动画对象后，单击右边的【下拉菜单】按钮会弹出一个菜单，在菜单中选择【效果选项】或【计时】后，会展开一个该对象的动画对话框，如图 5-51 所示。可以对动画进行各种设置（如路径、声音、开始、计时等），如图 5-52 所示。

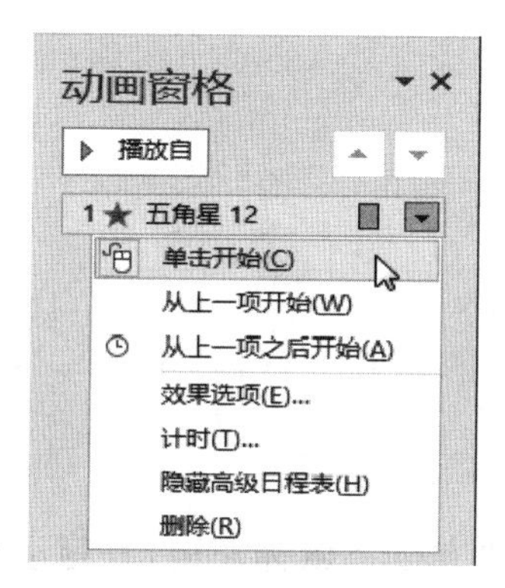

图 5-51　【动画窗格】对话框

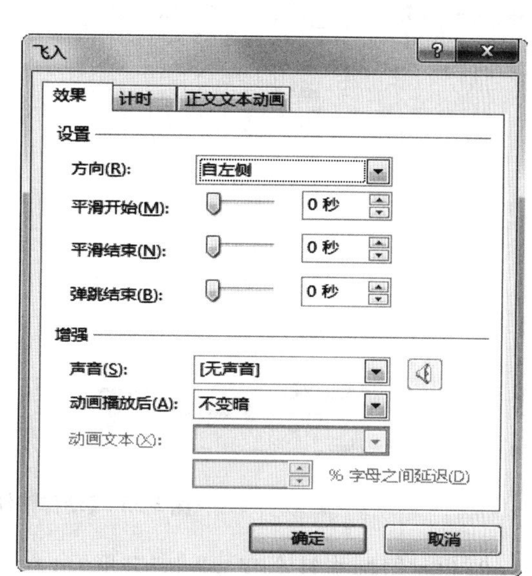

图 5-52　动画效果设置

3. 设置相同动画

如果希望在多个对象上使用同一个动画，则先在已有动画的对象上单击左键，再选择【动画】|【高级动画】中的【动画刷】按钮，此时鼠标指针旁边会多一个小刷子图标。用这种格式的鼠标单击另一个对象（文字图片均可），则两个对象的动画完全相同，这样可以节约很多时间。但动画重复太多会显得单调，需要有一定的变化。

5.5.8　设置动作按钮的功能

在默认情况下，幻灯片在播放时需要用户通过单击鼠标或者按空格键、回车键、方向键等来实现幻灯片之间的切换。为了方便用户控制幻灯片的播放，还可以在幻灯片中添加动作按钮，这种方式的最大好处是可以实现互动式的信息演示。添加动作按钮的操作如下。

（1）在“普通视图”中，选中我们需要插入按钮的 PPT，在【插入】|【插图】选项组单击【形状】按钮，在下拉菜单中选择自己需要的按钮，如图 5-53 所示。

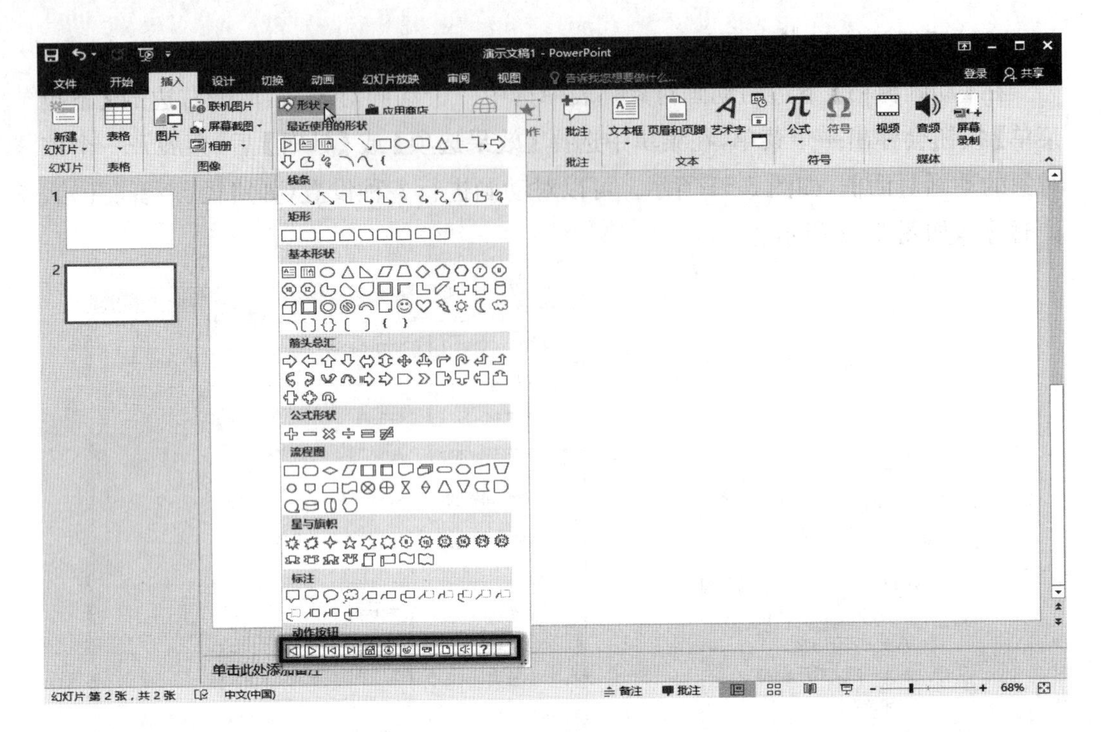

图 5-53 【动作按钮】菜单项

(2)此时鼠标指针会变成“十”字形状，在需要的地方按下鼠标左键，并拖动鼠标画出一个动作按钮，画好后释放鼠标，系统会自动弹出【动作设置】对话框，如图 5-54 所示。用户可以根据自己的需要设置【单击鼠标】和【鼠标移过】选项卡中的内容。

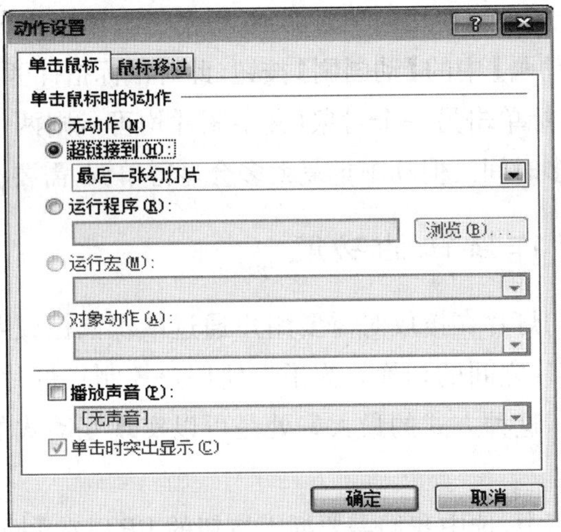

图 5-54 【动作设置】对话框

(3)在【动作设置】对话框中可以定义当单击该按钮时链接到某张幻灯片、运行某个应用程序或者播放声音等。

5.5.9　演示文稿中的超链接

用户可以在演示文稿中添加超链接，使得在播放时利用超链接可以跳转到演示文稿的某一张幻灯片、其他演示文稿、Word 文档、Excel 电子表格或 Internet 地址等不同的位置。

1. 创建超链接

首先选定要插入超链接的文本或对象，在【插入】|【链接】中单击【超链接】按钮，弹出【插入超链接】对话框，如图 5-55 所示。

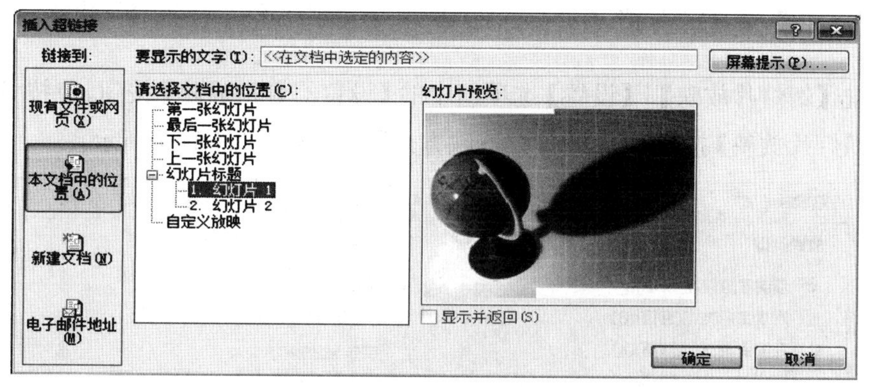

图 5-55　【插入超链接】对话框

先在【链接到：】列表框中选择【本文档中的位置】，再在【请选择文档中的位置】列表框中选择跳转位置，最后单击【确定】按钮，完成超链接的插入。这时设计超链接的文本会添加下划线，文字的颜色也会有相应的变化。

在【链接到：】列表框中选择其他选项，可以链接到其他的文档、应用程序或 URL 地址等。

2. 编辑和删除超链接

编辑超链接的方法是：用鼠标指向想要编辑的超链接，单击鼠标右键，在弹出的快捷菜单中选择【编辑超链接】命令，显示【编辑超链接】对话框，如图 5-56 所示。在这里对超链接的位置重新设定即可。

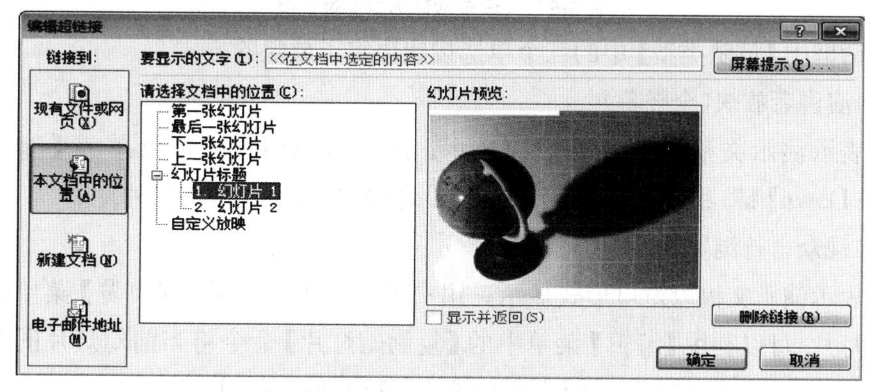

图 5-56　【编辑超链接】对话框

删除超链接的方法非常简单，用鼠标指向想要编辑的超链接，单击鼠标右键，在弹出的快捷菜单中选择【取消超链接】命令即可。

5.6 演示文稿的放映、打包与输出

演示文稿创建后，用户可以根据设置的放映类型进行放映。通过 PowerPoint 自带的打包功能可以在未安装 PowerPoint 的计算机中进行演示文稿的放映。

5.6.1 设置放映类型

单击【幻灯片放映】|【设置】选项组中的【设置幻灯片放映】按钮，或按 Shift 键再按【幻灯片放映】按钮，弹出【设置放映方式】对话框，如图 5-57 所示。

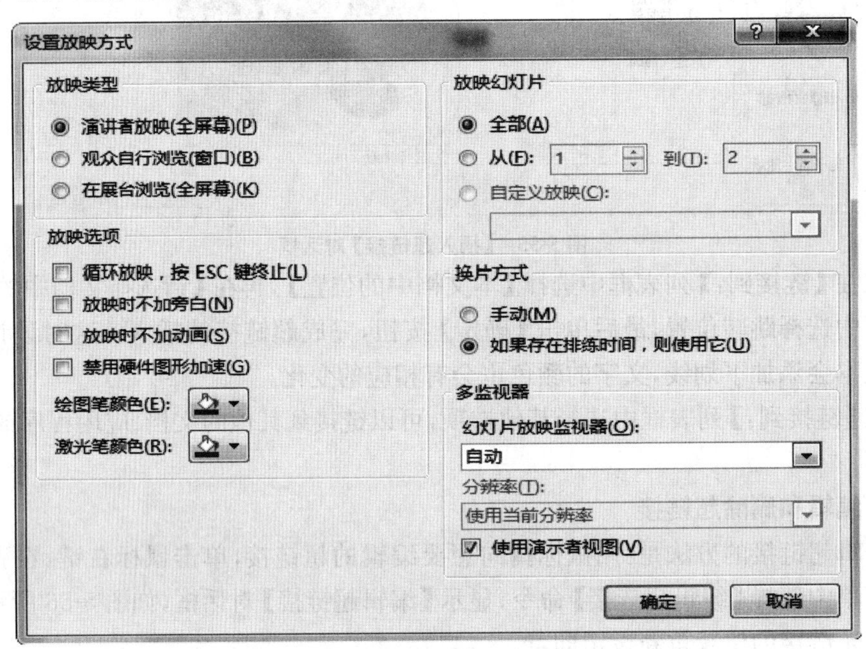

图 5-57 【设置放映方式】对话框

对话框中【放映类型】中的三个单选按钮决定了放映的方式。

(1)演讲者放映(全屏幕)。

它表示演示文稿以全屏幕形式显示。用户可以通过快捷菜单或【PgDn】键(【Page Down】键)和【PgUp】键(【Page Up】键)显示不同的幻灯片。

(2)观众自行浏览(窗口)。

它表示演示文稿以窗口形式显示。用户可以利用滚动条或【浏览】菜单显示所需的幻灯片，可以利用【编辑】菜单中的【复制幻灯片】命令将当前幻灯片图像复制到剪切板上，也可以通过【文件】菜单的【打印】命令打印幻灯片。

(3)在展台浏览(全屏)。

它表示演示文稿以全屏幕形式在展台上做演示用。在展台浏览放映中,除了保留鼠标用于选择屏幕对象外,其余功能全部失效(终止也要按【Esc】键)。因为展出时不需要现场修改,也不需要提供额外功能,以免破坏演示画面。

在【放映幻灯片】对话框中,三个单选按钮分别决定了放映的范围是全部幻灯片、部分幻灯片,还是自定义幻灯片。通过【幻灯片放映】菜单中的【自定义放映】命令,以某种顺序组织演示文稿中的某些幻灯片,并命名,然后在【幻灯片】框中选择自定义放映的名称,就可以仅放映该组幻灯片了。

【换片方式】框供用户选择换片方式是手动还是自动,自动换片需通过【排练计时】命令来设置。

5.6.2　排练计时

演示文稿的播放,大多数情况下是由演示者手动操作控制播放的,如果想让其自动播放,则需要进行排练计时。进行排练计时的操作方法如下。

(1)单击【幻灯片放映】|【设置】选项组中的【排练计时】按钮,进入幻灯片放映视图。屏幕上出现【录制】对话框,如图 5-58 所示。对话框中显示了总计所用时间。

(2)单击【下一项】按钮可进行下一对象或幻灯片的播放,单击【重复】按钮可重复设置当前幻灯片使用的时间,单击【暂停】按钮可暂停幻灯片的排练。

图 5-58　【录制】对话框

图 5-59　是否保留新的幻灯片排练时间

(3)当所有幻灯片放映完毕后,屏幕出现对话框,询问“是否保留新的幻灯片排练时间”,如图 5-59 所示。

(4)单击【是】按钮退出排练计时状态。此后即可按此设定自动放映演示文稿。

注意: 进行了排练计时后,如果播放时,需要手动进行,可以这样设置:在图 5-57 所示的【设置放映方式】对话框中,选中其中的【手动】选项,确定退出即可。

5.6.3　隐藏或显示幻灯片

如果用户需要将一张幻灯片放在演示文稿中,却不希望它在幻灯片放映中出现,我们可以先将其隐藏起来。

操作方法如下。

方法一：单击【幻灯片放映】|【设置】选项组中的【隐藏幻灯片】按钮，可以隐藏幻灯片。

方法二：在【幻灯片浏览】视图状态下选中需要隐藏的幻灯片，右击鼠标，在弹出的快捷菜单中选择【隐藏幻灯片】菜单项（此时，该幻灯片序号处出现一个斜杠），可以将正常显示的幻灯片隐藏。在一般播放模式下，该幻灯片不能显示出来。

如果再执行一次这个命令，则取消隐藏。在进行放映时，如果想让隐藏的幻灯片播放出来，可用下面的方法来实现：在播放到隐藏幻灯片前面的一张幻灯片时，按下"H"键，隐藏的幻灯片即会播放出来。

5.6.4 录制幻灯片演示

【录制幻灯片演示】功能可以说是【排练计时】的强化版，它不仅能够自动记录幻灯片的播放时长，还允许用户直接使用激光笔（可用 Ctrl＋鼠标左键在幻灯片上标记）或麦克风为幻灯片加入旁白注释，并将其全部记录到幻灯片中，大大提高了新版幻灯片的互动性。这项功能使得用户不仅能够观看幻灯片，还能够听到讲解，让用户感觉身临其境，像处在会议现场一样。

(1)单击【幻灯片放映】|【设置】选项组中的【录制幻灯片演示】按钮，打开下拉菜单，选择从头还是从当前幻灯片开始录入。打开【录制幻灯片演示】对话框，勾选"幻灯片和动画计时""旁白、墨迹和激光笔"两项，单击【开始录制】进入录制界面，如图 5-60 所示。

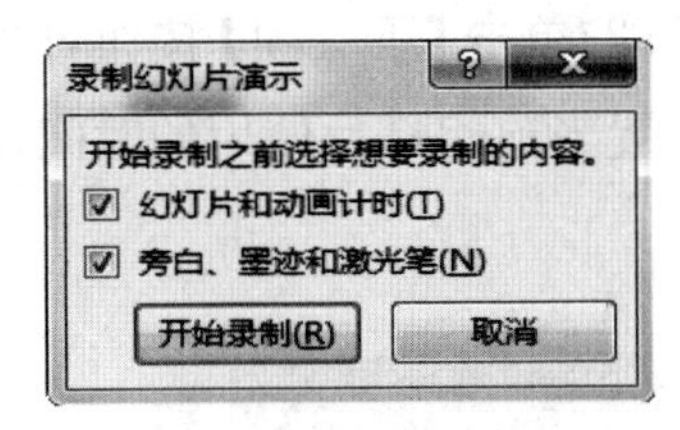

图 5-60 【录制幻灯片演示】对话框

(2)录制过程即为视频输出后的所有过程。在左上角可以查看录制时间，在左下角可以调出荧光笔制作讲解时的笔记，同时打开话筒添加旁白。

(3)全部录制完成后，按 Esc 按钮或者左上角的关闭按钮退出录制。录制完成后，会自动退出放映界面，进入大纲视图，此时每张幻灯片的左下角会出现刚才录制时所用的时间；幻灯片右下角出现所录旁白的小喇叭，单击即可播放，笔迹也会显示。

(4)切换回【文件】选项卡，在左侧选择【导出】按钮，在右侧选择【创建视频】选项，单击最右边的【创建视频】按钮，如图 5-61 所示，弹出【保存】对话框后选择视频保存位置并修改视频名称，单击【保存】按钮。此时在最下方一行的右边有【正在创建视频】的字样以及一个进度条，待进度条完成后关闭文档即可。

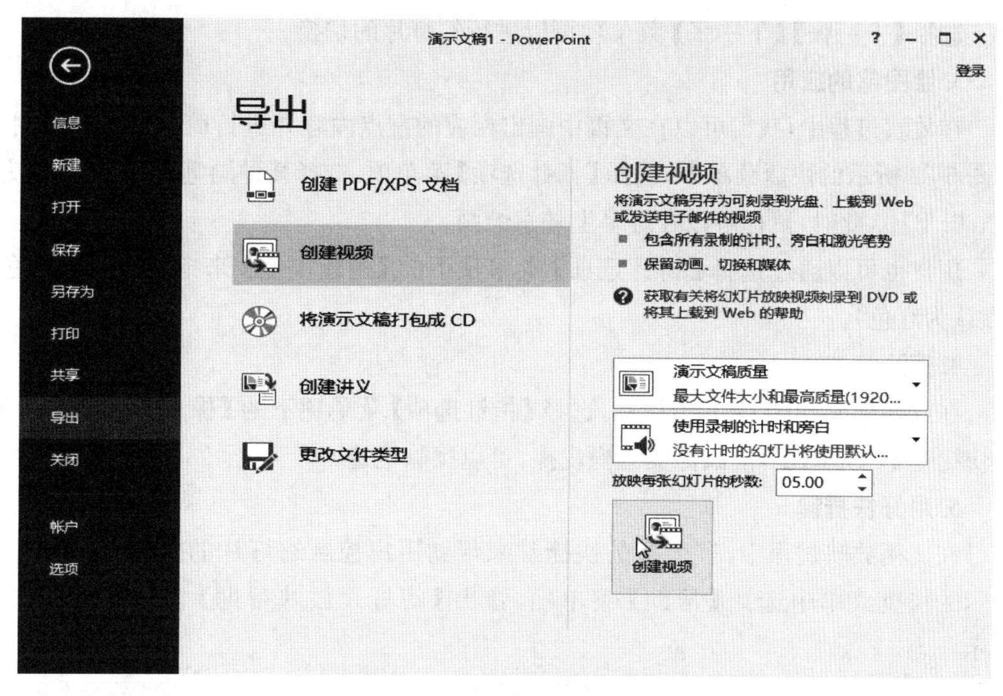

图 5-61　【创建视频】窗口

5.6.5　放映幻灯片

幻灯片制作好后，就可以放映幻灯片。放映幻灯片可以通过如下方法。

(1)单击演示文稿窗口的【幻灯片放映】按钮。这种放映方式是从当前幻灯片开始播放。

(2)根据用户需要可选择【幻灯片放映】|【开始放映幻灯片】选项组中的“从头开始”“从当前幻灯片开始”“联机演示”“自定义幻灯片放映”四种放映方式。

(3)按 F5 键开始放映。

5.6.6　幻灯片放映控制

放映幻灯片时可以使用 PowerPoint 提供的命令工具增强放映功能。

1. 常规控制播放

可以通过按空格键、【Enter】键、【PgUp】键(【Page Up】键)、【PgDn】键(【Page Down】键)或方向键进行幻灯片的切换。

2. 快捷菜单控制

放映时，在幻灯片的任意位置单击鼠标右键，弹出如图 5-62所示的快捷菜单。

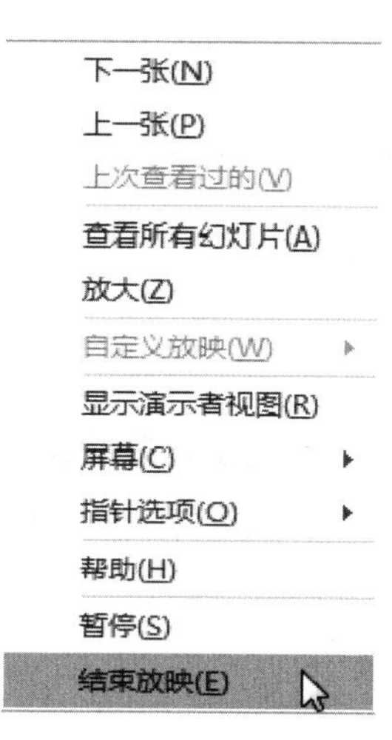

图 5-62　快捷菜单

选择【上一张】【下一张】菜单项可以进行幻灯片的切换。

3. 绘图笔的应用

在放映过程中，我们可以在文稿中画出相应的重点内容并进行简单图形的绘制，在图5-62所示的快捷菜单中，选择【指针选项】菜单项，选择某种画笔样式（快捷键为【Ctrl＋P】），此时，鼠标可以在屏幕上随意绘画。

用户也可以通过选择【指针选项】菜单项下的【墨迹颜色】来指定画笔的颜色（默认为红色）。

4. 擦除笔迹

在放映视图方式下，右击鼠标，选择【指针选项】菜单项下的【橡皮擦】菜单项或按快捷键【Ctrl＋E】，使鼠标变为橡皮擦，可以擦除笔迹。

5. 用好快捷键

在文稿放映过程中，有很多的快捷键来帮助用户控制幻灯片的播放，在图5-62所示的快捷菜单中选择【帮助】菜单项，弹出【幻灯片放映帮助】窗体，如图5-63所示。

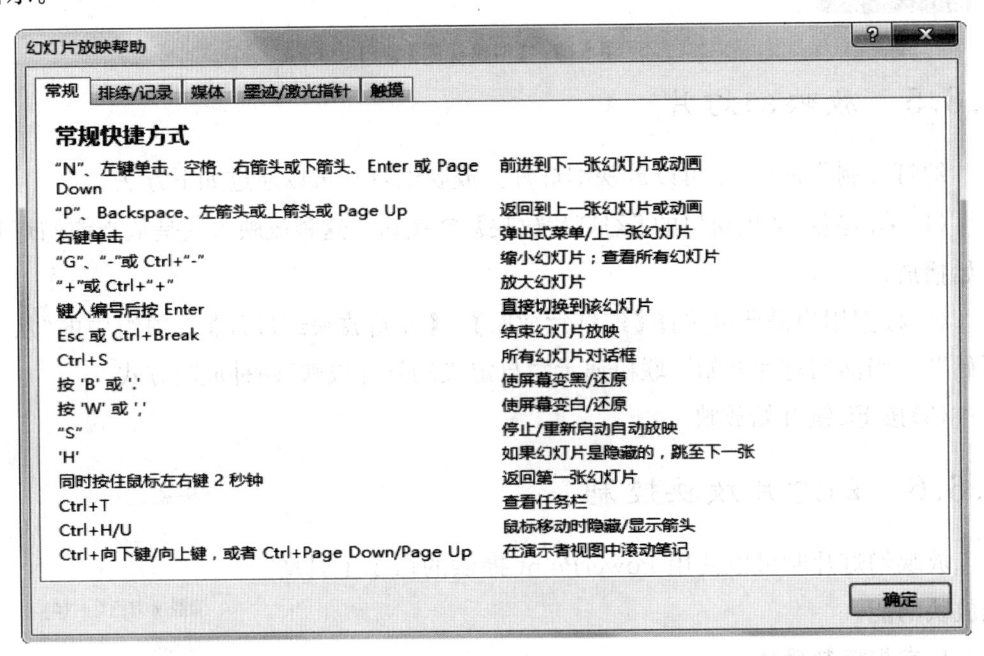

图5-63 【幻灯片放映帮助】窗体

6. 退出放映状态

在放映过程中，可以随时退出放映模式，按【Esc】键即可。

5.6.7　打印演示文稿

对已建立的演示文稿，除了可以在计算机屏幕上进行电子演示外，还可以将它们打印出来；也可将幻灯片打印在投影胶片上，通过投影放映机来放映。对生成演示文稿时辅助生成的大纲文稿、注释文稿等，也能通过打印机打印出来。

1. 页面设置

在打印之前，要先设计好幻灯片的大小和打印方向，以便打印的效果满足创意要求。可单击【设计】|【自定义】选项组中的【幻灯片大小】按钮，在下拉菜单中选择“自定义幻灯片大小”选项，打开【幻灯片大小】对话框，如图 5-64 所示。

其中：

【幻灯片大小】可设置幻灯片尺寸。

【幻灯片编号起始值】可设置打印文稿的编号起始值。

【方向】框可设置“幻灯片”“备注、讲义和大纲”等的打印方向。

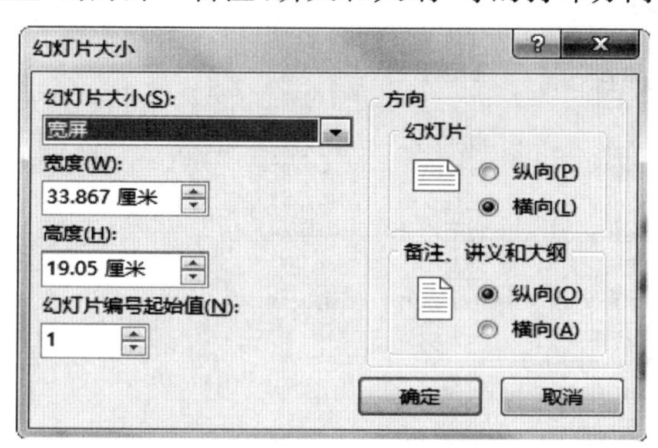

图 5-64　【幻灯片大小】对话框

2. 设置打印选项

页面设置后就可以将演示文稿、讲义等打印为纸质文档，这样就可以按照传统的方式进行阅读和审改。PowerPoint 针对不同的阅读需要提供了不同的方式，包括幻灯片、讲义、备注、大纲等。操作方法如下。

(1)在待打印的演示文稿中，单击【文件】选项卡，选择【打印】命令，屏幕中间显示打印设置选项，右侧显示演示文稿的预览结果。

(2)在设置区的【幻灯片】组中单击【整页幻灯片】右侧下拉按钮，弹出选择区，如图 5-65 所示。

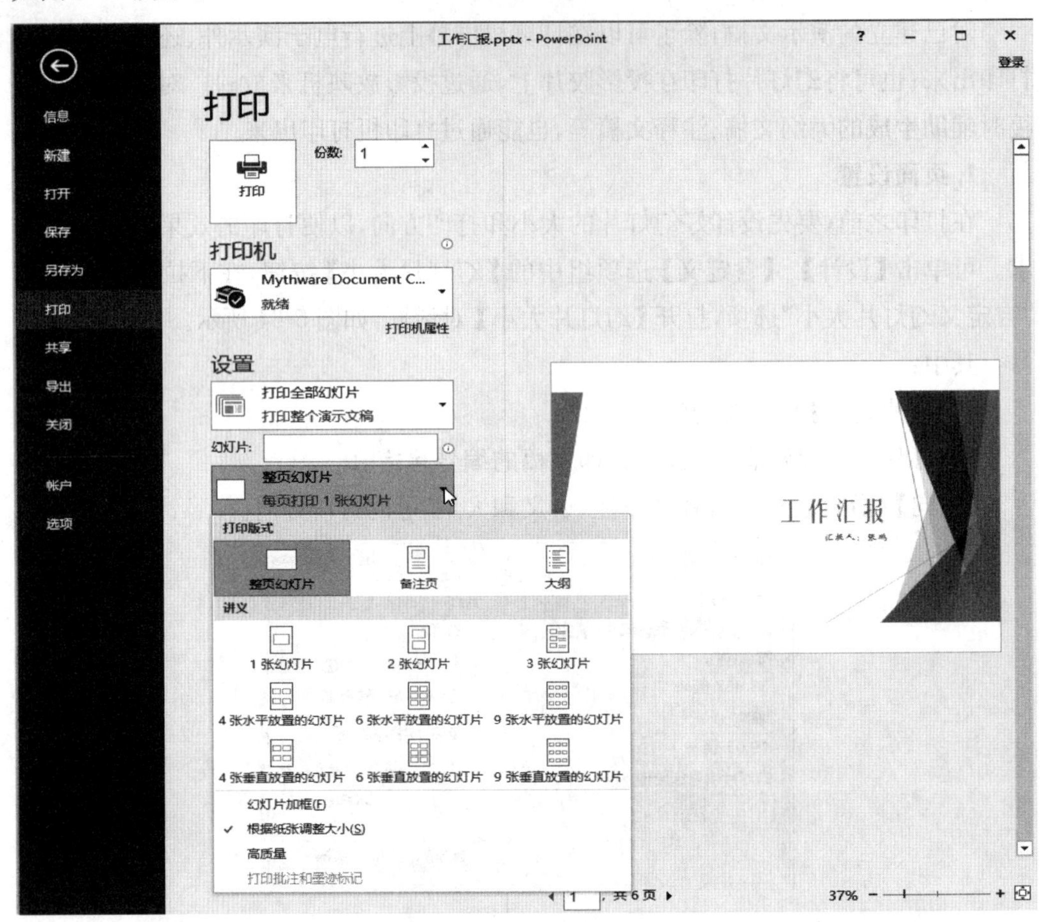

图 5-65 【打印】窗口

其中包括打印版式、讲义和其他选项三个分区。通过【讲义】分区选择每页所要打印的幻灯片数量，预览效果立即切换，如图 5-66 所示。预览效果满意后，单击【打印】按钮，即可按讲义形式打印。

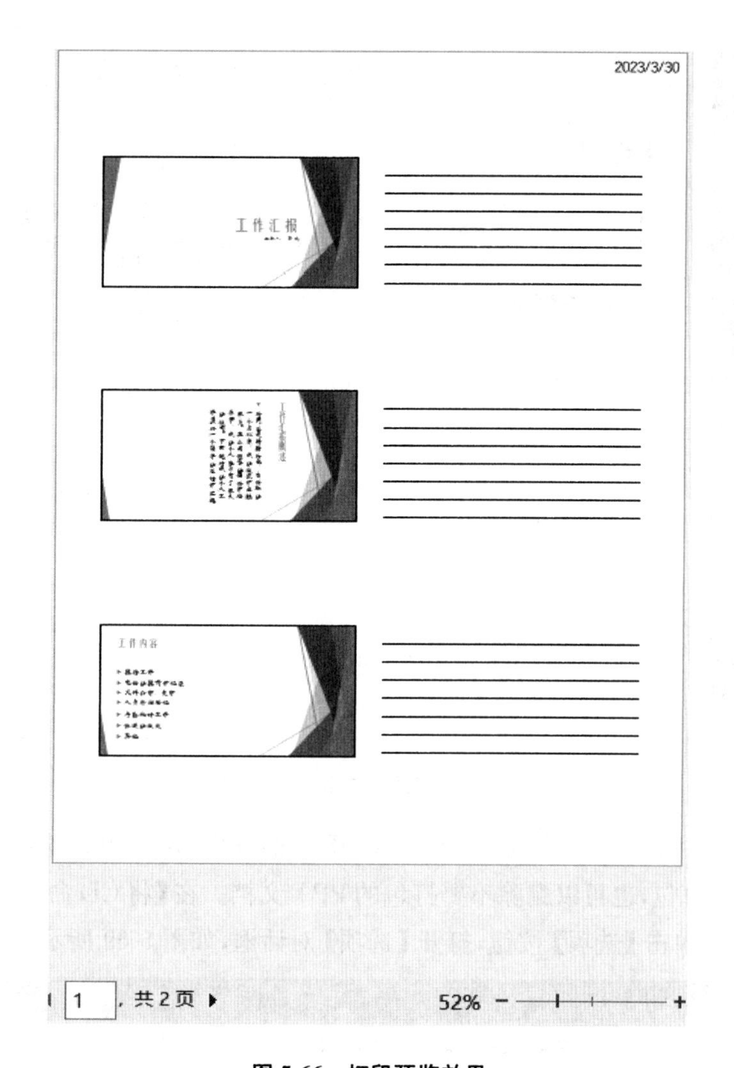

图 5-66　打印预览效果

5.6.8　演示文稿的打包

所谓打包，就是将独立的已综合起来共同使用的单个或多个文件，集成在一起，生成一种独立于运行环境的文件。将 PowerPoint 打包能解决运行环境的限制和文件损坏或无法调用等不可预料的问题，比如，打包文件能在没有安装 PowerPoint、FLASH 的环境下运行，在目前主流的各种操作系统下运行。演示文稿打包后可以进行压缩，便于携带，不会因为路径的变化造成链接文件的错误。

在待打包的演示文稿中单击【文件】选项卡，选择【导出】命令，在中间窗口选择【将演示文稿打包成 CD】，单击右侧的【打包成 CD】按钮，如图 5-67 所示。

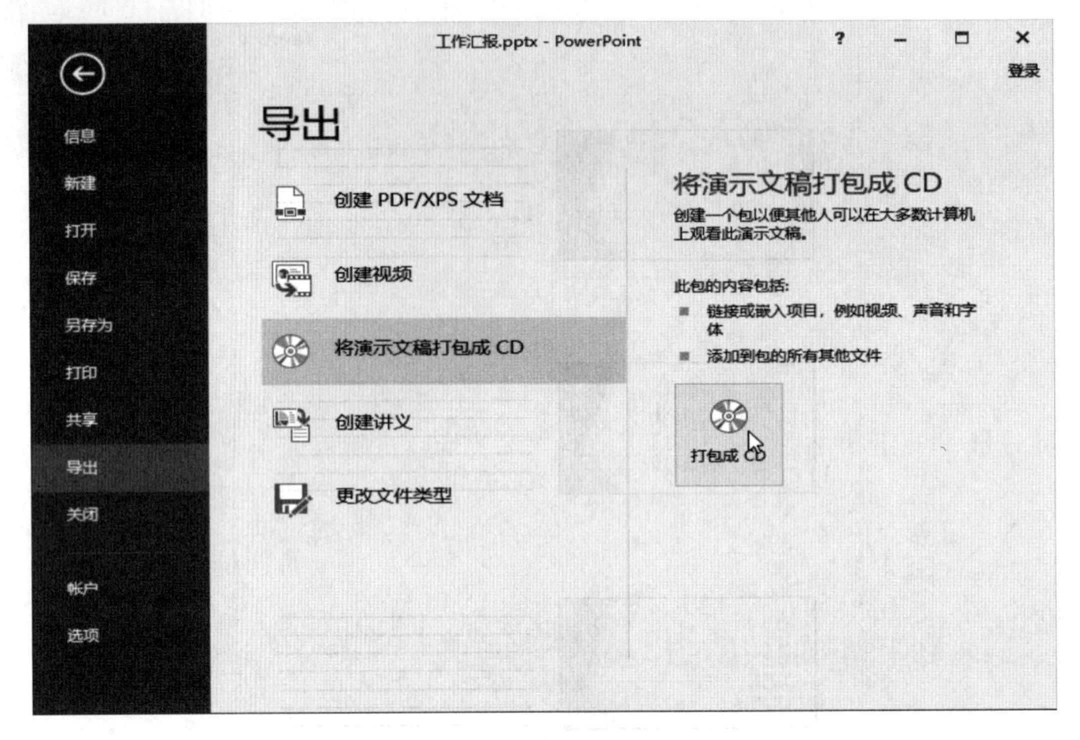

图 5-67 【将演示文稿打包成 CD】

在弹出的如图 5-68 所示的【打包成 CD】对话框中，用户可以选择添加更多的 PPT 文档一起打包，也可以删除不要打包的 PPT 文档。在【将 CD 命名为】文本框中输入文件名称，单击【选项】按钮，打开【选项】对话框，如图 5-69 所示。

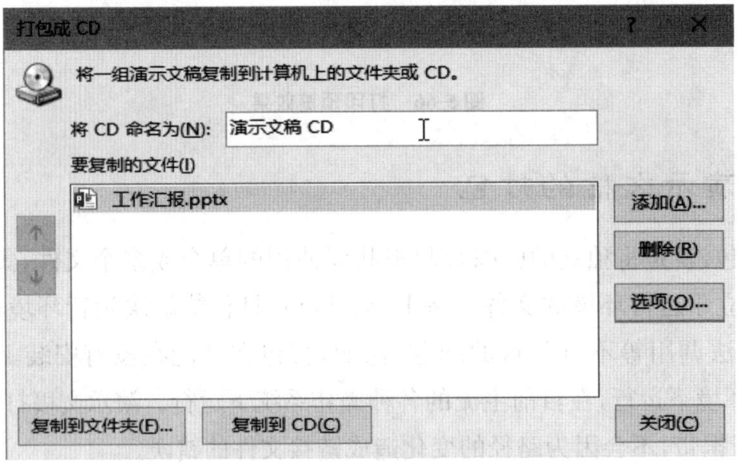

图 5-68 【打包成 CD】对话框

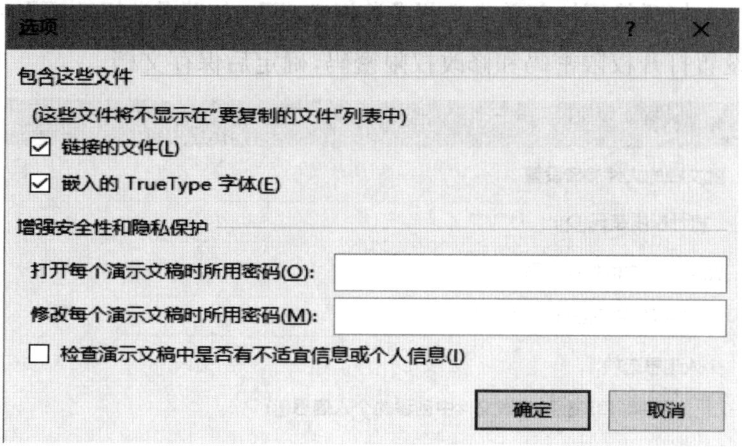

图 5-69　【选项】对话框

在【选项】对话框的【包含这些文件】选项区域选择【链接的文件】和【嵌入的 TrueType 字体】复选框，如果需要增强安全性和隐私保护，用户也可以输入和修改打开演示文稿的密码。设置完成后单击【确定】按钮返回【打包成 CD】对话框。

在【打包成 CD】对话框中单击【复制到文件夹】按钮，打开【复制到文件夹】对话框，如图 5-70 所示。弹出的是选择路径和演示文稿打包后的文件夹名称，可以选择想存放的位置路径，也可以保存默认不变，系统默认有【完成后打开文件夹】的功能。如果打包后不需要打开文件夹，则取消勾选【完成后打开文件夹】即可。

图 5-70　【复制到文件夹】对话框

单击【确定】按钮后，系统会自动运行打包复制到文件夹程序，在完成之后自动弹出打包好的 PowerPoint 文件夹，其中有一个 AUTORUN. INF 自动运行文件，如果我们选择了【打包成 CD】，则该文件具备自动播放功能。再将打包好的文档进行光盘刻录成 CD 就可以将其放在没有 PPT 的电脑或者 PPT 版本不兼容的电脑上播放了。

5.6.9　保护演示文稿的安全

方法一：单击【文件】选项卡，选择【另存为】菜单，打开【另存为】对话框，单击

【工具】按钮，在打开的下拉菜单中选择【常规选项】，打开【常规选项】对话框，如图5-71所示。设置打开权限密码和修改权限密码，确定后保存文档。

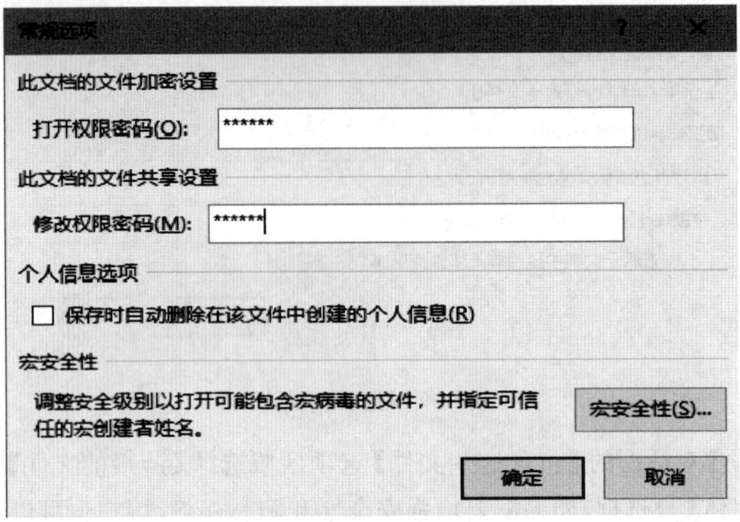

图 5-71 【常规选项】对话框

方法二：在需要保护的演示文稿中，单击【文件】选项卡中的【信息】菜单，在右侧有【保护演示文稿】按钮，在其下拉菜单中，选择【用密码进行加密】选项，如图5-72所示。页面弹出一个【加密文档】对话框，要求输入密码，输入密码后单击【确定】，并保存文档即可。

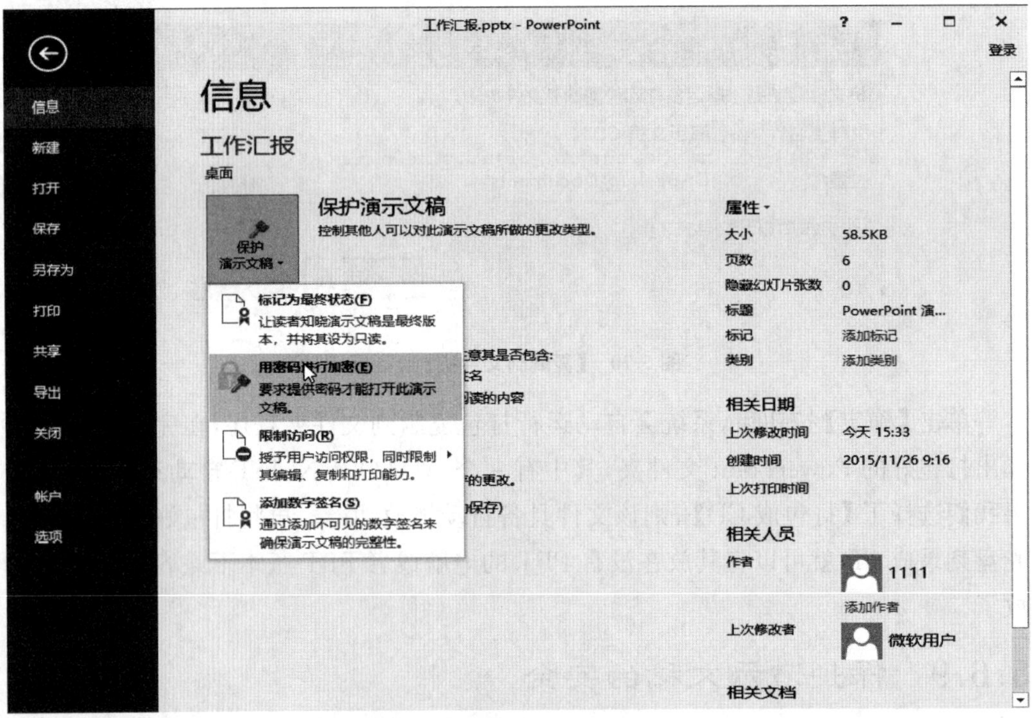

图 5-72 【保护演示文稿】选项

习题 5

1. 简述在幻灯片中创建超链接(链接到本文档中的位置)的过程。
2. 简述在幻灯片中插入图片的过程。
3. 什么是幻灯片母版？简述幻灯片母版的功能。
4. 放映幻灯片有哪几种方法？

第6章 计算机网络基础知识与基本操作

【引言】

本章主要介绍计算机网络和 Internet 的基础知识及应用。通过对本章的学习,读者可以较为全面地了解网络和 Internet 基础知识,学习连接和浏览 Internet 的基本方法,掌握电子邮件的收发技巧等。

6.1 计算机网络基础知识

计算机网络是若干具有独立功能的计算机通过通信设备及传输媒体互联,在通信软件的支持下,实现计算机间资源共享、信息交换或协同工作的系统。计算机网络于 20 世纪 60 年代起源于美国,最初用于军事通信,后逐渐进入民用领域,经过几十年的不断发展和完善,现已广泛应用于各个领域。

6.1.1 计算机网络简介

计算机网络就是将地理上分散布置的具有独立功能的多台计算机(系统)或由计算机控制的外部设备,利用通信手段,通过通信设备和线路连接起来,按照特定的通信协议进行信息交流,实现资源共享的系统。

从网络逻辑功能角度看,可将计算机网络分成通信子网和资源子网,通信子网处于中心,一般由路由器、交换机和通信线路组成,负责数据传输和转发等通信处理任务。资源子网处于通信子网的外围,由主机、外设、各种软件和信息资源等组成,负责数据处理,向网络用户提供各种网络资源和网络服务。

6.1.2　计算机网络的功能

1. 数据通信

数据通信是计算机网络的基本功能之一，用于实现计算机之间的信息传送。在计算机网络中，人们可以在网上收发电子邮件，发布新闻消息，进行电子商务、远程教育、远程医疗，传递文字、图像、声音、视频等信息。

2. 资源共享

计算机资源主要是指计算机的硬件、软件和数据资源。

资源共享功能是组建计算机网络的驱动力之一，它使得网络用户可以克服地理位置的差异，共享网络中的计算机资源。共享硬件资源可以避免贵重硬件设备的重复购置，提高硬件设备的利用率；共享软件资源可以避免软件开发的重复劳动与大型软件的重复购置，进而实现分布式计算的目标；共享数据资源可以促进人们相互交流，达到充分利用信息资源的目的。

3. 分布式处理

对于综合性大型科学计算和信息处理问题，可以采用一定的算法，将问题分解，再将子问题交给网络中不同的计算机，以达到均衡使用网络资源，实现分布处理的目的。

4. 提高系统的可靠性

在计算机网络系统中，可以通过结构化和模块化设计将大的、复杂的任务分别交给几台计算机处理，用多台计算机提供冗余，以使其可靠性大大提高。当某台计算机发生故障，不至于影响整个系统中其他计算机的正常工作，使被损坏的数据和信息能得到恢复。

6.1.3　计算机网络的分类

1. 根据网络的覆盖范围划分

(1)局域网(Local Area Network，LAN)，一般用微机通过高速通信线路连接，覆盖范围从几百米到几千米，通常用于覆盖一个房间、一层楼或一座建筑物。局域网传输速率高，可靠性好，适用各种传输介质，建设成本低。

(2)城域网(Metropolitan Area Network，MAN)，是在一座城市范围内建立的计算机通信网，通常使用与局域网相似的技术，但对于媒介访问控制在实现方法上有所不同，它一般可将同一城市内不同地点的主机、数据库以及 LAN 等互相连接起来。

(3)广域网(Wide Area Network，WAN)，用于连接不同城市之间的 LAN 或 MAN，广域网的通信子网主要采用分组交换技术，常常借用传统的公共传输网(如电话网)，这就使广域网的数据传输相对较慢，传输误码率也较高。随着光纤通信网络的建设，广域网的速度将大大提高。广域网可以覆盖一个地区或国家。

(4)国际互联网,又叫因特网(Internet),是覆盖全球的最大的计算机网络,但实际上不是一种具体的网络技术,因特网将世界各地的广域网、局域网等互联起来,形成一个整体,实现全球范围的数据通信和资源共享。

2. 按传输介质划分

(1)有线网。有线网采用双绞线、同轴电缆、光纤或电话线作传输介质。采用双绞线和同轴电缆连成的网络经济且安装简便,但传输距离相对较短。以光纤为介质的网络传输距离远、传输率高、抗干扰能力强、安全好用,但成本稍高。

(2)无线网。无线网主要以无线电波或红外线为传输介质,联网方式灵活方便,但联网费用稍高,可靠性和安全性还有待改进。另外,还有卫星数据通信网,它是通过卫星进行数据通信的。

3. 按网络的使用性质划分

按网络的使用性质可将网络划分为公用网和专用网。

(1)公用网(Public Network),是一种付费网络,属于经营性网络,由商家建造并维护,消费者付费使用。

(2)专用网(Private Network),是某个部门根据本系统的特殊业务需要而建造的网络,这种网络一般不对外提供服务。军队、银行、电力等系统的网络就属于专用网。

6.1.4 计算机网络的拓扑结构

把计算机网络中的计算机等设备看成一个节点,把网络中的通信媒体抽象为线,这样就形成了由点和线组成的几何图形,即采用拓扑学方法抽象出的网络结构,我们称之为计算机网络的拓扑结构。计算机网络的拓扑结构包括星型结构、环形结构、总线型结构和树型结构。

1. 星型结构

星型结构有一个中央节点,以此为中心连接若干外围节点,任何两个节点之间要进行信号的传送必须通过中央节点,由发送端发出,经过中央节点后转发到接收端,如图 6-1 所示。

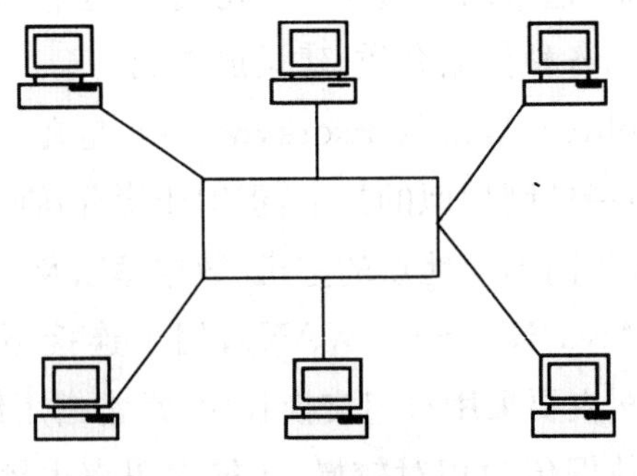

图 6-1 星型结构

2. 环形结构

环形结构是将所有节点依次连接起来，并首尾相连构成的一个环状结构。任何两个节点都必须通过环路进行数据的传输，发送端将信号发出，环状结构上的下一个节点对该信号进行检查，然后发送给下一个节点，依次传送，直到接收端接收到信号后将反馈信号发出，再经过其他节点传送到发送端，才完成一个信号的传输，如图 6-2 所示。

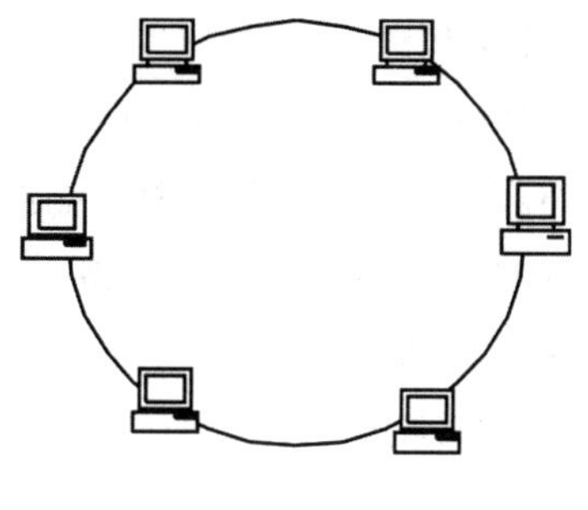

图 6-2　环形结构

3. 总线型结构

总线型结构中的各个节点都是通过相应的硬件接口连接到一条公共的访问线路上，一个节点发送的信号都可以沿着公共的访问线路传播，如图 6-3 所示。

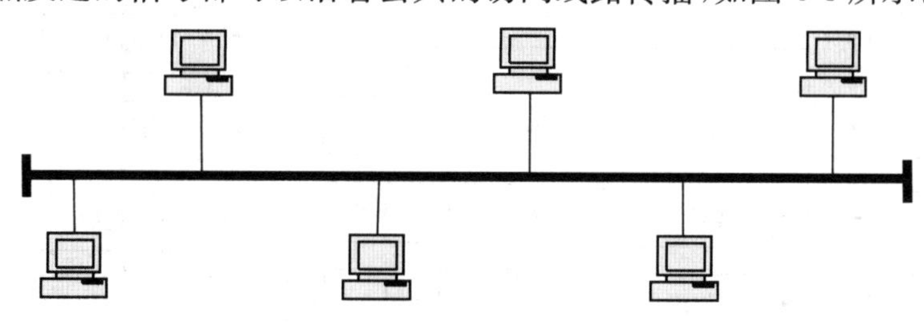

图 6-3　总线型结构

4. 树型结构

在树型结构中所有节点是按照一定的层次关系排列而成的，就像一棵倒立的树，与总线型结构的主要区别在于树型中有“根”，如图 6-4 所示。

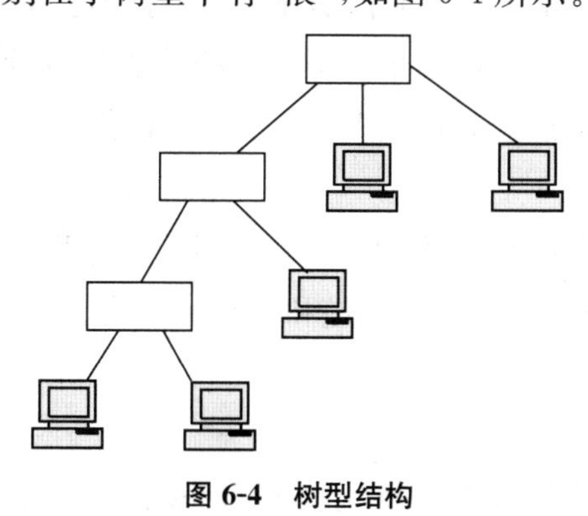

图 6-4　树型结构

6.1.5 计算机网络的体系结构

计算机网络的体系结构是指通信系统的整体设计，它为网络硬件、软件、协议、存取控制和拓扑结构提供了标准。目前广泛采用的是国际标准化组织(ISO)提出的开放系统互连(Open System Interconnection，OSI)参考模型，其他常见的网络体系结构有FDDI、以太网、令牌环网和快速以太网等。

1. 开放系统互连参考模型(OSI)

所谓开放系统，是指遵从国际标准的、能够通过互连而相互作用的系统。系统之间的相互作用只涉及系统的外部行为，而与系统内部的结构和功能无关。

OSI参考模型从底部到顶部由物理层、数据链路层、网络层、传输层、会话层、表示层和应用层共七层组成，如图6-5所示。

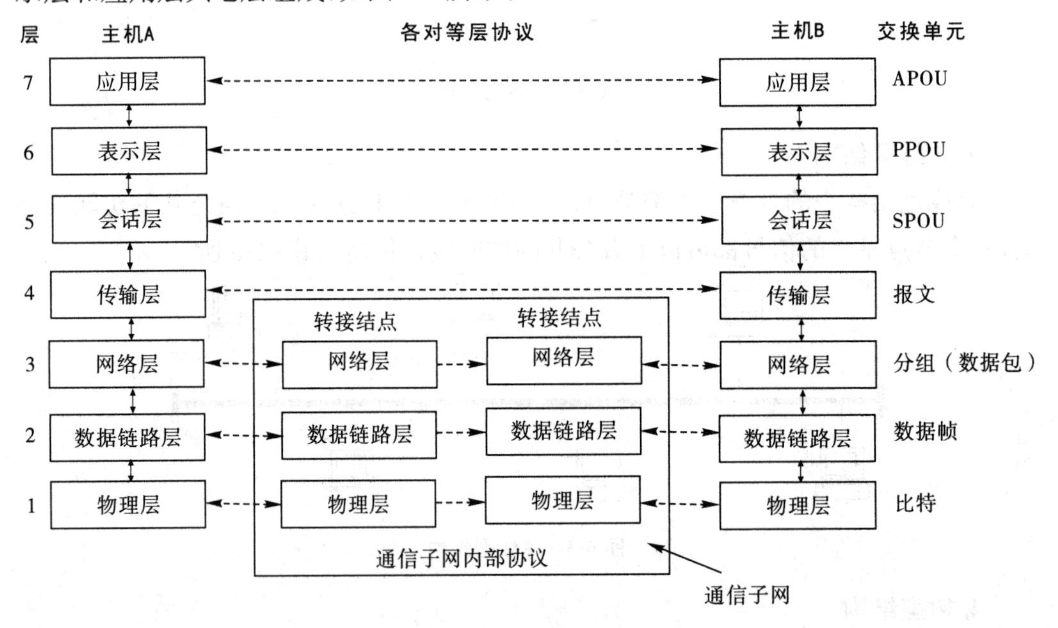

图6-5 OSI参考模型

OSI参考模型下三层主要负责通信功能，一般称为通信子网层，通常以硬件和软件相结合的方式来实现。上三层属于资源子网的功能范畴，称为资源子网层，通常以软件的方式来实现。传输层起着衔接上、下三层的作用。

(1)物理层。

物理层规定通信设备的机械的、电气的、功能的和过程的特性，用以建立、维护和拆除物理链路连接。例如：规定所用电缆和接头的类型、传输信号的电压等。其单位是比特。

(2)数据链路层。

数据链路层是在物理层提供比特流服务的基础上，建立相邻结点之间的数据链路,通过差错控制供数据帧(Frame)在信道上无差错地传输,并进行各电路上的动作系列。

数据链路层在不可靠的物理介质上提供可靠的传输。该层的作用包括:物理地址寻址、数据的成帧、流量控制、数据的检错、重发等。在这一层,数据的单位称为数据帧。

(3)网络层。

在计算机网络中进行通信的两个计算机之间可能会经过很多个数据链路,也可能还要经过很多通信子网。网络层的任务就是选择合适的网间路由和交换结点,确保数据及时传送。网络层将数据链路层提供的帧组成数据包,包中封装有网络层包头,其中含有逻辑地址信息来源站点和目的地站点的网络地址。

(4)传输层。

传输层为上层提供端到端的(最终用户到最终用户的)、透明的、可靠的数据传输服务。所谓透明的传输是指在通信过程中传输层对上层屏蔽了通信传输系统的具体细节。传输层协议的代表包括:TCP、UDP、SPX 等。

此外传输层还要具备差错恢复,流量控制等功能。

(5)会话层。

会话层提供的服务可使应用建立、维持会话,并能使会话获得同步。会话层使用校验点可使通信会话在通信失效时从校验点继续恢复通信。这种能力对于传送大的文件极为重要。会话层、表示层、应用层构成开放系统的上三层,对应用进程提供分布处理、对话管理、信息表示、恢复最后的差错等服务。

(6)表示层。

表示层主要解决用户信息的语法表示问题。它将欲交换的数据从适合某一用户的抽象语法转换为适合 OSI 系统内部使用的传送语法,即提供格式化的表示和转换数据服务。数据的压缩和解压缩、加密和解密等工作都由表示层负责。例如,图像格式的显示就由位于表示层的协议来支持。

(7)应用层。

应用层为操作系统或网络应用程序提供访问网络服务的接口。应用层协议的代表包括:Telnet、FTP、HTTP、SNMP 等。

应用层向应用程序提供服务,这些服务按其向应用程序提供的特性分成组,并称为服务元素。有些可为多种应用程序共同使用,有些则为较少的一类应用程序使用。应用层是开放系统的最高层,是直接为应用进程提供服务的。其作用是在实现多个系统应用进程相互通信的同时,完成一系列业务处理所需的服务。其服务元素分为两类:公共应用服务元素 CASE 和特定应用服务元素 SASE。CASE 提供最基本的服务,它成为应用层中任何用户和任何服务元素的用户,主要为应用进程通信和分布系统实现提供基本的控制机制。特定服务 SASE 则要满足一些特定服务，如文件传送、访问管理、作业传送、银行事务、订单输入等。

2. TCP/IP 参考模型

TCP/IP(Transmission Control Protocol/Internet Protocol)，传输控制协议/互联网络协议。它是美国国防部高级研究计划局的研究结果，早在 20 世纪 70 年代就已诞生，后来被集成在 Unix 中使用，进而得到推广。它在 20 世纪 80 年代脱颖而出，成为互联网的通信协议。随着互联网的不断壮大，TCP/IP 协议也不断发展，不仅在广域网上被普遍使用，在局域网上也已经取代其他协议成为被普遍采用的协议。如今，TCP/IP 协议已经成为一种普遍且通用的网络互联标准。

TCP/IP 协议是以 OSI 参考模型为框架开发出来的，是一种分层协议。图 6-6 显示了 TCP/IP 协议的层次结构与 OSI 参考模型的对应关系。

OSI	TCP/IP
应用层	应用层
表示层	
会话层	
传输层	传输层
网络层	网络互连层
数据链路层	网络接口层
物理层	

图 6-6　TCP/IP 层次结构与 OSI 参考模型的比较

从图 6-6 可以看出，TCP/IP 协议的层次结构基本上是按照 OSI 参考模型设计的。只有在上三层的分层上，TCP/IP 协议才将 OSI 参考模型的应用层、表示层和会话层整合为一个单一的应用层，从而使数据格式的表示、会话的建立等功能和应用软件更紧密地结合起来，与 OSI 参考模型相比，TCP/IP 参考模型更为实用和简单。虽然我们在习惯上把 TCP/IP 称为协议，但是实际上它并不是一个单一的协议，而是一组协议的集合，称为 TCP/IP 协议族。

在 TCP/IP 协议族里，每一种协议负责网络数据传输中的一部分工作，为网络中数据的传输提供某一方面的服务。正是因为有了这些工作在各个层次的协议，才使整个 TCP/IP 协议族能够有效地协同工作。

(1)网络接口层。

网络接口层是 TCP/IP 参考模型的最底层，定义了与各种网络之间的接口，包括操作系统中的设备驱动程序、计算机中对应的网络接口卡及各种逻辑链路控制和媒体访问协议。网络接口负责接收 IP 数据报，并通过特定的网络进行传输。该层充分体现出 TCP/IP 协议的兼容性与适应性，为 TCP/IP 的成功奠定了基础。

（2）网络互连层。

在 TCP/IP 协议族中，网络互连层主要针对网际环境设计，处理 IP 数据的传输、路由选择、流量控制和拥塞控制。工作在网络层的协议主要有：IP 协议、ARP 协议、RARP 协议和 ICMP 协议。

（3）传输层。

传输层位于 TCP/IP 协议栈的网络层与应用层之间，它的作用是建立应用间的端到端连接，并且为数据传输提供可靠或不可靠的连接服务。一般包括：连接管理、流量控制、差错校验、对用户请求的响应、建立无连接或面向连接的通信等功能。

在 TCP/IP 协议的传输层中主要有传输控制协议（TCP）和用户数据报协议（UDP）。TCP 是面向连接的协议，为用户提供可靠的传输服务，适用于要求可靠地一次传送大批量的数据的传输，目前大多数的应用程序都采用该协议。UDP 是无连接的协议，为用户提供的服务也不可靠，它用于多次的每次传送少量数据的传输，传输过程中的问题由应用层负责解决。

（4）应用层。

应用层位于 TCP/IP 协议族的最上层，相当于 OSI 参考模型的应用层、表示层和会话层的综合。

应用层首先要解决的问题是，协调网络中使用的设备和软件间多种多样的问题，让基于不同系统的用户能够使用相同的资源。应用层通过定义一个抽象的网络虚拟终端来解决这个问题。每一种终端类型，通过将网络虚拟终端和实际终端进行映射，在网络虚拟终端的功能中统一定义如何对资源进行调用和访问。这样用户就可以通过网络虚拟终端调用基于不同系统的资源。

应用层的另一个功能是解决了不同系统中文件传输的问题。不同系统的文件命名方式、文件行表示方法是不一样的，应用层的工作就是让不同系统之间的文件传输不会出现不兼容的问题。

应用层为用户的各种网络应用开发了许多网络应用程序。

应用层主要协议有：文件传输协议（FTP）、简单文件传输协议（SFTP）、简单邮件传输协议（SMTP）、邮局协议（POP）、简单网络管理协议（SNMP）、Telnet 协议、HTTP 协议、域名系统（DNS）等。

6.2　计算机网络硬件

计算机网络硬件设备包括计算机（服务器和客户机）、连接设备和传输介质。下面主要介绍常见的网络传输介质和连接设备。

6.2.1 网络传输介质

传输介质是网络中连接收发双方的物理通路，也是通信中实际传送信息的载体。根据传输介质形态不同，我们可以把传输介质分为有线传输介质和无线传输介质。

1. 有线传输介质

有线传输介质指用来传输电或光信号的导线或光纤。有线介质技术成熟，性能稳定，成本较低，是目前局域网中使用最多的介质。有线传输介质主要有双绞线、同轴电缆和光纤等。

(1)双绞线。

双绞线是把两条相互绝缘的铜导线绞合在一起，如图 6-7 所示。采用绞合的结构是为了减少对相邻导线的电磁干扰。根据单位长度上的绞合次数可以把双绞线划分为不同规格。绞合次数越高，抵消干扰的能力就越强，制作成本也就越高。根据双绞线外是否有屏蔽层又可将双绞线分为屏蔽双绞线和非屏蔽双绞线，用得较多的是非屏蔽双绞线。电气工业协会(EIA)将非屏蔽双绞线又进行了分类，主要有：1 类线、2 类线、3 类线、4 类线、5 类线、超 5 类线、6 类线。目前使用比较广泛的是超 5 类线和 6 类线。

双绞线用于 10/100 Mbps 局域网时，使用距离最大为 100m。由于价格较低，因此被广泛使用。在局域网中常用四对双绞线，即四对绞合线封装在一根塑料保护软管里，如图 6-8 所示。

(2)同轴电缆。

同轴电缆由内导体铜芯、绝缘层、网状编织的外导体屏蔽层以及塑料保护层组成。由于屏蔽层的作用，同轴电缆有较好的抗干扰能力，如图 6-9 所示。

图 6-7 双绞线

图 6-8 双绞线连接水晶头

图 6-9 同轴电缆

按直径和特性阻抗不同，将同轴电缆分为粗缆和细缆。粗缆直径为 10mm，特性阻抗为 75Ω，使用中经常被频分复用，因此又被称为宽带同轴电缆，是有线电视(CATV)中的标准传输电缆。细缆直径为 5mm，特性阻抗为 50Ω，经常用来传送没有载波的基带信号，因此又被称为基带同轴电缆。

(3)光纤。

光纤是由非常透明的石英玻璃拉成细丝做成的,如图 6-10 所示;信号传播利用了光的全反射原理,当光从一种高折射率介质射向低折射率介质时,只要入射角足够大,就会产生全反射,这样一来,光就会不断在光纤中折射传播下去,如图 6-11 所示。光纤的最大优点是抗干扰能力强、保密性好、传输带宽高。光纤分为多模光纤和单模光纤,多模光纤可传输几公里,单模光纤传输距离更远,可达几十千米。

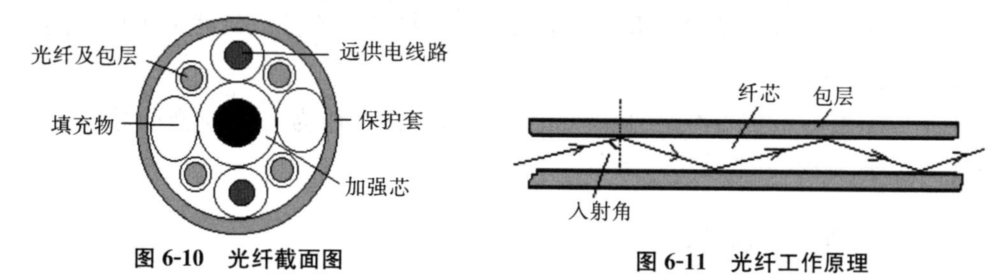

图 6-10　光纤截面图　　**图 6-11　光纤工作原理**

2. 无线传输介质

通信网络随着 Internet 的飞速发展,从传统的布线网络发展到了无线网络,作为无线网络之一的无线局域网 WLAN(Wireless Local Area Network),满足了人们实现移动办公的梦想。无线传输的主要形式有无线电频率通信、红外通信、微波通信和卫星通信等。

3. 传输介质评价

面对众多的数据传输介质,如何进行选择呢? 通常,评价一种传输介质的性能指标主要包括以下几个。

(1)传输距离:数据的最大传输距离。

(2)抗干扰性:传输介质防止噪声干扰的能力。

(3)带宽:指信道所能传送的信号的频率宽度,也就是可传送信号的最高频率与最低频率之差。信道的带宽由传输介质、接口部件、传输协议以及传输信息的特性等因素决定。通常,信道的带宽越大,其容量也越大,传输速率相应也越高。

(4)衰减性:信号在传输过程中会逐渐减弱。衰减越小,传输距离就越长。

(5)性价比:网络的性能与投入的比值。性价比越高说明投入越值得。这对于降低网络建设的整体成本很重要。

6.2.2 网　卡

网卡又叫网络适配器,是计算机网络中最重要的连接设备之一,一般插在计算机主板的总线插槽上,如图 6-12 所示。网卡一方面负责接收网线上传来的数据,并把数据转换为本机可识别和处理的格式;另一方面负责把本机要向网上传输的数据按照一定的格式转换为网络设备可处理的数据形式,通过网线传送到网上。

图 6-12 网 卡

每个网卡上都有一个固定的全球唯一地址编号，称为MAC(Media Access Control)地址，又称网卡的物理地址。它一般是一个12位的十六进制地址，用于标识网卡，这样，网络才能区分出数据是从哪台计算机来，到哪台计算机去。任何厂商生产的网卡的物理地址绝不会相同。网卡的速度主要有10M、100M及1000M，网卡的接口类型有连接同轴电缆的BNC接口和连接双绞线的RJ-45接口。目前RJ-45接口的网卡使用广泛。

在笔记本电脑上需要使用PCMCIA标准的网卡，作为一种新型的总线技术，USB也被应用到网卡中。

6.2.3 调制解调器

计算机内的信息是由“0”和“1”组成的数字信号，而在电话线上传递的却只能是模拟电信号。于是，当两台计算机要通过电话线进行数据传输时，就需要一个设备负责数模的转换。这个数模转换器就是调制解调器(Modem)。计算机在发送数据时，先由Modem把数字信号转换为相应的模拟信号，这个过程称为“调制”。经过调制的信号通过电话载波传送到另一台计算机之前，也要经由接收方的Modem把模拟信号还原为计算机能识别的数字信号，这个过程称为“解调”。正是通过这样一个“调制”与“解调”的数模转换过程，才实现了两台计算机之间的远程通信。根据Modem的谐音，人们亲昵地称之为“猫”，如图6-13所示。

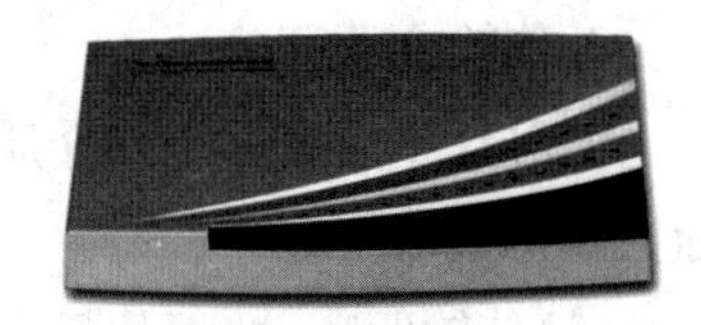

图 6-13 调制解调器

6.2.4 集线器

集线器(Hub)是计算机网络中连接多台计算机或其他设备的连接设备。集线器主要提供信号放大和中转的功能，如图6-14所示。一个集线器上往往有4个、8个或更多的端口，可使多个用户机通过双绞线电缆与网络设备相连，形成带集线器的总线结构(通过集线器再连接成总线型拓扑或星型拓扑)。集线器上的端口相互独立，不会因某一端口的故障影响其他用户。

集线器有多种：按带宽的不同可分为10Mbps、100Mbps和10/100Mbps；按照工作方式不同，可分为智能型和非智能型；按配置形式不同，可分为固定式、模块式和堆叠式；按端口数不同，可分为4口、8口、12口、16口、24口和32口等。

图 6-14 集线器

6.2.5　交换机

交换机发展迅猛，基本取代了集线器和网桥，并增强了路由选择功能。交换机的主要功能包括物理编址、错误校验、帧序列以及流控制等。目前有些交换机还具有对虚拟局域网(VLAN)的支持、对链路汇聚的支持，有的甚至具有防火墙功能。交换机的外观与集线器相似，如图 6-15 所示。从应用领域来分，交换机可分为局域网交换机和广域网交换机；从应用规模来分，交换机可分为企业级交换机、部门级交换机和工作组级交换机。

图 6-15　交换机

6.2.6　路由器

路由器属于网间连接设备，它能够在复杂的网络环境中完成数据包的传送工作。它能够把数据包按照一条最优的路径发送至目的网络。路由器工作在网络层，并使用网络层地址(如 IP 地址等)。路由器可以通过调制解调器(Modem)与模拟线路相连，也可以通过通道服务单元/数据服务单元(CSU/DSU)与数字线路相连。

路由器比网桥功能更强，因为网桥工作于数据链路层，而路由器工作于网络层，网桥仅考虑了在不同网段数据包的传输，而路由器则在路由选择、拥塞控制、容错性及网络管理方面做了更多的工作。

6.2.7　其他网络设备

1. 网关

网关又称协议转换器，是软件和硬件的结合产品，主要用于连接不同结构体系的网络或用于局域网与主机之间的连接。

2. 中继器

中继器的作用是放大和传送信号，增加信号的有效传输距离，如图 6-16 所示。中继器属于物理层设备，可以连接两个局域网或延伸一个局域网，它连起来的仍是一个网络。

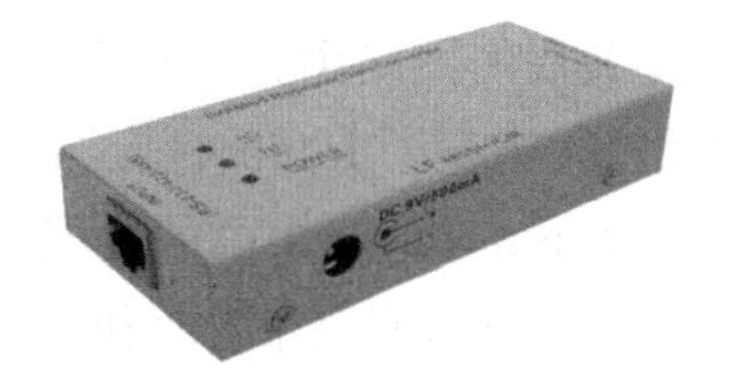

图 6-16　中继器

6.3　Internet 基础知识

Internet 始于美国，其前身是阿帕网(ARPANET)，在其发展过程中，为了保证异构机之间的信息交流，制定了 TCP/IP 通信协议，从而使不同位置、不同型号的计算机可以在 TCP/IP 协议的基础上实现信息交流。下面介绍 Internet 的基础知识。

6.3.1 Internet 简介

1. Internet 的发展史

Internet 起源于美国国防部高级研究计划局（Defense Advanced Research Projects Agency，DARPA）建立的实验性网络 ARPANet，这是一个比较完善的分布式跨国计算机网络。

DARPA 原名 ARPA（Advanced Research Projects Agency，高级研究计划局），于 1969 年 1 月开始研制 ARPANet，最初有四台主机。1980 年，ARPA 把 TCP/IP 协议加入 Unix 内核中，之后 TCP/IP 协议即成为 Unix 系统的标准通信模块。目前，Internet 上大部分主机运行的都是 Unix 系统。到了 1983 年，ARPA 正式把 TCP/IP 协议作为 ARPANet 的标准协议。

从 1969 年到 1982 年，Internet 开始形成，但那时的 Internet 还主要用于网络技术的研究和实验，在部分大学和研究部门中运行和使用，并没有广泛地发展开来。到 1983 年，Internet 才开始逐步进入实用阶段，在美国和部分发达国家的大学和研究部门中得到广泛使用，作为教学、科研和通信的学术网络。与此同时，世界上许多国家也相继建立了本国的主干网并接入 Internet，成为 Internet 的组成部分。

1986 年，美国国家科学基金会（National Science Foundation，NSF）利用 TCP/IP 通信协议，在五个科研教育服务超级电脑的基础上建立了 NSFNet 广域网，以使在全美国实现资源共享。很多大学、政府资助的研究机构甚至是私营的研究机构纷纷把自己的局域网并入 NSFNet 中。

1989 年，由欧洲粒子物理联合实验室（Organisation Européenne pour la Recherche Nucléaire，CERN）参与开发的万维网（World Wide Web，WWW），为 Internet 实现广域网奠定了基础。从此，Internet 开始迅速发展。

1993 年，国家超级电脑应用中心（National Center for Supercomputing Applications，NCSA）发表的 Mosaic（马赛克）以其独特的图形用户界面（GUI）赢得了人们的喜爱，紧随其后的网络浏览工具 Netscape，Internet Explorer 等的发表，以及 WWW 服务器的增长，掀起了 Internet 应用的新高潮。

2. Internet 在中国的发展

1986 年，北京市计算机应用技术研究院与德国卡尔斯鲁厄大学实施了一项国际联网合作项目——中国学术网（China Academic Network，CANET）。为了研究需要，1987 年 9 月，CANET 在北京计算机应用技术研究所内正式建成中国第一个国际互联网电子邮件节点，并于 1987 年 9 月 20 日 20 时 55 分发出了中国第一封电子邮件："Across the Great Wall we can reach every corner in the world.（越过长城，走向世界。）"，揭开了中国人使用互联网的序幕。这封电子邮件是通过意大利公用分组网 ITAPAC 设在北京的 PAD 机，经由意大利 ITAPAC 和德国 DATEX-P 分组网，实现了和德国卡尔斯鲁厄大学的连接，通信速率最初为 300bps。

1989 年，由世界银行贷款，国家计委、国家教委、中国科学院等配套投资，开始了中国国家计算与网络实施高科技信息技术设施项目的建设。

1990 年，CANET 向 InterNIC（Internet Network Information Center，互联网网络信息中心）申请注册了我国最高域名“cn”。从此，从我国发出的电子邮件有了自己的域名。

1992 年，中国科学院网（CASNET）、清华校园网（TUNET）、北大校园网（PUNET）建成。

1993 年 2 月，中国教育与科研计算机网开始进入规划，计划把全国高等教育机构和科研机构连接起来。这是今天教育网的前身。

1994 年，由原邮电部投资的中国公用计算机网 ChinaNet 开始启动，并于 1996 年正式投入使用。这是我国第一个商用计算机网络，从此我国的网络事业开始进入高速发展的阶段。

6.3.2 IP 地址与分类

1. IPv4

IP 地址是 Internet 为每一个入网用户单位分配的一个识别标识。所有的 IP 地址都要由 Internet 网络信息中心 NIC 统一分配。IP 地址由一个 32 位的二进制数（4 个字节）组成，共有 2^{32}（约 43 亿）个地址。为了便于记忆和使用，Internet 定义了一种 IP 地址标准写法（Standard Notation）。该写法规定按 8 位一组把 IP 地址的 32 位二进制数分成 4 组，组与组之间用圆点分隔，每组的值用十进制数表示，其中每个十进制数的范围是 0～255。例如 IP 地址：11001010 01110000 00011010 00100001 转化为十进制数为 202.112.26.33。IP 地址包含两个部分：一部分是网络（地址）号，用以区分在 Internet 上互联的各个网络；另一部分是主机（地址）号，用以区分在同一网络上的不同计算机（以下称为“主机”）。如 IP 地址为 192.168.10.2 的网络地址为 192.168.10，主机地址为 2。

通过 Internet 互联的网络，其规模有着极大的差别。为了适应不同的网络规模、充分利用 IP 地址，Internet 定义了几类不同的 IP 地址，如表 6-1 所示。

表 6-1　IP 地址分类

网络号		主机号	地址分类
0	7 位	24 位	A 类地址
10	14 位	16 位	B 类地址
110	21 位	8 位	C 类地址
1110	28 位		D 类地址
1111	保留使用		E 类地址

常用的IP地址有三类。

A类地址:IP地址的前8位表示网络号,后24位表示主机号。有效的地址范围是1.0.0.0到126.255.255.255。

B类地址:IP地址的前16位表示网络号,后16位表示主机号。有效的地址范围是128.0.0.0到191.255.255.255。

C类地址:IP地址的前24位表示网络号,后8位表示主机号。有效的地址范围是192.0.0.0到223.255.255.255。

A类地址用于规模大的网络,最多可以容纳16777214个主机。B类地址所能容纳的最大主机数是65534。C类地址用于小规模网络,最多可以容纳254个主机。随着网络级别的降低,其所能容纳的计算机数也相应减少。

在Internet上传送的每一个IP数据包都包含该分组要到达的主机的IP地址,Internet按这个地址从发送主机一站接一站地把该数据包送到接收主机。

2. 子网掩码

子网掩码的作用是识别子网和判别主机属于哪个网络。同样用一个32位的二进制数表示,采用和IP一样的十进制记法。

A类IP地址的子网掩码:255.0.0.0。

B类IP地址的子网掩码:255.255.0.0。

C类IP地址的子网掩码:255.255.255.0。

3. IPv6

随着Internet的迅速增长以及IPv4地址空间的逐渐耗尽,全世界公认的最好办法是发展IPv6技术,IPv6是IPv4的升级版本。与IPv4相比,IPv6具有以下几个优势。

(1)IPv6具有更大的地址空间。IPv4中规定IP地址长度为32,最大地址个数为2^{32};而IPv6中IP地址的长度为128,即最大地址个数为2^{128}。与32位地址空间相比,其地址空间增加了$2^{128}-2^{32}$个。

(2)IPv6使用更小的路由表。IPv6的地址分配一开始就遵循聚类(Aggregation)原则,这使得路由器能在路由表中用一条记录(Entry)表示一片子网,大大减小了路由器中路由表的长度,提高了路由器转发数据包的速度。

(3)IPv6增加了增强的组播(Multicast)支持以及对流的控制(Flow Control),这使得网络上的多媒体应用有了长足发展的机会,为服务质量(QoS,Quality of Service)控制提供了良好的网络平台。

(4)IPv6加入了对自动配置(Auto Configuration)的支持。这是对DHCP协议的改进和扩展,使得网络(尤其是局域网)的管理更加方便和快捷。

(5)IPv6具有更高的安全性。在IPv6网络中,用户可以对网络层的数据进行加密并对IP报文进行校验。IPv6中的加密与鉴别选项提供了分组的保密性与完整性,极大地增强了网络的安全性。

(6)允许扩充。在新的技术或应用需要时,IPv6 允许协议进行扩充。

(7)更好的头部格式。IPv6 使用新的头部格式,其选项与基本头部分开,如果需要,可将选项插入基本头部与上层数据之间。这就简化和加速了路由选择过程,因为大多数的选项不需要路由选择。

(8)新的选项。IPv6 有一些新的选项用来实现附加的功能。

6.3.3　域名与 DNS 服务器

像使用电话需要知道并拨打对方的电话号码一样,使用 Internet 要知道对方的 IP 地址并把该地址输入计算机中,才能访问对方。数字形式的 IP 地址人们难以记忆,若用含有一些意义的名字来标识计算机,则会大大方便人们记忆和使用。因此,为了方便人们记忆和使用,同时也为了方便网络地址的分配和管理,Internet 于 1984 年开始采用域名管理系统(Domain Name System,DNS)。简单地说,域名管理系统就是一种帮助人们在 Internet 上用名字来唯一标识自己的计算机,并保证主机名(域名)和 IP 地址一一对应的网络服务。

在 DNS 中,域名由若干子域(Sub-domain)构成,子域和子域之间以圆点相隔,最右边的子域是最高层域(Top-level Domain,又称顶级域),由右向左层次逐级降低,最左边的子域是主机的名字。

例如:清华大学 Web 服务器的域名 www. tsinghua. edu. cn 其最高层域是 cn,表示这台主机在中国(关于各种最高层域的含义下面将介绍)。第一层子域是 edu,表示主机是教育单位的。第二层子域是 tsinghua,表示这台主机是清华大学的。第三层子域是 www,这是该主机的名字。从该名字可以想到它是一台 Web 服务器。当要与清华大学的 Web 服务器通信时,人们很容易想到它的名字是 www. tsinghua. edu. cn。

从这个例子可以看出使用域名带来的好处。不同的子域由不同层次的机构分别进行命名和管理。Internet 有关机构对最高层域进行命名和管理,这些名字可分成两大类:一类表示机构的性质,另一类表示地理位置,如表 6-2 所示。

表 6-2　顶级域名分类

代　码	机构名称	代　码	国家名称
com	商业机构	cn	中国
edu	教育机构	jp	日本
gov	政府机构	hk	香港
int	国际组织	uk	英国
mil	军事机构	ca	加拿大
net	网络服务机构	de	德国
org	非营利机构	fr	法国

由于历史的原因，属于美国机构的主机，其最高层域名一般不用 us，而是用 com、edu、org、net、int、gov、mil 等表示机构的最高层域名。域名中字母的大小写是不区分的，向计算机输入域名时，可按个人的爱好和习惯使用大小写字母。域名是为了方便人类的使用，而 IP 协议软件只使用 IP 地址，而不能直接使用域名。当用户用域名来表示通信对方的地址时，在 Internet 内部必须将域名翻译成对应的 IP 地址，才能进行进一步的处理。这个翻译工作是由 Internet 的 DNS 服务器自动完成的。

DNS 服务器由域名解析器和域名服务器组成。域名服务器是指存有该网络中所有主机的域名和对应 IP 地址，并具有将域名转换为 IP 地址功能的服务器。其中域名必须对应一个 IP 地址，而 IP 地址不一定有域名。域名系统采用类似目录树的等级结构。域名服务器为客户机/服务器模式中的服务器方，它主要有两种形式：主服务器和转发服务器。将域名映射为 IP 地址的过程称为“域名解析”。

6.3.4 连接 Internet

20 世纪 80 年代，Internet 的出现、HTTP 标准的制定、浏览器软件的产生，以及电信网络与数字网络的整合，使得一般用户可利用 Modem 连接上 Internet，从事人际沟通、数据搜寻及商业应用。20 世纪 80 年代后期，以太网（局域网）路由交换技术的出现使得各局域网间的连接及传输变得更为快速且更有效率。1990 年初，GSM（Global System for Mobile Communications，全球移动通信系统）开始营运，无线网络的基站与有线网络的交换机可互相连接，使得移动式实时远距通信不再是梦想。到 20 世纪 90 年代末期，ADSL Modem、Cable Modem、WLAN 与 Bluetooth 等标准相继正式制定，宽带、移动通信的需求日益扩大，发展也非常迅速，这使得无线通信与有线网络逐渐汇流整合，并借助于众多的互联网接入服务提供商（ISP）为人们接入互联网提供不同解决方案。下面对几种常见的连接 Internet 的方式进行介绍。

1. 拨号上网

连接普通电话线就可以上网，主机通过调制解调器（Modem），传输速率为 56kbps，也就是将 ISP 终端设备与现有的公共电话交换网（PSTN）直接进行数字连接。

2. ISDN 接入

综合业务数字网（Integrated Services Digital Network，ISDN）提供端到端的数字连接，承载包括语音和非语音在内的多种电信业务，在各用户之间实现以 64kbps 速率为基础的端到端的透明传输。相对于 Modem 拨号上网，ISDN 具有相当多的优点。

（1）速度比较快。

（2）可靠性高。

（3）通过普通电话线可以进行多种通信，如用于电话、Internet、传真、可视电话、会议电视等。

用户可以根据自己的需要选择使用 64kbps 还是 128kbps 的传输速率上网，当使用 64kbps 传输速率上网时还可以进行电话通信。

3. ADSL

ADSL 的中文名是“非对称数字用户线路”，素有“网络快车”之美誉，因其下行速率高、频带宽、性能优、安装方便、不需交电话费等特点而深受广大用户喜爱，成为继 Modem、ISDN 之后又一种全新的高效接入方式。

用户需要安装的 ADSL 设备包括 ASDL Modem、滤波器，主机需要安装网卡。常规的 56K Modem 是通过串行口连接电脑主机的；ADSL Modem 则通过网卡和网线连接主机，再把 ADSL Modem 连接到现有的电话网中就可以实现宽带上网了。滤波器的作用是使得正常的电话通话不受任何影响。ADSL 的优点如下。

(1)传输速率高。ADSL 为用户提供上、下行非对称的传输速率，上行为低速传输，速率也可达 1Mbps；下行为高速传输，可达 10Mbps。

(2)由于利用现有的电话线，因此 ADSL 并不需要对现有网络进行改造，其实施所需投入的资金不大。

(3)ADSL 采用了频分多路技术，将电话线分成了三个独立的信道。用户可以边观看点播的网上电视、边发送 E-mail，还可同时打电话。

(4)每个用户都独享带宽资源，不会出现因为网络用户增加而使得传输速率下降的现象。

4. DDN 专线接入

数字数据网(Digital Data Network，DDN)是随着数据通信业务发展而迅速发展起来的一种新型网络。DDN 的主干网传输媒介有光纤、数字微波、卫星信道等，用户端多使用普通电缆和双绞线。DDN 将数字通信技术、计算机技术、光纤通信技术以及数字交叉连接技术有机地结合在一起，提供了高速度、高质量的通信环境，可以向用户提供点对点、点对多点透明传输的数据专线出租电路，为用户传输数据、图像、声音等信息。

5. 以太网接入方式(LAN)

LAN 利用以太网技术，采用“光缆＋双绞线”的方式对社区进行综合布线。具体实施方案是：从社区机房敷设光缆至住户单元楼，楼内布线采用五类双绞线敷设至用户家里，双绞线总长度一般不超过 100 米，用户家里的电脑通过五类跳线接入墙上的五类模块就可以实现上网。社区机房的出口通过光缆或其他介质接入城域网。

6. 无线 Internet

无线 Internet 是新兴的网络技术，其主导思想是把无线设备的方便性和移动性与存取 Internet 大量信息的能力结合起来。如笔记本电脑可以通过连接移动电话拨号上网，也可以通过中国移动从 2002 年 5 月开始商用的 GPRS 服务无线上网。

GPRS采用先进的无线分组技术，将无线通信与因特网紧密结合起来，可以轻松地实现移动数据无线互联。

无线 Internet 建立在无线接入协议(Wireless Access Protocol，WAP)之上，用户可以通过移动电话小小的屏幕接收来自因特网的信息。利用手机上网有许多好处：上网可以不受时间、地点的限制，无论何时何地都可以进入 Internet 接收电子邮件、浏览 Web 页面、查询工作中所需的电子数据、及时进行电子商务交易等。

6.3.5 Internet 的基本服务功能

随着 Internet 的高速发展，Internet 所提供的服务种类也越来越多，这些服务常见的有电子邮件(E-mail)服务、万维网(WWW)服务、文件传输(FTP)与匿名文件传输(Anonymous FTP)服务、远程登录(Telnet)服务、电子公告板 BBS(Bulletin Board System)等。

这些功能均是基于向用户提供不同的信息而实现的。Internet 向用户提供的这些功能也被称为"互联网的信息服务"或"互联网的资源"。

1. WWW

WWW 最早由欧洲粒子物理联合实验室(CERN)参与开发，其目的是更方便地在研究人员之间共享研究成果。WWW 使用超文本来描述、传送和显示信息。超文本是来源于多媒体技术的概念，指由文字、图像、声音等多种信息媒体通过超链接(Hyperlink)联结在一起组成的信息整体。Windows 中的. hlp 文件就是典型的超文本文件，在使用 Windows Help 的时候，我们会看到在显示的帮助文本中有加亮加下划线显示的词或短语，用鼠标单击这些词或短语，又会看到关于这些词或短语的帮助信息，这些加亮或加下划线的词或短语就是超链接，它们把相关的信息联系在一起，形成完全自由的网状结构。

WWW 也是客户机/服务器模式的应用，包括文字、图像、声音等数据的多媒体信息以超文本的形式存放在 WWW 服务器上，这些信息在服务器上以超文本标记语言(HyperText Mark-up Language，HTML)描述，构成一个信息页。每个信息页中又包含超链接指向同一台服务器上或不在同一台服务器上的其他信息页。WWW 客户机第一次与 WWW 服务器连接时取得的信息页称为主页(Homepage)。每个信息页都有它自己的统一资源定位器(Universal Resource Locator，URL)地址，由信息页所在服务器的主机地址和信息页所在的文件目录路径以及访问方法组成。比如 http：//www. microsoft. com/index. html. "http："表示用 HTTP 协议进行访问，其他的访问方法还有"ftp：""gopher："等。

WWW 客户机，通常称为 Web 浏览器，负责根据用户提供的 URL 与服务器建立连接，从服务器取得主页，并以直观的形式显示给用户。显示的时候超链接以加亮或加下划线的形式显示，用户用鼠标单击这些超链接，浏览器就根据超链接的指示取得并显示新的信息页。

WWW 的这种结构可以被想象成一个无穷大的图书馆，每台 WWW 服务器都是一本书，而书的每一页就是一个信息页。WWW 使得在 Internet 查询和发布信息都变得相对简单，所以它从一开始就改变了人们的交流方式，目前仍是改变人们生活方式的重要力量。

最早的 Web 浏览器是行模式浏览器，它在字符方式的终端上运行，用数字标记超链接，用户在命令行中输入数字来选择超链接，今天已经很少有人使用这种古老的浏览器了。Mosaic 是最早的基于图形用户界面(GUI)的浏览器，它最早在X-window 上实现，由于它把彩色图形直接带到用户面前，并且可以使用鼠标单击进行操作，大大方便了用户，于是很快就流行起来，并被移植到了 Windows、Mac 等操作系统平台，从此基于 GUI 的浏览器占据了统治地位，从著名的软件厂商到计算机爱好者都在编写 Web 浏览器程序，主要有：Microsoft 的 Internet Explorer、Netscape 的 Navigator 等。

2. 文件传送协议 FTP

文件传送协议 FTP 是目前计算机网络中最广泛的应用之一。FTP 是 File Transfer Protocol 的缩写，也就是文件传送协议。在因特网中，文件传送服务采用文件传送协议(FTP)，用户可以通过 FTP 与远程主机连接，从远程主机上把共享软件或免费资源拷贝到本地计算机(术语称“客户机”)上，也可以从本地计算机上把文件拷贝到远程主机上。例如：当我们完成自己所设计的网页时，可以通过 FTP 软件把这些网页文件传输到指定的服务器中去。

在因特网中，并不是所有的 FTP 服务器都可以随意访问以及获取资源。FTP 主机通过 TCP/IP 协议以及主机上的操作系统可以对不同的用户给予不同的文件操作权限(如只读、读写、完全)。有些 FTP 主机要求用户给出合法的注册账号和口令，才能访问主机。而那些提供匿名登录的 FTP 服务器一般只需用户输入账号 anonymous 和密码(用户的电子邮件)，就可以访问 FTP 主机。

3. 电子邮件(E-mail)

电子邮件(E-mail)是 Internet 上使用最广泛和最受欢迎的服务，它是网络用户之间进行快速、简便、可靠且低成本联络的现代通信手段。

电子邮件使网络用户能够发送和接收文字、图像和语音等多种形式的信息。使用电子邮件的前提是拥有自己的电子信箱，即 E-mail 地址，实际上就是在邮件服务器上建立一个用于存储邮件的磁盘空间。

电子邮件地址的典型格式为：username@mailserver.com，其中 mailserver.com 部分代表邮件服务器的域名，username 代表用户名，符号@读作“at”，意为“在”。利用电子邮件可以获得其他各种服务（如 FTP、Gopher、Archie、WAIS 等）。当用户想从这些信息中心查询资料时，只需要向其指定的电子信箱发一封含有一系列信息查询命令的电子邮件，该邮件服务器程序就会自动读取、分析该邮件中的命令，若无错误则将检索结果通过邮件方式发给用户。

4. 远程登录服务(Telnet)

远程登录是 Internet 提供的最基本的信息服务之一。Internet 用户的远程登录是在网络通信 Telnet 的支持下使自己的计算机暂时成为远程计算机仿真终端的过程。要在远程计算机上登录，首先应给出远程计算机的域名或 IP 地址。另外，事先应该成为该远程计算机系统的合法用户并拥有相应的账号和口令。目前国内 Telnet 最广泛的应用就是 BBS(电子公告牌)，通过 BBS 用户可以进行各种信息交流和讨论。

6.4 Edge 浏览器

浏览器就是一个软件程序，用户使用它可以方便地进行网上浏览。WWW 浏览器(Browser)是一种 WWW 客户程序，例如：微软公司的 Edge 浏览器就是一个计算机软件程序，也是 Windows 10 内置的浏览器。另外 Google(谷歌)公司的 Chrome 浏览器软件也被广泛使用。

6.4.1 Edge 浏览器简介

1. Edge 浏览器功能

Edge 浏览器的功能包括：

(1)支持内置 Cortana(微软小娜)语音功能；

(2)内置了阅读器(可打开 PDF 文件)、笔记和分享功能；

(3)设计注重实用和极简主义；交互界面类似于 Google Chrome 浏览器，并且更加简洁，突出显示了 Microsoft Edge 浏览器的实用性；

(4)渲染引擎被称为 EdgeHTML。

2. 微软 Windows 10 Edge 浏览器与传统 IE 相比的优势

(1)Edge 无历史负担。

IE 需要保持以前技术的后向兼容性，背负着沉重的历史负担。Edge 将不支持微软的 ActiveX、Browsers Helper Objects(BHOS)、VBScript 和为 IE11 开发的第三方工具栏(这些技术都会影响浏览器性能或引发安全问题)。Edge 将支持 Adobe Flash

和 PDF。对于仍然要求或喜欢 IE 的组织或个人，微软将至少在 Windows 10 上支持 IE，提供安全补丁软件，但不再积极地开发 IE。

(2)Edge 有更快的速度、更丰富的浏览体验。

Edge 拥有比 IE 更精简、优化程度更高的代码。在 Edge 中，微软利用了核心的 MSHTML 渲染引擎，剥离了不再需要的支持后向兼容性的所有代码。因此，Edge 的性能更高。

(3)Edge 浏览器支持扩展程序。

与 IE 不同的是，Edge 将支持基于 JavaScript 的扩展程序，允许第三方对 Web 网页视图进行定制，增添新功能。

(4)更个性化。

Edge 被紧密地整合在必应搜索引擎中，并与语音助手 Cortana 整合。当用户选择使用这些服务时，它们会追踪用户的上网活动，以收集更多信息，从理论上说，这有助于用户更好地上网浏览信息。

(5)更有沉浸感。

Edge 采取了一系列的措施提供用户的体验，没有花哨的设计和容易分散注意力的菜单命令和小微件。Edge 还提供了“阅读视图”，去除了菜单、广告和其他容易分散注意力的内容，使用户可以全身心地搜索想要的东西，更有沉浸感。

6.4.2　Edge 浏览器的界面简介

1. 启动 Edge

用下面的方法之一可以启动 Edge。

(1)单击快速启动工具栏中的 Edge 图标。

(2)双击桌面上的 Edge 快捷方式图标。

(3)单击【开始】菜单，选择【程序】菜单项，选择【Microsoft Edge】命令项。

2. 关闭 Edge

可以用下面的方法之一关闭 Edge。

(1)单击 Edge 窗口的【关闭】按钮。

(2)直接按组合键【Alt+F4】。

3. Edge 窗口简介

Microsoft Edge 的初始窗口同其他 Windows 窗口基本相同，如图 6-17 所示，但多了一些特有的工具栏按钮。

标签栏：用来显示 Edge 标记和当前打开的网页的名称。

地址栏：单击地址栏右边的下拉按钮，将弹出一个下拉列表框，其中列出了最近输入的若干个网址，以便用户直接从列表中选择。

工具栏：位于地址栏右侧，工具栏中放置了一些命令按钮。

收藏夹栏：位于地址栏下方，列出了最近访问的网页。

边栏：位于浏览器右侧，列出了一些常用的操作按钮。

工作区：显示当前网页的内容区域。

图 6-17　浏览页面

状态栏：位于窗口的底部，用来显示当前网页打开的状态。当用鼠标指向网页上的某一超链接时，状态栏将显示链接到的网址。状态栏默认为隐藏状态。

6.4.3　使用 Edge 浏览器浏览网页

1. 超文本传输协议（HTTP）

传输协议用来标识该主机所使用的信息传输协议，最常用的为超文本传输协议（Hyper Text Transfer Protocol，HTTP）。如果在输入地址时不输入协议名称，则 IE 自动为用户加上该协议名称。

所谓传输协议，实际上是各台计算机之间传输信息所使用的一组约定。这就像人们说话所使用的语言一样。使用相同的协议，计算机才能相互交流。

2. 网页

浏览器窗口中显示的页面被称为网页。网页中可以包括：文字、图片、动画、视频、音频等。网页的学名为 HTML 文件，是一种可以在 WWW 网上传输，并被浏览器认识和翻译成页面显示出来的文件。网页中使用超文本标记语言，“超文本”指的是页面内包含图片、链接，甚至音乐、程序等非文字元素。

3. 超链接

超链接是在 Internet 页面间移动的主要手段。超链接的目标可以是 Web 上的任何地方。如在北京单击国内某个服务器上的一个链接,可以打开远在美国的页面。该项技术的优点在于不需要知道目标的 Internet 地址,只需要单击超链接即可到达所要的网页。

在网页中,除了正常显示的文字外,还有许多以下划线方式显示的文字,这些便是超链接。超链接可以是图片、三维图像或彩色文本。将鼠标指针移过 Web 上的项目,如果鼠标指针变成手形,则表明它是超链接。

4. 统一资源定位器(URL)

统一资源定位器指的是 Internet 文件在网上的地址。它使用数字和字母按一定顺序排列以确定一个地址。它的语法结构为:

协议名称://主机名称[:端口地址/存放目录/文件名称]

例如:http://politics. people. com. cn/n1/2023/0406/c1001-32658687. html 是一个 URL(“http://”在浏览器地址栏会隐藏)。

它的第一部分 http 表示采用的传输协议是 http。第二部分 politics. people. com. cn 是主机的名字,表示要访问的文件存放在名为/ politics. people. com. cn 的服务器里。第三部分 n1/2023/0406/c1001-32658687. html 表示所浏览的网页是/n1/2023/0406 目录下的 c1001-32658687. html。

5. 浏览网页

浏览网页是一件非常简单的事情。在浏览时通常会用到下面的操作。

(1)在地址栏中输入网址。例如:如果要打开“中央电视台”的主页,则应该在地址栏中输入:http://www. cctv. com,然后按回车键。

(2)利用自动完成功能输入地址。如果启用了 Edge 的自动完成功能,则系统会在用户输入的网址不全的情况下自动尝试,将缺少的部分补全。此功能可加快地址的输入。

(3)直接单击收藏夹栏中的网站图标。

6.4.4　收藏夹的使用

用户可以将自己喜爱的网页或经常访问的网页保存到收藏夹。这样,下次上网时便可以快速访问它们。

1. 将网页添加到收藏夹

将网页添加到收藏夹的具体步骤如下。

(1)在地址栏中输入域名,显示要添加到收藏夹中的网页。

(2)单击地址栏右侧的收藏图标☆,即可将当前网页添加到收藏夹,如图 6-18 所示。

图 6-18 【已添加到收藏夹】对话框

(3)用户可以设置收藏网页的名称和收藏位置等信息。

2. 打开收藏夹中的网页

单击工具栏上的【收藏夹】按钮☆,弹出【收藏夹】列表,鼠标单击某网页名称便会自动跳转到此页面,如图 6-19 所示。

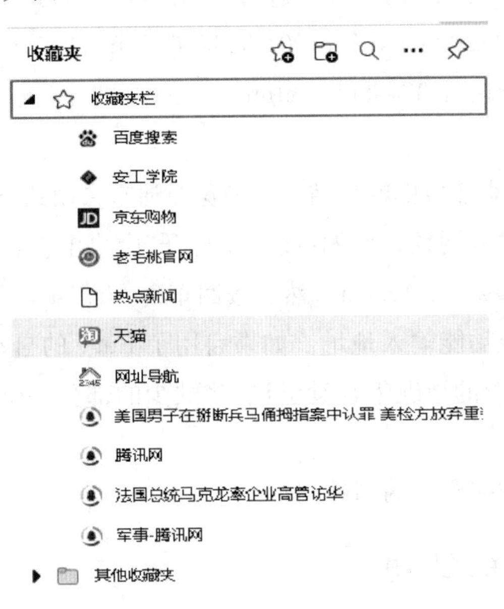

图 6-19 【收藏夹】列表

也可以直接单击收藏夹栏中的网站图标,打开对应的网页文件。

3. 收藏夹的整理

【收藏夹】菜单中有一些系统默认的文件夹,可以根据需要将不同类型的网页分别放置到不同的文件夹中，也可以创建一些文件夹，以便更好地组织收藏内容。

6.4.5　保存和打印网页

1. 保存网页

在浏览过程中，可以将网页保存下来，留待以后慢慢阅读。保存网页的具体步骤如下。

(1)打开要保存的网页。

(2)在网页空白处右击鼠标，在弹出的菜单中选择【另存为】菜单项，打开【另存为】对话框，如图 6-20 所示。也可直接按【Ctrl+S】快捷键打开【另存为】对话框。

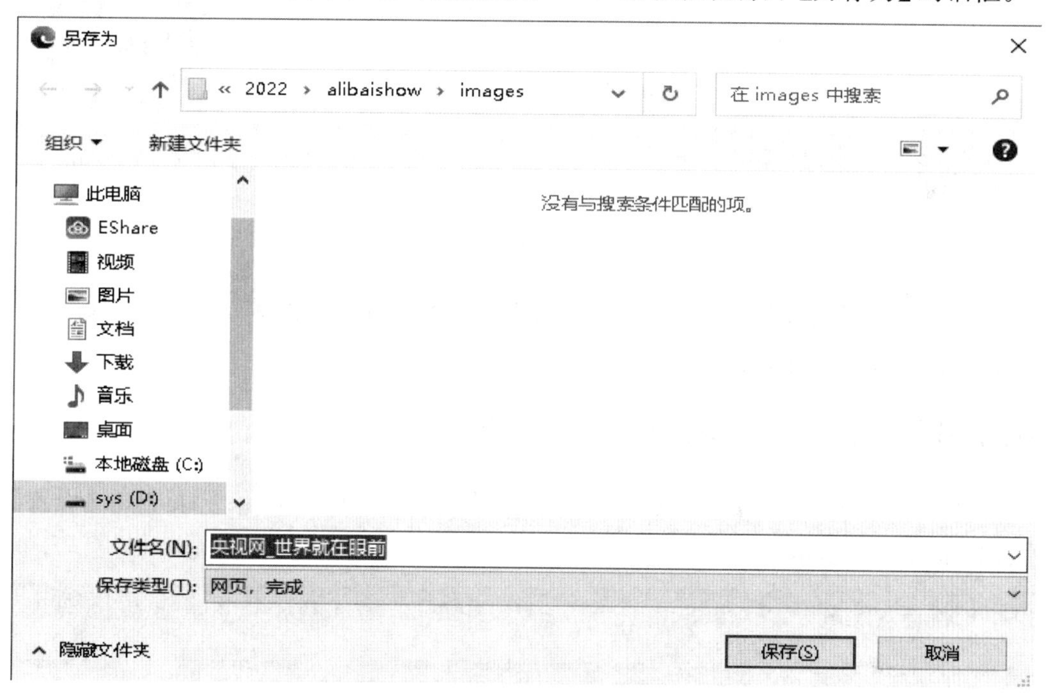

图 6-20　【另存为】对话框

(3)选择要保存的位置。

(4)在【文件名】列表框中输入文件名。

(5)在【保存类型】下拉列表中选择适当的选项。

(6)单击【保存】按钮。

2. 打印网页

在浏览过程中，特别是一些网上报名系统，需要将当前显示的网页打印出来进行上报，此时可以将当前网页打印，具体步骤如下。

(1)在网页空白处右击鼠标,在弹出的菜单中选择【打印】菜单项,打开【打印】窗口,如图 6-21 所示。

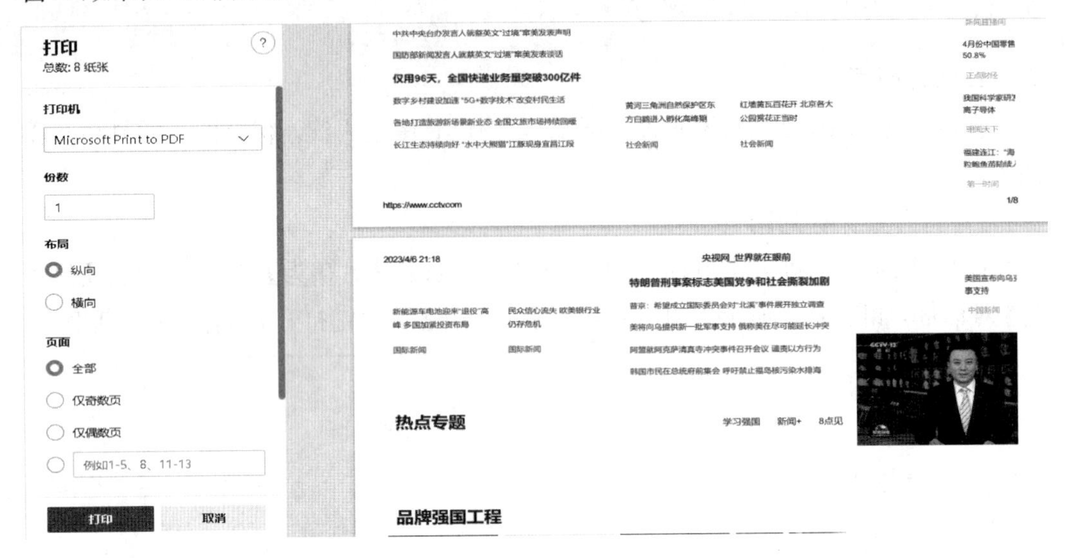

图 6-21 【打印】窗口

(2)用户在【打印】窗口可以设置打印机、份数、布局、页面等信息。设置好后单击【打印】按钮,完成页面的打印。

6.4.6 Edge 浏览器的常用设置

启动 Edge 后,单击【侧边栏】最下面的设置按钮⚙,打开 Edge 浏览器的【设置】页面,如图 6-22 所示。

图 6-22 Edge 浏览器的【设置】页面

用户可以在【设置】页面设置浏览器外观、侧栏、Cookies 和网站权限、下载、语言、打印机等内容。

6.5　电子邮件

电子邮件(E-mail)是因特网上使用最为广泛的服务之一，又称电子信箱、电子邮政，是一种用电子手段提供信息交换的通信方式，类似于普通邮件的传递方式。电子邮件从源信箱出发，经过路径上成百上千个节点的存储与转发，最终到达目的信箱。电子邮件使用起来非常方便、快捷，不受地域限制，而且费用低廉，因此受到广大用户的欢迎。

6.5.1　电子邮件的功能

电子邮件简单来说就是通过 Internet 邮寄的信件。首先，用户可以用非常低廉的价格(只有电话费和网费)，非常快速地(几秒)，与世界上任何一个角落的网络用户联系，电子邮件的内容可以是文字、图像、声音等各种方式。同时，用户可以得到大量免费的新闻、专题邮件，并轻松地实现信息搜索。这是任何传统的方式都无法相比的。其次它使用起来很方便，无论何时何地，只要能上网，就可以通过 Internet 发电子邮件，或者打开自己的信箱阅读别人发来的邮件。电子邮件使用简易、投递迅速、收费低廉、易于保存、全球畅通无阻，因此被广泛地应用，它使人们的交流方式得到了极大改变。另外，电子邮件还可以进行一对多的邮件传递，同一邮件可以一次发送给许多人。

6.5.2　申请免费电子邮箱

很多大型商业网站都提供了免费电子邮箱服务。如果你申请到了免费电子邮箱账号，就可以到这个网站的免费电子邮箱页面，进行 E-mail 的收发和整理工作。免费信箱的好处在于，无论在什么地方，也无论计算机是否安装了 Outlook Express，只要能上网就能够进行 E-mail 的收发。

下面以在 163. com 上免费申请电子邮箱为例来说明申请免费邮箱的步骤。电子邮箱地址中的“@”符号前面的字母表示邮箱的用户名，后面表示邮箱的域名。例如：happy_hyc@163. com 就是一个邮箱地址。

(1)在 Edge 浏览器地址栏输入 http://mail. 163. com/，打开网易免费邮箱首页。单击“邮件中心”打开如图 6-23 所示的邮箱登录页面。如果已经申请过 163 网站的免费邮箱，就可以直接输入用户名和密码进行登录。

图 6-23 邮箱登录页面

(2)单击页面上的【注册】按钮,在弹出的注册页面中注册电子邮箱。可以选择注册字母邮箱或注册手机号邮箱。在打开的页面中按照要求输入用户名、登录密码、验证码等信息,如图 6-24 所示。

图 6-24 注册网易免费邮箱

(3)完成个人信息的设置后,单击页面上的【立即注册】按钮,显示申请成功的提示。

6.5.3 收发电子邮件

收发电子邮件可以用专用的邮箱管理软件来处理,如 Outlook、Foxmail 等。也可以用浏览器方式来收发邮件。目前大多数邮箱都支持浏览器方式收取信件,并且都提供友好的管理收发邮件功能,使用户可以通过浏览器申请邮箱、修改密码、接收和发送邮件。只要在提供免费邮箱的网站登录页面输入自己的用户名和密码,就可以收发邮件并进行邮件的管理。例如:在网易邮箱登录页面输入正确的用户名和密码,单击【登录】按钮,打开邮件管理页面,用户可以进行邮件收取、发送等邮件管理的操作,如图 6-25 所示。

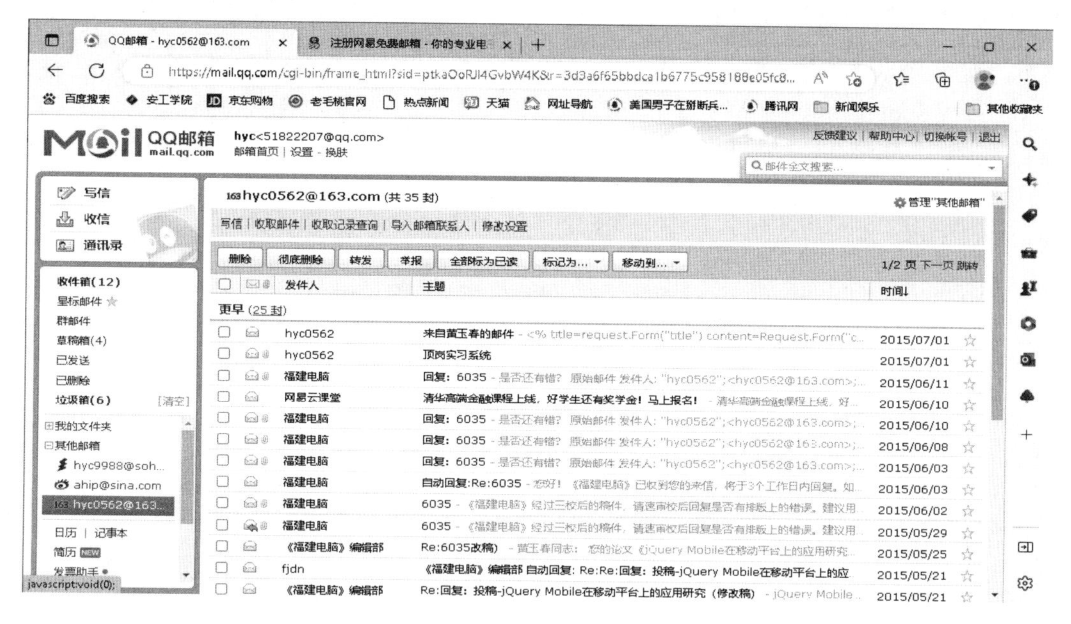

图 6-25　邮箱管理页面

习题 6

1. 什么是计算机网络？计算机网络的主要功能有哪些？
2. 计算机分为哪几类？
3. 常用的计算机网络硬件设备有哪些？
4. 什么是 IP 地址？IP 地址是如何分类的？
5. 常见的接入 Internet 的方式有哪些？
6. Internet 提供的服务主要有哪些？
7. 简述收发电子邮件的过程。